基于星载照射源的双基地合成孔径雷达成像技术

张启雷　闫飞飞　常文革　著

科 学 出 版 社

北　京

内 容 简 介

基于星载照射源的双基地合成孔径雷达是指利用在轨卫星(包括合成孔径雷达卫星、导航卫星、通信卫星等)作为发射机，采用其他平台(包括飞艇、飞机、汽车及固定站等)搭载接收机的雷达系统，具有成本低、配置灵活、战场生存能力强等技术优势，是一种极具应用前景的新体制雷达。本书介绍基于星载照射源的双基地合成孔径雷达成像技术，主要内容包括基于星载照射源的双基地合成孔径雷达空时频同步技术、基于星载照射源的双基地合成孔径雷达回波模拟技术、基于星载照射源的双基地合成孔径雷达成像算法以及基于星载照射源的双基地合成孔径雷达干涉应用等方面。

本书既可作为雷达领域相关专业工程技术人员的参考用书，也可作为高等院校相关专业研究生的教学参考用书。

图书在版编目(CIP)数据

基于星载照射源的双基地合成孔径雷达成像技术 / 张启雷，闫飞飞，常文革著. —北京：科学出版社，2021.11

ISBN 978-7-03-070642-3

Ⅰ. ①基… Ⅱ. ①张… ②闫… ③常… Ⅲ. ①卫星载雷达-合成孔径雷达-雷达成像 Ⅳ. ①TN958

中国版本图书馆CIP数据核字(2021)第232221号

责任编辑：张艳芬 李 娜 / 责任校对：王 瑞
责任印制：吴兆东 / 封面设计：蓝 正

科 学 出 版 社 出版
北京东黄城根北街16号
邮政编码：100717
http://www.sciencep.com

北京中石油彩色印刷有限责任公司 印刷
科学出版社发行 各地新华书店经销
*
2021年11月第 一 版 开本：720 × 1000 1/16
2021年11月第一次印刷 印张：18 1/4
字数：357 000

定价：138.00 元

(如有印装质量问题，我社负责调换)

前言

雷达曾在第二次世界大战中扮演了重要角色，因而受到了研究人员的青睐。第二次世界大战以后，相控阵、合成孔径及脉冲多普勒等三大技术的诞生和应用使雷达技术发生了革命性变化。不同于传统雷达，合成孔径雷达具有对场景目标的二维高分辨成像能力，从而能够提供更加丰富的场景观测信息，极大地扩展了雷达的技术范畴和应用领域。作为一种主动微波成像系统，合成孔径雷达可以实现全天时、全天候的观测，在军事侦察(战场侦察、目标检测、毁伤评估等)和国民经济建设(地形测绘、地质勘探、海洋开发、精细农业、森林观测等)中具有广泛的应用前景。

随着合成孔径雷达技术研究的不断深入，传统单基地合成孔径雷达的缺陷日益凸显，其脆弱的战场生存能力及相对单一的工作模式难以满足未来的军事与民用需求。为了解决上述难题，众多研究机构将目光投向了双基地合成孔径雷达。双基地合成孔径雷达系统通常是指发射机和接收机在空间上分置于不同平台的合成孔径雷达系统。与传统的单基地合成孔径雷达系统相比，双基地合成孔径雷达系统具有独特的技术优势：系统配置灵活，功能多样；接收机静默工作，抗干扰和战场生存能力强；可以获取场景目标的非后向散射信息，有利于目标检测与识别等。

在各种双基地合成孔径雷达系统配置中，本书着重介绍一种利用在轨卫星作为发射机，采用其他平台(包括飞艇、飞机、汽车及固定站等)搭载接收机的双基地合成孔径雷达系统，即基于星载照射源的双基地合成孔径雷达。基于星载照射源的双基地合成孔径雷达充分利用在轨的卫星资源，只需要研制相对简单的接收机，因此可供选择的辐射源比较丰富(包括合成孔径雷达卫星、导航卫星、通信卫星等)，系统研制成本较低；基于星载照射源的双基地合成孔径雷达满足远发近收的系统几何构型，且接收机不发射电磁信号，因此安全性好、战场生存能力强；通过简单的适用性改装，基于星载照射源的双基地合成孔径雷达系统还可以满足干涉应用。

本书介绍基于星载照射源的双基地合成孔径雷达成像系统涉及的一些关键技术，主要包括空时频同步技术、回波模拟算法、成像算法及干涉应用等方面。本书共 8 章。张启雷负责第 1、2、7、8 章，闫飞飞负责第 3～6 章的撰写，常文革负责统稿并审阅。

感谢国家自然科学基金委青年基金项目(61501477)的支持，感谢英国伯明翰大学 Mikhail Cherniakov 教授团队提供的 GNSS 的双基地合成孔径雷达系统实测数据，感谢德国宇航中心提供的 HITCHHIKER 系统实测数据。

限于作者水平，书中难免存在疏漏之处，敬请同行和读者批评指正。

作　者

2021 年 10 月

目　录

第1章 绪　　论

合成孔径雷达(synthetic aperture radar，SAR)具有对场景目标的二维高分辨成像能力，从而能够提供更加丰富的场景观测信息。作为一种主动微波成像系统，SAR可以实现全天时、全天候的观测，在军事侦察和国民经济建设中具有广泛的应用前景。

作为一种新体制SAR系统，双基地SAR(bistatic SAR, BSAR)引起了研究人员的极大兴趣。BSAR系统通常是指发射机和接收机在空间上分置于不同平台的SAR系统。与传统的单基地SAR系统相比，BSAR系统具有独特的技术优势：系统配置灵活、功能多样；抗干扰和战场生存能力强；可以获取更加丰富的场景目标散射信息等。

本书主要介绍一种利用在轨卫星作为发射机，采用其他平台(包括飞艇、飞机、汽车及固定站等)搭载接收机的BSAR系统，即基于星载照射源的BSAR系统。基于星载照射源的BSAR系统充分利用在轨的卫星资源，只需要研制相对简单的接收机，因此系统研制成本较低；基于星载照射源的BSAR接收机不发射电磁信号，因此安全性好、战场生存能力强；基于星载照射源的BSAR干涉测量系统在系统构成、工作模式、信息获取等方面均有独特之处，具有很好的科学意义和实用价值。

本书介绍基于星载照射源的BSAR的成像技术，主要包括空时频同步、回波模拟、成像算法及干涉应用等，具体涉及两种配置的BSAR系统：基于导航卫星的BSAR系统和基于SAR卫星的BSAR系统。基于导航卫星的BSAR系统是指将在轨导航卫星发射的导航信号作为辐射源，通过在近地静止平台上搭载接收机组成的BSAR系统。基于SAR卫星的BSAR系统是指将在轨星载SAR系统作为发射机，采用其他平台(包括飞艇、飞机、汽车及固定站等)搭载接收机的BSAR系统。两种BSAR系统均属于收、发平台异构(Hybrid)的BSAR系统，两者具有一些相似点，如均采用非合作的卫星作为发射机、均属于远发近收的系统构型等。同时，由于采用的星载发射机类型不同、几何构型不同，两者的工作模式、系统特性、信号处理方法等各不相同。

1.1　BSAR技术研究的兴起与发展

最早的BSAR技术研究可以追溯到20世纪70、80年代。当时，Xonics公司、Goodyear Aerospace公司的研究部门在美国国防部、空军等单位的资助下开展了机载 BSAR 技术的理论和实验研究，从原理上验证了 BSAR 成像的可能性。进入 2000 年，欧洲各国陆续开展了各种配置的机载 BSAR 实验研究，突破了系统设计、信号同步和成像处理等关键技术。

2000 年前后，利用分布式小卫星搭载 SAR 系统组网工作进而实现遥感观测、干涉测量等任务的系统概念一度炙手可热。各国的研究机构先后提出了一系列宏伟的研究计划，典型的系统概念包括 Tech-Sat21 计划[1]、干涉车轮(interferometric cartwheel)计划[2]、BISSAT 计划[3]、RADARSAT-2&3 计划[4]以及干涉钟摆(inteferometric pendulum)计划[5]等。遗憾的是，由于技术和经费等方面的困难，上述研究计划尚未有实际的系统问世。2007 年，由意大利空间局和法国联合研发的 COSMO-SkyMed 小卫星星座成功发射[6]。该系统在聚束模式下的分辨率可以达到 1m，主要用于军事侦察、环境监测和灾害监视等任务。2010 年，由德国宇航中心(Deutsches Zentrum für Luft-und Raumfahrt，DLR)、联合 EADS Astrium 公司以及 Infoterra 公司共同开发的 TanDEM-X 系统成功组网开始工作[7]。该系统采用两颗几乎相同的 TerraSAR-X 卫星，通过双星编队飞行，可以获取全球范围内的数字高程模型(digital elevation model，DEM)数据。TanDEM-X 系统示意图及其产品如图 1.1 所示。TanDEM-X 的工作模式包括单发单收、单发双收以及乒乓模式，代表了当时星载 BSAR 技术研究的最高水平[8,9]。

(a) TanDEM-X系统示意图

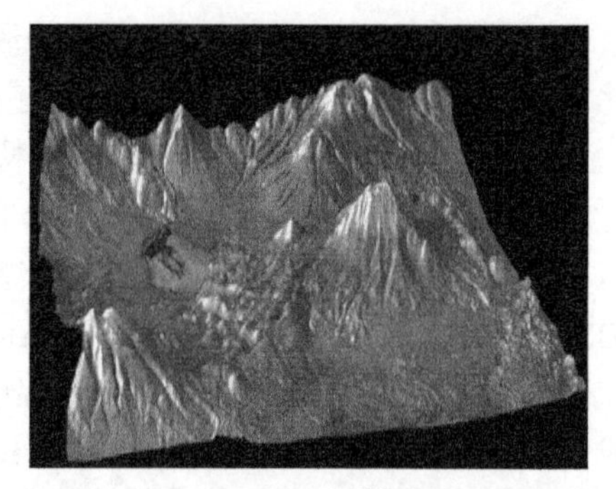

(b) TanDEM-X系统产品

图 1.1　TanDEM-X 系统示意图及其产品

随着在轨卫星资源的不断增多，许多研究机构开始考虑利用在轨卫星(包括 SAR 卫星、导航卫星、通信卫星等)作为发射机，采用其他平台(包括飞艇、飞机、汽车及固定站等)搭载接收机来构建新体制的异构 BSAR 系统。

1.1.1　基于 SAR 卫星的 BSAR 技术

1. 星地 BSAR

对于星地 BSAR 系统，接收站容易布置，因此实验较易开展。比较有代表性的是：西班牙加泰罗尼亚理工大学(Universitat Politècnica de Catalunya，UPC)研制的 SABRINA 系列[10]，以欧洲航天局(European Space Agency，ESA)的 ERS-2、ENVISAT 或 TerraSAR-X 为照射源，利用多通道接收机接收观测场景的散射波数据；德国锡根大学研制的 HITCHHIKER 系统，以 TerraSAR-X 为照射源，开展了一系列多极化和多基线干涉实验[11]。中国北京理工大学以遥感一号卫星为照射源，也开展了相关的星地双基地实验，取得了不错的实验结果[12]。下面对上述几个具有代表性的星地 BSAR 接收系统及其关键技术进行介绍。

1)西班牙 SABRINA 系统

西班牙加泰罗尼亚理工大学研制的 SABRINA-C 系统，以欧洲航天局的 ERS-2 或 ENVISAT 卫星为机会照射源，通过地面固定站的双通道 C 波段接收机接收卫星直达波信号和观测场景的散射波信号，经过同步及成像处理，获得观测场景的成像结果。SABRINA-C 系统及观测场景和成像结果如图 1.2 所示。

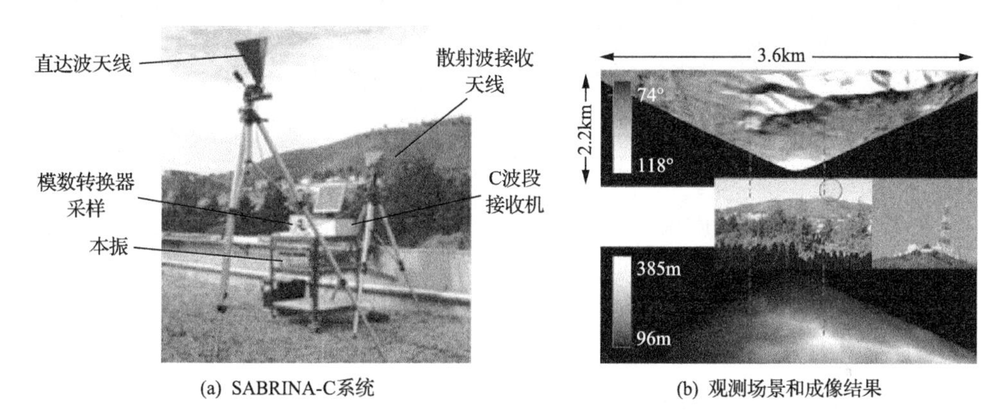

(a) SABRINA-C系统　(b) 观测场景和成像结果

图 1.2　SABRINA-C 系统及观测场景和成像结果

图 1.2(a)为 SABRINA-C 系统，图 1.2(b)为观测场景和成像结果。图 1.2(b)下部为观测场景的数字高程图，中间部分为系统观测场景的光学图片。从图 1.2 中可以看出，通过 SABRINA-C 系统，可以得到观测场景的 DEM。根据西班牙加泰罗尼亚理工大学提供的实验结果，SABRINA 系统测高精度在 20m 以内，目前的测绘范围约为 3km×2km。

2)德国 HITCHHIKER 系统

2009 年，德国锡根大学开发出 HITCHHIKER 系统。该系统以 TerraSAR-X 为机会照射源，当 TerraSAR-X 工作在聚束模式下时，能够录取带宽为 300MHz 的散射波数据，从而可以提供高分辨率的观测场景双基地成像结果。

图 1.3(a)为 HITCHHIKER 系统，从图中可以看出，一副天线垂直向上接收卫星的直达波信号，另一副天线对着观测场景，接收散射波信号。图 1.3(b)为经过

同步及成像处理后，观测场景的双基地成像结果，场景大小约为 3km×8km。由成像结果可以看出，观测场景的目标能够得到很好的聚焦，植被、河流等轮廓都清晰可见，从而验证了该系统同步及成像算法的有效性。

(a) HITCHHIKER系统

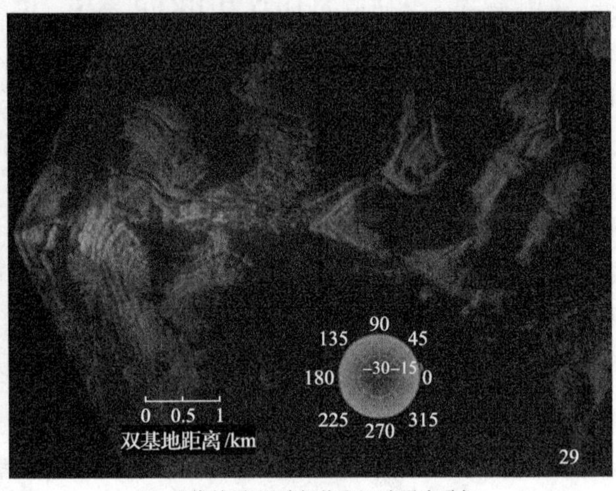

(b) 成像结果(干涉相位和回波强度叠加)

图 1.3 HITCHHIKER 系统及成像结果

2010 年，HITCHHIKER 系统散射波接收天线增加到三个，并开展了多基线干涉实验及多极化实验，这里不再详细介绍。

3) 中国星地 BSAR 系统

对于星地 BSAR 系统，国内的许多研究机构，如西安电子科技大学[13]、电子科技大学[14]、北京理工大学[12]、中国科学院电子学研究所[15]、国防科技大学[16]等都开展了大量 BSAR 同步、成像等关键技术的研究。其中，北京理工大学利用我国自主研发的遥感一号卫星，开展了星地 BSAR 实验，取得了不错的研究成果。在星地 BSAR 实验中，遥感一号卫星工作于 L 波段，固定站放置在一栋大楼的楼顶，距离地面约 20m，观测场景为北京良乡某一区域，如图 1.4(a)所示。该区域目标种类比较丰富，有森林、街道、建筑物以及农田等。

图 1.4(b)为星载单基地 SAR 成像结果。图 1.4(c)为利用改进的非线性 CS(chirp scaling)成像算法得到的双基地成像结果。观测场景大小约为 4km(方位向)×8km(距离向)，BSAR 成像分辨率约为 9.1m(方位向)×2.7m(距离向)。从图 1.4 中可以看出，相较于星载单基地 SAR 成像结果，BSAR 系统中，接收站高度较低，导致入射角较大，从而使得遮挡和阴影比较明显。但是，对比成像结果可以看出，BSAR 成像结果中的植被信息和道路、农田等边缘信息比较明显，从而有利于进行 BSAR 散射特性和道路边缘检测等内容的研究。

(a) 观测场景

(b) 单基地SAR成像结果

(c) BSAR成像结果

图 1.4 北京理工大学星地 BSAR 实验结果

2. 星机 BSAR

星机 BSAR 以星载 SAR 为照射源，接收机搭载于机载平台上。相较于固定站，机载平台有以下方面的优势：①固定站需要等到卫星通过某一固定观测场景时才能开展实验，机载平台比较灵活，能够根据卫星轨道适当调整接收机运行轨迹；②机载平台高度较高，降低了遮挡和阴影对双基地成像结果的影响；③机载平台结合接收机波束控制，能够对 BSAR 系统多种工作模式进行研究。

1）早期的星机双基地系统

最早的星机双基地实验是1984年美国喷气动力实验室开展的相关实验。在此次实验中，发射系统为搭载于航天飞机上的SIR-B系统，L波段接收机放置于CV-900型飞机上，最终获取了分辨率约为20m的双基地成像结果。1992年，以第一颗欧洲航天局的卫星（ERS-1）为发射机，美国喷气动力实验室开展了星机双基地实验。1994年，以SIR-C系统为发射机，该实验室又开展了一次星机双基地实验，观测场景为阿拉斯加某一区域，最终成像分辨率约为12m。但由于技术条件的限制以及缺少BSAR成像处理设备，这几次实验取得的成果较差。

2）TerraSAR-X/F-SAR星机双基地系统

2007年，德国宇航中心开展了一系列星机BSAR实验。该星机双基地系统以德国TerraSAR-X为照射源，机载F-SAR系统为接收机。卫星高度约为514km，速度约为7600m/s，工作带宽为100MHz。机载平台飞行高度为2180m，飞行速度约为90m/s。为了提高方位向成像宽度，TerraSAR-X工作于滑动聚束模式。

利用时域成像算法，对双基地数据进行成像处理，得到的成像结果如图1.5所示。从图1.5中可以看出，经过成像处理后，能够得到观测场景的双基地成像结果，目标点能够得到很好的聚焦。

(a) 双基地成像结果

(b) 成像细节

图1.5 TerraSAR-X/F-SAR星机双基地实验结果

3）TerraSAR-X/PAMIR星机双基地系统

德国弗劳恩霍夫高频物理与雷达技术研究所（Fraunhofer Institute for High Frequency Physics and Radar Techniques，FHR）和锡根大学以TerraSAR-X为照射源，以机载多功能阵列成像雷达（phased array multifunctional image radar，PAMIR）为接收机，开展了一系列星机双基地实验。图1.6为星机BSAR系统星载照射源和机载平台的图片。PAMIR搭载于C-160运输机上，安装在机腹位置，飞行高度约为300m，最大飞行速度为120m/s。波束宽度为3.3°（方位向）×10°（距离向）。方位向波束扫描角度范围为±45°。PAMIR能够工作于条带、聚束、滑动聚束、动目标扫描检测等多种工作模式，因此大大扩展了双基地系统的应用范围。

(a) TerraSAR-X系统

(b) 搭载于C-160运输机上的PAMIR系统

图 1.6 TerraSAR-X/PAMIR 星机 BSAR 系统

图 1.7 为 TerraSAR-X/PAMIR 星机双基地实验成像结果。经过分析，该成像结果双基地距离向分辨率为 1.11m，方位向分辨率为 0.58m，与理论值比较吻合。

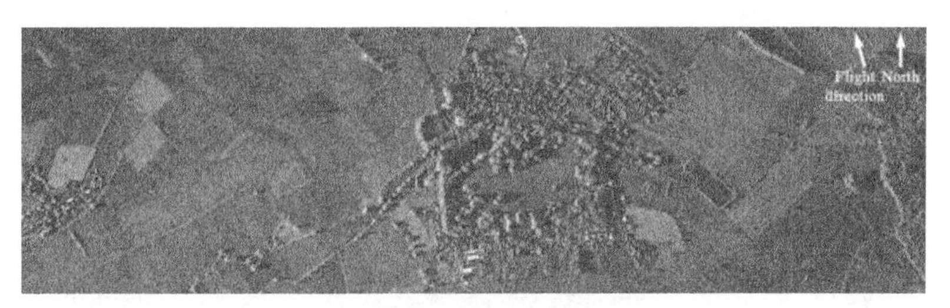

(a) 观测场景双基地成像结果

(b) 光学图像

图 1.7 TerraSAR-X/PAMIR 星机双基地实验成像结果

1.1.2 基于导航卫星的 BSAR 技术

在基于 SAR 卫星的 BSAR 研究飞速发展的同时，利用非 SAR 卫星(如导航卫星、通信卫星等)作为发射机构建 BSAR 的研究构想也得到了许多研究机构的青睐。早在 21 世纪初，英国伦敦大学学院(University College London，UCL)的

Griffiths 等就提出了采用星载机会照射源作为发射机，将接收机放置于飞机或地面站之上，进而构建双基地雷达系统以实现对空中目标的探测[17]。

2002 年，英国伯明翰大学(University of Birmingham)微波集成系统实验室(Microwave Integrated Systems Laboratory，MISL)的 Cherniakov 等提出了 SS-BSAR(space surface-BSAR)系统概念(图 1.8)，其初衷就是利用全球导航卫星系统(global navigation satellite system，GNSS)作为发射机，采用地表附近平台(机载平台、车载平台、轨道平台或静止平台)(图 1.9)搭载接收机，通过同步与成像处理实现对观测场景的二维高分辨成像[18]。该项目已经成功突破了同步与成像处理的关键技术，获得了聚焦良好的 BSAR 图像。此后，在英国工程物理与自然科学研究委员会(Engineering Physics and Science Research Council，EPSRC)的资助下，该项目研究已经扩展到了相干变化检测以及地表形变检测等应用领域。

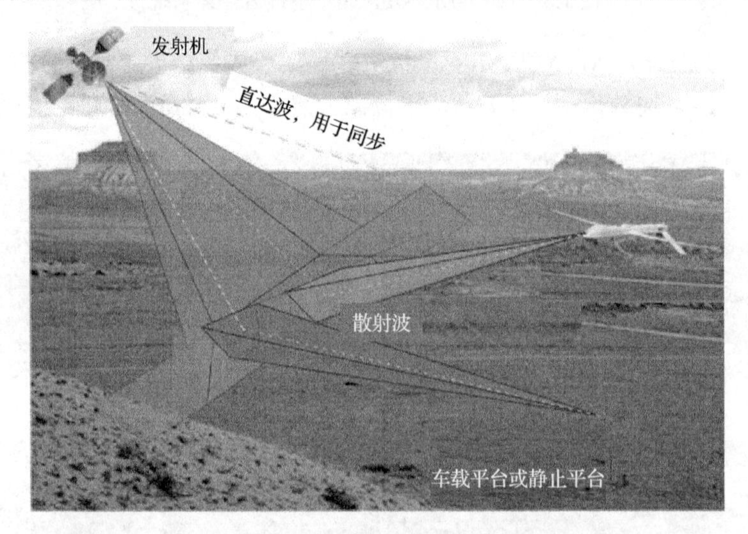

图 1.8　基于导航卫星的 BSAR 系统示意图

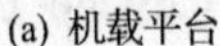
(a) 机载平台

(b) 车载平台

(c) 轨道平台

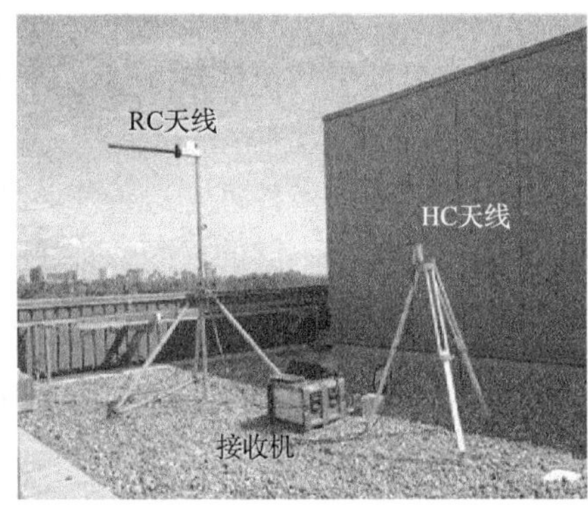

(d) 静止平台

图1.9 基于导航卫星的BSAR的四种接收平台

1.2 基于星载照射源的BSAR成像技术研究的意义

对于 BSAR，通过成像处理获取高质量的图像是需要解决的首要问题，而通过应用技术研究从BSAR图像中获取更多有用的信息是促使其不断发展的不竭动力。作为一种新体制BSAR系统，基于星载照射源的BSAR在信号同步、回波模拟、成像算法以及干涉应用等成像技术方面具有新特点。传统的BSAR成像技术已不能满足实际需求，需要针对基于星载照射源的BSAR研究更加有效的处理方法。本书研究的两种基于星载照射源的BSAR系统在系统构成和信号模型等方面既有相同之处，也有一定的差别，因此需要区别对待，分别开展研究。

1. 基于星载照射源的BSAR同步技术

由于收、发系统在空间上分置于不同平台，因此三大同步(空间同步、时间同步和频率同步)是基于星载照射源的BSAR系统首先需要解决的关键技术[19,20]。针对不同配置的BSAR系统，研究人员深入分析了同步误差对成像质量的影响，进而提出了一系列同步处理方法。这些研究成果在解决各自系统同步问题的同时也为基于星载照射源的BSAR系统的同步处理提供了一定的思路。然而，对基于星载照射源的BSAR系统而言，其系统配置具有一个突出的特点，即发射机为非合作照射源，导致该系统同步难度空前增大。以空间同步为例，对合作BSAR系统而言，只需约定观测场景和照射时间，收、发系统据此设置参数，协同开机工作即可；对基于星载照射源的BSAR系统而言，通常需要依据星载照射源的运行轨迹、工作模式、开机时刻等系统参数确定其波束照射区域及卫星过顶时刻，然后据此设置接收机工作模式及参数并配合星载照射源工作，才有可能录取到正确的雷达回波数据。对时、频同步误差而言，由于收、发系统之间无法建立专门的同步链路，只能借助于其他信息，通过后期数据处理实现时、频同步。直达波信号具有信噪比(signal-to-noise ratio，SNR)较高、相位历程相对简单的特点，因此利用直达波信号进行同步处理是一种常见的选择。然而，已有的基于直达波信号的同步方法或存在精度不够的问题，或需要其他特定的辅助信息，因此有必要针对基于星载照射源的 BSAR 系统研究专门的同步处理方法。

2. 基于星载照射源的 BSAR 回波模拟

回波模拟是进行系统设计、验证 SAR 处理方法的有效手段，因此精确的回波数据模拟算法非常重要。在星地 BSAR 系统中，由于卫星与接收机的运动速度差异较大，在成像过程中，收、发天线相位中心相对位置发生变化，因此该系统属于移变模式 BSAR 系统。同时，由于卫星距离向观测带宽度一般为几十到上百千米，脉冲重复频率为 1～5kHz，传统的时域回波模拟算法在方位向每一个采样时刻，计算波束覆盖范围内每一个分辨单元的回波，然后累加形成每一个方位向的时域回波。这对星载 SAR 系统，尤其是高分辨率星载 SAR 系统观测场景回波模拟来说，运算量巨大。如果使用个人电脑进行观测场景回波模拟，耗时将会长达数天甚至数十天，此时时域回波模拟算法远远不能满足需求。因此，为了提高工作效率，必须研究相应的回波快速模拟算法。

对于双向滑动聚束模式星机 BSAR 系统，发射波束工作于滑动聚束模式，接收波束工作于反向滑动聚束模式，收、发波束覆盖区域随着方位向时间的变化而变化，从而导致不同点目标的照射起止时间和时长均不同。同时，由于波束工作模式较为复杂，很难利用已有的频域回波模拟算法进行回波的快速仿真。为了对星机 BSAR 双向滑动聚束模式的系统特性进行分析，同时考虑到星机 BSAR 实验较为复杂，很难开展，星机 BSAR 实测数据的获取渠道也较为缺乏，需要对星机 BSAR 双向滑动聚束模式回波模拟算法进行研究，从而为系统特性分析及成像算法等的研究奠定基础。

3. 基于星载照射源的 BSAR 成像算法

成像算法是获取高质量 BSAR 图像的关键。在基于星载照射源的 BSAR 中，发射机与接收机分别搭载于不同类型的平台之上，且运动轨迹相互独立，属于最复杂的 BSAR 构型之一，因此回波信号的耦合性很强，成像处理难度很大。已有的 BSAR 成像算法，如双基地后向投影算法(bistatic back-projection algorithm，BBPA)[21]、双基地距离多普勒算法(bistatic range-Doppler algorithm，BRDA)[22]、二维非线性频调变标算法(non-linear chirp scaling algorithm，NLCSA)[23]等，都只能解决部分问题。另外，已有的BSAR成像算法研究没有考虑同步处理对成像处理的影响，截断了两者内在的逻辑联系，实用性不强。综合来看，除了处理效率较低的反向传播(back propagation，BP)算法外，尚无普遍适用的BSAR成像算法。因此，开展不同系统构型下的BSAR成像算法研究具有重要的现实意义。

4. 基于星载照射源的BSAR干涉应用

随着SAR技术的不断发展和完善，其应用早已从最初的地表成像扩展到更多领域，如灾害检测、海洋观测、资源勘察、森林生物量估计、农作物估产以及地形测绘等。在众多的应用领域中，SAR干涉应用引起了很多研究者的兴趣。一般来说，干涉合成孔径雷达(interferometric synthetic aperture radar，InSAR)是指利用(至少)两幅SAR图像之间的相位变化进行分析和测量的技术。随着BSAR技术的发展，BSAR干涉应用研究也越来越受到雷达界的关注。作为一种新体制的BSAR系统，基于星载照射源的BSAR在系统构成、工作模式、信息获取以及信号处理等方面均有独特之处。因此，利用基于星载照射源的BSAR系统进行干涉应用是一种全新的科学尝试。为了评估其系统性能并指导其系统设计，有必要进行深入的技术可行性研究。然而，传统的InSAR系统理论适用于单基地SAR模型，不能直接应用于BSAR系统。因此，针对基于星载照射源的BSAR系统特点，研究其干涉应用技术具有很强的理论意义和实际意义。

1.3 基于星载照射源的BSAR成像技术国内外研究现状

1.3.1 同步技术

由于收、发系统分置，且两者采用两套独立的电子设备，三大同步(空间同步、时间同步和频率同步)问题成为基于星载照射源的 BSAR 首先需要面对的技术难题。空间同步也称波束同步，指收、发波束照射区域一致，是保证系统正常工作的前提；时间同步是指收、发系统触发信号一致；频率同步是指发射载波与接收本振信号间的相位同步。SAR成像是一种长时间的相干积累过程，要求系统具有很好的相干性。因此，时间同步误差和频率同步误差不仅会造成测距误差，还会在回波信号中引入一定的相位误差，进而会导致成像质量下降。同步技术的研究主要包括两方面：一方面是同步误差对成像及后续处理的影响分析，从而确定同步处理的精度要求；另一方面是精确实用的同步方法研究。因此，其研究现状需要从这两方面予以阐述。

1. 同步误差影响分析

关于空间同步误差影响分析的研究报道并不多见。文献[24]分析了分布式卫星InSAR系统中天线波束指向误差对成像质量和测高精度的影响。针对卫星发射、飞机接收的 BSAR 系统，文献[25]建立了收、发平台姿态误差与波束中心点偏差之间的数学模型，进而得到了该系统对收、发平台位置及姿态测量精度的要求。

Willis 最早指出，双基地雷达对时间同步精度的典型要求是压缩后脉宽的若干分之一[26]。根据该结论，Wei 讨论了 BSAR 系统中时间同步对频率源稳定度的要求[19]。在国内，汤子跃等、Zhang 等分别针对时间同步误差和频率同步误差对机载 BSAR 成像造成的影响进行了分析研究[27,28]。文献[29]指出：时间同步误差的存在，使得录取到 BSAR 采样后回波在时间上没有对齐，进而破坏了回波数据之间的相位关系。张永胜等深入研究了时间同步误差对星载寄生式 SAR/InSAR 系统成像处理及干涉处理的影响[25]。研究表明：对于 X 波段的干涉处理，若要求干涉相位误差小于 3.6°，则干涉系统要求频率源准确度和稳定度分别达到 10^{-14} 和 10^{-10} 量级。

Auterman 最早研究了振荡器相位噪声对 BSAR 系统的影响[20]。Krieger 等在二阶统计模型下，研究了振荡器相位噪声对 BSAR 系统成像性能的影响[30]，指出振荡器相位噪声会导致像点偏移、主瓣展宽和虚假旁瓣，还会对 SAR 图像造成低频相位调制，导致干涉性能下降。Krieger 等还分析了在 BSAR 干涉应用中频率同步对振荡器性能的要求，并指出：对于 X 波段，若要求干涉相位误差小于 3.6°，则干涉系统要求频率源准确度达到 10^{-14} 量级，相位噪声功率谱(代表稳定度)在偏离中心频率 1Hz 处需要达到–110dBc/Hz[31]。根据幂律模型，文献[32]将相位噪声引入的相位误差分为线性误差、二次误差和高频误差，并分别研究了各种误差对 BSAR 成像的影响。Zhang 等研究了星载寄生式 SAR/InSAR 系统对频率同步误差的精度要求[33]。另外，有些学者综合考虑时间同步误差与频率同步误差，进而研究了时、频同步误差对 BSAR 系统的影响[34,35]。

2. *同步方法研究*

空间同步是保证 BSAR 正常工作的前提，可以通过合理的系统配置和工作模式设计加以解决。文献[36]针对分布式小卫星 SAR 系统，提出了一系列空间同步方案。对于 BSAR，其空间同步方案取决于系统采用的发射机类型。如果采用导航卫星或通信卫星作为发射机，由于这些卫星的波束覆盖范围非常广，全球大部分地区都能随时接收到这些卫星的信号，因此不需要采取专门的波束同步措施；如果采用 SAR 卫星作为发射机，那么需要研究相应的空间同步方法以实现收、发波束同步。针对以 TerraSAR 卫星为发射机，以机载 PAMIR 系统为接收机的 BSAR 实验，Gebhardt 等提出了一种双向滑动聚束模式的波束同步方法，尽量降低收、发波束足迹之间的速度差，进而扩展了成像场景的方位向宽度[37]。但由于上述空间同步方法需要收、发系统协同工作，因此只适用于合作BSAR系统。对于非合作BSAR系统，周鹏等提出一种宽波束接收模式，较好地解决了卫星发射、飞机接收的BSAR系统的空间同步问题[38]。SABRINA系统的接收机波束保持不动，通过延长回波数据录取时间来弥补卫星过顶时刻估计误差带来的影响，进而实现空间同步。

对于合作BSAR系统，常见的时、频同步方法主要有三大类：一是采用高稳频率源并利用锁相环技术实现收、发系统的时、频同步[39]；二是通过安装全球定位系统(global positioning system，GPS)接收机接收秒脉冲(pulse-per-second，PPS)信号，经适当处理后控制收、发频率源构成相干频率源来实现时、频同步[19]；三是在收、发系统之间建立专门的同步链路实现时、频同步[8]。对于非合作BSAR系统，在接收端增设一个由天线和接收机组成的数据接收通道，接收并利用直达波信号实现回波信号的时、频同步是比较常见的选择[40]。该类方法附加设备少，成本低，通过后期信号处理来实现同步操作，尤其适用于非合作BSAR系统。文献[24]提出了一种首先利用直达波进行时、频粗同步，然后利用运动误差补偿方法和GPS/惯性导航设备进行时、频精同步的方法。然而，该方法只是给出了理论模型，没有给出具体的实现方法，因此实用性不强。针对SABRINA系统，Lopez-Dekker等提出了一种综合利用直达波和卫星轨道数据进行时、频同步的方法[41]。然而实测数据表明，在没有其他辅助信息的情况下，该方法的频率同步精度并不令人满意，主要有以下两个方面的因素：一是公开渠道获取的卫星轨道数据的精度有限，不能精确地区分传播路径引入的相位和频率同步误差引入的相位；二是频率同步误差为振荡器引入的随机分量，难以通过建模进行精确估计。另外，张永胜等针对星载寄生式SAR系统提出了一种利用直达波的相位获取频率同步误差的频率同步方法[42]，但是该方法必须依赖其他的技术手段估计出直达波的瞬时多普勒频率，实用性不强。周鹏针对星发机收BSAR系统较为全面地研究了基于直达波的时、频同步方法[43]，其中频率同步方法必须依赖高精度的卫星测轨数据(0.1个波长以内)，实际运用中局限性较大，适用范围不广。文献[44]研究了SS-BSAR系统同步问题，并给出了一种基本的同步方法，然而该方法效率较低，工程实用性不强。

1.3.2　回波模拟技术

对于单基地SAR及BSAR场景回波的快速模拟，目前已经有一些较为经典的算法。文献[45]采用专用的工作站利用图形处理单元(graphic processing unit，GPU)进行并行运算，实现了单基地SAR场景回波的时域快速模拟，这种算法的优点是运算速度快，但是造价高、可扩展性差。文献[46]利用高速网络(100MB/s)将数台计算机构成集群系统，采取网络编程实现了星载 SAR 场景回波的并行模拟，但是该算法实现起来比较复杂，不易操作，编程难度较大。文献[47]利用波数域算法，将 SAR 回波看作场景的后向散射系数矩阵与 SAR 系统传递函数的卷积，实现了机载单基地 SAR 场景回波的快速模拟，并对单基地聚束模式场景回波快速模拟进行了研究，但该模型不适用于 BSAR 系统。文献[48]利用逆 Stolt 变换实现了单基地 SAR 以及移不变模式 BSAR 系统的场景回波快速模拟。但该算法推导的二维频谱模型是建立在收、发平台速度相等的前提下，对于收、发平台速度不同的移变模式 BSAR 系统，上述算法不再有效。对于星地 BSAR 回波快速模拟算法，在不增加硬件成本的前提下，目前还没有相关的文献提出有效的解决方案。

对于双向滑动聚束模式星机 BSAR 系统，发射波束工作于滑动聚束模式，接收波束工作于反向滑动聚束模式，观测场景中不同点目标的收、发波束照射起止时间、时长以及距离历程的变化均不同，从而使得系统的二维空变性很严重。因此，很难利用频域回波快速模拟算法生成回波。目前，也没有行之有效的回波快速模拟算法进行双向滑动聚束模式星机 BSAR 回波的模拟。

1.3.3 成像算法

相比于单基地 SAR，高效、精确的成像处理是一般构型 BSAR 面临的另一个技术难题。BSAR 频域成像处理的技术挑战主要来自两个方面：第一，目标的收、发斜距之和为双根号表达式，不满足双曲线结构，因此不能直接利用驻定相位原理求解双基地点目标参考频谱(bistatic point-target reference spectrum，BPTRS)；第二，收、发系统分置，导致场景内不同位置的目标响应参数变化剧烈，即目标回波响应具有二维空变特性。针对这两个问题，研究人员进行了大量、细致的研究工作，取得了一定的突破。2004 年，Loffeld 等提出了 Loffeld 双基地公式(Loffeld bistatic formula，LBF)方法，给出了一种求解 BPTRS 的近似方法[49]。LBF 方法将回波频谱分为发射部分和接收部分，并分别利用驻定相位原理求解对应的频谱表达式，最后利用一次驻定相位原理得到双基地畸变项的表达式，进而得到完整的 BPTRS。针对一般构型的 BSAR 系统。Wang 等根据收、发系统对多普勒频谱的贡献对发射频谱分量和接收频谱分量进行了加权，进而改进了 LBF 方法，可以获取更加精确的 BPTRS[50]。Neo 等利用级数反演(series reversion)思想，给出了一种高精度的 BPTRS 计算方法[51]。基于 LBF 方法，文献[52]和[53]分别采用二维逆变标傅里叶变换(inverse scaled Fourier transform，ISFT)和 CS 方法实现了 BSAR 成像处理。基于级数反演法，文献[23]采用非线性频调变标(nonlinear chirp scaling，NLCS)方法实现了二维空变的 BSAR 成像处理，文献[54]采用距离多普勒(range Doppler，RD)方法实现了方位向空不变的 BSAR 成像处理。

针对各种特定构型的BSAR成像处理，研究人员进行了深入研究。例如，对于Tandem模式，D'Aria等利用SMILE算子将BSAR回波数据转化为单基地SAR模型下的回波数据，然后采用熟悉的单基地SAR成像算法进行处理[55]。对于空不变模式，Giroux等提出了一种以隐式频谱为基础的波数域成像算法[56]；Ender基于隐式频谱，采用数值拟合对频谱进行最大程度的线性分解，从而得到了一种新的波数域方法[57]；Zhang等提出了半双基地角与双基地斜距和的概念，进而得到了回波的二维频谱表达式，然后采用双基地距离徙动算法(range migration algorithm，RMA)实现了成像处理[58]；Yang等利用瞬时多普勒贡献比推导了BPTRS[59]，然后基于此提出了一种Chirp-Z成像算法[60]。对于星发机收模式，Wang等基于二维ISFT提出了一种频域成像算法，可以实现小场景的聚焦处理[61]。对于接收机固定的BSAR模式，仇晓兰等提出了一种二维NLCS算法，解决了大双基地角、宽测绘带成像的问题[15]；Zeng等提出了一种高精度的双基地RMA，实现了非对称情况下的大场景成像[62]。针对基于导航卫星的BSAR，英国伯明翰大学的研究人员系统研究了其成像处理问题，并对BSAR分辨率特性进行了深入研究。

需要指出的是，虽然算法效率较低，但后向投影算法(back-projection algorithm，BPA)仍然是BSAR实测数据处理最常用的成像算法[63,64]。随着计算机水平的不断提高，BPA的应用前景会更加广阔。

1.3.4 应用技术

基于星载照射源的BSAR应用技术具有配置灵活、成本低、功能多样和战场生存能力强的特点，因此具有广阔的应用领域。相应地，应用技术研究的不断深入也促进了基于星载照射源的BSAR相关技术的快速发展。

利用基于星载照射源的BSAR灵活多样的几何构型，可以获取场景目标的多角度散射信息，有利于目标的检测和识别。Griffiths等[65]很早就提出了利用星载机会照射源作为发射机，通过放置在机载或地面的接收机组成BSAR系统，进而实现对空中目标的探测。英国伯明翰大学的研究人员利用已有的SS-BSAR原理验证系统对城市场景的多角度散射特性进行了初步研究。

利用基于星载照射源的BSAR进行干涉应用是一个重要领域。西班牙加泰罗尼亚理工大学提出的SABRINA概念，就是利用在轨的ENVISAT或ERS-2作为发射机，将接收机放置在静止平台上，采用单航过的干涉模式对观测场景进行高程测量。英国伯明翰大学提出了利用基于导航卫星的BSAR系统进行相干变化检测以及地表形变检测的研究设想，并已经取得了初步进展。国内北京理工大学在突破基于星载照射源的BSAR同步、成像技术的同时，提出了利用基于导航卫星的BSAR技术进行地表形变检测，进而实现自然灾害的有效监控和及时预警，有望实现空间无缝大范围检测和近实时响应。

参 考 文 献

[1] Martin M, Klupar P, Kilberg S, et al. Techsat21 and revolutionizing space missions using microsatellites [C]. The 15th American Institute of Aeronautics and Astronautics Conference on Small Satellites, Logan, 2001: 1-10.

[2] Massonnet D. Capabilities and limitations of the interferometric cartwheel[J]. IEEE Transactions on Geoscience and Remote Sensing, 2001, 39(3): 506-520.

[3] Moccia A, Rufino G, D'Errico M, et al. BISSAT: A bistatic SAR for Earth observation[C]. IEEE International Geoscience and Remote Sensing Symposium, Toronto, 2002: 2628-2630.

[4] Girard R, Lee P F, James K. The RADARSAT-2&3 topographic mission: An overview[C]. IEEE International Geoscience and Remote Sensing Symposium, Toronto, 2002: 1477-1479.

[5] Fiedler H, Krieger G, Jochim F, et al. Analysis of bistatic configurations for spaceborne SAR interferometry[C]. European Conference on Synthetic Aperture Radar (EUSAR), Cologne, 2002: 29-32.

[6] Caltagirone F, De Luca G, Covello F. Status, results, potentiality and evolution of COSMO-SkyMed, the Italian Earth observation constellation for risk management and security[C]. IEEE International Geoscience and Remote Sensing Symposium, Honolulu, 2010: 4393-4396.

[7] Moreira A, Krieger G, Fiedler H, et al. Advanced interferometric SAR techniques with TanDEM-X[C]. IEEE Radar Conference 2008, Rome, 2008: 1-5.

[8] Krieger G, Moreira A, Fiedler H, et al. TanDEM-X: A satellite formation for high-resolution SAR interferometry[J]. IEEE Transactions on Geoscience and Remote Sensing, 2007, 45(11): 3317-3341.

[9] Rodriguez-Cassola M, Prats P, Schulze D, et al. First bistatic spaeborne SAR experiment with TanDEM-X[J]. IEEE Geoscience and Remote Sensing Letters, 2012, 9(1): 33-37.

[10] Sanz-Marcos J, Lopez-Dekker P, Mallorqui J J, et al. SABRINA: A SAR bistatic receiver for interferometric applications[J]. IEEE Geoscience and Remote Sensing Letters, 2007, 4(2): 307-311.

[11] Behner F, Reuter S. HITCHHIKER-hybrid bistatic high resolution SAR experiment using a stationary receiver and TerraSAR-X transmitter[C]. The 8th European Conference on Synthetic Aperture Radar, Aachen, 2010: 1-4.

[12] Wang R, Li F, Zeng T. Bistatic SAR experiment, processing and results in spaceborne/stationary configuration [C]. Proceedings of 2011 IEEE CIE International Conference on Radar, Chengdu, 2011: 393-397.

[13] 李燕平, 张振华, 邢孟道, 等. 星机双基地 SAR 的目标二维频谱计算[J]. 自然科学进展, 2007, 17(12): 1699-1706.

[14] Xiong J T, Xian L, Huang Y L, et al. Research on improved RD algorithm for airborne bistatic SAR and experimental data processing[C]. The 7th European Conference on Synthetic Aperture Radar, Friedrichshafen, 2008: 1-4.

[15] 仇晓兰, 丁赤飚, 胡东辉. 双站SAR成像处理技术[M]. 北京: 科学出版社, 2010.

[16] 孙造宇. 星载分布式InSAR信号仿真与处理研究[D]. 长沙: 国防科学技术大学, 2007.

[17] Griffiths H D, Baker C J, Baubert J, et al. Bistatic radar using satellite-borne illuminators[C]. IEEE Radar 2002, Edinburgh, 2002: 1-5.

[18] Cherniakov M, Saini R, Zuo R, et al. Space-surface bistatic synthetic aperture radar with global navigation satellite system transmitter of opportunity-experimental results[J]. IET Radar Sonar, & Navigation, 2007, 1(6): 447-458.

[19] Wei B M. Synchronization aspects for bistatic SAR systems[C]. Proceedings of International Geoscience and Remote Sensing Symposium, Alaska, 2004: 1000-1003.

[20] Auterman J L. Phase stability requirements for a bistatic SAR[C]. Proceedings of IEEE National Radar Conference, Atlanta, 1984: 48-52.

[21] Ding Y, Munson D C. A fast back-projection algorithm for bistatic SAR imaging[C]. Proceedings of International Conference on Image Processing, Rochester, 2002: 22-25.

[22] Sanz-Marcos J, Mallorqui J, Aguasca A, et al. First ENVISAT and ERS-2 parasitic bistatic fixed receiver SAR images processed with the subaperture range-Doppler algorithm[C]. IEEE International Symposium on Geoscience and Remote Sensing, Denver, 2006: 1840-1843.

[23] Wong F H, Cumming I G, Neo Y L. Focusing bistatic SAR data using the nonlinear chirp scaling algorithm[J]. IEEE Transactions on Geoscience and Remote Sensing, 2008, 46(9): 2493-2505.

[24] Wang W, Ding C, Liang X. Time and phase synchronization via direct-path signal for bistatic synthetic aperture radar systems [J]. IET Radar Sonar & Navigation, 2008, 2(1): 1-11.

[25] 张永胜, 梁甸农, 孙造宇, 等. 时间同步误差对星载寄生式InSAR系统干涉相位的影响分析[J]. 宇航学报, 2007, 28(2): 370-374.

[26] Willis N J. Bistatic Radar [M]. Boston: Artech House, 1991.

[27] 汤子跃, 张守融. 双站合成孔径雷达系统原理[M]. 北京: 科学出版社, 2003.

[28] Zhang X L, Li H B, Wang J G. The analysis of time synchronization error in bistatic SAR system[C]. Proceedings of 2005 IEEE International Geoscience and Remote Sensing Symposium, Seoul, 2005: 4619-4622.

[29] Wang W Q. Clock timing jitter analysis and compensation for bistatic synthetic aperture radar systems[J]. Fluctuation and Noise Letters, 2007, 7(3): L341-L350.

[30] Krieger G, Cassola M R, Younis M, et al. Impact of oscillator noise in bistatic and multistatic SAR[C]. Proceedings of 2005 IEEE International Geoscience and Remote Sensing Symposium, Seoul, 2005: 1043-1046.

[31] Krieger G, Younis M. Impact of oscillator noise in bistatic and multistatic SAR[J]. IEEE Geoscience and Remote Sensing Letters, 2006, 3(3): 424-428.

[32] 张升康，杨汝良. 振荡器相位噪声对双站 SAR 成像影响分析[J]. 测试技术学报，2008, 22(1): 7-12.

[33] Zhang Y, Liang D, Dong Z. Analysis of frequency synchronization errors in spaceborne parasitic interferometric SAR system[C]. European Conference on Synthetic Aperture Radar, Dresden, 2006: 1-4.

[34] Zhang Y S, Liang D N, Dong Z. Analysis of time and frequency synchronization errors in spaceborne parasitic InSAR system[C]. 2006 IEEE International Symposium on Geoscience and Remote Sensing, Denver, 2006: 3047-3050.

[35] Tian W M, Long T, Yang J, et al. Combined analysis of time & frequency synchronization error for BiSAR[C]. Proceedings of 2011 IEEE CIE International Conference on Radar, Chengdu, 2011: 388-392.

[36] 黄海风，梁甸农. 非合作式星载双站雷达波束同步设计[J]. 宇航学报, 2005, 26(5): 606-611.

[37] Gebhardt U, Loffeld O, Nies H, et al. Bistatic airborne/spaceborne hybrid experiment: Basic considerations[C]. Proceedings of SPIE International Symposium on Remote Sensing, Brugge, 2005: 479-488.

[38] 周鹏，皮亦鸣. 一种用于非合作式星机双基地SAR中的波束同步技术[J]. 电子与信息学报, 2009, 31(5): 1122-1126.

[39] Tian W M, Hu S Q, Zeng T. A frequency synchronization scheme based on PLL for BiSAR and experiment result[C]. The 9th International Conference on Signal Processing, Beijing, 2008: 2425-2428.

[40] Wang W, Liang X, Ding C, et al. A phase synchronization approach for bistatic SAR systems [C]. European Conference on Synthetic Aperture Radar, Dresden, 2006: 1-4.

[41] Lopez-Dekker P, Serra-Morales P, Mallorqui J J. Temporal alignment and Doppler centroid estimation in opportunistic bistatic SAR systems[C]. The 7th European Conference on Synthetic Aperture Radar, Friedrichshafen, 2008: 1-4.

[42] 张永胜，梁甸农，董臻. 星载寄生式 SAR 系统频率同步分析[J]. 国防科技大学学报，2006, 28(2): 85-87, 110.

[43] 周鹏. 星机双基地SAR系统总体与同步技术研究[D]. 成都: 电子科技大学博士学位论文, 2008.

[44] Saini R, Zuo R, Cherniakov M. Signal synchronization in SS-BSAR based on GLONASS satellite emission[C]. IET International Conference on Radar Systems, Edinburgh, 2007: 1-5.

[45] 张超，李景文. 基于机群计算的星载 SAR 回波并行仿真研究[J]. 计算机工程与应用，2007, 43(25): 98-101.

[46] Zhang C, Li J W. Study of parallel simulation of spaceborne SAR echo based on cluster computing[J]. Computer Engineering and Applications, 2007, 43(25): 98-101.

[47] Franceschetti G, Migliaccio M, Riccio D, et al. SARAS: A synthetic aperture radar (SAR) raw signal simulator[J]. IEEE Transactions on Geoscience and Remote Sensing, 1992, 30 (1): 110-123.

[48] Qiu X L, Hu D H, Zhou L J, et al. A bistatic SAR raw data simulator based on inverse omega-K algorithm[J]. IEEE Transactions on Geoscience and Remote Sensing, 2010, 48 (3): 1540-1547.

[49] Loffeld O, Nies H, Peters V, et al. Models and useful relations for bistatic SAR processing[J]. IEEE Transactions on Geoscience and Remote Sensing, 2004, 42 (10): 2031-2038.

[50] Wang R, Loffeld O, Ul-Ann Q, et al. A bistatic point target reference spectrum for general bistatic SAR processing[J]. IEEE Geoscience and Remote Sensing Letters, 2008, 5 (3): 517-521.

[51] Neo Y L, Wong F, Cumming I G. A two-dimensional spectrum for bistatic SAR processing using series reversion[J]. IEEE Geoscience and Remote Sensing Letters, 2007, 4 (1): 93-96.

[52] Natroshvili K, Loffeld O, Nies H, et al. Focusing of general bistatic SAR configuration data with 2-D inverse scaled FFT[J]. IEEE Transactions on Geoscience and Remote Sensing, 2006, 44 (10): 2718-2727.

[53] Wang R, Loffeld O, Nies H, et al. Chirp-scaling algorithm for bistatic SAR data in the constant-offset configuration[J]. IEEE Transactions on Geoscience and Remote Sensing, 2009, 47 (3): 952-964.

[54] Neo Y L, Wong F H, Cumming I G. Processing of azimuth-invariant bistatic SAR data using the range Doppler algorithm[J]. IEEE Transactions on Geoscience and Remote Sensing, 2008, 46 (1): 14-21.

[55] D'Aria D, Guarnieri A M, Rocca F. Focusing bistatic synthetic aperture radar using dip move out[J]. IEEE Transactions on Geoscience and Remote Sensing, 2004, 42 (7): 1362-1376.

[56] Giroux V, Cantalloube H, Daout F. An Omega-K algorithm for SAR bistatic systems[C]. Proceedings of International 2005 IEEE Geoscience and Remote Sensing Symposium, Seoul, 2005: 1060-1063.

[57] Ender J H G. Signal theoretical aspects of bistatic SAR[C]. 2003 IEEE International Geoscience and Remote Sensing Symposium, Toulouse, 2003: 1438-1441.

[58] Zhang Z H, Xing M D, Ding J S, et al. Focusing parallel bistatic SAR data using the analytic transfer function in the wavenumber domain[J]. IEEE Transactions on Geoscience and Remote Sensing, 2007, 45 (11): 3633-3645.

[59] Yang K F, He F, Liang D N. A two-dimensional spectrum for general bistatic SAR processing[J]. IEEE Geoscience and Remote Sensing Letters, 2010, 7 (1): 108-112.

[60] 杨科锋. 双基地 SAR 成像理论与方法研究[D]. 长沙: 国防科技大学博士学位论文, 2009.

[61] Wang R, Loffeld O, Nies H, et al. Frequency-domain bistatic SAR processing for spaceborne/airborne configuration[J]. IEEE Transactions on Aerospace and Electronic Systems, 2010, 46(3): 1329-1345.

[62] Zeng T, Liu F F, Hu C, et al. Image formation algorithm for asymmetric bistatic SAR systems with a fixed receiver[J]. IEEE Transactions on Geoscience and Remote Sensing, 2012, 50(11): 4684-4698.

[63] Antoniou M, Zeng Z, Liu F, et al. Experimental demonstration of passive BSAR imaging using navigation satellites and a fixed receiver[J]. IEEE Geoscience Remote Sensing Letters, 2012, 9(3): 477-481.

[64] Ulander L M H, Hellsten H, Stenstrom G. Synthetic-aperture radar processing using fast factorized back-projection[J]. IEEE Transactions on Aerospace and Electronic Systems, 2003, 39(3): 760-776.

[65] Griffiths H D, Baker C J, Baubert J, et al. Bistatic radar using satellite-borne illuminators[C]. IEEE RADAR 2002, Edinburgh, 2002:1-5.

第 2 章　基于星载照射源的 BSAR 基础理论

作为一种新型的微波遥感系统，有必要对基于星载照射源的 BSAR 系统概念与特性进行详细分析，而分析结论可以为进一步的信号处理与干涉应用研究奠定理论基础。

基于导航卫星的 BSAR 系统是指将在轨导航卫星作为发射机，采用近地平台(机载平台、车载平台或静止平台)搭载接收机的 BSAR 系统[1]。导航卫星的设计初衷并非作为雷达系统的辐射源，因此基于导航卫星的 BSAR 系统具有以下特点：回波的低信噪比、距离向的低分辨率，以及收、发平台极度非对称的拓扑关系[2]。除非特别说明，本章研究的基于导航卫星的 BSAR 系统是指 GLONASS 卫星发射、静止平台接收的 BSAR 系统。基于 SAR 卫星的 BSAR 系统是指将在轨星载 SAR 系统作为发射机，采用其他平台(包括飞艇、飞机、汽车及固定站等)搭载接收机的 BSAR 系统。平流层飞艇的飞行高度介于一般的飞机高度和卫星轨道高度之间[3]，因此以飞艇为接收机搭载平台的 BSAR 系统具有独特的技术优势，并具有一定的代表性。除非特别说明，本章研究的基于 SAR 卫星的 BSAR 系统是指 SAR 卫星发射、飞艇接收的 BSAR 系统。

如上所述，本书研究的两种基于星载照射源的 BSAR 系统均属于收、发平台异构的 BSAR 系统。两者具有一些相似点，例如均将非合作的卫星作为发射机、均属于远发近收的系统构型、均可以实现场景目标的二维成像等。同时，由于采用的星载照射源类型不同，几何构型有所不同，两者也具有很多不同点，例如系统几何构型不同、信噪比不同、二维空间分辨率不同、时空覆盖率不同等。针对这些问题，本章对两种系统分别进行详细分析，并对两者的异同进行对比与分析。

2.1　基于导航卫星的 BSAR 系统概念与特性

2.1.1　系统概念

对基于导航卫星的 BSAR 系统而言，可以作为发射机的导航卫星来源于 GNSS。目前，世界上的 GNSS 主要包括 GPS、GLONASS、Galileo 以及北斗系统。然而，GPS 卫星发射的民用导航信号为 C/A 码，其带宽只有 1.023MHz，对应的距离向分辨率约为 150m。GLONASS 卫星发射的导航信号包括 C/A 码和 P 码，其中P码的带宽为5.11MHz，对应的距离向分辨率约为30m。Galileo和北斗系统的导航信号带宽较大，可以获取较好的距离向分辨率。然而，由于欧洲经济危机，Galileo计划一再搁浅，目前还没有实现全球导航覆盖。我国北斗系统的导航卫星可以作为本系统后续发展中优先选择的发射机。本书针对将GLONASS卫星作为发射机，利用静止平台搭载接收机的情况进行研究[4]。

图2.1给出了基于导航卫星的BSAR系统示意图，其中发射机(导航卫星)沿其运行轨迹飞行，并连续不断地发射导航信号，而架设在静止平台上的接收机配置两路数据通道，一路用于接收和处理直达波信号；另一路用于接收和处理观测场景的散射回波信号。利用导航卫星相对于目标场景的运动，可以获取较大带宽的多普勒信号(取决于合成孔径时间)，对其进行匹配滤波，可以实现方位向高分辨率。导航信号通常为编码信号，其带宽较小，因此对应的距离向分辨率一般较差。然而，由于GLONASS实现了全球导航覆盖，基于导航卫星的BSAR系统具备对目标区域的时空连续覆盖能力。相比于传统的雷达卫星，这是一个突出的优势，从而使得该系统的应用前景十分广泛。

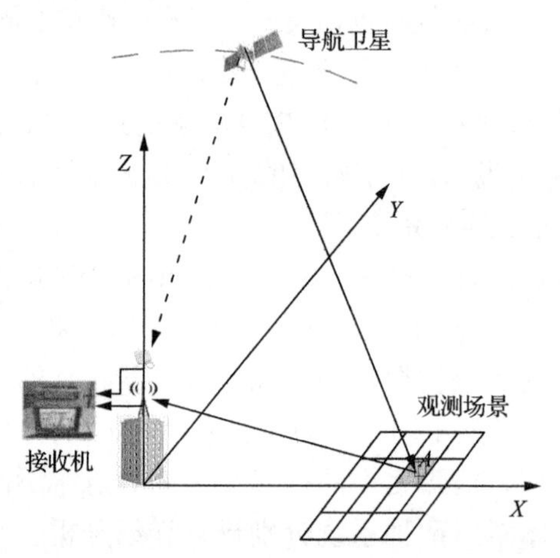

图2.1　基于导航卫星的BSAR系统示意图

1. 导航卫星照射源

GLONASS是俄罗斯研制开发的全球导航卫星系统，已于2011年1月在全球正式运行。如图2.2所示，GLONASS星座卫星由中轨道的24颗卫星组成，包括21颗工作星和三颗备份星，均匀分布于三个圆形轨道面上，轨道高度为19130km，倾角为64.8°，绕地球运行一周耗时11h15min。GLONASS采用频分多址(frequency division multiple access，FDMA)模式，即每一颗卫星发射一种载频导航信号[5]。

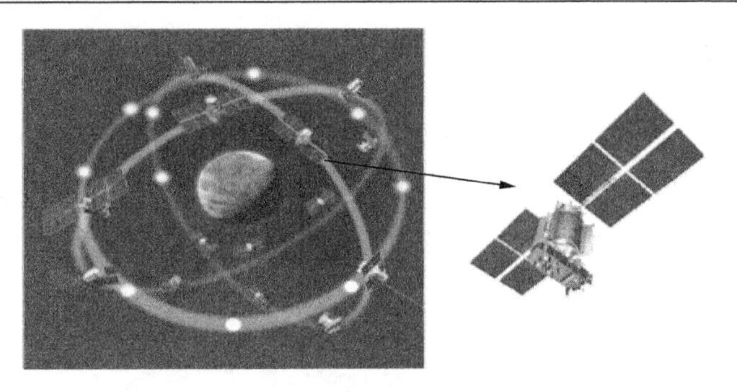

图 2.2　GLONASS 星座卫星示意图

对某一颗 GLONASS 卫星而言，如图 2.3 所示，其同时发射 L_1、L_2 两个频段的导航信号，两者均处于 L 波段。L_1 频段和 L_2 频段信号的载频分别为 $L_1 = 1602\text{MHz} + n \cdot 0.5625\text{MHz}$ 和 $L_2 = 1246\text{MHz} + n \cdot 0.4375\text{MHz}$，其中 $n = 0,1,2,\cdots$ 为该卫星的频道编号。如图 2.3 所示，GLONASS 卫星在 L_1 频段上调制两种伪随机噪声(pseudo random noise，PRN)码，一种为 P 码，码率为 5.11Mbit/s(对应带宽为 5.11MHz)，用于精确定位；另一种为 C/A 码，码率为 0.511Mbit/s(对应带宽为 0.511MHz)，用于粗略定位。同时，每颗 GLONASS 卫星在 L_2 频段上只调制 P 码。C/A 码和 P 码上叠加了 50Hz 的导航信息，用于实现其导航与定位功能。实际情况中，该系统仅利用 L_1 频段的导航信号进行成像处理。

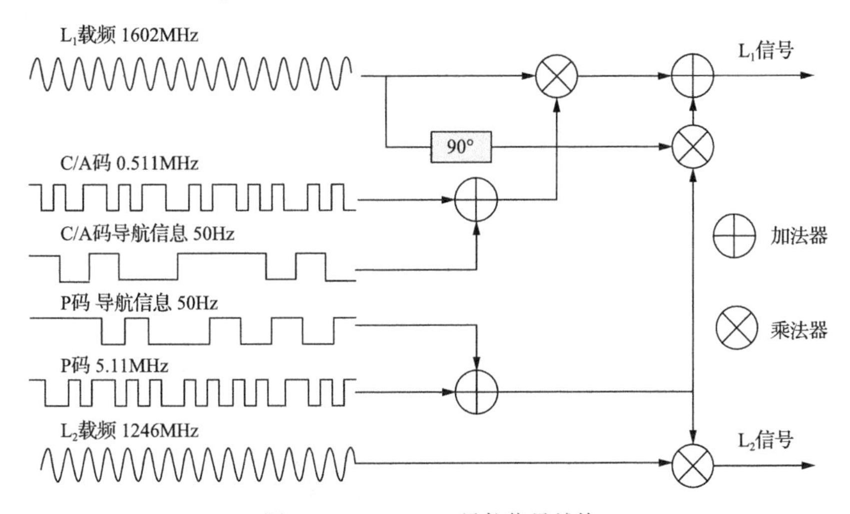

图 2.3　GLONASS 导航信号结构

2. 接收机分系统

如前所述，接收机分系统包含两路数据通道：直达波通道，称为外差通道(heterodyne channel，HC)；散射波通道，称为雷达通道(radar channel，RC)。直达波信号用来提取收、发系统同步误差，实现信号同步；散射波信号用来获取观测场景聚焦图像。相应地，接收机分系统配置了两幅天线：直达波天线(又称 HC 天线)和散射波天线(又称 RC 天线)。图 2.4 给出了 HC 天线和 RC 天线的实物照片。其中，HC 天线采用平板天线，其增益为 5dB，波束宽度为 60°×60° (方位向×俯仰向)；RC 天线采用螺旋天线，其主瓣增益为 16dB，波束宽度为 30°×30° (方位向×俯仰向)[6]。

(a) HC天线

(b) RC天线

图 2.4　直达波天线和散射波天线

图 2.5 给出了接收机分系统实物照片，图 2.6 给出了其结构框图。接收机分系统主要包括三个模块：射频(radio frequency，RF)模块、中频(intermediate frequency，IF)模块和基带(baseband frequency，BF)模块。射频模块包括天线、低噪放大器(low noise amplifier，LNA)以及 RF 混频；中频模块包括带通滤波器(band-pass filter，BPF)、多级放大器以及 IF 混频；基带模块包括 I/Q 正交解调、低通滤波器(low-pass filter，LPF)以及模数转换器(analog-to-digital converter，ADC)。

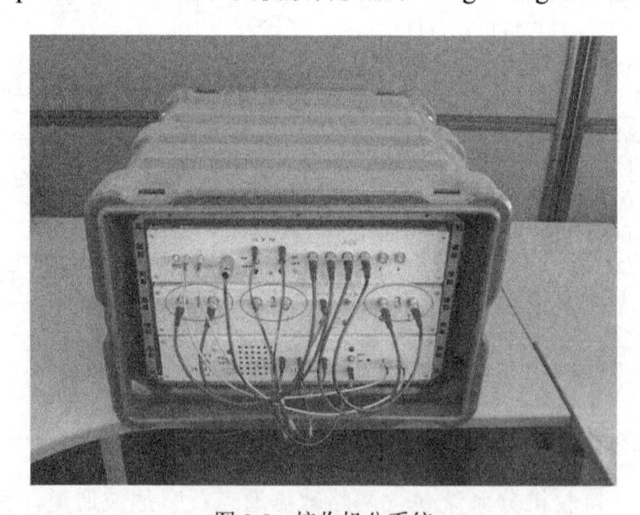

图 2.5　接收机分系统

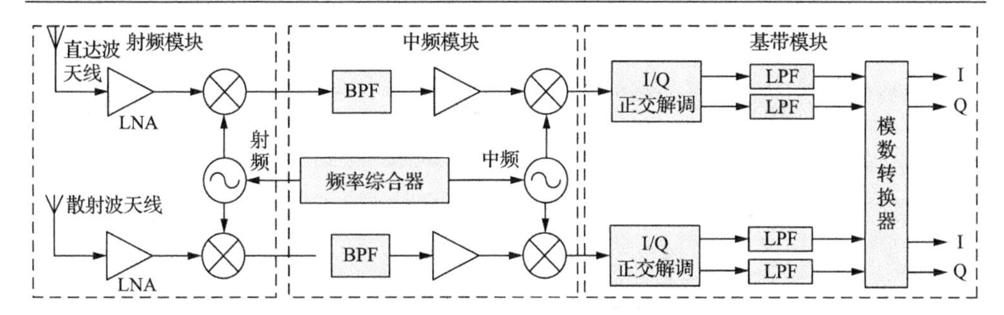

图 2.6　接收机分系统结构框图

由图 2.6 可以看出，两路数据通道共用一个频率综合器，且两路数据通道具有完全相同的传输响应，因此两者包含相同的时间同步和频率同步误差。直达波信号信噪比高、相位成分相对简单，可以用来实现收、发系统信号同步[7]。

2.1.2　系统几何构型

基于导航卫星的 BSAR 系统几何构型如图 2.1 所示。其中，GLONASS 卫星属于中高轨卫星，其轨道高度约为 19130km，固定接收机被架设在楼顶，其距观测场景中心的距离为 1km 左右。因此，在基于导航卫星的 BSAR 系统的拓扑关系中，发射斜距远远大于接收斜距，即收、发几何极度非对称。特殊的几何构型导致基于导航卫星的 BSAR 具有一些特殊的性质。

假设 $\boldsymbol{R}_T(t)$ 为导航卫星的瞬时位置矢量，$\boldsymbol{R}_R$ 为接收机位置矢量，则直达波距离历程和散射波距离历程(以点目标 A 为例)可以分别表示为

$$r_{\mathrm{HC}}(t)=\left|\boldsymbol{R}_T(t)-\boldsymbol{R}_R\right| \tag{2.1}$$

$$r_{\mathrm{RC}}(t)=\left|\boldsymbol{R}_T(t)-\boldsymbol{A}\right|+\left|\boldsymbol{R}_R-\boldsymbol{A}\right| \tag{2.2}$$

式中，$\boldsymbol{A}$ 为点目标 A 的位置矢量。由式(2.1)和式(2.2)可以看出，当 $\boldsymbol{A}=\boldsymbol{R}_R$ 时，$r_{\mathrm{HC}}(t)=r_{\mathrm{RC}}(t)$，即直达波信号可以视为接收斜距为零的散射波信号。定义散射波距离历程与直达波距离历程之差为

$$\Delta r(t)=\left|r_{\mathrm{RC}}(t)-r_{\mathrm{HC}}(t)\right| \tag{2.3}$$

根据式(2.1)和式(2.2)，可以进一步计算直达波信号和散射波信号对应的多普勒频率：

$$f_{\mathrm{d\_HC}}(t)=-\frac{1}{\lambda}\cdot\frac{\mathrm{d}r_{\mathrm{HC}}(t)}{\mathrm{d}t}=-\frac{1}{\lambda}\cdot\boldsymbol{v}_T^{\mathrm{T}}(t)\cdot\frac{\boldsymbol{R}_T(t)-\boldsymbol{R}_R}{\left|\boldsymbol{R}_T(t)-\boldsymbol{R}_R\right|} \tag{2.4}$$

$$f_{\mathrm{d\_RC}}(t)=-\frac{1}{\lambda}\cdot\frac{\mathrm{d}r_{\mathrm{RC}}(t)}{\mathrm{d}t}=-\frac{1}{\lambda}\cdot\boldsymbol{v}_T^{\mathrm{T}}(t)\cdot\frac{\boldsymbol{R}_T(t)-\boldsymbol{A}}{\left|\boldsymbol{R}_T(t)-\boldsymbol{A}\right|} \tag{2.5}$$

式中，$\boldsymbol{v}_T(t)$ 为发射机瞬时速度矢量；λ 为系统工作波长。同理，定义散射波信号与直达波信号对应的多普勒频率之差为

$$\Delta f_d(t)=\left|f_{\mathrm{d\_RC}}(t)-f_{\mathrm{d\_HC}}(t)\right| \tag{2.6}$$

下面根据式(2.1)和式(2.2)，仿真计算基于导航卫星的 BSAR 的距离历程特性和多普勒频率特性，计算结果分别如图 2.7 和图 2.8 所示。在计算中，假设接收机和参考点目标的三维坐标分别为(0m,0m,30m)和(1000m,0m,0m)，而导航卫星选择为 Cosmos 743，其工作频率为 1605.375MHz，轨道采用国际全球导航卫星系统服务(international GNSS service，IGS)精确数据，时间跨度为世界标准时间 2013 年 5 月 3 日 09:30:00-10:30:00。原始的 IGS 轨道数据坐标系为国际地球参考框架(international terrestrial reference frame，ITRF)，因此首先需要将其转换到本地坐标系，然后才能利用以上公式进行计算。

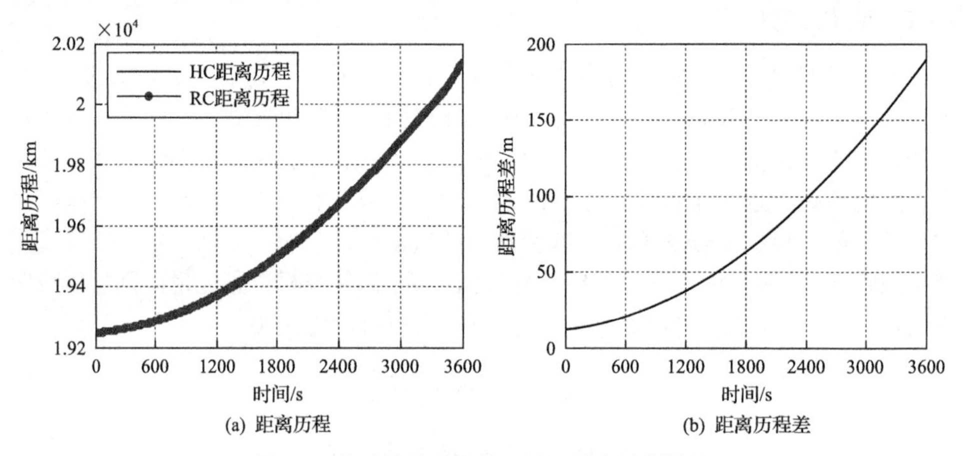

(a) 距离历程　(b) 距离历程差

图 2.7　基于导航卫星的 BSAR 距离历程特性

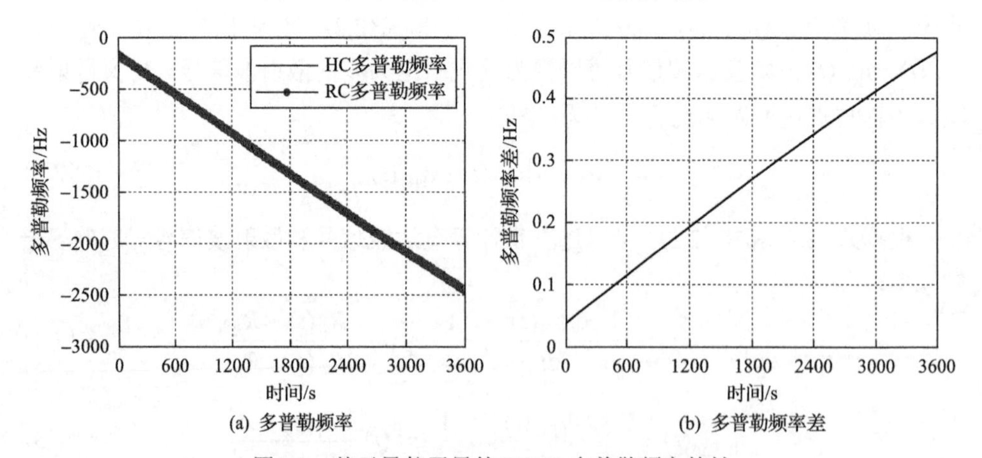

(a) 多普勒频率　(b) 多普勒频率差

图 2.8　基于导航卫星的 BSAR 多普勒频率特性

由图 2.7 可以看出，在 1h 的时间跨度里，直达波距离历程和散射波距离历程的变化达到了1000km，然而两者之间的差异 $\Delta r(t)$ 却不到 200m。相似地，由图 2.8 可以看出，直达波信号和散射波信号的多普勒频率变化值达到了 2300Hz，然而两者的差异 $\Delta f_d(t)$ 却小于 0.5Hz，即 $f_{\text{d\_RC}}(t) \approx f_{\text{d\_HC}}(t)$。究其原因，主要是基于导航卫星的 BSAR 收、发几何极度非对称，即发射斜距远远大于接收斜距。上述的这些特性会对基于导航卫星的 BSAR 同步与成像产生重要影响，后续章节将对此进行详细阐述。

2.1.3　系统信噪比

信噪比是雷达系统最重要的性能指标之一。本小节对基于导航卫星的 BSAR 系统信噪比性能进行研究，分别计算其直达波信噪比、散射波信噪比以及图像信噪比。

假设 GLONASS 卫星的平均发射功率为 P_t，发射天线增益为 G_t，发射机距地球表面的距离为 R_t，则 GLONASS 卫星发射信号到达地球表面的功率密度为

$$\Pi = \frac{P_t G_t}{4\pi R_t^2} \tag{2.7}$$

对于 GLONASS 卫星，$P_t = 50\text{W}$、$G_t = 11\text{dB}$、$R_t = 19130\text{km}$，因此 $\Pi = 1.37 \times 10^{-13}\,\text{W/m}^2$。

直达波信号是指由 HC 天线直接接收到的卫星信号。因此，在不考虑其他信号干扰的情况下，直达波信号功率只取决于 HC 天线的有效口径。由天线理论可知，HC 天线的有效口径可以表示为

$$A_{\text{HC}} = \frac{G_{\text{HC}} \lambda^2}{4\pi} \tag{2.8}$$

式中，G_{HC} 为 HC 天线的增益；λ 为系统工作波长。因此，直达波信号功率为

$$S_{\text{HC}} = \Pi \cdot A_{\text{HC}} = \frac{P_t G_t G_{\text{HC}} \lambda^2}{(4\pi)^2 R_t^2} \tag{2.9}$$

接收机系统的热噪声可以表示为

$$N_r = K T_0 B_n F \tag{2.10}$$

式中，$K = 1.38 \times 10^{-23}$ 为玻尔兹曼常数；T_0 为天线噪声温度；B_n 为系统带宽；F 为噪声系数。直达波信号的信噪比为

$$\text{SNR}_{\text{HC}} = \frac{S_{\text{HC}}}{N_r} = \frac{P_t G_t G_{\text{HC}} \lambda^2}{(4\pi)^2 R_t^2 K T_0 B_n F} \tag{2.11}$$

散射波信号是指由 RC 天线接收到的经场景目标反射后的卫星信号。在不考虑多径效应和其他干扰信号的情况下，散射波信号的强度取决于目标 RCS、目标距 RC 天线的距离以及 RC 天线的有效口径，可以表示为

$$S_{\mathrm{RC}} = \Pi \cdot \frac{\sigma}{4\pi R_r^2} \cdot A_{\mathrm{RC}} = \frac{P_t G_t G_{\mathrm{RC}} \lambda^2 \sigma}{(4\pi)^3 R_t^2 R_r^2} \tag{2.12}$$

式中，G_{RC} 为 RC 天线增益；σ 为目标的双基地 RCS；R_r 为目标距 RC 天线的距离。因此，散射波信号的信噪比可以表示为

$$\mathrm{SNR}_{\mathrm{RC}} = \frac{S_{\mathrm{RC}}}{N_r} = \frac{P_t G_t G_{\mathrm{RC}} \lambda^2 \sigma}{(4\pi)^3 R_t^2 R_r^2 K T_0 B_n F} \tag{2.13}$$

基于导航卫星的 BSAR 系统利用直达波提取同步信息，然后通过 BSAR 成像处理，可以利用散射波信号获取观测场景二维聚焦图像。根据 BSAR 方程，可以得到图像的信噪比为

$$\mathrm{SNR}_{\mathrm{Img}} = \mathrm{SNR}_{\mathrm{RC}} \cdot G_{\mathrm{rc}} \cdot G_{\mathrm{ac}} \cdot L = \frac{P_t G_t G_{\mathrm{RC}} \lambda^2 \sigma G_{\mathrm{rc}} G_{\mathrm{ac}}}{(4\pi)^3 R_t^2 R_r^2 K T_0 B_n F L} \tag{2.14}$$

式中，G_{rc} 和 G_{ac} 分别为距离向压缩增益和方位向压缩增益；L 为系统损耗。假设发射信号脉冲宽度为 τ_{in}，距离向压缩后的信号脉冲宽度为 τ_{out}，系统脉冲重复频率为 PRF，合成孔径时间为 T_{int}，则 G_{rc} 和 G_{ac} 可以分别表示为

$$G_{\mathrm{rc}} = \frac{\tau_{\mathrm{in}}}{\tau_{\mathrm{out}}} \tag{2.15}$$

$$G_{\mathrm{ac}} = \mathrm{PRF} \cdot T_{\mathrm{int}} \tag{2.16}$$

式中，$\tau_{\mathrm{out}} = 1/B_n$。由于 GLONASS 卫星的发射信号为连续编码信号，即 $\tau_{\mathrm{in}} = 1/\mathrm{PRF}$，距离向压缩增益为 $G_{\mathrm{rc}} = B_n/\mathrm{PRF}$。由式(2.16)可以看出，方位向压缩增益等于合成孔径时间内脉冲个数。因此，式(2.14)可以改写为

$$\mathrm{SNR}_{\mathrm{Img}} = \frac{P_t G_t G_{\mathrm{RC}} \lambda^2 \sigma T_{\mathrm{int}}}{(4\pi)^3 R_t^2 R_r^2 K T_0 F L} \tag{2.17}$$

表2.1给出了基于导航卫星的BSAR系统参数，其中发射机参数参考GLONASS Cosmos 743 卫星。

表 2.1　基于导航卫星的 BSAR 系统参数

系统参数	数值
导航卫星发射功率/W	50
发射天线增益/dB	11
导航卫星高度/km	19130
HC 天线增益/dB	5
RC 天线增益/dB	16
天线噪声温度/K	290
系统带宽/MHz	5.11
噪声系数/dB	1.5
系统损耗/dB	3
系统波长/cm	18.69
合成孔径时间/s	300

根据表 2.1 给出的参数和式(2.11)，可以计算出直达波信号的信噪比为 $\mathrm{SNR}_{\mathrm{HC}} = -13.8\mathrm{dB}$。由式(2.13)和式(2.17)可知，在系统参数确定的情况下，散射波信号和 BSAR 图像信号的信噪比与目标 RCS 以及接收机距目标距离有关。利用表 2.1 给出的参数，针对不同的目标 RCS，图 2.9 给出了 $\mathrm{SNR}_{\mathrm{RC}}$ 及其随接收距离的变化情况。从图中可以看出，随着接收机距目标距离的增加，$\mathrm{SNR}_{\mathrm{RC}}$ 和 $\mathrm{SNR}_{\mathrm{Img}}$ 不断降低；目标 RCS 越大，$\mathrm{SNR}_{\mathrm{RC}}$ 和 $\mathrm{SNR}_{\mathrm{Img}}$ 越高。根据图 2.9 可以估计基于导航卫星的 BSAR 系统信噪比性能：假设某一点目标 RCS 为 $10\mathrm{m}^2$，其到接收机的距离为 1km，则其对应的散射波信号的信噪比约为–64dB，对应的 BSAR 图像信号的信噪比约为 25dB，信噪比改善了约 89dB。

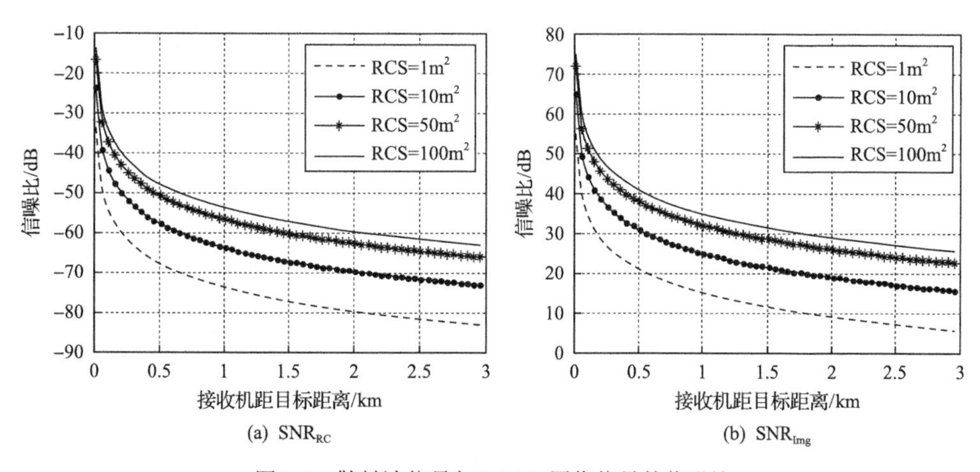

(a) $\mathrm{SNR}_{\mathrm{RC}}$　　(b) $\mathrm{SNR}_{\mathrm{Img}}$

图 2.9　散射波信号与 BSAR 图像信号的信噪比

2.1.4 空间分辨率

空间分辨率是 SAR 系统的关键指标，对 SAR 图像的分类和识别有着重要的影响。单基地 SAR 的空间分辨率相对简单。在双基地情况下，由于收、发平台分置，其二维空间分辨率与系统空间几何关系密切相关。

许多学者从不同的角度研究了分辨率与 BSAR 系统构型之间的关系。Willis 较早研究了 BSAR 二维空间分辨率，并给出了其数学表达式[8]。Cardillo 从梯度的角度研究了 BSAR 二维空间分辨率[9]。Zeng 等利用广义模糊函数(generalized ambiguity function，GAF)研究了一般构型的 BSAR 空间分辨率，推导了空间分辨率的解析表达式[10]。综合来看，GAF 方法假设合理、论证严密，较好地解决了 BSAR 空间分辨率分析问题。

为了获取良好的方位向分辨率，基于导航卫星的 BSAR 系统往往采用较长的合成孔径时间(如 $T_{\text{int}}=300\text{s}$ 或更长)。在这种情况下，发射机的运行轨迹并不完全满足直线假设。针对这个问题，文献[11]对 GAF 方法进行了扩展，研究了曲线轨迹对基于导航卫星的 BSAR 系统空间分辨率的影响。然而，正如文献[11]所述，曲线轨迹仅对距离向分辨率有所影响，且这种影响只有在超长的合成孔径时间(如 $T_{\text{int}}=600\text{s}$ 或更长)情况下才值得考虑。本书主要针对合成孔径时间在 300s 以内的情况进行研究。因此，在不影响精确性的前提下，本小节仍采用 GAF 方法对基于导航卫星的 BSAR 系统空间分辨率进行研究。

如图 2.1 所示，假设点目标 A(位置矢量为 $\boldsymbol{A}$)为场景中的任意一点，且不考虑导航信息的影响，则该点的散射回波(正交解调之后)可以表示为

$$h_A(\tau,t)=\sqrt{M_A(t)}\cdot s\left[\tau-\tau_{dA}(t)\right]\cdot\exp\left[-\mathrm{j}2\pi f_{dA}(t)\tau\right]\cdot\exp\left[-\mathrm{j}2\pi f_0\tau_{dA}(t)\right] \tag{2.18}$$

式中，$M_A(t)$ 为接收功率与发射功率之比；$s[\tau]$ 为导航卫星发射信号包络；τ 和 t 分别为快时间和慢时间；$f_{dA}(t)$ 和 $\tau_{dA}(t)$ 分别为该目标对应的瞬时多普勒频率和时延；f_0 为系统中心频率。根据几何关系，时延 $\tau_{dA}(t)$ 可以表示为

$$\tau_{dA}(t)=\frac{\left|\boldsymbol{R}_T(t)-\boldsymbol{A}\right|+\left|\boldsymbol{R}_R-\boldsymbol{A}\right|}{c} \tag{2.19}$$

式中，c 为光速；$\boldsymbol{R}_T(t)$ 为导航卫星的瞬时位置矢量；$\boldsymbol{R}_R$ 为接收机位置矢量；$|\cdot|$ 为 p-2 范数。导航卫星的波束范围很大，因此在合成孔径时间 T_{int} 内 $M_A(t)$ 几乎保持不变。为了简便起见，忽略常数项，$M_A(t)$ 可以表示为如下矩形函数：

$$M_A(t)=\operatorname{rect}\left(\frac{t-t_c}{T_{\text{int}}}\right) \tag{2.20}$$

假设合成孔径时间内的卫星轨迹满足直线模型，则导航卫星的瞬时位置矢量可以表示为

$$\boldsymbol{R}_T(t) = \boldsymbol{R}_T(t_c) + \boldsymbol{V}_T \cdot (t - t_c) \tag{2.21}$$

式中，t_c 为合成孔径中心时刻。

假设在点目标 A 的附近，有另一个点目标 B（位置矢量为 $\boldsymbol{B}$），同理可以得出该点目标的散射回波为

$$h_B(\tau,t) = \sqrt{M_B(t)} \cdot s\left[\tau - \tau_{dB}(t)\right] \cdot \exp\left[-\mathrm{j}2\pi f_{dB}(t)\tau\right] \cdot \exp\left[-\mathrm{j}2\pi f_0 \tau_{dB}(t)\right] \tag{2.22}$$

则点目标 A 与点目标 B 的回波信号之间的 GAF 可以写作

$$\chi(\boldsymbol{A},\boldsymbol{B}) = \frac{\iint h_A(\tau,t) h_B^*(\tau,t) \mathrm{d}\tau \mathrm{d}t}{\sqrt{\iint \left|h_A(\tau,t)\right|^2 \mathrm{d}\tau \mathrm{d}t \cdot \iint \left|h_B(\tau,t)\right|^2 \mathrm{d}\tau \mathrm{d}t}} \tag{2.23}$$

点目标 A 与 B 相距很近，因此 $M_B(t) \approx M_A(t)$，$f_{dA}(t) \approx f_{dB}(t)$，则将式(2.23)变换到频域可以得到

$$\begin{aligned} \chi(\boldsymbol{A},\boldsymbol{B}) &= \frac{\iint h_A(f,t) h_B^*(f,t) \mathrm{d}f \mathrm{d}t}{\sqrt{\iint \left|h_A(f,t)\right|^2 \mathrm{d}f \mathrm{d}t \cdot \iint \left|h_B(f,t)\right|^2 \mathrm{d}f \mathrm{d}t}} \\ &= \frac{\iint M_A(t) P\left[f - f_{dA}(t)\right] \exp\left\{\mathrm{j}2\pi(f + f_0)\left[\tau_{dB}(t) - \tau_{dA}(t)\right]\right\} \mathrm{d}f \mathrm{d}t}{\sqrt{\iint P\left[f - f_{dA}(t)\right] M_A(t) \mathrm{d}f \mathrm{d}t \cdot \iint P\left[f - f_{dA}(t)\right] M_A(t) \mathrm{d}f \mathrm{d}t}} \end{aligned} \tag{2.24}$$

式中，$P\left[f - f_{dA}(t)\right]$ 为发射信号的频谱。实际系统中，$f_{dA}(t)$ 通常为千赫兹量级，远远小于 f 的取值范围，因此变量 $f_{dA}(t)$ 对 $P\left[f - f_{dA}(t)\right]$ 的影响可以忽略。据此，式(2.24)可以简化为

$$\chi(\boldsymbol{A},\boldsymbol{B}) = \iint \tilde{M}_A(t) \tilde{P}(f) \exp\left\{\mathrm{j}2\pi(f + f_0)\left[\tau_{dB}(t) - \tau_{dA}(t)\right]\right\} \mathrm{d}f \mathrm{d}t \tag{2.25}$$

式中，$\tilde{M}_A(t) = M_A(t) / \int M_A(t) \mathrm{d}t$，$\tilde{P}(f) = P(f) / \int P(f) \mathrm{d}f$。

由于发射信号为窄带信号，且合成孔径远远小于发射机到点目标 A 的视线距离，可以做以下近似处理：

$$2\pi f\left[\tau_{dB}(t) - \tau_{dA}(t)\right] \approx 2\pi f \tau_d \tag{2.26}$$

$$2\pi f_0\left[\tau_{dB}(t)-\tau_{dA}(t)\right]\approx 2\pi f_0\tau_d+2\pi f_d\cdot\left(t-t_c\right) \tag{2.27}$$

式中，τ_d 为点目标 A 与点目标 B 在 t_c 时刻的时延之差；f_d 为点目标 A 与点目标 B 的多普勒中心频率之差。

$$\tau_d=\frac{\left|\boldsymbol{B}-\boldsymbol{R}_T(t_c)\right|+\left|\boldsymbol{B}-\boldsymbol{R}_R\right|}{c}-\frac{\left|\boldsymbol{A}-\boldsymbol{R}_T(t_c)\right|+\left|\boldsymbol{A}-\boldsymbol{R}_R\right|}{c} \tag{2.28}$$

$$f_d=\frac{1}{\lambda}\cdot\left[\boldsymbol{V}_T^{\mathrm{T}}\frac{\boldsymbol{B}-\boldsymbol{R}_T(t_c)}{\left|\boldsymbol{B}-\boldsymbol{R}_T(t_c)\right|}-\boldsymbol{V}_T^{\mathrm{T}}\frac{\boldsymbol{A}-\boldsymbol{R}_T(t_c)}{\left|\boldsymbol{A}-\boldsymbol{R}_T(t_c)\right|}\right] \tag{2.29}$$

式(2.28)和式(2.29)在 $\boldsymbol{B}=\boldsymbol{A}$ 处，针对变量 $\boldsymbol{B}$ 进行泰勒展开，只保留一次项可以得到

$$\tau_d\approx\frac{\left[\boldsymbol{\Phi}_{TA}+\boldsymbol{\Phi}_{RA}\right]^{\mathrm{T}}(\boldsymbol{B}-\boldsymbol{A})}{c}=\frac{2\cos(\beta_b/2)\boldsymbol{\Theta}^{\mathrm{T}}(\boldsymbol{B}-\boldsymbol{A})}{c} \tag{2.30}$$

$$f_d\approx\frac{1}{\lambda}\cdot\omega\boldsymbol{\Gamma}^{\mathrm{T}}(\boldsymbol{B}-\boldsymbol{A}) \tag{2.31}$$

式中，$\boldsymbol{\Phi}_{TA}$ 和 $\boldsymbol{\Phi}_{RA}$ 分别为合成孔径中心时刻的发射机和接收机到点目标 A 的单位矢量；β_b 为双基地角（$\boldsymbol{\Phi}_{TA}$ 和 $\boldsymbol{\Phi}_{RA}$ 之间的夹角）；$\boldsymbol{\Theta}$ 为沿双基地角方向的单位矢量；ω 和 $\boldsymbol{\Gamma}$ 分别为发射机相对于点目标 A 的角速度和角速度单位矢量，其表达式为

$$\omega=\frac{\left|\left[\boldsymbol{I}-\boldsymbol{\Phi}_{TA}\boldsymbol{\Phi}_{TA}^{\mathrm{T}}\right]\boldsymbol{V}_T\right|}{\left|\boldsymbol{A}-\boldsymbol{R}_T(t_c)\right|};\quad \boldsymbol{\Gamma}=\frac{\left[\boldsymbol{I}-\boldsymbol{\Phi}_{TA}\boldsymbol{\Phi}_{TA}^{\mathrm{T}}\right]\boldsymbol{V}_T}{\left|\left[\boldsymbol{I}-\boldsymbol{\Phi}_{TA}\boldsymbol{\Phi}_{TA}^{\mathrm{T}}\right]\boldsymbol{V}_T\right|} \tag{2.32}$$

因此，式(2.25)可以改写为

$$\begin{aligned}\chi(\boldsymbol{A},\boldsymbol{B})&\approx\exp\left[\mathrm{j}2\pi f_0\tau_d\right]\cdot\int\tilde{P}(f)\exp\left[\mathrm{j}2\pi f\tau_d\right]\mathrm{d}f\cdot\int\tilde{M}_A(t)\cdot\exp\left[\mathrm{j}2\pi f_d u\right]\mathrm{d}u\\&=\exp\left[\mathrm{j}2\pi f_0\tau_d\right]\cdot p\left(\tau_d\right)\cdot m_A(f_d)\end{aligned} \tag{2.33}$$

式中，$p\left(\tau_d\right)$ 和 $m_A(f_d)$ 分别为 $\tilde{P}(f)$ 和 $\tilde{M}_A(u)$ 的傅里叶逆变换结果，两者分别表征了距离向分辨率和多普勒分辨率(方位向分辨率)。

导航卫星发射的信号为伪随机码，因此距离向信号匹配滤波之后的结果近似为三角形函数；$M_A(t)$ 为矩形函数，因此方位向信号匹配滤波之后的结果为辛克函数。综上所述，结合式(2.30)和式(2.31)，基于导航卫星的 BSAR 系统的点散布函数(point spread function，PSF)可以表示为

$$\|\chi(\boldsymbol{A},\boldsymbol{B})\| \approx \mathrm{tri}\left[\frac{2\cos(\beta_b/2)\boldsymbol{\Theta}^{\mathrm{T}}(\boldsymbol{B}-\boldsymbol{A})}{c}\cdot B_{\mathrm{code}}\right]\cdot \mathrm{sinc}\left[\frac{\omega\boldsymbol{\Gamma}^{\mathrm{T}}(\boldsymbol{B}-\boldsymbol{A})}{\lambda}\cdot T_{\mathrm{int}}\right] \tag{2.34}$$

式中，B_{code} 为发射信号的带宽(伪随机码率)。三角形函数和辛克函数分别为

$$\mathrm{tri}(x)=\begin{cases}1-x, & |x|<1\\ 0, & \text{其他}\end{cases} \tag{2.35}$$

$$\mathrm{sinc}(x)=\frac{\sin(\pi x)}{\pi x} \tag{2.36}$$

定义 $\boldsymbol{\Theta}$ 和 $\boldsymbol{\Gamma}$ 分别代表距离向分辨率和方位向分辨率的方向，则基于导航卫星的 BSAR 系统的距离向分辨率和方位向分辨率大小分别为

$$\begin{aligned}\rho_r &= \frac{c}{2\cos(\beta_b)\cdot B_{\mathrm{code}}}\\ \rho_a &= 0.886\cdot\frac{\lambda}{\omega\cdot T_{\mathrm{int}}}\end{aligned} \tag{2.37}$$

这里根据式(2.34)仿真生成了参考点目标 A 对应于不同合成孔径时间的 PSF，结果如图 2.10 所示(动态范围为–15～0dB)。仿真所用的系统参数如表 2.2 所示，其中导航卫星的轨道采用 IGS 精确数据，时间跨度为世界标准时间 2013 年 5 月 3 日 10 时～10 时 05 分。

假设地面场景范围为 $100\mathrm{m} < x \leqslant 1500\mathrm{m}$、$-500\mathrm{m} \leqslant y \leqslant 500\mathrm{m}$，根据式(2.37)仿真计算了观测场景不同位置处的空间分辨率，计算结果如图 2.11 所示。

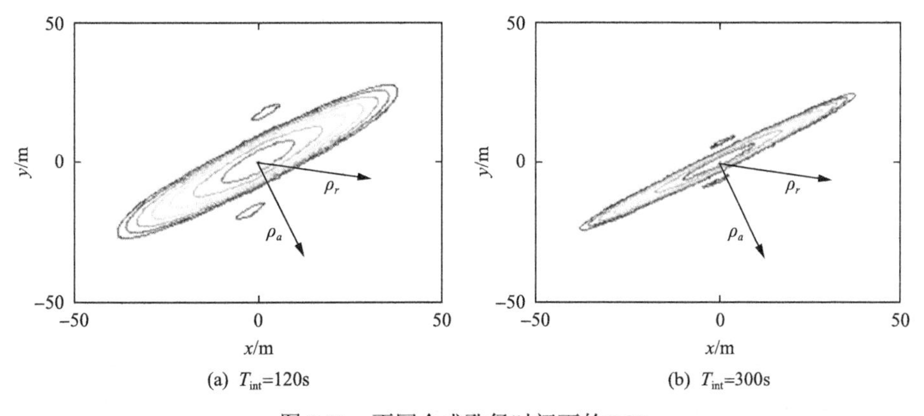

图 2.10　不同合成孔径时间下的 PSF

表 2.2　基于导航卫星的 BSAR 系统仿真参数

参数	数值
导航卫星	Cosmos 743
载频/MHz	1605.375
发射信号	P 码
码率/MHz	5.11
合成孔径时间/min	2/5
接收机坐标/m	(0, 0, 30)
点目标 A 坐标/m	(500, 0, 0)
场景距离向宽度/m	1500
场景方位向宽度/m	1000

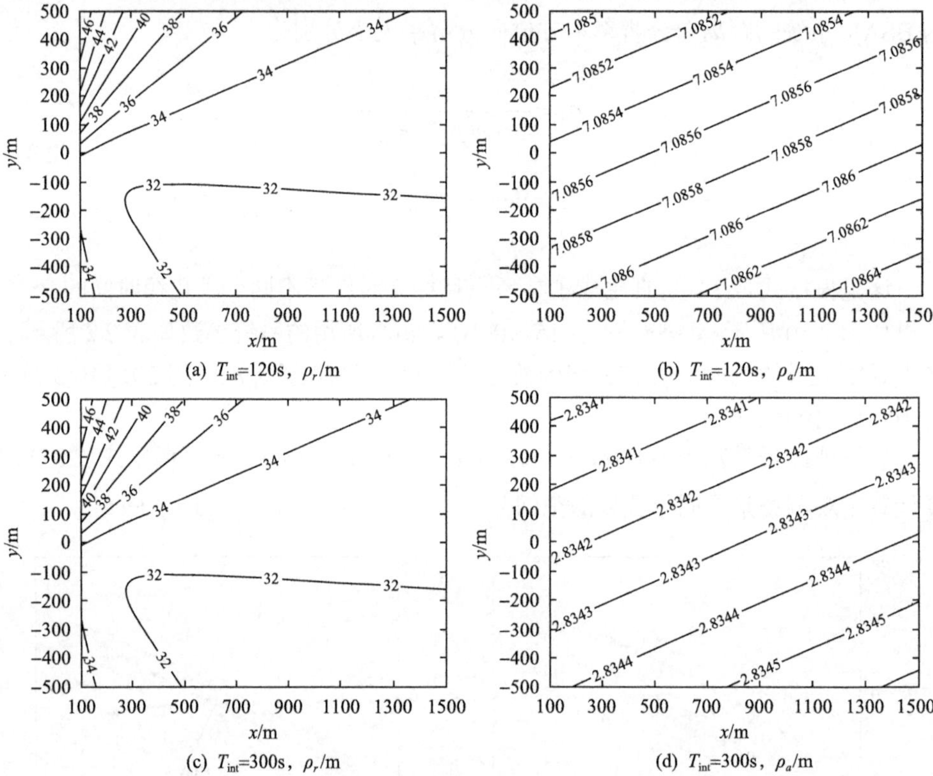

(a) T_{int}=120s，ρ_r/m

(b) T_{int}=120s，ρ_a/m

(c) T_{int}=300s，ρ_r/m

(d) T_{int}=300s，ρ_a/m

图 2.11　基于导航卫星的 BSAR 二维空间分辨率(单位：m)

由于导航信号带宽较小，距离向分辨率较差，而随着合成孔径时间的增长，方位向分辨率却可以很高，因此基于导航卫星的 BSAR 系统二维空间分辨率差异较大。如图 2.10 所示，PSF 的形状比较特殊，准确反映了二维空间分辨率的不匹配。再者，随着合成孔径时间的增长，基于导航卫星的 BSAR 系统的 PSF 不断变

"瘦"，证明方位向分辨率不断提高，而其距离向分辨率基本保持不变(因为双基地角随合成孔径时间的变化很小)。由图 2.11 也可以得到同样的结论，这与式(2.37)的结论相吻合。另外，由图 2.11 可以看出，基于导航卫星的 BSAR 系统的方位向分辨率在场景内基本保持一致，而距离向分辨率与目标在场景内的位置有关。

2.1.5　时空覆盖率

从理论上来说，基于导航卫星的 BSAR 可以实现对任意观测场景的全时空覆盖。GLONASS 实现了全球覆盖，在全球任何区域任何时间都存在至少四颗导航卫星的照射覆盖。因此，只需要在观测场景附近安装接收机分系统即可以进行数据录取和处理。未来，将接收机搭载于汽车或飞机上，进行近距离观测，可以更大限度地扩展其应用范畴。

实际中，如果仅针对 GLONASS 星座中的某一颗卫星进行研究，那么其重访周期为 7d 23h 27min 28s。HC 天线的波束宽度为 60°，因此其可以捕获到导航卫星信号的时间为 1～1.5h[5]。

2.2　基于 SAR 卫星的 BSAR 系统概念与特性

2.2.1　系统概念

图 2.12 给出了基于 SAR 卫星的 BSAR 系统示意图，其中星载 SAR 发射机以速度 v_T 飞行，而接收机搭载平台(飞艇)的飞行速度远远小于卫星飞行速度。不失一般性，本书假设基于 SAR 卫星的 BSAR 系统的接收机固定不动。如图 2.12 所示，以接收机位置为参考建立三维坐标，则接收机坐标为 $(0,0,H_R)$，P 为场景中任意一点目标。可以看出：基于 SAR 卫星的 BSAR 的观测场景是星载 SAR 系统扫描带的一部分，但收、发系统的空间几何关系十分灵活，可用于获取地面场景的非后向散射信息。

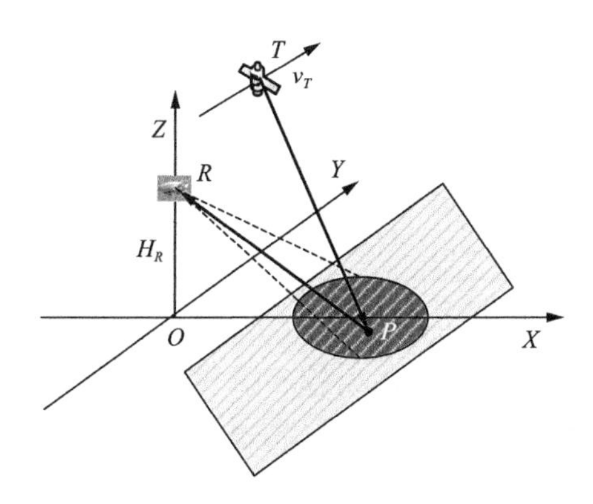

图 2.12　基于 SAR 卫星的 BSAR 系统示意图

在基于 SAR 卫星的 BSAR 系统中，发射机 T(星载 SAR 系统)不断发射电磁脉冲，经点目标 P 反射后，被接收机 R 接收到，经过一系列信号处理过程，可以得到该点目标的二维聚焦成像结果。其中，距离向高分辨率由星载 SAR 系统发射的大带宽脉冲信号提供，而方位向高分辨率则主要由星载 SAR 系统运动产生的大多普勒带宽信号提供。

1. SAR 卫星照射源

由于基于 SAR 卫星的 BSAR 系统利用在轨星载 SAR 系统作为照射源，因此可以选择的发射机系统比较丰富。以 X 波段 SAR 卫星为例，目前在轨运行的国外 SAR 卫星有德国的 TanDEM-X 星座(2 颗)、SAR-Lupe 星座(5 颗)以及欧洲航天局的 COSMO-SkyMed 星座(4 颗)等。这些卫星的轨道参数以及雷达参数如表 2.3 所示。

表 2.3　X 波段星载 SAR 系统参数[12,13]

参数	TanDEM-X	COSMO-SkyMed	SAR-Lupe①
轨道类型	近极地太阳同步	近极地太阳同步	近极地太阳同步
轨道倾角/(°)	97.44	97.86	98.165
轨道高度/km	514.5	619.6	505.5
轨道重复周期/天	11	16	—
轨道周期/min	94.59	96.95	94.338
每天运行圈数	15.1818	14.8125	15.2219
近地点辐角/(°)	90	90	—
偏心率	0.001	0.00118	0.0055
中心频率/GHz	9.65	9.58	X 波段
入射角范围/(°)	15～60	25～50	—
天线孔径/m	4.8×0.7	5.6×1.4	3.3×2.7
发射机峰值功率/kW	2.226	5	—
带宽/MHz	5～300	8.86～185.2	150 以上
脉冲重复频率/Hz	3000～6500	2850～3140	—
工作模式	扫描、条带、聚束	扫描、条带、聚束	条带、聚束
分辨率/m	1～16	1～100	0.7～6

注：由于保密原因，SAR-Lupe 具体参数尚不明确。

由表 2.3 可以看出，上述 X 波段星载 SAR 系统均可工作于多种工作模式以满足不同用户的遥测要求。但是，不同星载 SAR 系统在同一种工作模式下的性能比

① http://www.ohb-system.de/sar-lupe-english.html.

较相近，例如，在聚束模式下，分辨率为 1m 左右；在条带模式下，分辨率为 5～10m；在扫描模式下，分辨率大于 15m。星载 SAR 通常发射大带宽的线性调频(linear frequency modulation，LFM)信号。

基于 SAR 卫星的 BSAR 不仅受到星载 SAR 工作模式的影响，还受到其重访周期和覆盖范围的影响。SAR 卫星运行轨道通常选择近极地太阳同步轨道，同时其还是准回归轨道。这样经过若干天之后，SAR 卫星的星下点轨迹将与初始位置重合，以满足全球测绘覆盖要求。通过合理选择每天运行的圈数，SAR 卫星不仅可以实现全球覆盖，还可以在较短的时间内实现对重点区域的多次重访。此外，现代星载 SAR 系统均具备左右视成像和入射角可调功能，多颗 SAR 卫星还可以构成星座,因此基于SAR卫星的BSAR系统对某些重点区域的重访间隔可以更短。2.2.5 节将对 SAR 卫星重访间隔进行详细研究。

2. 接收机分系统

基于 SAR 卫星的 BSAR 利用飞艇作为平台，可以搭载多通道接收机分系统。SAR 卫星的重访周期一般较长(数天或更长)，而接收机在每次卫星重访时只能工作短短几秒。因此，为了确保每次实验都能采集到回波，接收机一般采用连续接收体制，即在卫星过顶前后的一段时间内接收机保持打开状态并连续采集回波数据，事后再进行相应的数据处理。另外，卫星运行速度远远高于飞艇的速度，如果接收机采用常规条带模式，那么收、发波束重叠时间短，且波束同步难度大。为了解决上述问题，接收机一般采用宽波束接收体制，即接收机波束保持静止，并以宽波束覆盖观测场景，在卫星波束扫过该观测场景时开机录取数据。

如图 2.13 所示，基于 SAR 卫星的 BSAR 系统的接收机分系统主要由直达波通道和散射波通道组成。直达波天线和散射波天线接收到各自的信号之后，首先进行低噪声放大、混频和滤波，形成基带信号，然后经 A/D 转换形成数字信号，接着在数字域进行相应的信号处理。其中，直达波信号主要用来提取时、频同步信息。根据所提取的同步信息，对两路散射波信号进行同步操作，实现时、频同步。最后，进行成像处理，得到观测场景的 SAR 图像。

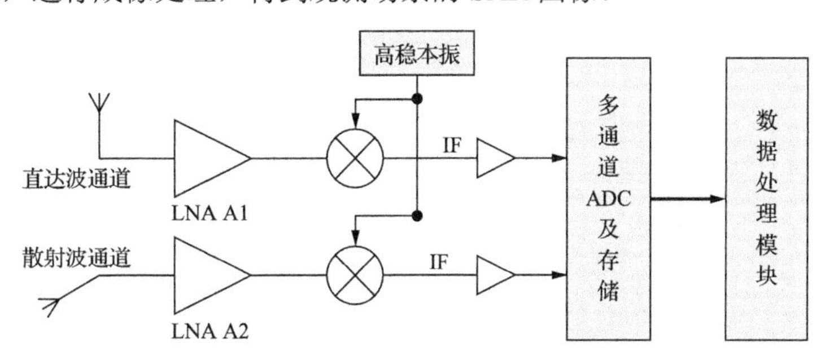

图 2.13　基于 SAR 卫星的 BSAR 接收机分系统框图

2.2.2 系统几何构型

基于 SAR 卫星的 BSAR 系统几何构型如图 2.12 所示。其中，SAR 卫星一般为低轨道卫星，其轨道高度为 500～800km；接收机搭载平台选择静止飞艇，其飞行高度一般为 10～20km，则接收机到场景中心的斜距可达 100km 左右。可以看出，基于 SAR 卫星的 BSAR 同样满足远发近收的拓扑结构，但接收斜距与发射斜距的差异只有一个数量级。

假设点目标 P 的位置矢量为 $\boldsymbol{A}$，则基于 SAR 卫星的 BSAR 的距离历程和多普勒频率也可以用式(2.1)和式(2.2)来表示。类似地，仿真计算了基于 SAR 卫星的 BSAR 的距离历程特性和多普勒频率特性，计算结果分别如图 2.14 和图 2.15 所示。在计算中，假设接收机坐标和参考点目标的三维坐标分别为(0km,0km,20km)和(1000km,0km,0km)，而 X 波段(9.65GHz) SAR 卫星平行于 Y 轴匀速飞行，高度为 514.5km，速度为 7600m/s，其坐标可以表示为(–280km,7.6t km, 514.5km)，其中 t 为合成孔径时间，此处取值范围设为 $-0.5\text{s} \leqslant t \leqslant 0.5\text{s}$。

由图 2.14 可以看出，在 1s 的合成孔径时间内，基于 SAR 卫星的 BSAR 直达波距离历程、散射波距离历程以及两者之差 $\Delta r(t)$ 的数值在同一个数量级。这一点与基于导航卫星的 BSAR 有所不同。由图 2.15 可以看出：直达波信号和散射波信号的多普勒频率变化值达到了 3000Hz，即多普勒带宽约为 3000Hz；同时，两者的差异 $\Delta f_d(t)$ 的最大值也达到了 182Hz，因此 $f_{\text{d\_RC}}(t) \approx f_{\text{d\_HC}}(t)$ 不再成立。这些不同点使得基于 SAR 卫星的 BSAR 的同步和成像处理与基于导航卫星的 BSAR 有所区别。

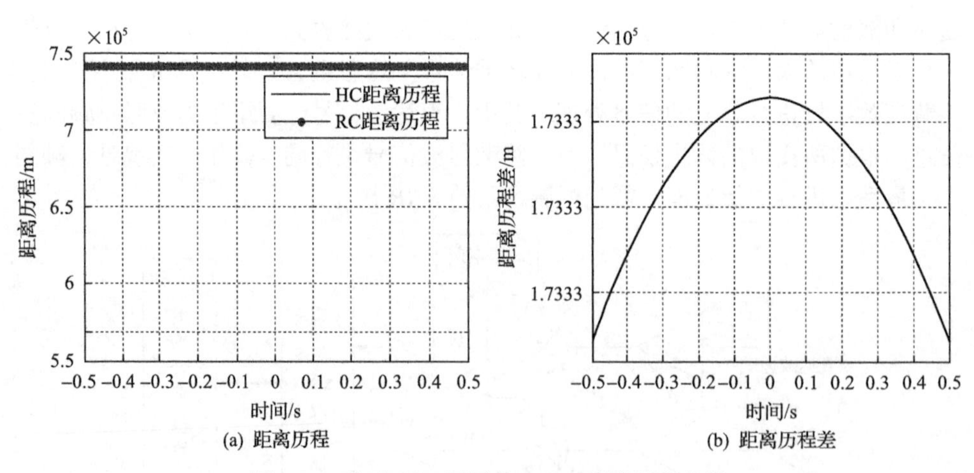

(a) 距离历程　　(b) 距离历程差

图 2.14　基于 SAR 卫星的 BSAR 距离历程特性

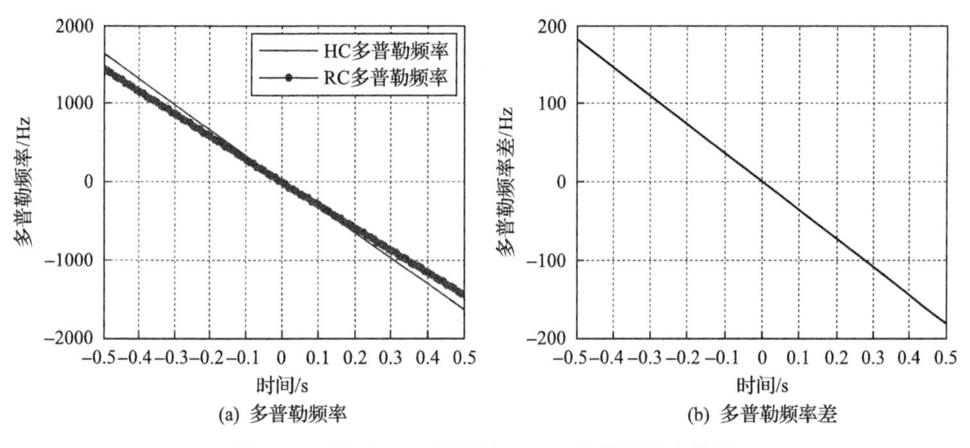

(a) 多普勒频率　　(b) 多普勒频率差

图 2.15　基于 SAR 卫星的 BSAR 多普勒频率特性

2.2.3　系统信噪比

与 1.2.3 节相似，基于 SAR 卫星的 BSAR 系统的信噪比可以表示为

$$\mathrm{SNR}_{\mathrm{HC}} = \frac{P_t G_t G_{\mathrm{HC}} \lambda^2}{(4\pi)^2 R_t^2 K T_0 B_n F} \tag{2.38}$$

$$\mathrm{SNR}_{\mathrm{Img}} = \frac{P_t G_t G_{\mathrm{RC}} \lambda^2 \sigma G_{\mathrm{rc}} G_{\mathrm{ac}}}{(4\pi)^3 R_t^2 R_r^2 K T_0 B_n F L} \tag{2.39}$$

式中，距离向压缩增益为 $G_{\mathrm{rc}} = \eta \cdot B_n / \mathrm{PRF}$，$\eta$ 为发射信号的脉冲占空比，其余参数定义不变。另外，目标的双基地 RCS 可以表示为

$$\sigma = \sigma^0 \cdot A_{\mathrm{res}} \tag{2.40}$$

式中，σ^0 为双基地散射系数；A_{res} 为地面分辨单元面积。因此，式(2.39)可以改写为

$$\mathrm{SNR}_{\mathrm{Img}} = \frac{P_t G_t G_{\mathrm{RC}} \lambda^2 \sigma^0 A_{\mathrm{res}} T_{\mathrm{int}} \eta}{(4\pi)^3 R_t^2 R_r^2 K T_0 F L} \tag{2.41}$$

为了研究方便，式(2.41)可以进一步改写为

$$\mathrm{SNR}_{\mathrm{Img}} = \frac{\sigma^0}{\mathrm{NESZ}} \tag{2.42}$$

式中，NESZ(noise equivalent sigma zero)通常用来表征 SAR 系统的探测能力[14]。

$$\mathrm{NESZ}=\frac{(4\pi)^3R_t^2R_r^2KT_0FL}{P_tG_tG_{\mathrm{RC}}\lambda^2A_{\mathrm{res}}T_{\mathrm{int}}\eta} \tag{2.43}$$

以下假定以德国 TerraSAR-X 为发射系统[13]，构建基于 SAR 卫星的 BSAR 系统。利用表 2.4 列出的系统参数，可以计算该系统的信噪比性能。假设直达波天线采用全向天线，即 $G_{\mathrm{HC}}=0\mathrm{dB}$，则直达波信号的信噪比为 $\mathrm{SNR}_{\mathrm{HC}}=29.5\mathrm{dB}$，远远高于基于导航卫星的 BSAR 系统的直达波信噪比。由表 2.4 可知，接收天线的最大增益为 28.92dB，进一步假设接收天线方向图采用辛克平方加权。利用 3 个波位覆盖地面距离为 60～100km 的探测范围，每个波位覆盖的测绘带为 20km×20km。根据表 2.4，计算得到合成孔径时间为 $T_{\mathrm{int}}=0.53\mathrm{s}$，计算出的基于 SAR 卫星的 BSAR 系统信噪比性能如图 2.16(a)所示。由图 2.16(a)可以看出，在表 2.4 给出的系统参数下，基于 SAR 卫星的 BSAR 系统的 NESZ 性能均优于单基地星载 SAR 系统的典型值(–19dB)。如表 2.4 所示，$A_{\mathrm{res}}=20\mathrm{m}^2$，假设 $\sigma^0=-10\mathrm{dB}$，则目标的双基地 RCS 为 $2\mathrm{m}^2$，进而得到系统信噪比性能如图 2.16(b)所示。可以看出，在整个覆盖范围内，基于 SAR 卫星的 BSAR 系统 SNR 性能均优于 9.5dB。

表 2.4　基于 SAR 卫星的 BSAR 系统仿真参数

发射机参数	数值	接收机参数	数值
卫星高度/km	514.5	飞艇高度/km	20
带宽/MHz	50	飞艇速度/(m/s)	0
平均发射功率/W	370	天线长度/m	0.12
噪声系数/dB	1.5	天线宽度/m	0.5
天线长度/m	4.8	地面探测距离/km	60～100
天线宽度/m	0.7	采样频率/MHz	75
入射角/(°)	35	测绘带长度/km	20
系统损耗/dB	3	测绘带宽度/km	20
载频/GHz	9.65	地面分辨单元面积/m^2	20
飞行速度/(m/s)	7600	占空比/%	20

2.2.4　空间分辨率

本小节依然采用 GAF 方法来分析基于 SAR 卫星的 BSAR 系统的二维空间分辨率，以期为系统设计和性能分析等提供理论依据。

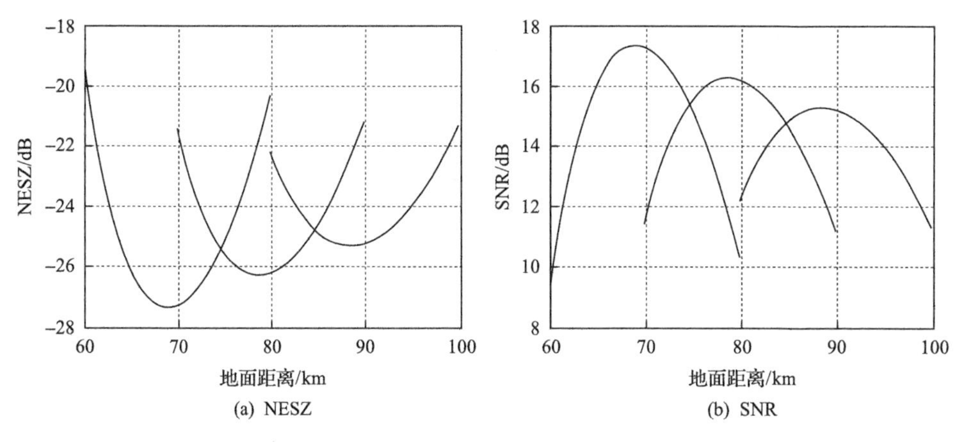

(a) NESZ　　(b) SNR

图 2.16　基于 SAR 卫星的 BSAR 系统信噪比性能

1. 二维空间分辨率

如图 2.12 所示，P 为场景中任意一点目标，其位置矢量为 $\boldsymbol{A}$，并以其为坐标原点。假设 P' 为 P 附近的任意点，其位置矢量为 $\boldsymbol{B}$，则对于基于 SAR 卫星的 BSAR，其 GAF 可以表示为

$$\chi(\boldsymbol{A},\boldsymbol{B}) \approx p\left[\frac{2\cos(\beta/2)\boldsymbol{\Theta}^{\mathrm{T}}(\boldsymbol{B}-\boldsymbol{A})}{c}\right]\cdot m_A\left[\frac{2\omega_E \boldsymbol{\Xi}^{\mathrm{T}}(\boldsymbol{B}-\boldsymbol{A})}{\lambda}\right] \cdot \exp\left[\mathrm{j}2\pi\frac{\left[\boldsymbol{\Phi}_{TA}+\boldsymbol{\Phi}_{RA}\right]^{\mathrm{T}}(\boldsymbol{B}-\boldsymbol{A})}{\lambda}\right] \tag{2.44}$$

式中，$p(\cdot)$ 为距离向压缩响应函数；$m_A(\cdot)$ 为方位向压缩响应函数；β 为双基地角；$\boldsymbol{\Theta}$ 为双基地角平分线方向；ω_E 和 $\boldsymbol{\Xi}$ 分别为等效角速度的模值和方向；$\boldsymbol{\Phi}_{TA}$ 和 $\boldsymbol{\Phi}_{RA}$ 分别为发射机和接收机在合成孔径中心时刻的单位位置矢量；c 为光速。

一般情况下，星载 SAR 发射信号为线性调频信号，而由平台运动产生的多普勒信号也可以近似看作线性调频信号。因此，基于 SAR 卫星的 BSAR 系统的距离向和方位向压缩响应函数可以表示为 sinc 形式，则有

$$\chi(\boldsymbol{A},\boldsymbol{B}) \approx \mathrm{sinc}\left[\frac{2\cos(\beta/2)\boldsymbol{\Theta}^{\mathrm{T}}(\boldsymbol{B}-\boldsymbol{A})}{c\cdot\delta_t}\right]\cdot \mathrm{sinc}\left[\frac{2\omega_E \boldsymbol{\Xi}^{\mathrm{T}}(\boldsymbol{B}-\boldsymbol{A})}{\lambda\delta_D}\right] \cdot \exp\left[\mathrm{j}2\pi\frac{\left[\boldsymbol{\Phi}_{TA}+\boldsymbol{\Phi}_{RA}\right]^{\mathrm{T}}(\boldsymbol{B}-\boldsymbol{A})}{\lambda}\right] \tag{2.45}$$

式中，$\mathrm{sinc}(x)=\dfrac{\sin(x\cdot\pi)}{x\cdot\pi}$；$\delta_t$ 和 δ_D 分别为时间分辨率和多普勒分辨率。假设系统

发射信号带宽为 B，合成孔径时间为 T_{int}，则

$$\begin{cases} \delta_t = \dfrac{0.886}{B} \\ \delta_D = \dfrac{0.886}{T_{\text{int}}} \end{cases} \tag{2.46}$$

由此可得：距离向分辨率和方位向分辨率方向分别为 $\boldsymbol{\Theta}$ 和 $\boldsymbol{\Xi}$，其大小分别为

$$\rho_r = \frac{0.886c}{2\cos(\beta/2)B} \tag{2.47}$$

$$\rho_a = \frac{0.886\lambda}{2\omega_E T_{\text{int}}} \tag{2.48}$$

在 BSAR 中，二维空间分辨率的方向不一定正交，其夹角为

$$\alpha_{\text{ra}} = \arccos(\boldsymbol{\Theta}^{\text{T}} \cdot \boldsymbol{\Xi}) \tag{2.49}$$

进而二维分辨单元面积可以表示为

$$S_b = \frac{\rho_r \rho_a}{\sin\alpha_{\text{ra}}} \tag{2.50}$$

假设 $\boldsymbol{\Theta}$ 和 $\boldsymbol{\Xi}$ 构成的平面(类似于单基地 SAR 中的斜平面)与地平面的夹角为 η，则地面二维分辨单元面积为

$$A_{\text{res}} = \frac{S_b}{\cos\eta} \tag{2.51}$$

2. 仿真分析

由上面的分析可知，不同几何构型的系统具有不同的空间分辨率。下面仿真分析两种典型几何构型下的二维空间分辨率特性。如图 2.17 所示，几何构型 1 为准单基地构型(quasi-monostatic configuration)，SAR 卫星沿 Y 轴正方向平飞；几何构型 2 为一般双基地构型，SAR 卫星沿 X 轴负方向平飞。仿真计算采用表 2.4 给出的系统参数，并假设发射机工作于正侧视模式，收、发波束中心重合，观测场景平坦，接收机作用距离为 $R_g = 80\text{km}$。

首先，根据式(2.45)，图 2.18 给出了两种几何构型下场景中心点的 PSF。由图 2.18 可以看出，不同几何构型下的 PSF 完全不同。在准单基地构型下，距离向压缩和方位向压缩的旁瓣相互正交，进而距离-方位二维空间分辨率方向相互正交；在一般构型下，场景中心点的 PSF 具有非正交旁瓣，而二维空间分辨率方向

也不正交。

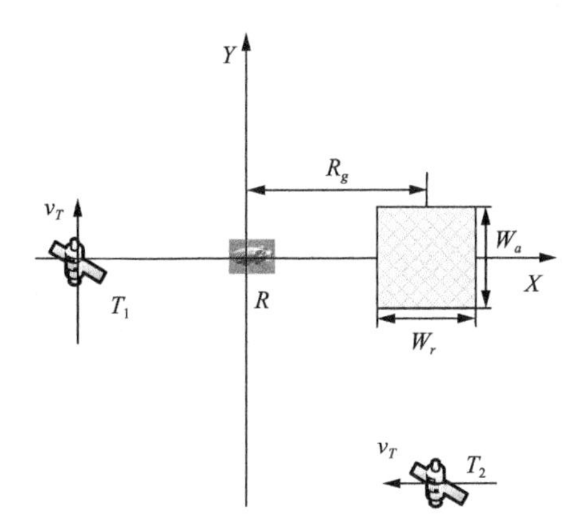

图 2.17　基于 SAR 卫星的 BSAR 空间几何俯视图

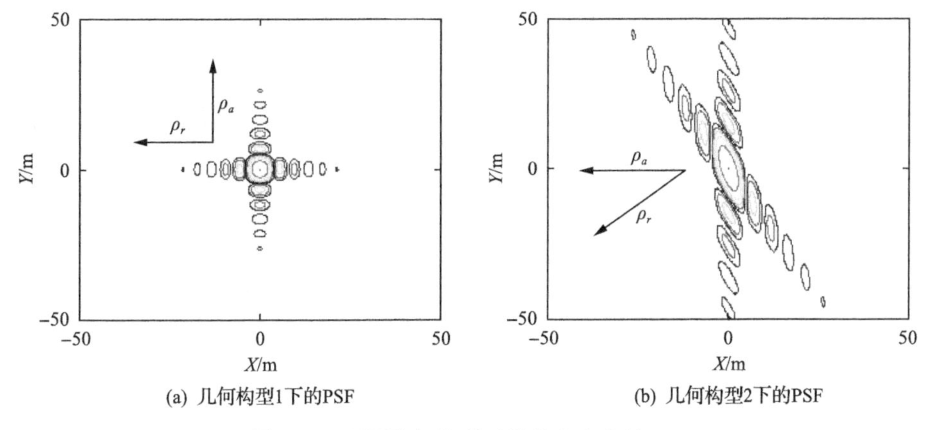

图 2.18　不同几何构型下场景中心点的 PSF

然后，根据式(2.47)和式(2.48)，分别仿真计算了两种几何构型下观测场景不同位置处的空间分辨率，计算结果如图 2.19 所示，其中等值线的切线方向代表相应的分辨率方向。由图 2.19 可以看出，不同几何构型下的空间分辨率分布特性有所不同。具体来说，几何构型 1 下的距离向分辨率关于 X 轴对称，且几何构型 1 下的距离向分辨率要优于几何构型 2 下的距离向分辨率，这主要得益于前一种几何构型下的双基地角较小。由于基于 SAR 卫星的 BSAR 仅靠发射机运动提供多普勒贡献，且假设发射机工作于正侧视模式，因此两种几何构型下的方位向分辨率大小几乎不变，但两者方向完全不同。

综合以上分析结果可以看出：基于 SAR 卫星的 BSAR 系统的二维空间分辨率与系统几何构型密切相关，且具有一定的空变性。实际中，为了保证 SAR 图像的质量，需要将分辨率的空变性限制在一定范围内，这一点需要在系统设计中加以考虑。

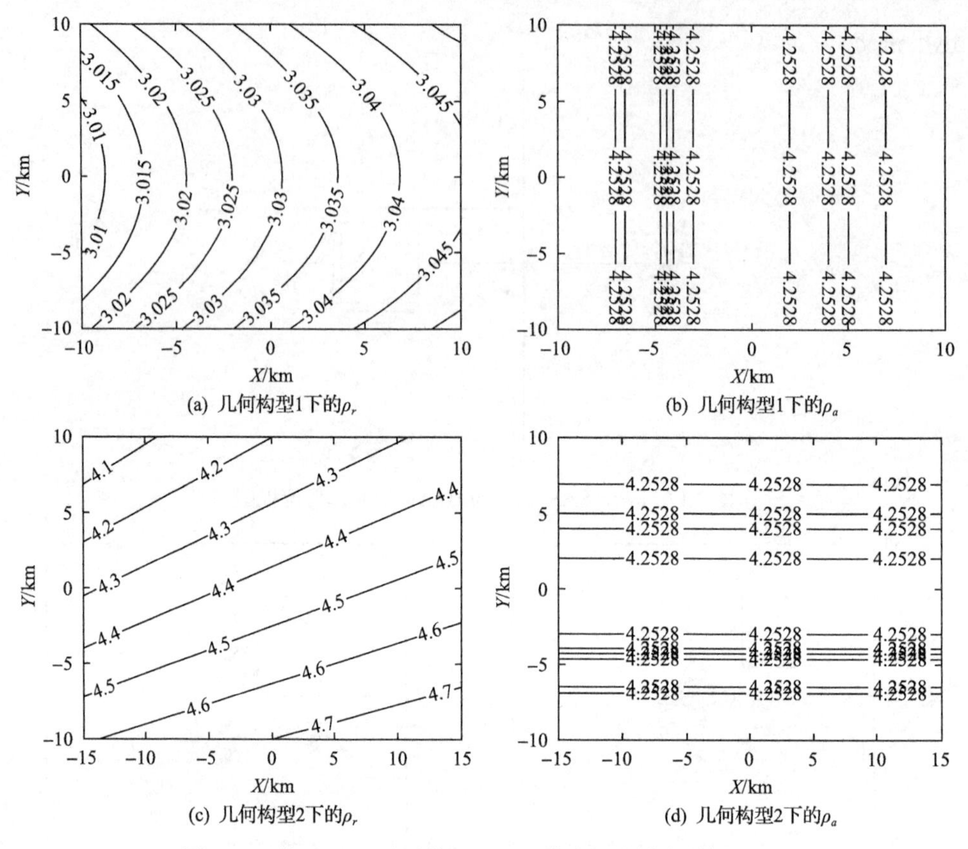

(a) 几何构型1下的ρ_r　　(b) 几何构型1下的ρ_a

(c) 几何构型2下的ρ_r　　(d) 几何构型2下的ρ_a

图 2.19　基于 SAR 卫星的 BSAR 二维空间分辨率(单位：m)

2.2.5　时空覆盖率

基于 SAR 卫星的 BSAR 的时空覆盖能力受到星载 SAR 重访周期和覆盖范围的影响。为了满足对全球的覆盖和重复观测，SAR 卫星轨道一般被设计为近圆的、太阳同步的准回归轨道(重复轨道)[15]。准回归轨道是指卫星(星下点)间隔整数天后进行重复的轨迹。在准回归轨道上运行的卫星，每经过一个重复周期，星下点重新经过各地，因此可以对观测地区进行动态观测，并能实现对全球的覆盖观测。

1. 准回归轨道

设计准回归轨道的关键参数是卫星每天运行的轨道圈数Q，Q值决定了星下点轨迹的位置和顺序[16]。在一定的轨道高度限制范围内，通过选择适当的Q值可以设计出任何希望的地面轨迹覆盖图。Q值可以表示为

$$Q=I\left(\frac{K}{D}\right)=\frac{N}{D} \tag{2.52}$$

式中，I、K、D和N均为正整数，$K<D$，且K和D互质，$N=I\cdot D+K$。D表示该轨道重复周期的天数，N表示该重复周期中卫星运行的总圈数。在太阳同步重复轨道的设计中，首先根据卫星任务选择Q值，然后由此计算卫星轨道周期(卫星运行一圈所需的时间)，进而计算轨道的半长轴，最后计算轨道倾角。如式(2.52)所示，Q值表示卫星每天运行的轨道圈数，决定了星下点轨迹的位置和顺序。不同的Q值能够产生完全不同的星下点轨迹序列，对卫星的地面覆盖特性有重要影响。

以 TerraSAR-X 卫星的轨道为例来说明这个问题。TerraSAR-X 卫星的平均轨道高度为 514.8km，每天运行的圈数为$Q=15\dfrac{2}{11}$，赤道上相邻轨迹之间的距离为$S=2637\text{km}$，也就是说该卫星在某一圈的升交轨时刻的星下点位于前一圈升交轨时刻的星下点位置的西边S处。Q不是整数，因此卫星运行一天后并不能使星下点轨迹回到初始位置。卫星在第 1 天的第一次升轨位置在第 0 天第一次升轨位置的西边$\dfrac{9}{11}S$处，而第n天的第一次升轨位置则在第 0 天第一次升轨位置的西边约$\left(\dfrac{9}{11}n-\left\lfloor\dfrac{9}{11}n\right\rfloor\right)\cdot S$处，其中$\lfloor\cdot\rfloor$表示向下取整。图 2.20 给出了卫星在一个重复周期内每天第一次升轨所处的位置。

图 2.20 中，上排数字代表轨道编号，下排数字代表一个周期内的天数。由图 2.20 可以看出，卫星在经过 11 天的运行之后，星下点轨迹重新回到第 0 天的初始位置，也就是说 TerraSAR-X 卫星可以在 11 天对全球进行重复覆盖和观测。另外，由图 2.20 可以看出，对于 0 号轨迹和 1 号轨迹之间的地区，卫星可以在第 5 天、第 11 天、第 16 天……重复经过该区域，也就是说对该区域的重访周期可以达到 5 天。事实上，现代 SAR 卫星通常具有左右视成像能力和雷达波束视角可调功能，因此能够以更短的重访周期对某重点区域进行重复观测。根据卫星轨道高度和波束视角调节范围可以计算出 SAR 卫星对重点区域的重访周期。

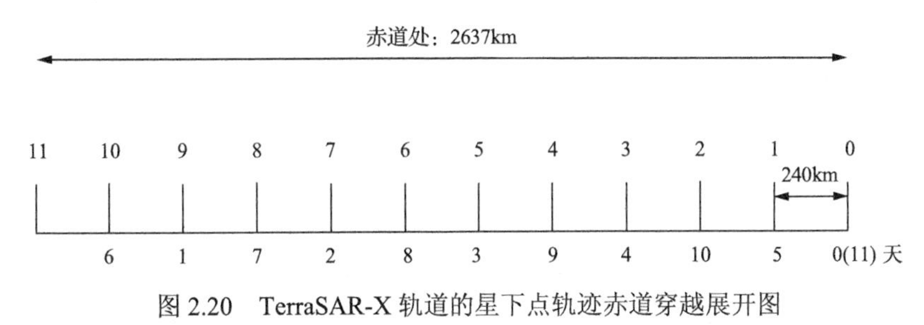

图 2.20　TerraSAR-X 轨道的星下点轨迹赤道穿越展开图

2. SAR 卫星重访周期

图 2.21 为卫星地面覆盖范围示意图，其中R_E为地球的平均半径；H为平均

轨道高度，$[\theta_1,\theta_2]$为 SAR 视角范围，W为卫星波束覆盖范围。

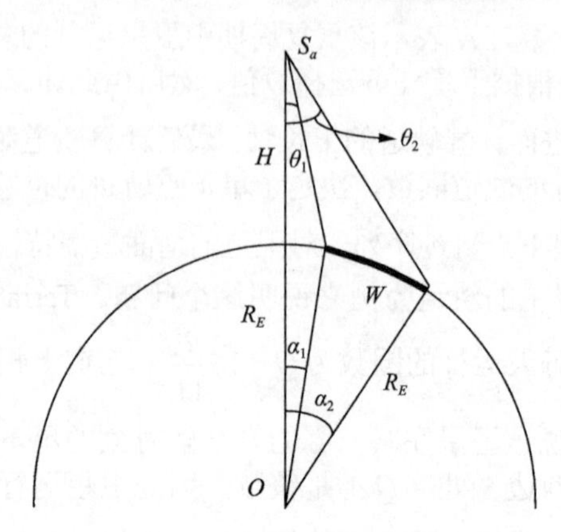

图 2.21　卫星地面覆盖范围示意图

根据正弦定理，可以得到

$$\frac{H+R_E}{\sin(\theta_1+\alpha_1)}=\frac{R_E}{\sin\theta_1} \tag{2.53}$$

$$\frac{H+R_E}{\sin(\theta_2+\alpha_2)}=\frac{R_E}{\sin\theta_2} \tag{2.54}$$

地面覆盖范围可以表示为

$$W=R_E\cdot(\alpha_2-\alpha_1) \tag{2.55}$$

根据以上公式以及 TerraSAR-X 的系统参数，可以计算得到该 SAR 卫星的覆盖范围$W\approx 906\text{km}$。

根据上面的阐述，在 11 天的重复周期内，可以有$N=\left\lfloor\frac{W}{\Delta}\right\rfloor+1$个重访轨道，其中$\Delta=S/D$为子间距。再考虑左右视成像能力，重访轨道数应该为$N=2\left(\left\lfloor\frac{W}{\Delta}\right\rfloor+1\right)$，则该卫星对重点区域的重访时间可以达到(单位：h)

$$T=\frac{D}{N}\cdot 24 \tag{2.56}$$

另外，考虑到星下点相邻轨迹之间的间隔随纬度变化，因此子间距满足

$$\Delta=\Delta_0\cdot\cos(\phi_{\text{Lat}}) \tag{2.57}$$

式中，Δ_0为赤道处的子间距；ϕ_{Lat}为纬度。

根据表 2.3 列出的系统参数，表 2.5 给出了 TerraSAR-X 和 COSMO-SkyMed 星座在不同纬度处的重访间隔。其中，COSMO-SkyMed 星座由四颗相同卫星组成，并均匀分布在同一个轨道面上，因此该系统的重访间隔要在式(2.56)的基础上再除以 4。由表 2.5 可以看出，随着纬度的增加，SAR 卫星的重访周期总体上不断缩短，基于 SAR 卫星的 BSAR 的时空覆盖能力不断增强。将来，随着星载 SAR 系统数量的不断增加，可利用的辐射源选择越来越多，基于 SAR 卫星的 BSAR 的时空覆盖率会得到进一步提升，以期实现近实时响应。

表 2.5　SAR 卫星重访间隔　(单位：h)

卫星	纬度				
	0°	20°	40°	60°	80°
TerraSAR-X	33	26.4	26.4	16.5	6.0
COSMO-SkyMed	12	12	12	6.9	2.7

2.3　系统特性比较与分析

由 2.1 节和 2.2 节可以看出，基于导航卫星的 BSAR 和基于 SAR 卫星的 BSAR 均采用非合作的卫星作为发射机，接收机被动接收观测场景的散射回波，因此从系统概念上来说，两者均属于被动 SAR 系统。再者，两种 BSAR 系统的收、发平台不属于同一种载体，即收、发平台异构，因此从系统配置上来说，两者均属于异构 BSAR 系统。但是，其采用的星载发射机类型不同，几何构型有所不同，因此两者在系统特性上也具有很多不同点。本节主要从信噪比特性与多普勒特性两个方面，深入比较两种系统的异同。

2.3.1　信噪比特性

导航卫星信号的发射功率量级只能满足视距测量与通信的需要，加上导航卫星的卫星轨道高度很高，因此地面附近的导航信号功率密度很低。以 GLONASS 卫星为例，其发射信号到达地球表面的功率密度仅为$1.37\times10^{-13}\,\text{W/m}^2$。假设直达波天线增益为 5dB，则直达波信号的信噪比仅为–13.8dB。对于散射波，导航信号经过二次反射，信号强度更弱。假设某一点目标的 RCS 为 10m^2，其到接收机的距离为 1km，散射波天线增益为 16dB，则该点目标对应的散射波信号的信噪比约为–64dB。针对信噪比极低的情况，为了有效地检测和识别目标，需要大幅度地提高回波信号的信噪比，而匹配滤波是实现这一目的的有效方法之一。SAR 成像处理本质上就是二维匹配滤波，其信噪比改善正比于合成孔径时间。合成孔径时间越长，则成像处理的信噪比改善越明显。从这个角度来说，为了解决回波信号信噪比极低的问题，基于导航卫星的 BSAR 系统的合成孔径时间必须较长。SAR

卫星发射信号到达地面的功率密度较导航卫星信号大得多。根据表 2.1 给出的参数，假设直达波天线的增益为 0dB，直达波信号的信噪比为 29.5dB。即使经过二次反射，散射波信号的信噪比依然相当可观。另外，SAR 卫星发射信号的带宽一般较大。因此，从信噪比的角度来说，基于 SAR 卫星的 BSAR 系统的合成孔径时间可以较短。

2.3.2 多普勒特性

两种 BSAR 系统均是利用发射机运动产生大带宽的多普勒信号，进而实现方位向高分辨，然而由于导航卫星与 SAR 卫星的运行轨道及速度有所不同，因此两者产生的多普勒信号特性有所不同。由图 2.8 和图 2.15 可以看出，两者的多普勒调频率差异较大。对于基于导航卫星的 BSAR，在 3600s 内，多普勒频率变化了 2300Hz，因此对应的多普勒调频率约为 0.64Hz/s；对于基于 SAR 卫星的 BSAR，在 1s 内，多普勒频率变化了 3000Hz，因此对应的多普勒调频率为 3000Hz/s。显然，为了获得相同的方位向分辨率，前者需要更长的合成孔径时间。

在系统几何构型确定的前提下，对于基于导航卫星的 BSAR，理论上其合成孔径时间可以随意设置，因此其方位向分辨率可以随之改变；对于基于 SAR 卫星的 BSAR，其合成孔径时间取决于作为发射机的星载 SAR 的系统参数，因此其方位向分辨率也是确定的。另外，由于导航信号带宽较小，基于导航卫星的 BSAR 的距离向分辨率较差(数十米)，而方位向分辨率却可以达到米级，因此二维空间分辨率并不匹配。一般来说，基于 SAR 卫星的 BSAR 系统的二维空间分辨率是相当的。这一点可以从两者的 PSF 形状上得到验证。

由 2.1 节和 2.2 节的分析可知，两种 BSAR 系统均满足远发近收的几何构型。其中，基于导航卫星的 BSAR 系统具有收、发几何极度非对称的特性，因此其多普勒频率满足 $f_{\mathrm{d\_RC}}(t) \approx f_{\mathrm{d\_HC}}(t)$，而基于 SAR 卫星的 BSAR 系统则不具备这个特性。这一不同点会在后续的成像处理中有所体现。

参 考 文 献

[1] Cherniakov M. Space-surface bistatic synthetic aperture radar-prospective and problems[C]. 2002 Internation al Radar Conference, Edinburgh, 2002: 22-27.

[2] 曾涛. 双基地合成孔径雷达发展现状与趋势分析[J]. 雷达学报, 2012, 1(4): 329-341.

[3] 姚伟，李勇，王文隽，等. 美国平流层飞艇发展计划和研制进展[J]. 航天器工程，2008, 17(2): 69-75.

[4] Antoniou M, Zeng Z, Liu F F, et al. Experimental demonstration of passive BSAR imaging using navigation satellites and a fixed receiver[J]. IEEE Geoscience and Remote Sensing Letters, 2012, 9(3): 477-481.

[5] 路文娟, 王赟. GPS、GLONASS 系统的概况与比较[J]. 技术与市场, 2006, 13(8): 55-57.

[6] Zuo R. Bistatic synthetic aperture radar using GNSS as transmitters of opportunity[D]. Birmingham: University of Birmingham, 2013.

[7] Zeng Z F. Passive bistatic SAR with GNSS transmitter and a stationary receiver[D]. Birmingham: University of Birmingham, 2013.

[8] Willis N J. Bistatic Radar[M]. Boston: Artech House, 1991.

[9] Cardillo G P. On the use of the gradient to determine bistatic SAR resolution[C]. International Symposium on Antennas and Propagation Society, Merging Technologies for the 90's, Dallas, 1990: 1032-1035.

[10] Zeng T, Cherniakov M, Long T. Generalized approach to resolution analysis in BSAR[J]. IEEE Transactions on Aerospace and Electronic Systems, 2005, 41(2): 461-474.

[11] Liu F, Antoniou M, Zeng Z, et al. Point spread function analysis for BSAR with GNSS transmitters and long dwell times: Theory and experimental confirmation[J]. IEEE Geoscience and Remote Sensing Letters, 2013, 10(4): 781-785.

[12] Caltagirone F, de Luca G, Covello F, et al. Status, results, potentiality and evolution of COSMO-SkyMed, the Italian Earth observation constellation for risk management and security[C]. 2010 IEEE International Geoscience and Remote Sensing Symposium, Honolulu, 2010: 4393-4396.

[13] Meta A, Mittermayer J, Prats P, et al. TOPS imaging with TerraSAR-X: Mode design and performance analysis[J]. IEEE Transactions on Geoscience Remote Sensing, 2010, 48(2): 759-769.

[14] Krieger G, Fielder H, Hounam D, et al. Analysis of system concept for bistatic and multi-static SAR mission[C]. 2003 IEEE International Geoscience and Remote Sensing Symposium, Toulouse, 2003: 770-772.

[15] Cantafio L J. 星载雷达手册[M]. 南京电子技术研究所译. 北京: 电子工业出版社, 2005.

[16] 袁孝康. 星载合成孔径雷达导论[M]. 北京: 国防工业出版社, 2003.

第3章　基于SAR卫星的BSAR空间同步技术

空间同步又称为波束同步，是保证BSAR系统正常工作的前提，而具体的空间同步方案取决于系统采用的发射机类型和工作模式。如果采用导航卫星或通信卫星作为发射机，发射机的波束覆盖范围非常广，那么几乎不需要空间同步措施；如果采用SAR卫星作为发射机，那么需要研究相应的空间同步方法以实现收、发波束同步。

为了保证空间同步，必须知道星载SAR系统的相关参数，如轨道参数、姿态参数、雷达参数以及系统工作模式等。理论上，接收机只需要配合星载发射机，将接收波束对准发射波束扫过的观测场景。但实际上，空间同步的实现还面临一定的困难，如确定接收机开机时间和增加收、发波束重叠时间。

对于指定的成像区域，SAR卫星只能在某些特定的时间经过该区域上方[1]。一般来说，首先利用先验的卫星轨道数据，估计出卫星过顶时间；然后接收机只需要在该时刻将接收波束对准成像区域并开机录取数据。但是，卫星过顶时间的估计值往往存在误差，精度约为0.5s。因此，如果接收机还是按照预定时间开机，可能接收不到数据，或只能接收部分数据。再者，卫星运行速度高达7km/s，而接收机运行速度远远小于卫星运行速度，因此收、发波束扫描速度差异巨大。如果按照常规的条带式成像模式，那么收、发波束重叠时间很短，只能对方位向宽度很小的场景进行成像，如TerraSAR-X/F-SAR实验，场景方位向宽度仅为数百米。在TerraSAR-X/PAMIR实验中，为了减小收、发波束扫描速度差异，收、发天线采用双向滑动聚束模式，在一定程度上延长了收、发波束重叠时间，场景方位向宽度可以达到1.6km。

对于运动平台(如飞机)搭载接收机的情况，空间同步问题则复杂得多。本章主要针对星机这种系统配置，研究双向滑动聚束模式下的空间同步问题，提出一种基于波束信号检测与跟踪的空间同步方法[2]，并通过仿真实验和机载实测数据对方法的有效性和性能进行验证和分析。

对于接收机固定的情况，空间同步问题相对简单。以SABRINA系统为例，其接收波足静止不动，以预估的卫星过顶时刻为中心，开机8～10s，将卫星过顶时刻的估计误差包含到该时间段内。SABRINA系统只对接收机波束覆盖区域的散射回波进行录取并处理，成像场景方位向宽度约为1.5km。针对这种系统配置，本章提出一种宽波束连续接收体制的空间同步方法。

3.1　空间同步误差影响分析

在基于 SAR 卫星的 BSAR 中，如果收、发平台均工作于条带模式，由于收、发平台速度之间的巨大差异，收、发波足的重叠时间一般小于 1s。在这么短的时间内，方位向有效成像宽度只有几十米。因此，延长收、发波足的有效重叠时间，进而提高系统方位向成像宽度是星机 BSAR 波束同步需要解决的关键技术。收、发系统空间同步需要根据应用需求，对收、发波足速度进行合理的设定：一方面观测区域宽度要足够宽；另一方面，图像分辨率也要足够高。收、发波足速度各异，收、发波足相对位置之间有一个分离-重合-分离的过程，从而使得观测区域内不同位置点目标的收、发波足共同覆盖时间也不相同。收、发波足相对运动会影响对目标的照射时间，即合成孔径时间，因此本节主要分析收、发波足相对运动对星机 BSAR 方位向成像宽度和分辨率的影响。

实际上，卫星波足距离向宽度远大于接收波足距离向宽度，因此本书假设收、发波足中心处在同一距离位置，即收、发波足距离向不存在偏移，后面的波足位置偏移均指收、发波足方位向位置偏移。对于星机 BSAR 系统，理想情况下，收、发波足相对运动示意图如图 3.1 所示。实际情况下，由于星历数据以及测量设备的误差，卫星波足的位置测量会存在误差[3,4]。以接收波足左边缘为方位向零点，定义收、发波足位置偏移为发射波足右边缘的位置 ΔD，如图 3.2 所示。本节首先分析收、发波足位置偏移为零的情况下，收、发波足相对运动对方位向成像性能的影响；随后分析存在收、发波足方位向位置偏移的情况下，系统的方位向成像性能；最后通过仿真，对上述研究内容进行验证。

设卫星速度为 v_T，星载 SAR 波足方位向宽度为 D_T，速度为 v_{Tg}；接收平台速度为 v_F，接收波足方位向宽度为 D_F，接收波足速度为 v_{Fg}。为了分析方便，以下均假设星载 SAR 波足方位向宽度大于接收波足方位向宽度，即 $D_T > D_F$，接

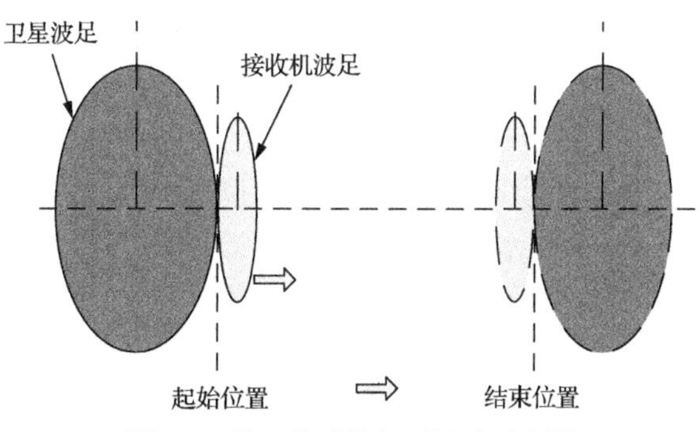

图 3.1　收、发波足相对运动示意图

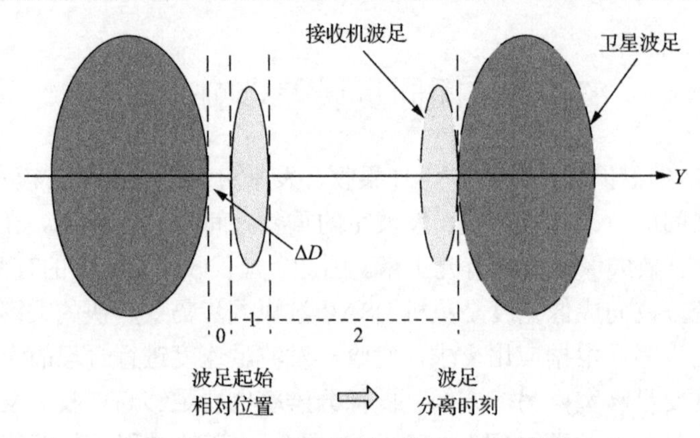

图 3.2　收、发波足相对运动过程示意图

收波足速度小于星载 SAR 波足速度，即 $v_{Fg} < v_{Tg}$。收、发波足运动方向与收、发平台运动方向相同。

3.1.1　方位向成像性能分析

1. 方位向分辨率分析

星机 BSAR 方位向分辨率 $\rho_{\mathrm{az,bi}}$ 满足如下关系[5]：

$$\rho_{\mathrm{az,bi}} = \frac{\lambda}{\zeta_{\mathrm{int}}} \frac{1}{\dfrac{v_T \cos^2 \theta_{Ts}}{R_{T0}} + \dfrac{v_F \cos^2 \theta_{Rs}}{R_{R0}}} \tag{3.1}$$

式中，λ 为波长；θ_{Rs} 为收、发波足中心照射时刻点目标对应的接收天线斜视角；R_{R0} 为目标与接收天线的中心斜距；θ_{Ts} 为收、发波足中心照射时刻卫星天线斜视角；R_{T0} 为目标与卫星的中心斜距；ζ_{int} 为收、发波足共同覆盖时间。在收、发站几何配置确定的情况下，方位向分辨率由收、发波足共同覆盖时间决定。收、发波足共同覆盖时间随着收、发波足速度的变化而变化。

2. 方位向成像宽度分析

收、发波足相对运动示意图如图 3.1 所示。以接收波足左边缘为方位向零点，波足运动方向为正方向。根据收、发波足覆盖时间的相互关系，收、发波足共同覆盖范围内的点目标合成孔径时间可以分为如下两种情况。

1) $D_T/v_{Tg} \leqslant D_F/v_{Fg}$

当卫星波足覆盖时间小于接收波足覆盖时间时，对于经历收、发波足共同覆盖的场景区域中的点目标 P，由于卫星波足通过点目标 P 的时间小于接收波足通

过点目标 P 的时间，点目标 P 的合成孔径时间由卫星波足覆盖目标的时间长度决定。设某点目标的坐标为 y，则卫星波足覆盖该点目标的起止时刻分别为 y/v_{Tg}、$\left(y+D_T\right)/v_{Tg}$。在该时间段内，接收波足也必须始终覆盖该点目标，才能使点目标经历完整的卫星波足覆盖时间。此时，需要满足下列条件：

$$\begin{cases}\left|\dfrac{D_F}{2}+v_{Fg}\cdot\dfrac{y}{v_{Tg}}-y\right|<\dfrac{D_F}{2}\\ \left|\dfrac{D_F}{2}+v_{Fg}\cdot\dfrac{y+D_{\mathrm{T}}}{v_{Tg}}-y\right|<\dfrac{D_F}{2}\end{cases}\tag{3.2}$$

对式(3.2)中的不等式进行求解，可以得到经历完整卫星波足覆盖时间的方位向目标范围$\left[y_{\min},y_{\max}\right]$，进而得到经历完整卫星波足覆盖时间的方位向场景宽度为

$$L_A=y_{\max}-y_{\min}=\frac{D_F v_{Tg}-D_T v_{Fg}}{v_{Tg}-v_{Fg}}\tag{3.3}$$

2) $D_T/v_{Tg}>D_F/v_{Fg}$

在这种情况下，点目标的合成孔径时间由接收波足覆盖目标的时间长度决定。设某点目标的坐标为 y，则接收波足覆盖该点目标的起止时刻分别为 y/v_{Fg}、$\left(y+D_F\right)/v_{Fg}$。在该时间段内，卫星波足也必须始终覆盖该点目标，才能使点目标经历完整的接收波足覆盖时间。此时，需要满足下列条件：

$$\begin{cases}\left|\dfrac{D_T}{2}+v_{Tg}\cdot\dfrac{y}{v_{Fg}}-y\right|<\dfrac{D_T}{2}\\ \left|\dfrac{D_T}{2}+v_{Tg}\cdot\dfrac{y+D_F}{v_{Fg}}-y\right|<\dfrac{D_T}{2}\end{cases}\tag{3.4}$$

同理，对式(3.4)中的不等式进行求解，可以得到经历完整接收波足覆盖时间的方位向目标范围$\left[y_{\min},y_{\max}\right]$，从而可得经历完整接收波足覆盖时间的方位向场景宽度为

$$L_A=y_{\max}-y_{\min}=\frac{D_T v_{Fg}-D_F v_{Tg}}{v_{Tg}-v_{Fg}}\tag{3.5}$$

3. 收、发波足位置偏移对成像性能的影响

下面分析收、发波足位置偏移对方位向成像性能的影响。设收、发波足分离

时刻接收波足右边缘为波足运动的最大距离 $y_{\max}$。根据收、发波束位置偏移 ΔD 的大小，可以将其分为如下四种情况。

1) $\Delta D < 0$

此时，对于接收波足扫描角范围内的点目标，根据点目标位置的不同，收、发波足的照射起始时刻和结足时刻也不相同。根据收、发波足相对运动过程，点目标的收、发波足共同覆盖时间可以分为如下两种情况。

(1) $0 \leqslant y < D_F$。

当 $0 \leqslant y < D_F$ 时，点目标的接收波足覆盖时间起始时刻均为零时刻，随着 y 的增加，覆盖时间逐渐增加，从而可以得到接收波足覆盖时间为 $\left[0, y/v_{Fg}\right]$。卫星波足的覆盖时间范围为卫星波足前沿到达时刻和卫星波足后沿离开时刻，即 $\left[\dfrac{y+|\Delta D|}{v_{Tg}}, \dfrac{y+D_T+|\Delta D|}{v_{Tg}}\right]$。两者交集即点目标的收、发波足共同覆盖时间：

$$\left[0, \frac{y}{v_{Fg}}\right] \cap \left[\frac{y+|\Delta D|}{v_{Tg}}, \frac{y+D_T+|\Delta D|}{v_{Tg}}\right] \tag{3.6}$$

(2) $D_F \leqslant y < y_{\max}$。

当 $D_F \leqslant y < y_{\max}$ 时，点目标的接收波足覆盖时间范围为波足前沿到达时刻和波足后沿离开时刻，即 $\left[\dfrac{y-D_F}{v_{Fg}}, \dfrac{y}{v_{Fg}}\right]$。卫星波足的覆盖时间范围为卫星波足前沿到达时刻和波足后沿离开时刻，即 $\left[\dfrac{y+|\Delta D|}{v_{Tg}}, \dfrac{y+D_T+|\Delta D|}{v_{Tg}}\right]$。两者交集即点目标的收、发波足共同覆盖时间：

$$\left[\frac{y-D_F}{v_{Fg}}, \frac{y}{v_{Fg}}\right] \cap \left[\frac{y+|\Delta D|}{v_{Tg}}, \frac{y+D_T+|\Delta D|}{v_{Tg}}\right] \tag{3.7}$$

综上，当 $\Delta D < 0$ 时，点目标的收、发波足共同覆盖时间与点目标方位向位置 y 之间的关系如表 3.1 所示。

2) $0 \leqslant \Delta D < D_F$

当收、发波足位置偏移满足 $0 \leqslant \Delta D < D_F$ 时，同理，对于接收波足扫描角范围内的点目标，收、发波足覆盖时间与点目标位置之间的关系可以分为如下三种情况，如表 3.2 所示。

表 3.1　当 $\Delta D < 0$ 时，点目标收、发波足共同覆盖时间

点目标位置	收、发波足共同覆盖时间
$0 \leqslant y < D_F$	$\left[0, \dfrac{y}{v_{Fg}}\right] \cap \left[\dfrac{y+\lvert\Delta D\rvert}{v_{Tg}}, \dfrac{y+D_T+\lvert\Delta D\rvert}{v_{Tg}}\right]$
$D_F \leqslant y < y_{\max}$	$\left[\dfrac{y-D_F}{v_{Fg}}, \dfrac{y}{v_{Fg}}\right] \cap \left[\dfrac{y+\lvert\Delta D\rvert}{v_{Tg}}, \dfrac{y+D_T+\lvert\Delta D\rvert}{v_{Tg}}\right]$

表 3.2　当 $0 \leqslant \Delta D < D_F$ 时，点目标收、发波足共同覆盖时间

点目标位置	收、发波足共同覆盖时间
$0 \leqslant y < \Delta D$	$\left[0, \min\left(\dfrac{y}{v_{Fg}}, \dfrac{y+D_T-\Delta D}{v_{Tg}}\right)\right]$
$\Delta D \leqslant y < D_F$	$\left[0, \dfrac{y}{v_{Fg}}\right] \cap \left[\dfrac{y-\Delta D}{v_{Tg}}, \dfrac{y+D_T-\Delta D}{v_{Tg}}\right]$
$D_F \leqslant y < y_{\max}$	$\left[\dfrac{y-D_F}{v_{Fg}}, \dfrac{y}{v_{Fg}}\right] \cap \left[\dfrac{y-\Delta D}{v_{Tg}}, \dfrac{y+D_T-\Delta D}{v_{Tg}}\right]$

3) $D_F \leqslant \Delta D < D_T$

当收、发波足位置偏移满足 $D_F \leqslant \Delta D < D_T$ 时，同理，对于接收波足扫描角范围内的点目标，收、发波足覆盖时间与点目标位置之间的关系可以分为如下三种情况，如表 3.3 所示。

表 3.3　当 $D_F \leqslant \Delta D < D_T$ 时，点目标收、发波足共同覆盖时间

点目标位置	收、发波足共同覆盖时间
$0 \leqslant y < D_F$	$\left[0, \min\left(\dfrac{y}{v_{Fg}}, \dfrac{y+D_T-\Delta D}{v_{Tg}}\right)\right]$
$D_F \leqslant y < \Delta D$	$\left[\dfrac{y-D_F}{v_{Fg}}, \dfrac{y}{v_{Fg}}\right] \cap \left[0, \dfrac{y+D_T-\Delta D}{v_{Tg}}\right]$
$\Delta D \leqslant y < y_{\max}$	$\left[\dfrac{y-D_F}{v_{Fg}}, \dfrac{y}{v_{Fg}}\right] \cap \left[\dfrac{y-\Delta D}{v_{Tg}}, \dfrac{y+D_T-\Delta D}{v_{Tg}}\right]$

4) $\Delta D \geqslant D_T$

当收、发波足位置偏移满足 $\Delta D \geqslant D_T$ 时，同理，对于接收波足扫描角范围内的点目标，收、发波足覆盖时间与点目标位置之间的关系可以分为如下四种情况，如表 3.4 所示。

表 3.4 当 $\Delta D \geqslant D_T$ 时，点目标收、发波足共同覆盖时间

点目标位置	收、发波足覆盖时间
$0 \leqslant y < \Delta D - D_T$	0
$\Delta D - D_T \leqslant y < D_F$	$\left[0, \min\left(\dfrac{y}{v_{Fg}}, \dfrac{y - \Delta D + D_T}{v_{Tg}}\right)\right]$
$D_F \leqslant y < \Delta D$	$\left[\dfrac{y - D_F}{v_{Fg}}, \dfrac{y}{v_{Fg}}\right] \cap \left[0, \dfrac{y - \Delta D + D_T}{v_{Tg}}\right]$
$\Delta D \leqslant y < y_{\max}$	$\left[\dfrac{y - D_F}{v_{Fg}}, \dfrac{y}{v_{Fg}}\right] \cap \left[\dfrac{y - \Delta D}{v_{Tg}}, \dfrac{y - \Delta D + D_T}{v_{Tg}}\right]$

3.1.2 仿真分析

下面以星机 BSAR 系统为例，对收、发波足相对运动对系统方位向成像性能的影响进行仿真分析，仿真参数见表 3.5。为了定量分析星机 BSAR 系统的方位向成像性能，本书定义星机 BSAR 方位向分辨率与星载单站 SAR 方位向分辨率的比值为 ρ_{ratio}，满足系统要求的某一值的成像范围为方位向成像宽度 L_A。

表 3.5 发射机和接收机系统参数

参数	数值	参数	数值
卫星高度/km	514	卫星下视角/(°)	45
载频/GHz	9.65	发射波足宽度(距离向×方位向)/(°)	1.5×0.33
卫星速度/(m/s)	7600	发射信号带宽/MHz	75
发射重频/Hz	3000	发射脉冲宽度/μs	10
接收机高度/km	10	接收机速度/(m/s)	100
接收机下视角/(°)	60	接收波足宽度(距离向×方位向)/(°)	10×8
采样频率/MHz	150		

1. 方位向成像性能分析

下面对不同方位向位置点目标的分辨率比值 ρ_{ratio} 随着接收波足速度变化的分布进行分析。

图 3.3(a)为不同位置点目标的分辨率比值随着接收波足速度和点目标位置变化的二维分布。由图 3.3(a)可以看出，对于重叠区域不同方位向位置的点目标，随着接收波足速度的增加，ρ_{ratio} 的值的分布也不相同。分别约束 ρ_{ratio} 的值不大于 2、3 和 4，图 3.3(b)为在这三种分辨率约束条件下，L_A 随着接收波束速度的变化趋势。

当 ρ_{ratio} 的值不大于 2 时，由图 3.3(b)可以看出，随着接收波足速度的增加，

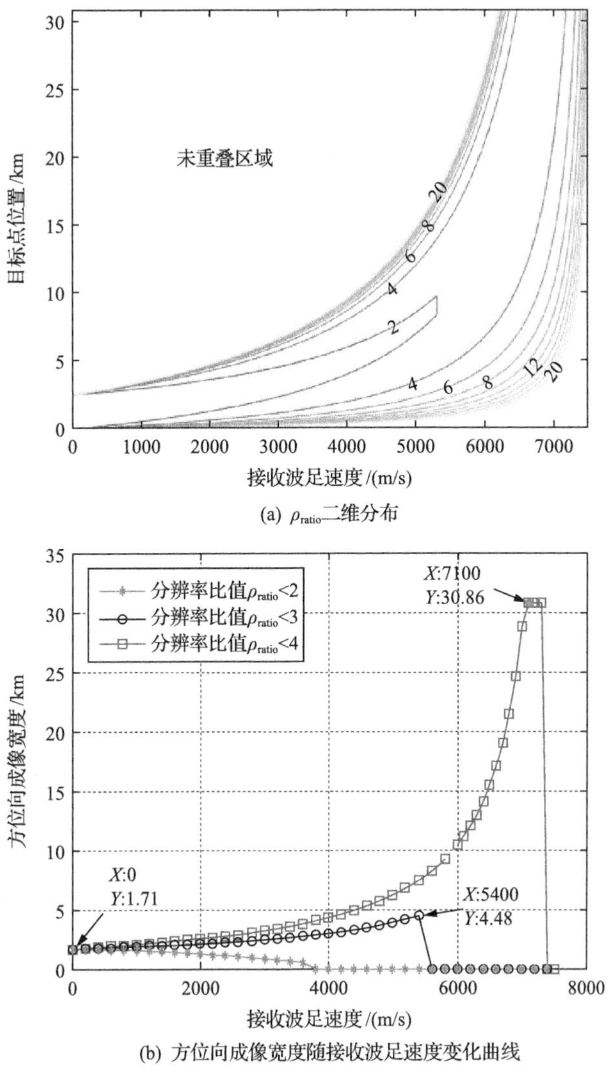

(a) ρ_{ratio}二维分布

(b) 方位向成像宽度随接收波足速度变化曲线

图 3.3　方位向成像性能分析

方位向成像宽度逐渐减小至零。当接收波足速度为 0 时，L_A 值最大，约为 1.71km。当 ρ_{ratio} 的值不大于 4 时，在一定的接收波足速度范围内，随着接收波足速度的增加，L_A 逐渐增加。当接收波足速度达到该范围最大值时，L_A 达到最大值。当超过上述速度范围时，收、发波足覆盖时间相对大小发生变化，导致方位向分辨率发生变化，不再满足系统对分辨率的约束条件，从而使得 L_A 急剧下降。例如，当 ρ_{ratio} 的值不大于 4 时，接收波足速度变化范围约为[0m/s,7200m/s]。当接收波足速度为 7200m/s 时，L_A 达到最大值 30.86km。当接收波足速度超过 7200m/s 时，方位向成像分辨率不再满足系统要求，从而导致 L_A 急剧下降变为零。

2. 收、发波足方位向位置偏移对成像性能的影响分析

约束分辨率比值 ρ_{ratio} 的值不大于 4，下面通过仿真分析不同接收波足速度情况下，收、发波足方位向位置偏移对方位向成像宽度的影响。图 3.4 为接收波足速度分别为 100m/s、5000m/s 及 7000m/s 时，随着收、发波足位置偏移的变化，方位向成像宽度的变化曲线。

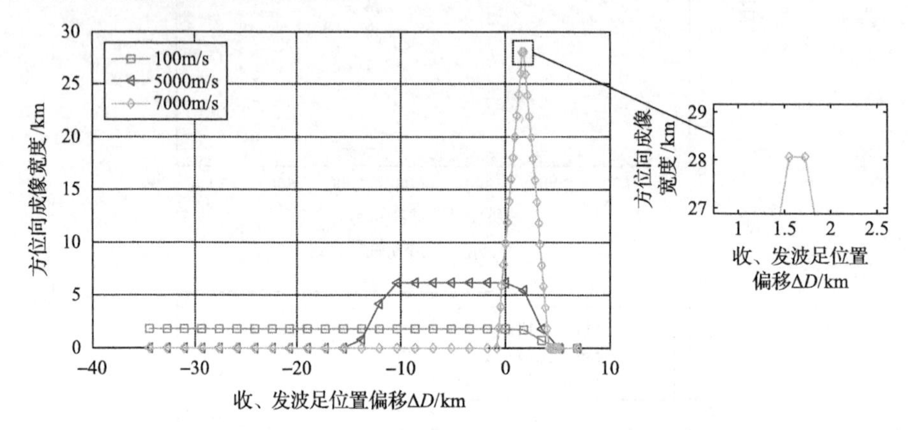

图 3.4　收、发波足位置偏移对方位向成像宽度的影响

由图 3.4 可以看出，在不同的接收波足速度下，收、发波足位置偏移对方位向成像宽度的影响不同。例如，当 v_{Fg} 为 5000m/s，收、发波足位置偏移满足–10km＜ΔD＜0m 时，方位向成像宽度均可达到方位向最大成像宽度，约为 6.2km。

因此，在系统方位向成像性能的约足条件下，星机 BSAR 系统需要根据接收波足速度的不同，采取相应的措施，使得收、发波足位置偏移控制在误差容限范围内，从而尽可能消除收、发波束位置偏移对方位向成像宽度的影响。

同时，由图 3.4 可以看出，当 v_{Fg} ＝7000m/s、ΔD＝0m 时，方位向最大成像宽度(10km)远小于 ΔD＝1600m 时的方位向最大成像宽度(28.83km)。也就是说，当收、发波足速度较为接近时，为了尽可能提高方位向成像宽度，收、发波足方位向位置必须要有一定的偏移。

由上述分析可以看出，星机 BSAR 系统需要根据不同的收、发波足运动参数，采取相应的措施，使得收、发波足方位向位置偏移控制在相应的容限范围内，从而尽可能降低收、发波足位置偏移对方位向成像宽度的影响。

3.2　波足信号检测技术

星机 BSAR 中，在收、发波足相对运动过程中，方位向每一个 PRF 采样回波

信号是收、发波足共同覆盖范围内所有点目标回波之和。从被观测场景的角度来看，波足信号的检测属于分布目标的检测[6]。同时，由于收、发波足起始阶段重合，收、发波足共同覆盖范围较小，双基地回波信号的信噪比很低。对波足信号的检测也属于微弱信号检测[7]。下面首先对波足信号模型进行介绍，然后提出一种基于相邻回波互相关的波足检测方法。

3.2.1　波足信号模型

图 3.5 为收、发波足相对运动过程中，收、发波足覆盖区域示意图。在该时刻，接收机采样到的信号是收、发波足共同覆盖范围内的所有点目标回波以及噪声之和。

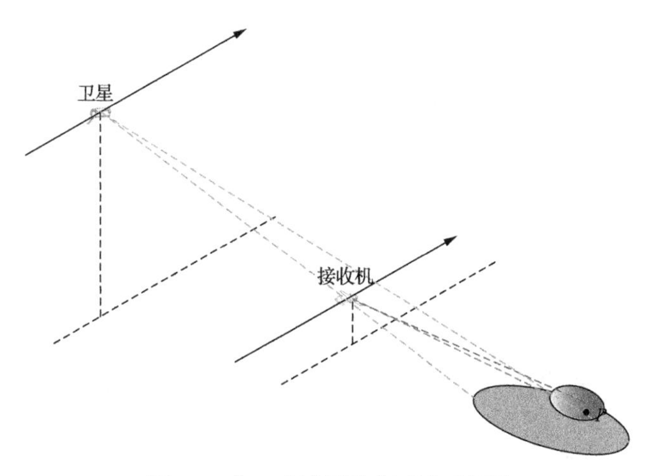

图 3.5　收、发波足覆盖区域示意图

对于收、发波足共同覆盖范围内的点目标 P，其散射回波可以表示为

$$s_p\left(t_m,\tau\right)=\sigma_p G_t G_r \omega_r\left[\tau-\frac{R_p(t_m)}{c}\right]\omega_a(t_m)\exp\left\{\mathrm{j}\pi k_r\left[\tau-\frac{R_p(t_m)}{c}\right]^2\right\}\exp\left[-\mathrm{j}\frac{2\pi}{\lambda}R_p(t_m)\right] \tag{3.8}$$

式中，σ_p 为点目标 P 的双基地散射强度；G_t、G_r 分别为发、收天线增益；$\omega_r(\cdot)$、$\omega_a(\cdot)$ 分别为距离向及方位向天线调制因子；$R_p(t_m)$ 为点目标 P 对应的双基地距离和。

设收、发波足共同覆盖范围表示为 C，则该时刻接收机采样信号可以表示为

$$S_m=\sum_{p\in C}s_p\left(t_m,\tau\right)+\omega \tag{3.9}$$

式中，ω为接收机内部热噪声。

根据雷达方程，对于观测场景内的单个散射单元，其回波信号能量为

$$P_{i,j}=\frac{P_t G_t G_r \lambda^2 \sigma_{i,j}}{(4\pi)^3 R_T^2 R_R^2} \tag{3.10}$$

式中，P_t为发射功率；λ为发射信号波长；$\sigma_{i,j}$为点目标双基地散射系数；R_T为发射机与目标的距离；R_R为接收机与目标的距离。

收、发波足共同覆盖范围内点目标回波的信噪比为

$$\mathrm{SNR}_r=\frac{P_t G_t G_r \lambda^2 \sigma_{i,j}}{(4\pi)^3 R_T^2 R_R^2 (kT_0 F B_n)} \tag{3.11}$$

式中，k为玻尔兹曼常数；T_0为标准室温，一般取 290K；F为噪声系数；B_n为接收机带宽。

根据表 3.5 中的仿真参数，经过计算可知，散射回波信号的信噪比一般为–80～–60dB。

3.2.2 常用检测方法

下面介绍两种常用的检测方法——基于广义似然比的能量检测方法[6]和基于时频分析手段的检测方法[8,9]，并分析它们针对波足检测时的性能。

1. 基于广义似然比的能量检测方法

能量积累实现信号的检测一般是针对单个 PRF 采样信号$x_n(n=1,2,\cdots,N)$，首先针对采样信号，估计信号的参数，然后利用基于广义似然比的能量检测方法判断是否有目标，检测统计量为

$$\lambda=\frac{1}{\sigma^2}\sum_{i=1}^{N}\left|x_n\right|^2 \underset{H_0}{\overset{H_1}{\gtrless}} T \tag{3.12}$$

当H_1成立，即存在待检测信号s_n时，检测统计量λ服从非中心参数为$\frac{1}{\sigma^2}\sum_{i=1}^{N}\left|s_n\right|^2$、自由度为$2N$的$\chi^2$分布。

虚警概率和检测门限之间的关系为

$$P_{\mathrm{fa}}=\int_T^{\infty}\frac{\left(N\sigma^2\right)^N}{2^N\Gamma(N)}\lambda^{N-1}\exp\left(-\frac{N\sigma^2}{2}\lambda\right)\mathrm{d}\lambda \tag{3.13}$$

式中

$$\Gamma(N)=\int_0^{\infty}\exp(-t)t^{a-1}\mathrm{d}t \tag{3.14}$$

基于广义似然比的能量检测方法的检测性能只与回波信号信噪比、采样时间窗长度 N 以及检测门限 T 相关，而与目标在采样时间窗内的能量分布特性无关，因此容易实现。但是，该检测方法仅利用采样信号的能量和去判断发射波足是否到达，当收、发波足共同覆盖范围内地形起伏较大或者存在干扰时，漏检或虚警概率较大。

2. 基于时频分析手段的检测方法

对于信噪比较高的信号，可以通过时域包络检波的方式去实现。当信噪比较低时，就需要采取时频分析手段进行检测。时频分析手段是研究信号特征和组成的常用手段，其最终目的是在时间和频率二维平面上得到信号能量或强度的分布，进而提取信号的时变特性。散射回波距离向是由各个点目标回波组成的，且方位向多普勒也是按照线调频特征变化的，因此可以通过时频分析手段判断采样信号是否含有感兴趣的信号。

常用的时频分析手段包括短时傅里叶变换(short-time Fourier transform，STFT)、维格纳-威利分布(Wigner-Ville distribution，WVD)、拉东-维格纳变换(Radon- Winger transform，RWT)、分数阶傅里叶变换(fractional Fourier transform，FrFT)等。短时分数阶傅里叶变换通过将待分析的信号加窗进行分段处理，再对各个分段的信号分别进行傅里叶变换，从而分析信号的分时频谱特性。但是，该方法受信号信噪比影响较大，在信噪比较低时，该方法性能较差。WVD 方法对线性调频信号具有良好的聚集作用，由于该方法是双线性变换，当回波信号存在多个线性调频信号时，会出现交叉耦合项，影响信号的检测。RWT[10]和 FrFT 能够克服上述交叉项的问题。RWT 是一种直线积分的投影变换。单个线性调频信号的 WVD 结果为背鳍状直线型冲击函数，双线变换沿着 WVD 结果的直线方向做积分，从而使得信号的能量得到聚集。FrFT 是将信号在旋转后的坐标轴上进行投影，当坐标轴旋转角度与线性调频信号调频率匹配时，信号能量得到聚集。

RWT 的定义为

$$D_{\alpha}(c)=\int_{-\infty}^{\infty}\int_{-\infty}^{\infty}\mathrm{WVD}(\rho\cos\alpha-v\sin\alpha,\rho\sin\alpha+v\cos\alpha)\delta(\rho-c)\mathrm{d}\rho\mathrm{d}v \tag{3.15}$$

在 RWT 结果的时频平面内，习惯上以上述直线与纵坐标交点 f_0 及直线的斜率 k_r 为参数表示直线。将式(3.15)变换到以参数 (k,f) 表示的积分路径下，则可以表示为

$$D_{\alpha}(c)=\frac{1}{|\sin\alpha|}\int_{-\infty}^{\infty}\int_{-\infty}^{\infty}W_x(t,f)\delta\left[f-\left(f_0+k_r t\right)\right]\mathrm{d}f\mathrm{d}t \tag{3.16}$$

式中，$f_0=c/\sin\alpha$；$k_r=-\cot\alpha$。

由式(3.16)可以看出，$D_{\alpha}(c)$在二维时频平面坐标值为$\left(k_r,f_0\right)$的地方出现尖峰。当式(3.16)中的积分参数偏离真实值k_r和f_0时，RWT结果迅速减小。当多个线性调频信号同时存在时，会在各个线性调频信号的参数(k,f)对应的位置出现峰值。

分数阶傅里叶变换的定义为

$$X_{\alpha}(u)=\int_{-\infty}^{\infty}K_{\alpha}(t,u)x(t)\mathrm{d}t \tag{3.17}$$

式中，$\alpha=p\pi/2$为坐标轴旋转角度；p为分数阶傅里叶变换阶次；$K_{\alpha}(t,u)$为分数阶傅里叶变换的核函数，表达式为

$$K_{\alpha}(t,u)=\begin{cases}\sqrt{1-\mathrm{j}\cot\alpha}\exp\left[\mathrm{j}\pi\left(u^2\cot\alpha-2ut\csc\alpha+t^2\cot\alpha\right)\right], & \alpha\neq n\pi\\ \delta(t-u), & \alpha=2n\pi\\ \delta(t+u), & \alpha=(2n\pm1)\pi\end{cases} \tag{3.18}$$

如果坐标轴旋转的角度与LFM信号在时频域上的斜率相同，就可以得到线性调频信号能量聚集的分数阶傅里叶变换结果。对于具有不同调频率的两个线性调频信号，可以通过不同的旋转角度进行分离。

对于收、发波足覆盖范围内的回波信号，由于后续要进行发射波足的跟踪，且收、发波足总的重合时间只有短短几秒，要求波足检测时刻尽可能提前，从而为后续波足跟踪及同步留下充足的时间。因此，波足检测方法要尽可能在收、发波足重合度很低的情况下实现对波足信号的检测。回波信号很弱，经过距离向压缩虽然能够提高回波信号的信噪比，但收、发波足重合度很低，方位向多普勒频谱不完整，且卫星非合作，距离徙动校正难以进行，因此上述几种方法的波足检测性能大大降低。为了实现对波足信号的检测，必须寻找新的波足检测方法。

3.2.3 基于相邻PRF回波互相关的波足检测方法及性能分析

信号的相关检测是一种时域目标检测方法[11]。当两个待处理回波中都有感兴趣的信号时，由于信号之间具有强相关性，而噪声是不相关的，通过自相关或互相关运算之后，相关结果中将会出现峰值，从而达到抑制噪声、检测信号的目的。为了提高检测概率，还可以沿方位向将多个互相关结果进行非相干积累。同时，为了判定检测到的信号是否是来自非合作星载SAR系统的线性调频信号，还需要将互相关结果进行快速傅里叶变换(fast Fourier transform，FFT)，并利用二进制积

累检测方法进行判定。下面对该检测方法进行介绍。

1. 波足检测方法

1) 互相关处理

假设相邻两个 PRF 采样数据为

$$\begin{cases} x_1(t_m,\tau) = s_r(t_m,\tau) + \omega_1 \\ x_2(t_m,\tau) = s_r(t_m + T,\tau) + \omega_2 \end{cases} \tag{3.19}$$

式中，$T = 1/\text{PRF}$；ω_1、ω_2 是均值为 μ、方差为 σ^2 的独立高斯白噪声。

相邻 PRF 采样数据的互相关函数为

$$R_{x_1x_2} = R_s + R_{s\omega_1} + R_{s\omega_2} + R_{\omega_1\omega_2} \tag{3.20}$$

式中，$R_{s\omega_1}$ 和 $R_{s\omega_2}$ 为散射回波信号与噪声之间的互相关函数；$R_{\omega_1\omega_2}$ 为相邻 PRF 噪声之间的互相关函数。

对于相互独立同分布的两个噪声，互相关前后噪声概率密度函数分布如图 3.6 所示。

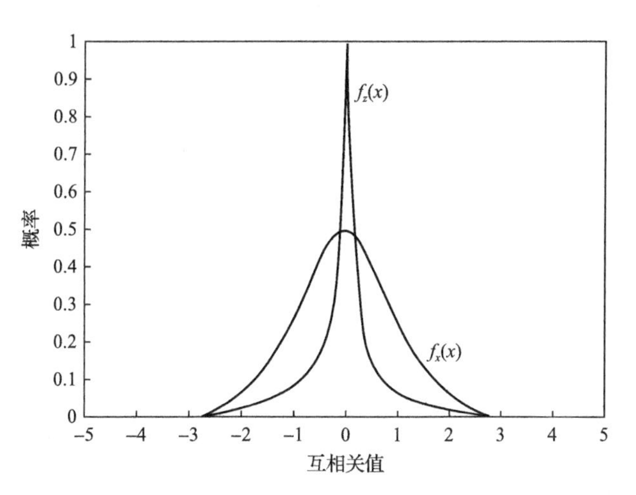

图 3.6　互相关前后噪声概率密度函数分布

图 3.6 中，$f_x(x)$ 为单个噪声的概率密度函数；$f_z(x)$ 为互相关之后噪声的概率密度函数。由图 3.6 可以看出，噪声之间不相关，进行互相关处理之后，噪声幅度在一定程度上相互抵消，从而使得噪声互相关结果大部分分布在零值附近。

R_s 为相邻散射回波的互相关结果：

$$R_s(n) = \text{conv}\left[s_r(t_m,\tau), s_r^*(t_m + T,\tau)\right] \tag{3.21}$$

互相关结果最大值 $R_s(0)$ 位于相关输出的中间位置。由于相邻 PRF 之间的散射回波信号具有较大的相似性，R_s 近似为散射回波信号的自相关函数值。理想情况下，互相关结果最大值近似为

$$R_s(0) \approx \frac{1}{N}\sum_{n=1}^{N}\left|s_r\left(t_m,\tau\right)\right|^2 \tag{3.22}$$

相邻脉冲互相关之后，散射信号能量实现积累，而噪声由于不相干相互抵消，从而系统的检测性能得到提高。

由前面的分析可知，进行互相关处理之后，互相关峰值位于 $R_{x_1x_2}$ 的中心，此时可以通过时域截取，提高互相关检测的性能。经过时域截取，能够滤除大部分噪声能量，且尽可能地保留信号的能量，从而有助于后续的二进制积累检测。时域截取一般选取矩形窗，由于信号自相关的主峰宽度近似等于信号时宽带宽积的倒数，根据 3σ 准则[12]，设定矩形窗的宽度不大于时宽带宽积的 1/3，即

$$W \leqslant \frac{BT_s}{3} \tag{3.23}$$

2) 二进制积累检测方法

本书采用二进制积累检测方法，即双门限检测方法[13,14]，对功率谱信号进行分析，从而判断采样到的信号是否为观测场景的散射波信号。二进制积累检测方法的第一门限(量化门限) T 用于检测回波频谱，在取得了超过第一门限的回波频谱频率点总数后，将其与第二门限 M 进行比较。

二进制积累检测方法的虚警概率为

$$P_{\text{faBI}}(M,T) = \sum_{n=M}^{N}\binom{N}{n}\left[1-P_{\text{fa}}(T)\right]^{N-n} P_{\text{fa}}^{n}(T) \tag{3.24}$$

式中，$\binom{N}{n} = \frac{N!}{n!(N-n)!}$；$P_{\text{fa}}(T) = \exp\left(-T/\sigma^2\right)$ 是单个检测单元，也就是第一门限检测时的虚警概率。

M 值一般与发射信号的功率谱宽度有关，因此通过二进制积累检测方法，能够判断接收到的散射波信号是不是感兴趣的场景回波，从而提高互相关检测的抗干扰性能。

对于互相关检测，单个 PRF 回波信号能量比较弱，经过相邻 PRF 互相关处理及时域截取后获得的功率谱相对噪声，功率谱还不够平滑，从而使得后续二进制积累检测虚警概率较高。回波信号的距离徙动对功率谱的位置没有影响，因此可以通过方位向非相干积累提高二进制积累检测方法的检测概率。

该检测方法具体流程如图 3.7 所示。

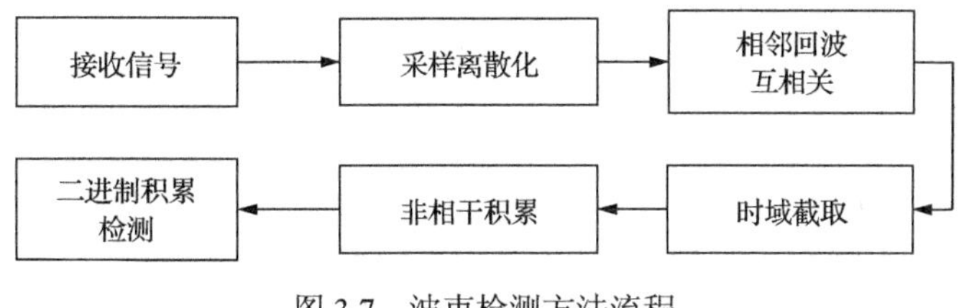

图 3.7　波束检测方法流程

2. 影响波足检测性能的因素

1) SNR

对于互相关检测方法，虚警概率和检测概率的分布如图 3.8 所示。

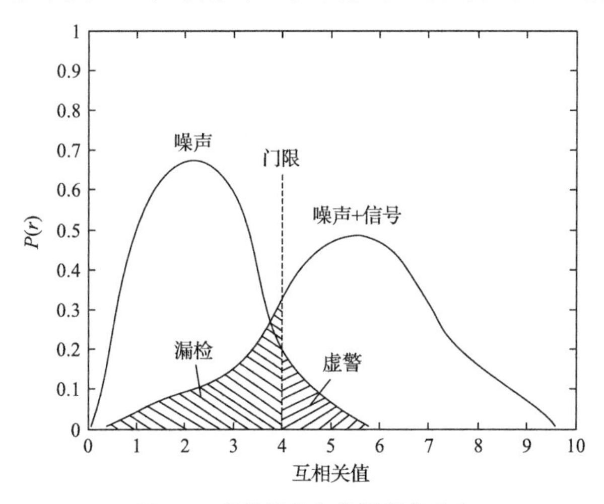

图 3.8　虚警概率和检测概率分布

从图 3.8 中可以看出，当检测门限一定时，随着信噪比的增加，噪声和噪声+信号两条曲线的峰值点间隔逐渐增大，从而使得两条曲线重合的面积逐渐减小，即虚警概率和漏检概率同时减小。

因此，散射回波信噪比对互相关检测性能的影响较大，从而可以通过提高散射回波信号的信噪比，进而提高系统的检测概率。

2) 积累脉冲个数

在相邻回波互相关处理之后，噪声与信号之间、相邻回波噪声之间不相关，因此互相关之后的噪声部分依然是服从高斯分布的白噪声。互相关结果最大值位置处采样信号可以表示为

$$S_1 = R_1(0) + N_1(0) \tag{3.25}$$

式中，$R_1(0)$ 为信号的互相关函数值；$N_1(0)$ 为噪声的互相关输出值。

互相关结果最大值位置处信号的信噪比可以表示为

$$\left(\frac{S}{N}\right)_1 = \frac{R_1^2(0)}{N_1^2(0)} \tag{3.26}$$

L 个互相关结果进行非相干积累后，最大值位置处信号可以表示为

$$\sum_{i=1}^{L} S_i^2 = \sum_{i=1}^{L} \left[R_i(0) + N_i\right]^2 \tag{3.27}$$

互相关结果积累后，最大值位置处信号的信噪比可以表示为

$$\left(\frac{S}{N}\right)_L = \frac{\sum_{i=1}^{L} R_i^2(0)}{E\left[\sum_{i=1}^{L} N_i^2 + 2\sum_{i=1}^{L} R_i(0) N_i(0)\right]} \tag{3.28}$$

假设积累时间内场景变化很小，则式(3.28)可以近似表示为

$$\left(\frac{S}{N}\right)_L \approx K \cdot \left(\frac{S}{N}\right)_1 \tag{3.29}$$

当 L 很大时，$K \approx 0.5\sqrt{L}$ [12]。从而可以看出，对互相关处理结果进行积累之后，能够有效改善峰值点位置处的信噪比，从而改善互相关检测性能。

3.2.4 仿真数据验证

下面以星机 BSAR 系统为例，对基于互相关的波足检测方法的性能进行仿真验证。假设卫星和飞机均工作于正侧视，设定仿真参数如表 3.5 所示。

根据接收波足参数，照射场景大小设定为 2.8km×7km(方位向×距离向)。设接收波足方位向宽度为 D_F，收、发波足中心方位向间隔为 d_{beam}，定义收、发波足重合度为

$$\alpha = \begin{cases} 1 - \dfrac{d_{\text{beam}}}{D_T + D_F}, & 0 \leqslant d_{\text{beam}} \leqslant D_T + D_F \\ 0, & \text{其他} \end{cases} \tag{3.30}$$

设定收、发波足初始重合度为 10%，分别采用时频分析检测方法以及互相关检测方法对回波信号进行处理，结果如图 3.9 所示。

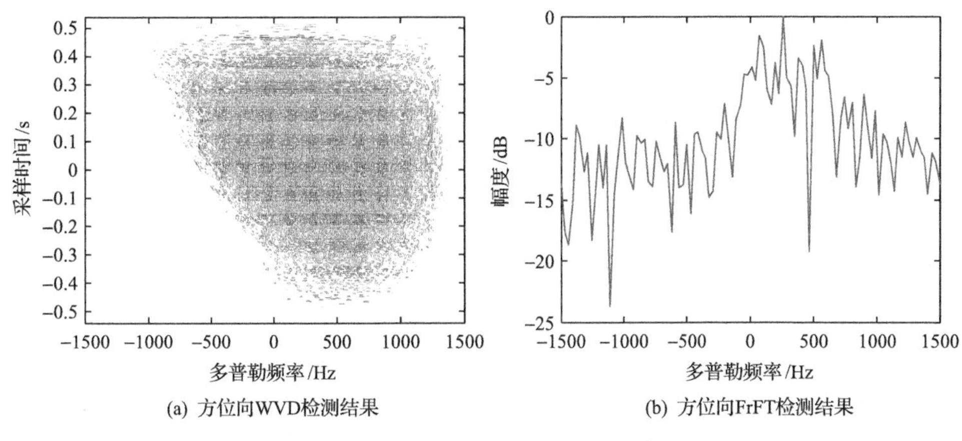

(a) 方位向WVD检测结果　(b) 方位向FrFT检测结果

图3.9　基于WVD和FrFT的时频分析检测结果

图3.9(a)为采样信号经过距离向压缩之后，沿着方位向进行WVD变换的结果。图3.9(b)为在方位向多普勒调频率对应的旋转角度上，方位向信号分数阶傅里叶变换的结果。由图3.9(a)可以看出，由于收、发波足重合度较小，观测场景回波较弱，且方位向多普勒频谱不完整。因此，WVD结果很难得到回波信号多普勒频谱在时频平面对应的直线，进而导致沿着直线进行积分的RWT无法使用。WVD结果的特性与噪声的随机分布特性比较接近，说明回波信号中，噪声占主体地位。由图3.9(b)可以看出，回波信号较弱且多普勒不完整，从而很难得到信号聚集后的结果。

下面通过仿真对本书提出的基于相邻回波互相关的检测方法的性能进行分析。

图3.10(a)为相邻回波互相关后的检测结果。从图3.10(a)中可以看出，相邻PRF回波观测场景变化很小，因此回波信号之间相关性很强。经过互相关处理之后，互相关结果出现了一个明显的峰值。因此，相邻回波互相关能够实现回波信号能量的积累，从而使得其检测性能大大提高。图3.10(b)则为对互相关结果进行时域截取后，进行FFT并沿方位向非相干积累30次后的功率谱波形。从图中可以看出，经过非相干积累之后的功率谱相当于进行了平滑处理，虚警概率大大减小，从而提高了二进制积累检测的检测概率。互相关处理及非相干积累之后，信号的功率谱宽度约为74.8MHz，与仿真参数较为吻合，从而说明基于互相关的检测方法能够提高接收系统的抗干扰能力。同时，由于非相干积累需要的脉冲个数远小于卫星合成孔径对应的方位向PRF个数，该检测方法实时性较高。

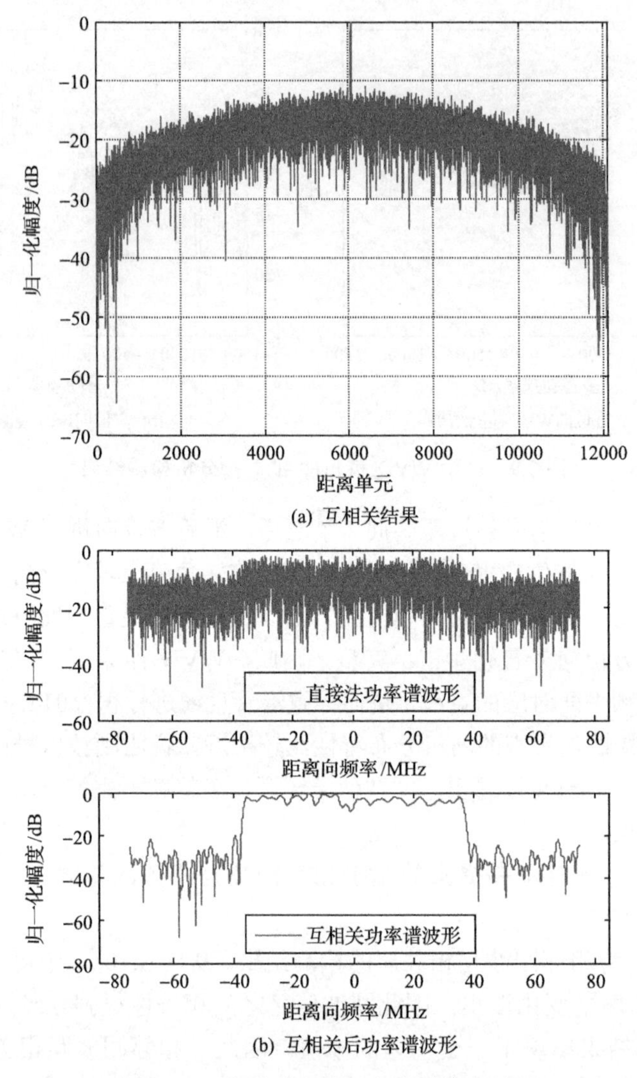

(a) 互相关结果

(b) 互相关后功率谱波形

图 3.10　基于相邻回波互相关的检测结果

接下来，采用蒙特卡罗仿真对基于相邻回波互相关的检测方法性能进行分析。仿真参数如表 3.5 所示，设定虚警概率为10^{-4}。对于不同的收、发波足重合度，即不同的收、发波足中心方位向间隔，每次进行 1000 次蒙特卡罗实验，检测性能如图 3.11 所示。

图 3.11(a)为当方位向积累脉冲数为 30 时，检测概率在不同信噪比条件下的分布。从图 3.11(a)中可以看出，随着回波信噪比的提高，波足检测性能逐渐改善，波足的检测时间更加提前，从而为后续波足跟踪提供了充足的时间。图 3.11(b)

为回波信噪比为–55dB 条件下，积累脉冲数的变化对检测性能的影响。其中，积累脉冲数分布设为 1、30 和 50。从图 3.11(b)中可以看出，进行互相关处理后再进行非相干积累能够进一步提高波足检测性能。

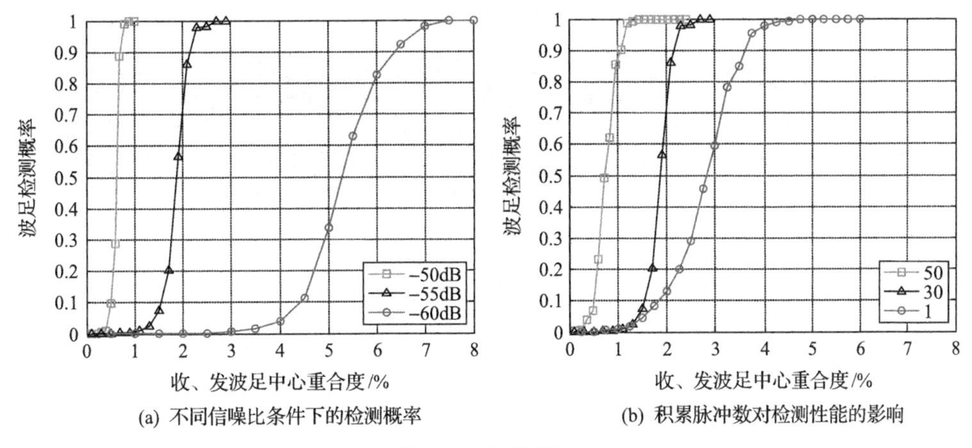

(a) 不同信噪比条件下的检测概率　　(b) 积累脉冲数对检测性能的影响

图 3.11　检测性能

3.2.5　实测数据验证

在星机 BSAR 系统中，星载 SAR 波足移动速度快，波足也会随星载 SAR 工作模式发生变化。对接收机而言，下视角很大，入射角很小，地面散射信号极其微弱。同时，面向非合作星载 SAR 的实验验证成本高，实验重复性差，实验难度极大。为此，本书提出以车载 SAR 等效实验的手段，研究验证星载 SAR 波足检测技术的可行性。

在等效实验中，以车载 SAR 充当非合作辐射源的角色，再利用另一套接收系统模拟接收机，用以接收车载 SAR 直达波信号和地面散射波信号。其等效性可以归纳为如下方面：

(1) 车载 SAR 发射大宽带 LFM 脉冲，与星载 SAR 发射信号的性能特点完全一致。因此，可以通过被动接收车载 SAR 发射的脉冲信号，即直达波信号，开展信号参数估计研究、时频同步技术研究等内容。

(2) 被动接收机高度较低，接收波足入射角接近 0°，此特点与被动接收的星载 SAR 的配置类似；车载 SAR 沿直线运动进行 SAR 成像与星载 SAR 成像方式也完全一致。因此，可以通过被动接收车载 SAR 地面散射信号，开展地面散射回波微弱信号(波足)检测技术等的研究。特别是，车载 SAR 和接收站均安装 GPS 设备，收、发站的几何位置实时已知，便于研究收、发波足重合过程中波足检测性能的变化。图 3.12 为车载等效实验系统组成及工作原理。

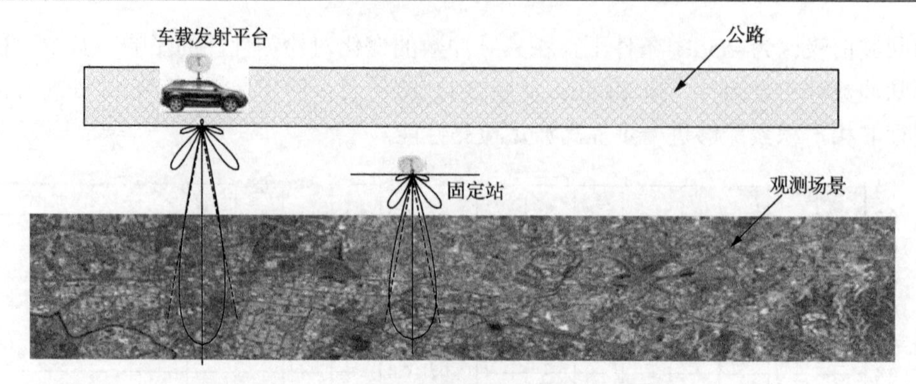

图 3.12 车载等效实验系统组成及工作原理

车载 SAR 以一定的速度沿公路运动，并发射信号，固定站放置在某特定位置，分时录取直达波和观测场景散射波数据。对于本书，利用车载实验主要开展的工作如下：

(1)分析波足检测方法的可行性。

(2)分析发射波足斜视角对波足检测方法的影响等。

需要特别说明的是，受车载 SAR 硬件条件限制，无法实现聚束式、ScanSAR 等模式，因此该车载 SAR 等效实验无法模拟星载 SAR 在多模式工作条件下的工作情况。

1. 车载实验介绍

车载双基地实验主要是对 BSAR 波足检测所涉及的关键技术进行验证。其中，利用车载 SAR 系统作为非合作辐射源，固定接收机接收车载 SAR 观测场景的散射波信号，并实时存储数据。

根据 GPS 和实验场景，这里选取较为笔直的路线作为车载平台运动轨迹。接收机架设在路基下方的人行横道上，接收天线对准观测场景，利用指南针等测量设备使得接收天线波束指向的反方向与车载平台运行轨迹垂直。实验示意图如图 3.13 所示。

2015 年 10 月 20 日，在湖南省长沙市巴溪洲附近开展了车载 BSAR 实验。实际情况下，收、发波足指向不一定都是正侧视的，因此本次实验主要有两项内容：一是收、发站均正侧视情况下散射波数据的录取；二是发射机斜视条件下散射波数据的录取。在车载实验中，令车载 SAR 以正侧视或斜视模式工作，录取地面的散射波数据，用以分析当收、发波足逐渐重合时接收信号互相关结果的变化特性，验证波足检测方法的可行性等。

在实验过程中，目标区域的布设如图 3.14 所示。为了增强目标区域布设的多样性，一方面，将 5 个角反射器放置在选取的观测场景中；另一方面，沿着堤岸放置了 5 个角反射器。

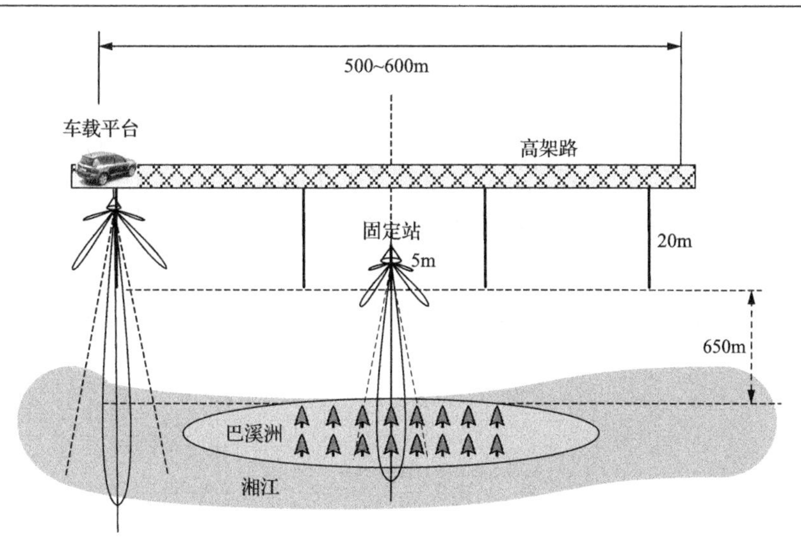

图 3.13　散射波微弱信号检测技术实验示意图

(a) 散射波实验示意图　(b) 车载SAR　(c) 接收机

(d) 点目标位置

图 3.14　车载 BSAR 实验介绍

2. 车载实验结果分析

波足检测技术通过车载 BSAR 实验进行等效验证。车载 BSAR 实验主要有两种类型的收、发站配置：一是收、发站均正侧视；二是发射机斜视、接收机正侧视。实验过程中，还录取了部分噪声数据，用于对互相关检测门限的计算。下面分别对两种实验的散射波数据处理结果进行分析。

1) 当收、发站均正侧视时，散射波数据处理结果

图 3.15(a) 为相邻噪声和相邻回波的互相关结果。由于噪声不相关而相邻信号相关性较强，回波信号互相关之后，互相关结果明显出现一个峰值。

在二进制积累检测过程中，N 代表距离向采样点数。由于距离向信号带宽 B_r 已知，在二进制积累检测过程中，M 的值设为 $\mathrm{INT}(B_r F_s)$，其中 F_s 为距离向采样率，INT 为取整操作。假设二进制积累检测的虚警概率为 10^{-5}，可以得到二进制积累检测的门限 T，如图 3.15(b) 中横实线所示。

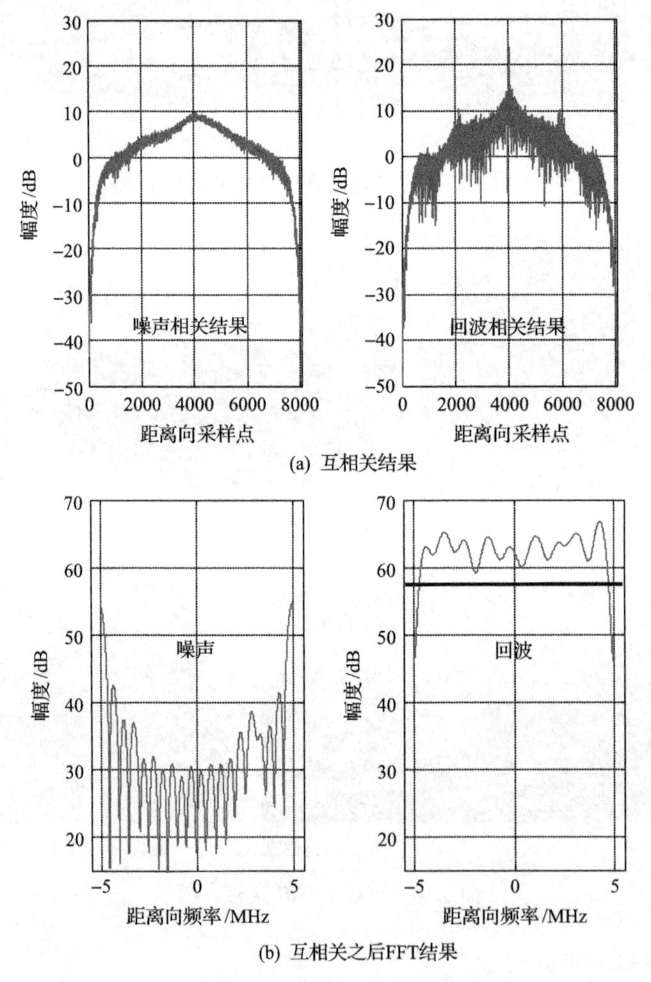

图 3.15　实测数据互相关结果

车载实验系统是工作在 Ku 波段的调频连续波(frequency-modulated continuous wave，FMCW) SAR 系统。经过 dechirp 处理后，距离向频率带宽为 8MHz。由

图3.15(b)可以看出，对回波信号互相关结果进行FFT处理之后，信号的带宽与理论带宽较为吻合。

下面利用实测数据对波足检测方法的性能进行分析。图3.16显示了相邻回波互相关结果最大值的分布。根据采样得到的噪声信号和互相关检测虚警概率，可得互相关检测门限如图3.16中横实线所示。根据二进制积累检测准则，实现对发射机波足的稳定检测，其方位向位置如图中标注所示。由图3.16可以看出，基于互相关的波足检测方法，以接收机为参考点，在方位向位置为[−136.2m, 67.08m]时，即可实现对发射波足的稳定检测。接收波足主瓣宽度约为113m，小于实现波足稳定检测的方位向范围，也就是说，当发射波足运动到接收波足副瓣位置时，基于互相关检测方法即可实现对发射波足的检测。

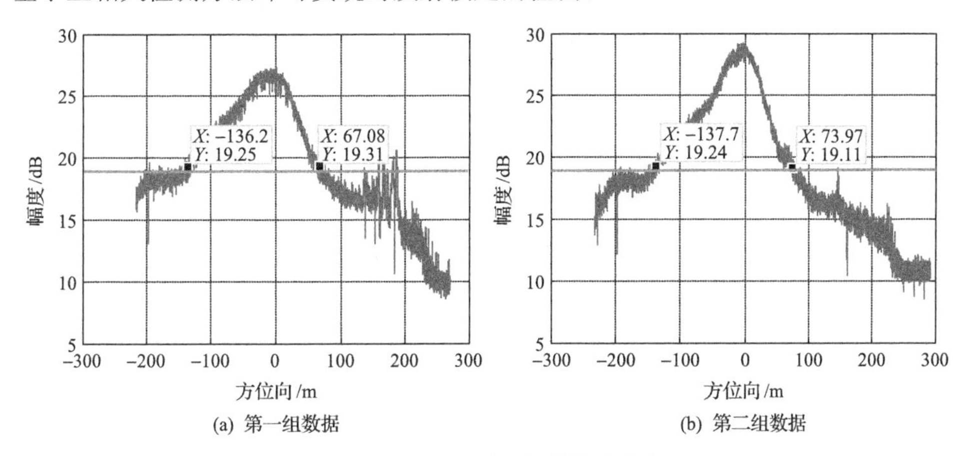

(a) 第一组数据　(b) 第二组数据

图3.16　正侧视时互相关能量分布

此次散射波实验的观测场景成像结果如图3.17所示。

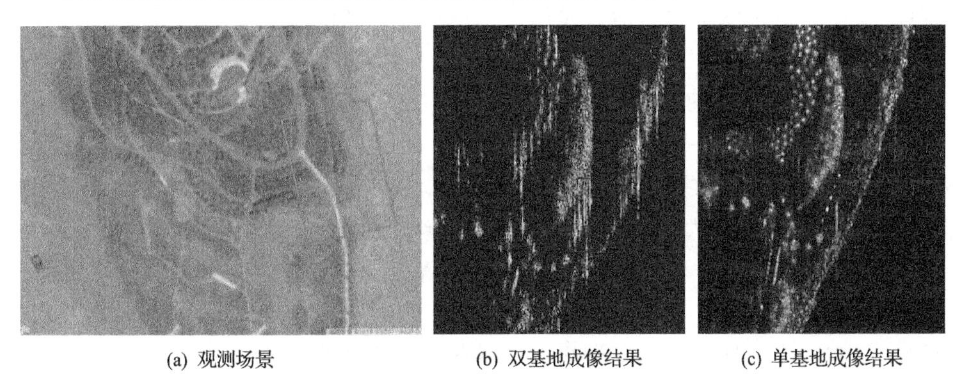
(a) 观测场景　(b) 双基地成像结果　(c) 单基地成像结果

图3.17　观测场景成像结果

观测场景为图3.17(a)所示的湘江中的一座小岛，成像区域为图3.17(a)方框标注的区域。利用接收到的散射波数据，对观测场景进行双基地成像处理[15]，成像结果如图 3.17(b)所示。为了进行对比，观测场景的单基地成像结果如图 3.17(c)所示[16,17]。由图 3.17 可以看出，观测场景的双基地成像结果与单基地成像结果比较吻合。经实测，BSAR 分辨率约为 0.85m(方位向)×0.35m(距离向)。理论 BSAR 分辨率为 0.6m(方位向)×0.3m(距离向)。由于收、发站之间没有直接的同步链路，传统的双基地运动补偿等措施无法实现[18]，只能对观测场景进行粗成像，双基地成像分辨率比理论分辨率差。

2)当发射机斜视、接收机正侧视时，散射波数据处理结果

该实验中，接收机正侧视，发射机存在一定的斜视角，斜视角度约为 8°。选取一组散射波数据进行处理，互相关结果最大值分布如图 3.18 所示。

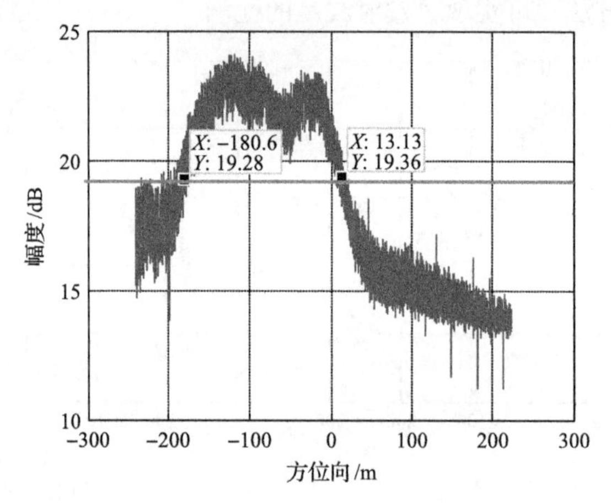

图 3.18　斜视时互相关结果最大值分布

根据斜视角和观测距离，理论上收、发波足中心重合时的发射机位置为–115m。散射波数据互相关结果最大值的峰值位置也约为–120m，两者基本吻合。

同理，根据检测准则，发射机波足的检测结果如图 3.18 所示。由图 3.18 可以看出，基于互相关的波足检测方法在以接收机为方位向零点，方位向范围为[–180.6m, 13.13m]时，即可实现对发射波足的稳定检测。实现对发射波足稳定检测的方位向范围宽度大于接收波足方位向主瓣宽度，也即当发射波足斜视时，接收机也可以在副瓣位置实现对发射波足的稳定检测。

车载平台的限制，使收、发波足的入射角都比较大，从而使得在接收系统无法完整录取收、发波足共同覆盖范围内的目标回波，很多目标回波信号处于采样数据的距离波门之外，从而无法录取完整的收、发波足照射范围内的目标回波。然而，车载实验还是对基于互相关的波足检测方法进行了验证。实验结果表明，互相关检测方法能够很好地实现对发射波足的检测，甚至可以在接收波足的副瓣位置即可稳定地检测到发射波足。

3.3　方位向波足跟踪技术

3.3.1　波足跟踪技术

在 BSAR 系统中，回波信号的多普勒频率范围与收、发波足相对位置有关。对于非合作星机 BSAR 系统，虽然收、发站之间缺少同步链路，但收、发站的运动轨迹和速度都是已知的，因此 BSAR 系统散射回波的多普勒中心频率、多普勒带宽已知。根据积累时间内回波信号的多普勒频谱信息，可以推算出收、发波足中心方位向相对位置，实现对发射波足的跟踪。当收、发波足中心间隔达到系统设定的范围时，通过对接收波足运动速度及方向进行控制，从而尽可能延长收、发波足重合时间，提高方位向成像宽度，实现收、发波足之间的波束同步。

以收、发波足未重合时的某一方位向时刻为起始脉冲积累位置，在收、发波足逐渐重合和分离过程中，对不断积累得到的采样信号进行多普勒特性的分析。设双基地系统多普勒中心为 f_{a0}，多普勒带宽为 B_a，在收、发波足相对运动过程中，积累的散射波信号多普勒频谱变化过程近似如图 3.19 所示。

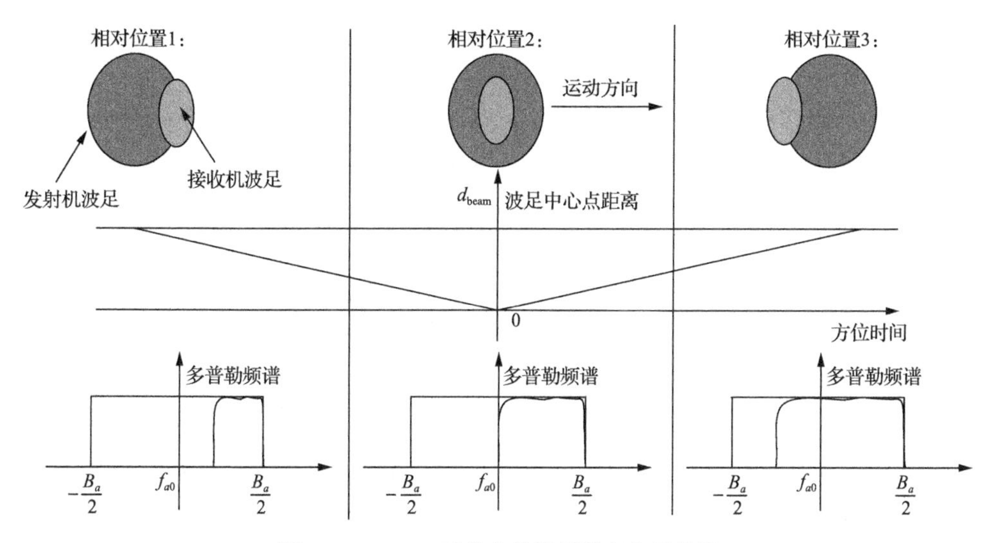

图 3.19　BSAR 系统多普勒频谱变化示意图

由图 3.19 可以看出，随着收、发波足逐渐重合到逐渐分离，即收、发波足中心方位向位置间隔逐渐减小到逐渐增大，接收机采样信号的多普勒带宽逐渐增加。当收、发波足中心完全重合时，积累散射波信号的多普勒带宽为 BSAR 系统多普勒总带宽的 1/2。由图 3.19 可知，可以根据积累散射波信号的多普勒频谱参数判断收、发波足的相对位置。

以收、发波束均正侧视为例，下面对收、发波足相对运动过程中，多普勒频谱的变化进行分析。设收、发波足相对位置如图 3.20 所示，其中 P、Q 为相邻 PRF 位置。对于收、发波足共同覆盖范围内的点目标，某一点目标回波的多普勒频率随着发射机的运动线性变化，设方位向多普勒调频率为 K_a，脉冲重复周期为 T_a。为了分析接收回波多普勒范围的变化规律与收、发波足相对位置之间的关系，以收、发波足未重合时的某一方位向时刻为起始积累时刻，对接收到的回波信号分析其多普勒频率分布。当发射机从起始积累时刻运动到点 P 时，如图 3.20 所示。该段时间内收、发波足共同覆盖的所有点目标(如 A、B、C 等)的多普勒信息线性叠加，构成了回波信号的多普勒频谱参数，设方位向 P 时刻积累得到的回波对应的多普勒频率范围为 $\left[f_{ap},B_a/2\right]$。当发射机运动到点 Q 时，径向速度减小，对于收、发波足共同覆盖范围内的所有点目标(如 A、B、C 等)，瞬时多普勒频率均减小了 K_aT_a，进而导致多普勒频谱的下限频率减小了 K_aT_a。因此，从起始时刻到 Q 时刻之内的回波多普勒频率范围变为 $\left[f_{ap}-\Delta f,B_a/2\right]$，$\Delta f=K_aT_a$。也就是说，随着收、发波足的相对运动，接收信号的多普勒频谱下限频率线性减小，直到减小到 $f_{a0}-B_a/2$。此时，收、发波足不再重合或者散射回波不在接收系统的距离波门之内。

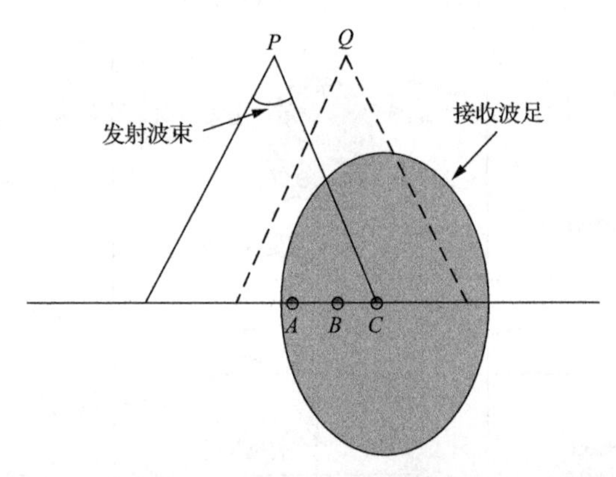

图 3.20　相邻 PRF 收、发波足相对位置示意图

图 3.21 给出了收、发波足重合过程中，积累回波数据多普勒频谱的变化过程。由于收、发波束均正侧视，因此多普勒中心为零。实际情况下，当收、发波束斜视时，基带多普勒中心不再为零。在某些情况下，当基带多普勒中心较大时，会存在多普勒频谱模糊的问题。

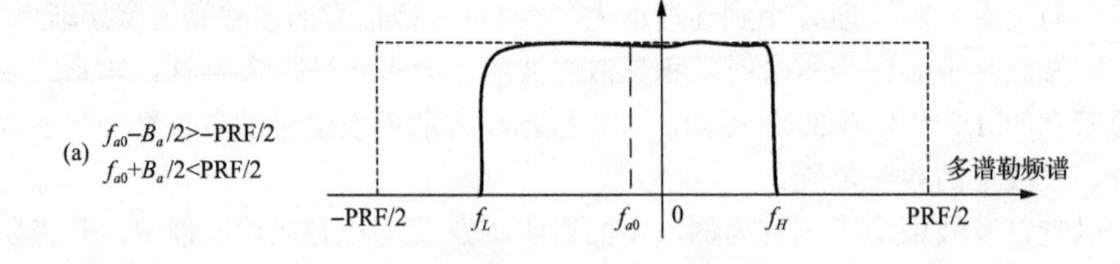

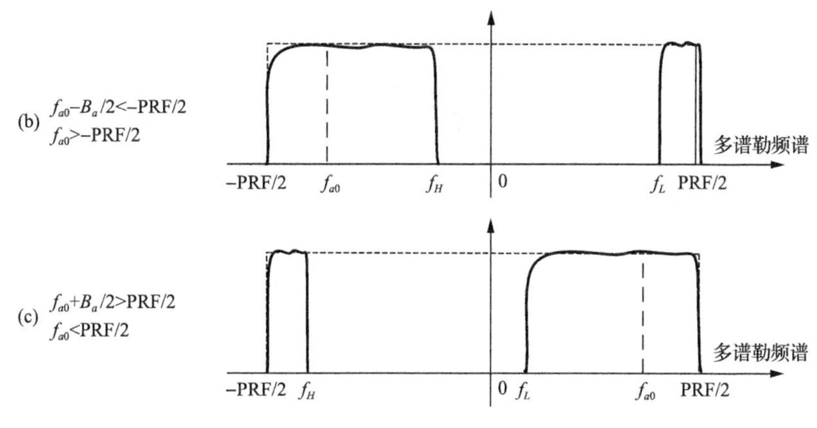

图 3.21　多普勒频谱的几种情况

因此，在实际情况下，需要根据积累信号多普勒频谱的分布情况，分别计算收、发波足中心方位向间隔。假设 BSAR 系统方位向多普勒中心 f_{a0} 和多普勒带宽 B_a 已知，根据多普勒频谱的不同分布，收、发波足中心方位向间隔 d_{beam} 与多普勒频率范围 $[f_L, f_H]$ 之间的关系为

$$d_{\text{beam}} = \left|\frac{f_L - f_{a0}}{K_a}\right| \cdot v, \text{ 存在多普勒模糊时[图 3.21(a)和(c)的情况]} \tag{3.31}$$

$$d_{\text{beam}} = \begin{cases} \left|\dfrac{f_L - f_{a0}}{K_a}\right| \cdot v, & f_L < 0 \\ \left|\dfrac{f_L - \text{PRF} - f_{a0}}{K_a}\right| \cdot v, & f_L > 0 \end{cases}, \text{不存在多普勒模糊时[图 3.21(b)的情况]} \tag{3.32}$$

式中，f_H、f_L 分别为多普勒频谱的上、下限频率。根据收、发波足中心的方位向间隔，判断收、发波足的相对位置，从而实现对卫星波足的跟踪。

值得注意的是，观测场景的非均匀性会使得采样信号回波的能量非线性变化，从而使得多普勒频谱参数的估计存在误差，进而导致方位向波足中心间隔计算结果存在误差。因此，本书提出的方位向跟踪方法在散射特性均匀分布的观测场景条件下，具有较好的跟踪性能。

3.3.2　仿真数据验证

根据本书提出的波足方位向跟踪方法，将积累信号变换到多普勒频域，根据积累信号的多普勒范围，将多普勒上、下限频率代入式(3.32)，即可得到收、发波足中心间隔。由式(3.32)可以看出，收、发波足中心间隔一方面与积累回波多普勒下限频率有关；另一方面也和收、发波束的斜视角有关。下面分别仿真正侧视和斜视两种情况下星机 BSAR 回波，从而对本书方法的有效性进行验证。

1. 收、发波束均正侧视

由于收、发波束均正侧视，多普勒中心频率为零。仿真参数如表 3.5 所示，观测场景点目标散射系数均匀分布。经过计算，方位向采样脉冲数为 2800，总的多普勒带宽约为 1382Hz。在方位向采样脉冲数为 1400 时，收、发波足中心完全重合。

图 3.22(a)为方位向多普勒频谱随着积累脉冲数增加的变化趋势。由图 3.22(b)可以看出，由于在进行多普勒分析时，起始脉冲位置不变，多普勒上限频率基本不变。随着收、发波足重合度的增大，多普勒下限频率线性减小，从而使得积累得到的散射回波的多普勒频谱宽度逐渐增加。

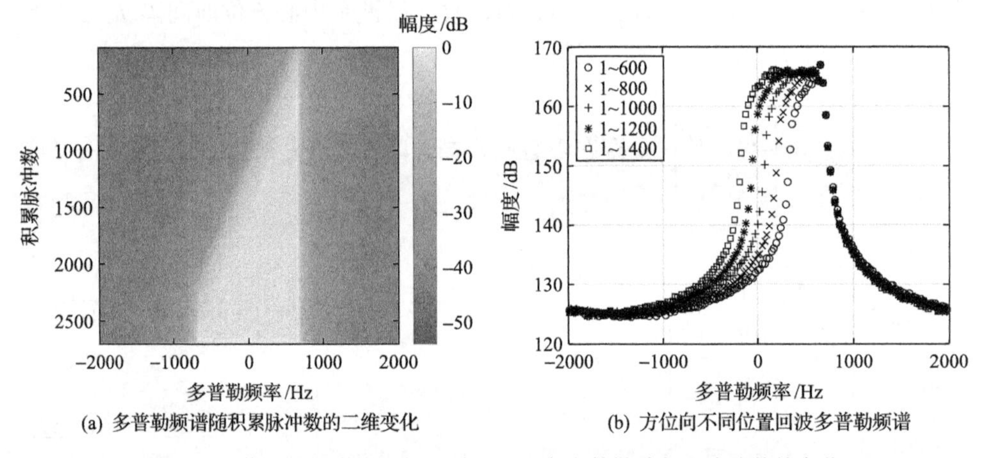

(a) 多普勒频谱随积累脉冲数的二维变化　　(b) 方位向不同位置回波多普勒频谱

图 3.22　收、发波束均正侧视时，方位向多普勒随积累脉冲数的变化

当收、发波足完全重合时，由 BSAR 系统特性可知，此时已接收到的回波数据的多普勒带宽为 B_a 的 1/2。由图 3.23(a)可以看出，随着收、发波足中心间隔的逐渐减小，也即收、发波足重合度逐渐增大，多普勒下限频率线性减小，当收、发波足中心间隔为零时，多普勒下限频率基本为零，此时积累得到的散射波数据的多普勒带宽约为总多普勒带宽的 1/2。利用回波的多普勒频谱参数计算得到的波足中心间隔与实际的波足中心间隔如图 3.23(b)所示，计算波足中心间隔误差如图 3.23(c)所示。从图中可以看出，计算波足中心间隔与实际波足中心间隔较为吻合，只是在收、发波足中心相距较远位置，由于收、发波足重合度低，计算波足中心间隔误差较大。

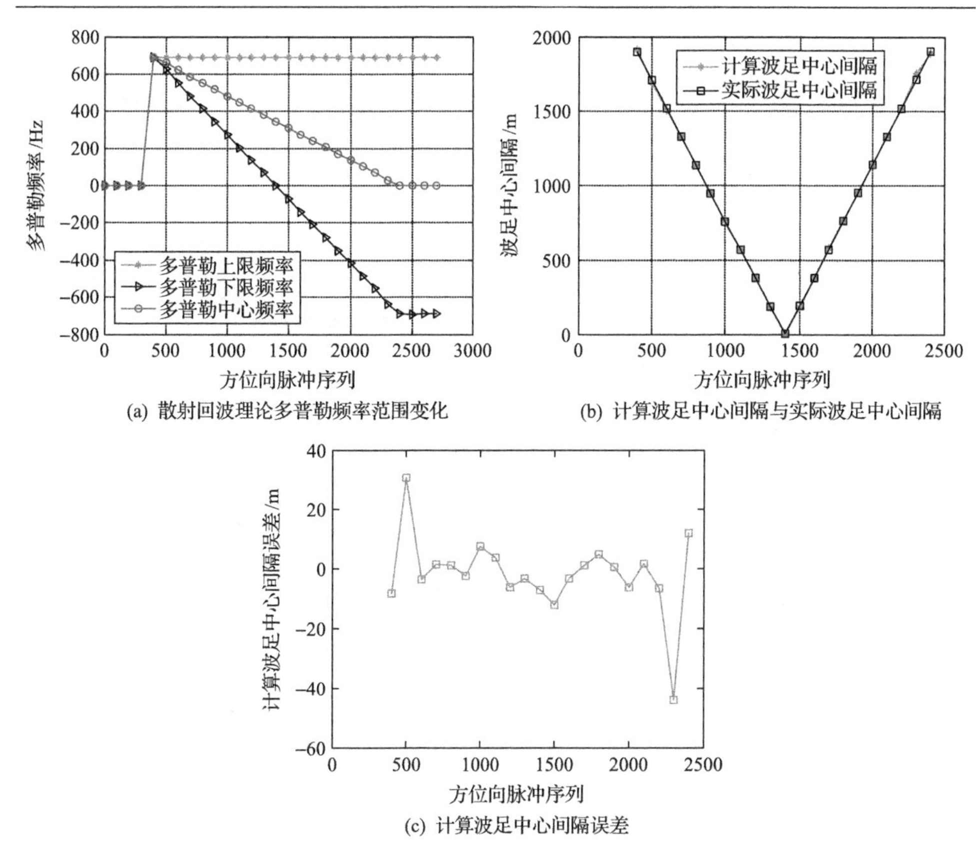

(a) 散射回波理论多普勒频率范围变化

(b) 计算波足中心间隔与实际波足中心间隔

(c) 计算波足中心间隔误差

图3.23 正侧视情况下，多普勒频谱参数及波足中心间隔计算误差分析

2. 收、发波束均斜视

设收、发波束均斜视，接收波束斜视角为45°，发射波束斜视角为2°。收、发波束均斜视导致方位向多普勒中心频率存在偏移，经过计算，基带多普勒中心频率约为556Hz。

由图3.24(a)可以看出，由于收、发波束均斜视，方位向多普勒中心频谱发生偏移。同时，由图3.24(b)可以看出，与正侧视仿真结果相类似，在进行多普勒分析时，由于起始脉冲位置不变，多普勒上限频率基本不变。随着收、发波足重合度的增大，多普勒下限频率线性减小，从而使得散射回波的多普勒频谱带宽逐渐增加。

由图3.25(a)可以看出，随着收、发波足中心间隔的逐渐减小，也即收、发波足重合度逐渐增大，多普勒下限频率线性减小。当收、发波足中心间隔为零时，多普勒下限频率约为556Hz，与基带多普勒中心频率相同。此时，积累得到的散射波数据的多普勒带宽约为总多普勒带宽的1/2。利用回波的多普勒频谱参数计算得到的波足中心间隔与实际波足中心间隔如图3.25(b)所示，计算波足中心间隔误

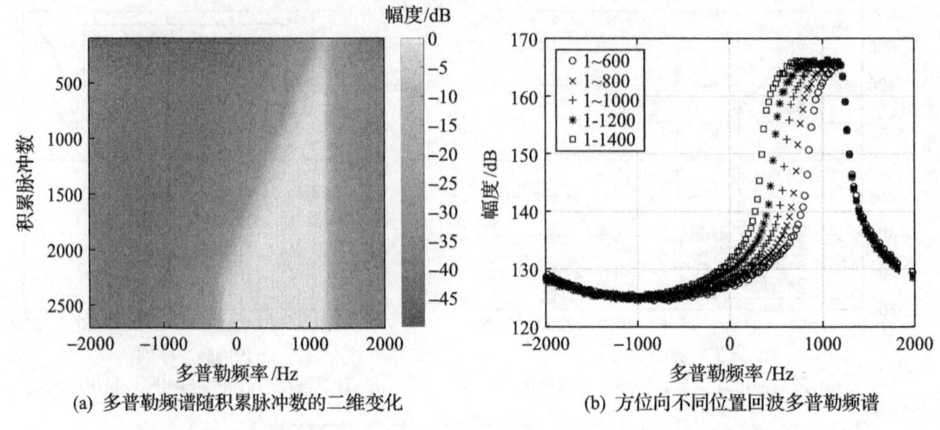

(a) 多普勒频谱随积累脉冲数的二维变化　(b) 方位向不同位置回波多普勒频谱

图 3.24　收、发波束均斜视时，方位向多普勒随积累脉冲数的变化

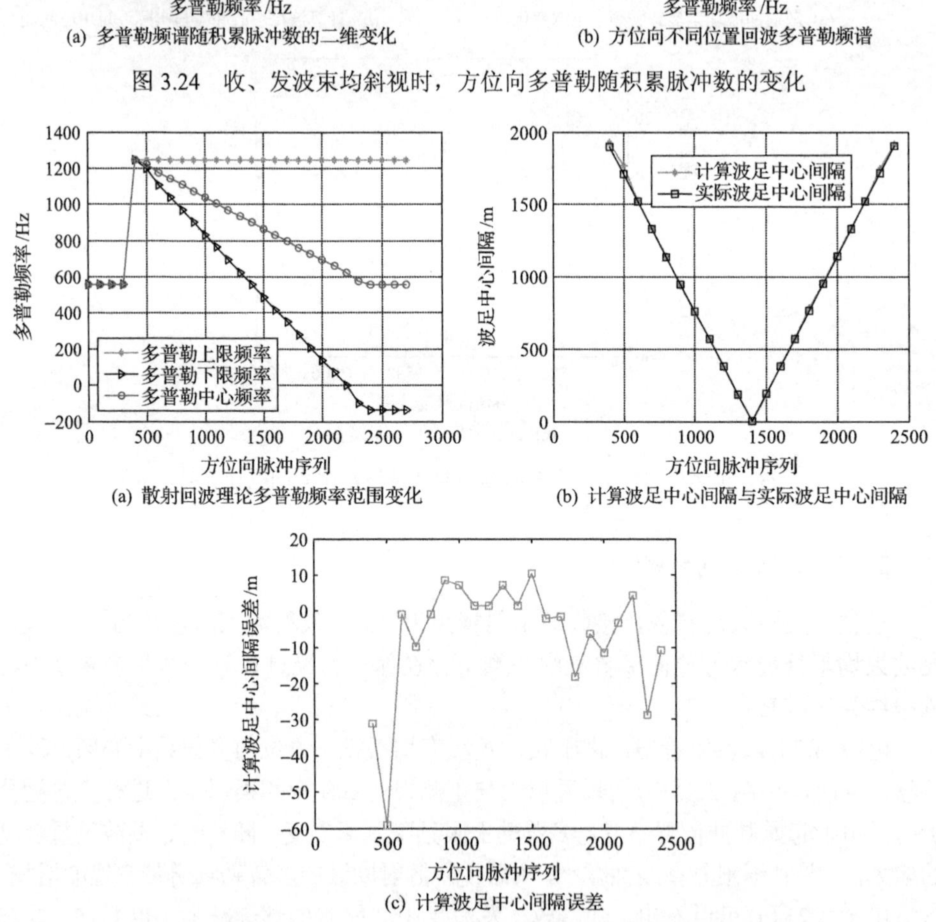

(a) 散射回波理论多普勒频率范围变化　(b) 计算波足中心间隔与实际波足中心间隔

(c) 计算波足中心间隔误差

图 3.25　斜视情况下，多普勒频谱参数及波足中心间隔计算误差分析

差如图 3.25(c)所示。从图中可以看出，计算波足中心间隔与实际波足中心间隔较为吻合。同时，斜视情况与正侧视情况较为类似，在收、发波足中心相距较远位置，收、发波足重合度低，因此计算波足中心间隔误差较大。

3.3.3　实测数据验证

BSAR 系统中，随着收、发波足逐渐重合到逐渐分离，接收信号多普勒频谱参数不断变化。如果已知方位向多普勒带宽和多普勒中心频率，那么根据连续积累得到的散射波信号多普勒频谱参数，即可推算出收、发波足中心方位向间隔，进而获得收、发波足的相对位置。

车载双基地实验中，发射机和接收机波束入射角都接近 90°，这种情况下，波束在地面的波足范围很难去定位，进而很难获取收、发站波足中心之间的相对位置。同时，距离波门的限制，使得很难获取完整的收、发波足共同覆盖范围内的回波信号，进而导致多普勒信号的不完整，因此很难利用车载数据进行上述波足跟踪方法的验证。

为了对上述波足跟踪方法进行验证，本书利用接收站固定机载 BSAR 实测数据对方位向波足跟踪方法的精度进行验证。机载平台发射机入射角适中，因此发射波束在地面的投影相对比较完整，从而有利于对收、发波足共同覆盖范围内目标回波的采集，进而便于对回波信号的多普勒频谱进行分析。利用机载平台和固定站的 GPS 设备，可以计算收、发波足中心位置，比较精确地了解发射波足与接收波足的相对位置随着方位向慢时间的变化。另外，通过接收机接收地面散射波信号，利用多普勒频谱信息解算收、发波足中心方位向间隔。最后比较通过多普勒解算的收、发波足中心间隔与通过 GPS 位置计算的收、发波足中心间隔是否一致，验证本书提出的基于多普勒信息进行波足跟踪方法的精度。

1. 机载 BSAR 实验介绍

机载 BSAR 实验如图 3.26 所示。发射机安装在某型飞机上，接收站固定在机场指挥台的屋顶上，收、发波束均正侧视。机载 SAR 发射 LFM 脉冲，波束宽度约为 60°，飞机以一定的速度沿预设航迹飞行，接收机录取散射波数据。

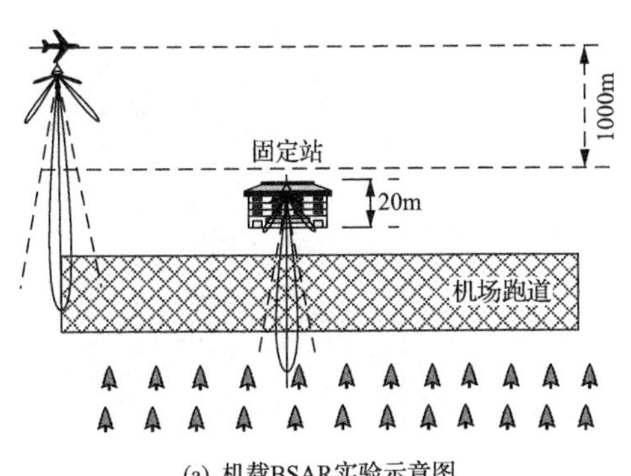

(a) 机载BSAR实验示意图

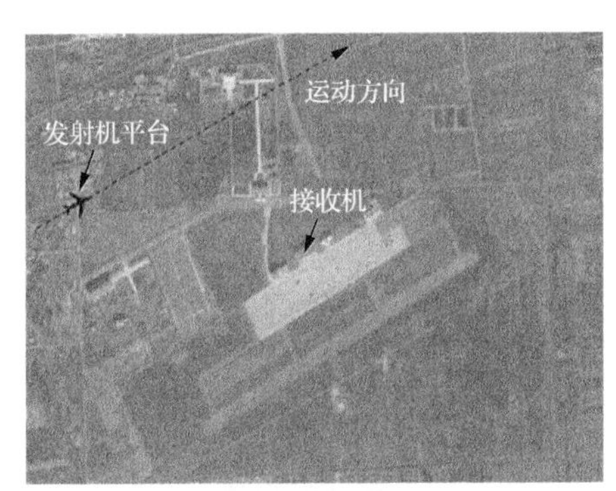

(b) 实验场景

图 3.26　机载 BSAR 实验

回波信号的多普勒频谱参数与收、发波足中心方位向间隔，即收、发波足相对位置相关。图 3.27 给出了收、发波足中心间隔及散射回波多普勒频率变化趋势。

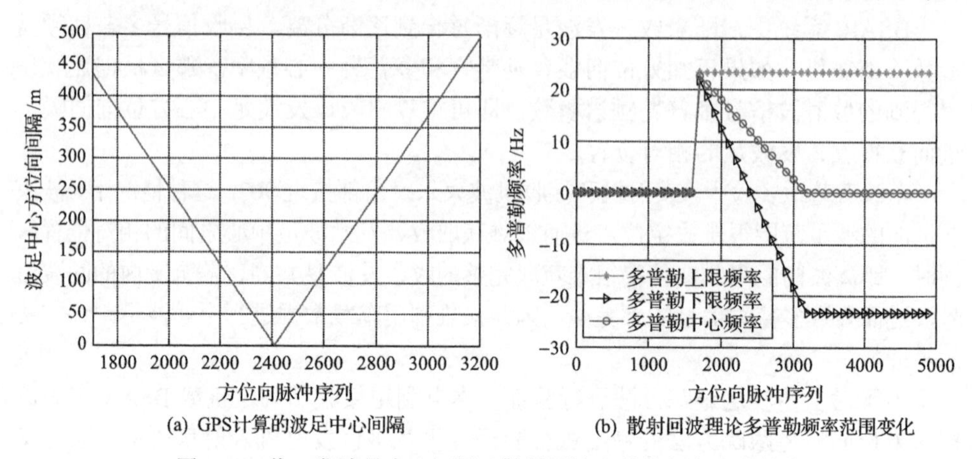

(a) GPS计算的波足中心间隔　　(b) 散射回波理论多普勒频率范围变化

图 3.27　收、发波足中心间隔及散射回波多普勒频率变化趋势

根据收、发平台之间的几何关系和 GPS 提供的位置信息，得到的理论收、发波足中心间隔变化趋势如图 3.27(a)所示。由图 3.27(a)可以看出，随着发射机的运动，收、发波足中心间隔先逐渐减小到零后逐渐增大。设起始积累脉冲数为 1 且不变，根据 BSAR 系统多普勒中心频率、多普勒带宽和多普勒调频率，散射回波理论多普勒上、下限随着积累脉冲数的增加分布如图 3.27(b)所示。由图 3.27(b)可以看出，随着收、发波足逐渐重合到逐渐分离，多普勒上限频率基本不变，这是因为起始积累脉冲数不变；多普勒下限频率逐渐减小，直到收、发波足不再重合或者散射回波不在接收系统的距离波门之内，此时多普勒下限频率为 $-B_a/2$。

2. 机载 BSAR 实验结果分析

机载 BSAR 实测数据回波包络及双基地成像结果如图 3.28 所示。

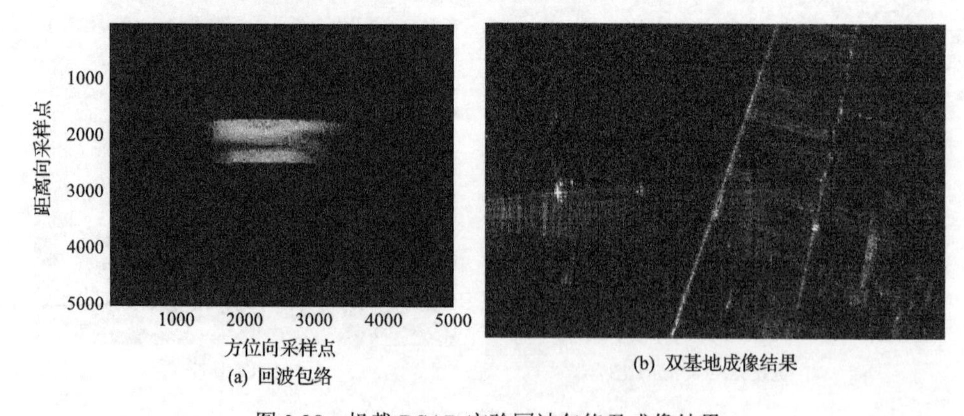

(a) 回波包络　　(b) 双基地成像结果

图 3.28　机载 BSAR 实验回波包络及成像结果

由图 3.28 可以看出，回波能量主要集中在收、发波足重合的区域，对于接收波束两侧未重合区域，回波能量很弱，噪声占很大部分。

图 3.29 为场景回波多普勒随着收、发波足逐渐重合的二维变化。

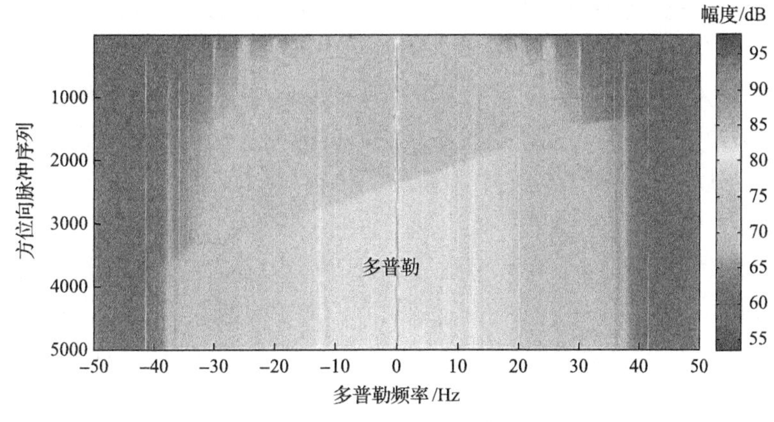

图 3.29　多普勒频谱二维分布

图 3.29 中，浅色区域即散射回波的多普勒区域。由图 3.29 可以看出，在 PRF 脉冲序列为 1～1700 时回波多普勒很小，此时可以认为收、发波足未重合。在 PRF 脉冲序列为 1700～3200 时，随着收、发波足的逐渐增加，方位向多普勒宽度逐渐增加。在 PRF 脉冲序列为 3200～5000 时，多普勒带宽不再变化，这是因为积累的回波序列中，收、发波足已经经历了完整的多普勒历程。

图 3.30 为机载 BSAR 散射波实测数据的多普勒频率范围随着收、发波足中心间隔的变化趋势。其中，起始积累脉冲数设为 1。

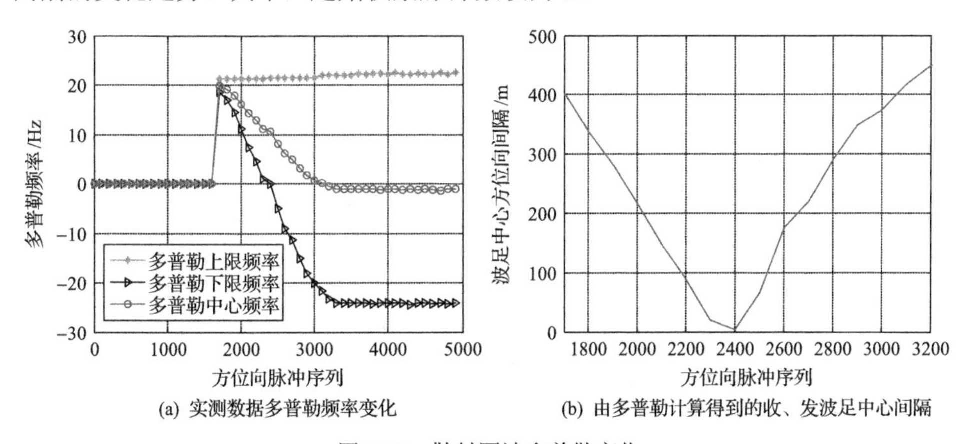

图 3.30　散射回波多普勒变化

图 3.30(a)为散射回波多普勒频谱上、下限频率及中心频率随着收、发波足运动的变化趋势。由图 3.30(a)可以看出，随着方位向积累脉冲数的增加，散射

回波的多普勒上限频率变化很小，这是因为起始积累脉冲数不变；随着收、发波足的逐渐重合到逐渐分离，多普勒下限频率逐渐减小。当收、发波足中心方位向间隔为零时，多普勒下限频率接近 0；当收、发波足中心间隔达到某一值时，可以认为收、发波足不再重合或者散射波不在接收系统的距离波门之内，因此多普勒下限频率减小到 $-B_a/2$ 附近。同时，由图 3.30(a)可以看出，回波的多普勒中心频率变化趋势与多普勒频谱下限频率的变化趋势基本吻合。图 3.30(b)为由多普勒频谱参数计算得到的收、发波足中心间隔的变化曲线。对比图 3.30(a)和图 3.30(b)可以看出，计算波足中心间隔变化趋势与理论波足中心间隔变化趋势比较吻合。

下面选取了几组由多普勒频谱计算的收、发波足方位向中心间隔(计算波足中心间隔)和由 GPS 计算得到的收、发波足方位向中心间隔(理论波足中心间隔)。经过计算，接、收波足方位向宽度约为 900m。以接收波足方位向宽度为参考，分析了波足跟踪精度，如表 3.6 所示。

表 3.6　波足跟踪精度分析

积累 脉冲数	多普勒 下限频率/Hz	多普勒 中心频率/Hz	计算波足 中心间隔/m	理论波足 中心间隔/m	波足跟踪 误差/%
1～1700	20.9	19.95	402.69	436.98	–6.69
1～1800	18.6	19.13	358.38	375.76	–3.39
1～2000	13.1	16.17	252.4	252.96	–0.1
1～2200	6.8	12.83	131.02	129.55	0.28
1～2409	–1.1	10.75	21.19	0	4.13
1～2500	–4.4	7.95	84.77	56.65	5.49
1～3000	–17.9	0.95	344.89	386.61	–8.14
1～3200	–23.2	–0.55	447.01	493.36	–9.05

由表 3.6 可以看出，在收、发波足逐渐重合和分离的过程中，波足跟踪误差比较稳定。但在起始位置和结足位置，波束旁瓣等因素的影响，使得波足跟踪误差较大。同时，由表 3.6 可以看出，随着收、发波束逐渐重合到逐渐分离，回波的多普勒中心频率从约为多普勒带宽 1/2 的位置逐渐减小到零。

虽然表 3.6 的分析结果表明波足跟踪精度抖动较大，但这是由多方面因素造成的，其中一个主要因素就是观测场景的较大部分区域为低散射区域(机场)，使得回波信号变弱，从而引起回波多普勒信息的抖动较大，进而使得波足跟踪精度抖动较大。实验结果验证了基于多普勒进行方位向波足跟踪技术的可行性。由表 3.6 可知，方位向波足跟踪误差小于 10%的接收波足方位向宽度。

3.4　基于宽波束连续接收体制的空间同步方法

本节主要针对接收机固定情况下的空间同步问题进行研究。由雷达原理可知，只有收、发波束同时照射的区域才能接收到有用的散射回波。由于接收平台固定不动，观测场景的方位向宽度主要取决于接收机波束宽度。利用基于 SAR 卫星的 BSAR 系统远发近收的信噪比优势，接收机可采用足够宽的波束以增加观测场景的方位向宽度。

综上，本节提出一种基于宽波束连续接收体制的空间同步方法。首先，根据 SAR 卫星轨道参数和系统工作参数，估计卫星的过顶时刻和波束扫描范围；然后，利用足够宽的固定接收波束覆盖观测场景；最后，以预估的卫星过顶时刻为中心开机，连续接收并录取 8～10s 数据。这种方法既保证了实验的成功率，又可实现较宽的观测场景覆盖。

3.4.1　SAR 卫星运行轨道

如图 3.31 所示，SAR 卫星相对于地球的运动是一个二体运动，需要在地心惯性坐标系下考虑这个问题。地心惯性坐标系 X 轴在赤道面上，指向春分点，Z 轴沿自转轴指向北极，Y 轴在赤道面上且与其他轴构成右手系。对此二体运动问题，利用万有引力定律，可以推导出卫星的运行轨迹为椭圆，其轨道方程为

$$r = \frac{a(1-e^2)}{1+e\cos(\alpha-\omega)} \tag{3.33}$$

式中，r 为地心至卫星质心的距离；a 为半长轴；e 为偏心率；ω 为近地点幅角，即从轨道升交点至卫星质点对应的幅角，纬度幅角与近地点幅角的差 $f=\alpha-\omega$ 为真近点角。

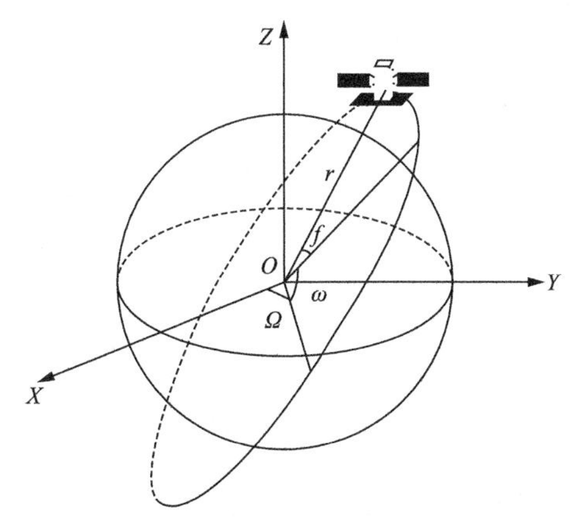

图 3.31　SAR 卫星轨道示意图

真近点角与偏近点角E的关系为

$$\tan\left(\frac{f}{2}\right)=\sqrt{\frac{1+e}{1-e}}\tan\left(\frac{E}{2}\right) \tag{3.34}$$

偏近点角满足如下开普勒方程：

$$E-e\sin E=M \tag{3.35}$$

式中，M为平近点角。M与时间的关系为

$$M=n(t-\tau),\quad n=\sqrt{\mu/\alpha^3} \tag{3.36}$$

式中，n为卫星的平角速率；μ为地球引力场的引力常数，值为$3.98600436\times 10^{14}\,\mathrm{m}^3/\mathrm{s}^2$；$t$为需要计算的某一时刻；$\tau$为卫星质心经过近地点的时刻。

通过以上关系式，可以得到某一时刻卫星在轨道中的位置。在前面的阐述中，以半长轴a、偏心率e、近地点幅角ω、卫星质心经过近地点的时刻τ、轨道升角i以及升交点赤经Ω为轨道参数，由此可以确定卫星的运行轨迹。

以上为SAR卫星在理想状态下的无摄运动轨道及6个轨道参数。然而在实际中，SAR卫星除了受到地球引力，还受到其他天体的引力、地球的形状不规则、质地不均匀等多种因素的影响。在这些复杂因素的综合作用下，SAR卫星的实际运行轨道将不再是无摄运动轨道。SAR卫星精确轨道的确定超出了本书的研究范畴，这里不作介绍。在研究中，SAR卫星的轨道数据可以利用专业的航天分析软件STK(Satellite Tool Kit)进行预测，其所需的星历数据可以从专门的网站下载[21]。

3.4.2 过顶时刻估计

得到SAR卫星的预测轨道数据之后，可以对卫星过顶时刻进行粗略估计。假设$\boldsymbol{R}_T(t)$为SAR卫星位置矢量，$\boldsymbol{P}$为观测场景参考点(一般为场景中心点)的位置矢量，则SAR卫星到参考点的距离历程为

$$r_{TP}(t)=\left|\boldsymbol{R}_T(t)-\boldsymbol{P}\right| \tag{3.37}$$

如果将零多普勒时刻(zero Doppler time，ZDT)，也就是SAR卫星到参考点直线距离最短的时刻定义为卫星过顶时刻，则可以得到

$$\left.\frac{\mathrm{d}r_{TP}(t)}{\mathrm{d}t}\right|_{t=t_{\mathrm{ZDT}}}=\boldsymbol{v}_T^{\mathrm{T}}(t)\left.\frac{\boldsymbol{R}_T(t)-\boldsymbol{P}}{\left|\boldsymbol{R}_T(t)-\boldsymbol{P}\right|}\right|_{t=t_{\mathrm{ZDT}}}=0 \tag{3.38}$$

可以看出，卫星过顶时刻$t=t_{\mathrm{ZDT}}$为式(3.38)的解。预测的轨道数据与真实轨道数据之间存在误差，因此由式(3.38)得到的卫星过顶时刻估计值并不精确。通

常情况下，精度可以达到 0.5s 以内。

3.4.3 波束扫描带确定

在得到 SAR 卫星的轨道数据之后，结合雷达系统参数和工作模式，可以计算星载 SAR 系统的波束扫描带。需要注意的是，由于各种数据和参数定义的坐标系并不相同，首先需要将它们变换到统一的坐标系内。

图 3.32 给出了统一坐标系下正侧视时 SAR 卫星波束瞬时地面覆盖示意图。其中，H 为卫星轨道高度，R_E 为地球半径，N_d 为星下点，η 为 SAR 卫星波束中心线的入射角，θ 为波束宽度，W 为波束覆盖的地面视场长度，X_1 和 X_2 分别代表波束扫描带的近端和远端，α_1 和 α_2 分别为弧线 $\widehat{X_1N_d}$ 和 $\widehat{X_1X_2}$ 相对于地心的张角。由于 SAR 卫星的波束在方位向扫描进行成像，只需要考虑距离向(俯仰向)的波束扫描范围。

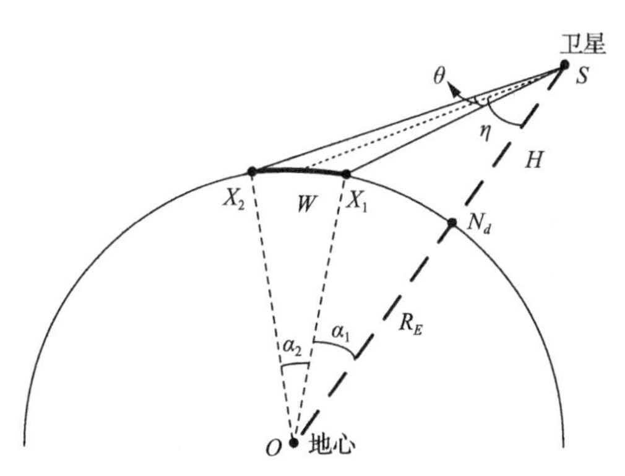

图 3.32　SAR 卫星波束瞬时地面覆盖示意图

根据正弦定理，可以得到

$$\frac{\sin(\alpha_1+\eta-\theta/2)}{R_E+H}=\frac{\sin(\eta-\theta/2)}{R_E} \tag{3.39}$$

$$\frac{\sin(\alpha_1+\alpha_2+\eta+\theta/2)}{R_E+H}=\frac{\sin(\eta+\theta/2)}{R_E} \tag{3.40}$$

在已知卫星轨道高度 H、波束入射角 η 以及波束宽度 θ 的情况下，可以由式(3.39)和式(3.40)计算得到张角 α_1 和 α_2。以星下点 N_d 为参考，波束扫描带的近端距离为

$$X_1=R_E\cdot\alpha_1 \tag{3.41}$$

而波束扫描带宽度可以表示为

$$W = R_E \cdot \alpha_2 \tag{3.42}$$

波束扫描带的中心点位置可以表示为

$$C_{\text{Swath}} = X_1 + W/2 = R_E \cdot (\alpha_1 + \alpha_2/2) \tag{3.43}$$

3.4.4 空间同步性能分析

在计算得到卫星波束扫描带之后，可以将接收机的波束对准卫星波束扫描带，以预估的卫星过顶时刻为中心，连续接收 8～10s 数据，将卫星过顶时刻的估计误差包含在这个时间段内，以实现系统空间同步。

如前所述，为了增大观测场景的范围，接收机采用宽波束接收体制，因此接收天线增益较低，最终会引起系统信噪比的下降。假设目标散射系数是常数，则基于 SAR 卫星的 BSAR 系统的信噪比可以表示为

$$\text{SNR} = \text{SNR}_0 \cdot \left(\frac{G_R}{G_T} \cdot \frac{R_T^2}{R_R^2} \right) \tag{3.44}$$

式中，SNR_0 为相应的单基地星载 SAR 系统信噪比；G_T 和 G_R 分别为发射天线增益和接收天线增益；R_T 和 R_R 分别为发射机和接收机作用距离。假设采用 TerraSAR-X 卫星作为发射机，则发射天线增益为 $G_T = 46.4\text{dB}$，飞行高度为 515.5km；假设入射角为 40°，则发射机波束中心斜距 $R_T \approx 673\text{km}$。进而假设 $R_R = 100\text{km}$，如果观测场景大小为 20km×20km，那么需要接收天线波束宽度为 11.4°(水平向)和 2.3°(俯仰向)，对应的接收天线增益为 31.9dB。此时，根据式(3.44)，基于 SAR 卫星的 BSAR 系统信噪比相对于单基地星载 SAR 系统仍有 2dB 的优势。

由于 SAR 卫星轨道数据误差以及雷达参数误差，计算得到的卫星波束扫描带的中心位置与真实值可能存在一定误差。如果接收机波束中心仍对准预先估计的卫星波束扫描带中心，那么可能造成系统信噪比下降。假设发射天线长度为 L_a、高度为 L_r，则该天线方位向波束角为 $\theta_a = \lambda / L_a$，俯仰向波束角为 $\theta_r = \lambda / L_r$，最大增益为 $G_{T0} = \frac{4\pi}{\lambda^2} \cdot (L_a \cdot L_r)$。假设俯仰向离轴角为 $\Delta\theta_r$，则该离轴角对应的天线增益可以用 sinc 平方加权表示为

$$G_T = G_{T0} \cdot \left\{ \frac{\sin[\pi \sin(\Delta\theta_r)/\theta_r]}{\pi \sin(\Delta\theta_r)/\theta_r} \right\}^2 \tag{3.45}$$

图 3.33 为基于 SAR 卫星的 BSAR 的收、发天线波束几何示意图，其中，H_T 为发射机高度，H_R 为接收机飞行高度，R_T 和 R_R 分别为发射机和接收机作用距离，

γ_T 和 γ_R 分别为发射机和接收机波束入射角。假设接收波束中心在距离向上距发射波束中心位置的偏移值为 Δx，则该偏移值对应的发射天线离轴角为

$$\Delta\theta_r \approx \frac{\Delta x \cdot \cos\gamma_T}{R_T} \tag{3.46}$$

最终，收、发波束中心偏移对应的增益下降表现为系统信噪比的下降，即

$$\Delta \mathrm{SNR} = \left\{ \frac{\sin\left[\pi \sin\left(\frac{\Delta x \cdot \cos\gamma_T}{R_T}\right) \cdot \theta_r\right]}{\pi \sin\left(\frac{\Delta x \cdot \cos\gamma_T}{R_T}\right) \cdot \theta_r} \right\}^2 \tag{3.47}$$

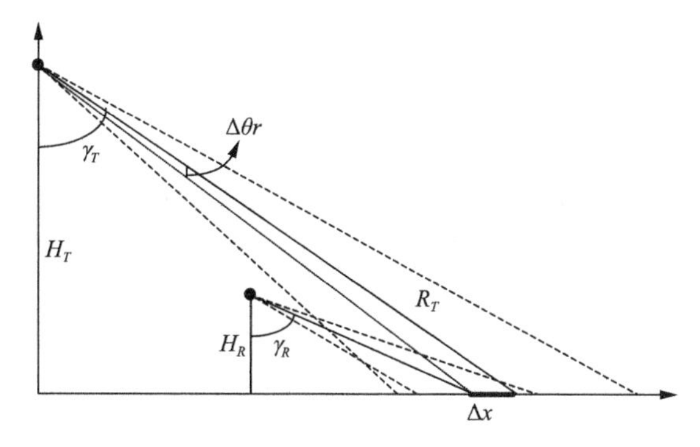

图 3.33　收、发天线波束几何示意图

仍假设以 TerraSAR-X 为发射机，其天线直径为 0.7m，则其俯仰向波束宽度为 2.5°。

图 3.34 给出了对应不同的发射机入射角，信噪比下降与收、发波束中心偏移

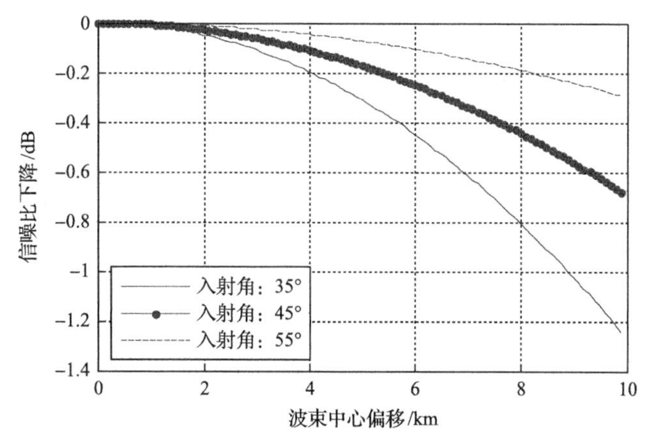

图 3.34　收、发天线波束中心偏移引入的信噪比下降

的关系。可以看出，即使波束中心偏移达到 2km，系统信噪比下降也不到 0.1dB。综合利用 GPS 设备以及地面跟踪设备进行测量，TerraSAR-X 空间位置信息精度可以达到 3m，波束指向精度为 65rad/s，因此其波束中心位置的距离向误差在 500m 以内[22]。在这种情况下，空间同步对系统信噪比造成的影响可以忽略不计。

参 考 文 献

[1] Yang Y H, Pi Y M, Li R. Considerations for non-cooperative bistatic SAR with spaceborne radar illuminating[C]. CIE International Conference on Radar, Shanghai, 2006: 1-4.

[2] He X, Cherniakov M, Zeng T. Signal detectability in SS-BSAR with GNSS non-cooperative transmitter[J]. IEE Proceeding of Radar Sonar and Navigation, 2005, 152 (3) : 124-132.

[3] Krieger G, Moreira A. Spaceborne bi-and multistatic SAR: Potential and challenges[J]. IEE Radar Sonar and Navigation, 2006, 153 (3) : 184-198.

[4] Massonnet D. Capabilities and limitations of the interferometric cartwheel[J]. IEEE Transactions on Geoscience and Remote Sensing, 2001, 39 (3) : 506-520.

[5] 周鹏. 星机双基地 SAR 系统总体与同步技术研究[D]. 成都: 电子科技大学, 2008.

[6] 夏宇垠. 宽带雷达目标时域检测算法研究[D]. 西安: 西安电子科技大学, 2011.

[7] Mu F Y, Zhang J F, Du J. A weak signal detection technology based on stochastic resonance system[C]. International Conference on Computer Science and Service System (CSSS), Nanjing, 2011: 2004-2007.

[8] 陶然, 邓兵, 王越. 分数阶傅里叶变换及其应用[M]. 北京: 清华大学出版社, 2009.

[9] Qi L, Tao R, Zhou S Y, et al. Detection and parameter estimation of multicomponent LFM signal based on the fractional Fourier transform[J]. Science in China Series F: Information Sciences, 2004, 47 (2) : 184-198.

[10] 于媛. 基于 Radon 变换的 LFM 信号检测与参数估计[J]. 现代防御技术, 2013, 41 (1) : 136-141.

[11] 姚山峰, 曾安军, 严航, 等. 基于多重累积相关的 LFM 脉冲信号实时检测算法[J]. 电讯技术, 2011, 51 (5) : 71-76.

[12] 丁鹭飞, 耿富录, 陈建春. 雷达原理[M]. 4 版. 北京: 电子工业出版社, 2009.

[13] di Bisciglie M, Galdi C. CFAR detection of extended objects in high-resolution SAR images[J]. IEEE Transactions on Geoscience and Remote Sensing, 2005, 43 (4) : 833-843.

[14] Conte E, de Maio A, Ricci G. CFAR detection of distributed targets in non-Gaussian disturbance[J]. IEEE Transactions on Aerospace and Electronic Systems, 2002, 38 (2) : 612-621.

[15] Neo Y L, Wong F H, Cumming I G. Processing of azimuth-invariant bistatic SAR data using the range Doppler algorithm[J]. IEEE Transactions on Geoscience and Remote Sensing, 2008, 46 (1) : 14-21.

[16] Jia G W, Chang W G. Study on the improvements for the high-resolution frequency modulated continuous wave synthetic aperture radar imaging[J]. IET Radar Sonar & Navigation, 2014, 8(9): 1203-1214.

[17] Jia G W, Chang W G, Li X Y. Motion error correction approach for high-resolution synthetic aperture radar imaging[J]. Journal of Applied Remote Sensing, 2014, 8(1): 1-14.

[18] Rigling B D, Moses R L. Motion measurement errors and autofocus in bistatic SAR[J]. IEEE Transactions on Image Processing, 2006, 15(4): 1008-1016.

[19] Lopez-Dekker P, Mallorqui J J, Serra-Morales P, et al. Phase synchronization and Doppler centroid estimation in fixed receiver bistatic SAR systems[J]. IEEE Transactions on Geoscience and Remote Sensing, 2008, 46(11): 3459-3471.

[20] Espeter T, Walterscheid I, Klare J, et al. Synchronization techniques for the bistatic spaceborne/airborne SAR experiment with TerraSAR-X and PAMIR[C]. 2007 IEEE International Geoscience and Remote Sensing Symposium, Barcelona, 2007: 2160-2163.

[21] 杨颖, 王琦. STK 在计算机仿真中的应用[M]. 北京: 国防工业出版社, 2005.

[22] Meta A, Mittermayer J, Prats P, et al. TOPS imaging with TerraSAR-X: Mode design and performance analysis[J]. IEEE Transactions on Geoscience and Remote Sensing, 2010, 48(2): 759-769.

第 4 章　基于 SAR 卫星的 BSAR 时频同步技术

基于 SAR 卫星的 BSAR 属于非合作 BSAR 系统。通常来说，非合作 BSAR 系统可以利用直达波信号实现收、发系统之间的时、频同步，即先从直达波信号中提取时、频同步误差，然后对散射波信号进行补偿。但是，从实测数据处理的经验来看，如果没有其他辅助信息，该方法只能较好地提取时间同步误差，却不能精确地提取频率同步误差。造成这个结果的原因有两点：第一，卫星轨道数据的精度较差，不足以精确地分离路径相位和频率同步误差引入相位；第二，频率同步误差为随机分量，且成分复杂，难以精确估计。

为了解决以上问题，本章针对基于 SAR 卫星的 BSAR 系统，首先分析时、频同步误差对成像的影响，在此基础上，提出时、频同步方法，并通过仿真进行验证。

4.1　时、频同步误差影响分析

4.1.1　时、频同步误差模型

1. 时间同步误差

在基于 SAR 卫星的 BSAR 系统中，实现时间同步需要两个参数：参考时刻与发射系统脉冲重复周期(pulse repetition interval, PRI)值[1]。在实际情况下，要想完全精确地获得这两个参数的数值是不现实的，因此数据转换过程必然会引入误差，即时间同步误差。

在基于 SAR 卫星的 BSAR 系统中，通常以零多普勒时刻(ZDT)为参考零时刻，也就是发射机到观测场景参考点直线距离最短的时刻。如果 ZDT 估计存在误差 Δt_{ZDT}，那么会引入测距误差：

$$\Delta r = r_{TP}(\Delta t_{\mathrm{ZDT}}) - r_{TP}(0) \tag{4.1}$$

式中，$r_{TP}(0)$ 为发射机到观测场景参考点的最短直线距离。该测距误差在系统工作时间内保持不变，反映在时间同步误差上则为固定时间同步误差：

$$\Delta t_0 = \Delta r / c \tag{4.2}$$

发射系统的瞬时 PRI 可以表示为

$$\mathrm{PRI}(t) = \mathrm{PRI}_0 + \Delta\mathrm{PRI} + n_{\mathrm{PRI}}(t) \tag{4.3}$$

式中，PRI_0为标称值；$\Delta\mathrm{PRI}$为实际值与标称值之间的偏差；$n_{\mathrm{PRI}}(t)$为由发射系统PRI随机抖动引入的时间误差。假设发射系统PRI的估计值为PRI_E，则由PRI值估计误差引入的时间误差具有累积效应：

$$\Delta t_{\mathrm{PRI}}(t) = \alpha \cdot t + n_{\mathrm{PRI}}(t) \tag{4.4}$$

式中，α为PRI估计值的相对准确度：

$$\alpha = \frac{\mathrm{PRI}_0 + \Delta\mathrm{PRI} - \mathrm{PRI}_E}{\mathrm{PRI}_0} \tag{4.5}$$

因此，总的时间同步误差可以表示为

$$e(t) = \Delta t_0 + \alpha \cdot t + n_{\mathrm{PRI}}(t) \tag{4.6}$$

可以看出，时间同步误差主要包括固定误差、线性误差和随机误差三部分。

2. 频率同步误差

频率同步误差来自收、发系统频率源输出信号之间的频率偏差以及随机抖动。根据频率源误差的不同形式，频率源的时变频率模型可以表示为[2]

$$f_{\mathrm{OSC}\,T/R}(t) = f_{\mathrm{OSC}} + \Delta f_{\mathrm{OSC}\,T/R} + b_{T/R} \cdot t + n_{\mathrm{OSC}\,T/R}(t) \tag{4.7}$$

式中，f_{OSC}为频率源标称频率；$f_{\mathrm{OSC}\,T/R}$为实际频率与标称频率之间的偏差；$b_{T/R} \cdot t$为由元器件老化等因素引起的线性频率漂移；$n_{\mathrm{OSC}\,T/R}(t)$为频率源相位噪声引起的随机频率误差；下标T和R分别代表发射系统和接收系统。其中，线性频率漂移通常以日、月、年为计量单位，是频率源长期稳定度的重要指标[2]。基于SAR卫星的BSAR每次工作时间通常不超过1min，因此在这段时间内一般不考虑线性频率漂移的影响。

收、发系统本振信号可以表示为

$$v_R(t) = \cos\left[2\pi(f_0 + \Delta f_R) \cdot t + \phi_R(t)\right] \tag{4.8}$$

$$v_T(t) = \cos\left[2\pi(f_0 + \Delta f_T) \cdot t + \phi_T(t)\right] \tag{4.9}$$

式中，$f_0 = M \cdot \Delta f_{\mathrm{OSC}}$为系统中心频率；$\Delta f_{T/R} = M \cdot \Delta f_{\mathrm{OSC}\,T/R}$为固定频率误差；$\phi_{T/R}$为相位噪声；$M = f_0 / f_{\mathrm{OSC}}$为系统中心频率与频率源标称频率之比。因此，收、发系统本振信号的瞬时频率为

$$f_{T/R}(t) = f_0 + \Delta f_{T/R} + n_{T/R}(t) \tag{4.10}$$

由式(4.8)和式(4.9)可知，收、发系统本振信号相互独立，回波信号解调过程中将叠加相位误差，进而影响成像处理。

3. 回波信号模型

基于 SAR 卫星的 BSAR 系统利用在轨星载 SAR 作为照射源，其发射信号为

$$s_T(t,\tau) = \text{rect}\left[\frac{\tau}{T_P}\right] \cdot \exp(\text{j}\pi k\tau^2) \cdot \exp\left[\text{j}2\pi\int_0^t f_T(t)\text{d}t\right] \tag{4.11}$$

式中，$\text{rect}[\cdot]$ 为矩形窗函数；T_P 为脉冲持续时间；k 为信号调频率；t 为绝对时间；τ 为距离向时间。点目标回波信号可以表示为

$$s(\tau,t) = \text{rect}\left[\frac{\tau - t_d}{T_P}\right] \cdot \exp\left[\text{j}\pi k(\tau - t_d)^2\right] \cdot \exp\left[\text{j}2\pi\int_0^{t-t_d} f_T(t)\,\text{d}t\right] \tag{4.12}$$

式中，$t_d = r(t_n)/c$ 为发射机-目标-接收机距离和 $r(t_n)$ 对应的时间延迟，c 为光速，$t_n = n \cdot \text{PRI}$ 为方位向时间。假设时间同步误差为 $e(t)$，则点目标回波信号为

$$s(\tau,t) = \text{rect}\left[\frac{\tau - t_d - e(t)}{T_P}\right] \cdot \exp\left\{\text{j}\pi k\left[\tau - t_d - e(t)\right]^2\right\} \cdot \exp\left[\text{j}2\pi\int_0^{t-t_d-e(t)} f_T(t)\,\text{d}t\right] \tag{4.13}$$

接收机本振信号可以表示为

$$s_R(t) = \exp\left[\text{j}2\pi\int_0^t f_R(t)\text{d}t\right] \tag{4.14}$$

则根据式(4.13)和式(4.14)，解调后的点目标回波信号为

$$\begin{aligned} s(\tau,t) = {} & \text{rect}\left[\frac{\tau - t_d - e(t)}{T_P}\right] \cdot \exp\left\{\text{j}\pi k\left[\tau - t_d - e(t)\right]^2\right\} \\ & \cdot \exp\left\{-\text{j}2\pi f_0\left[t_d + e(t)\right]\right\} \cdot \exp\left\{-\text{j}2\pi\Delta f_T\left[t_d + e(t)\right]\right\} \\ & \cdot \exp\left[\text{j}2\pi(\Delta f_T - \Delta f_R)t\right] \cdot \exp\left(\text{j}\left\{\phi_T\left[t - t_d - e(t)\right] - \phi_R(t)\right\}\right) \end{aligned} \tag{4.15}$$

式中，$\Delta f_T \ll f_0$，故相位误差项 $\exp\left\{-\text{j}2\pi\Delta f_T\left[t_d + e(t)\right]\right\}$ 可以忽略。如果仅考虑时间同步误差，那么解调后的回波信号模型为

$$s(\tau,t)=\text{rect}\left[\frac{\tau-t_d-e(t)}{T_P}\right]\cdot\exp\left\{\text{j}\pi k\left[\tau-t_d-e(t)\right]^2\right\}\cdot\exp\left\{-\text{j}2\pi f_0\left[t_d+e(t)\right]\right\} \tag{4.16}$$

若仅考虑频率同步误差，则解调后的回波信号模型为

$$\begin{aligned}s(\tau,t)=&\text{rect}\left[\frac{\tau-t_d}{T_P}\right]\cdot\exp\left[\text{j}\pi k(\tau-t_d)^2\right]\cdot\exp(-\text{j}2\pi f_0 t_d)\\&\cdot\exp\left[\text{j}2\pi(\Delta f_T-\Delta f_R)t\right]\cdot\exp\left\{\text{j}\left[\phi_T(t-t_d)-\phi_R(t)\right]\right\}\end{aligned} \tag{4.17}$$

下面，在式(4.16)和式(4.17)的基础上，根据基于 SAR 卫星的 BSAR 成像特点，分别对时间同步误差和频率同步误差的影响进行分析。

4.1.2　时间同步误差影响

在基于 SAR 卫星的 BSAR 系统中，接收平台保持静止，可以采用二阶距离模型[3]，即

$$r(t_n)\approx r_0-\lambda\cdot\left[f_{dc}(t_n-t_0)+\frac{1}{2}k_a(t_n-t_0)^2\right] \tag{4.18}$$

式中，r_0 为合成孔径中心时刻的收、发距离和；λ 为系统中心波长；f_{dc} 为多普勒中心频率；k_a 为多普勒调频率；t_0 为该目标的方位向坐标，$(t_n-t_0)\in\left[-T_s/2,T_s/2\right]$，$T_s$ 为合成孔径时间。

由时间同步误差产生的机理可知，时间同步误差随方位向慢时间 t_n 变化，即 $e(t)=e(t_n)$，则经过距离向压缩之后可以表示为

$$\begin{aligned}s_{\text{RC}}(\tau,t_n)=&\text{sinc}\left\{B\left[\tau-R(t_n)/c-e(t_n)\right]\right\}\cdot\exp(-\text{j}2\pi R_0/c)\\&\cdot\exp\left[\text{j}2\pi f_{dc}(t_n-t_0)\right]\cdot\exp\left[\text{j}\pi k_a(t_n-t_0)^2\right]\cdot\exp\left[-\text{j}2\pi f_0 e(t_n)\right]\end{aligned} \tag{4.19}$$

由式(4.19)可以看出，时间同步误差 $e(t_n)$ 对距离向压缩后的回波信号产生了如下影响：

(1)距离向压缩峰值发生了偏移，引入距离单元徙动(range cell migration, RCM)误差 $\Delta R(t_n)=c\cdot e(t_n)$，将对距离单元徙动校正(range cell migration correction, RCMC)造成影响。

(2)多普勒相位中引入了相位误差 $\Delta\phi(t_n)=-2\pi f_0 e(t_n)$，将对方位向成像产生影响。

下面根据时间同步误差的模型，分别对不同形式的时间同步误差进行分析。

1. 固定时间同步误差

假设仅存在固定时间同步误差，即$e(t_n)=\Delta t_0$，则由此引入的距离单元徙动误差$\Delta R(t_n)=c\cdot\Delta t_0$和相位误差$\Delta\phi(t_n)=-2\pi f_0\Delta t_0$均为固定值。由SAR成像原理可知，此时基于SAR卫星的BSAR图像可以良好聚焦，只是距离向位置发生了固定偏移，不能精确定位。

2. 线性时间同步误差

假设仅存在线性时间同步误差，即$e(t_n)=\alpha\cdot t_n$，则由此引入的RCM误差为

$$\Delta R(t_n)=c\cdot\alpha\cdot t_n \tag{4.20}$$

由式(4.20)可以看出，线性时间同步误差引入的RCM误差是方位向慢时间的线性函数，则合成孔径时间内的RCM误差变化量为$|c\cdot\alpha\cdot T_s|$。在成像处理中，通常要求RCM误差小于距离向脉冲压缩宽度的1/4，即

$$|\alpha|<1/|4B\cdot T_s| \tag{4.21}$$

假设发射信号带宽$B=100\text{MHz}$，合成孔径时间$T_s=1\text{s}$，则$|\alpha|<2.5\times10^{-9}$，也就是说对发射系统PRI值估计的相对准确度要优于2.5×10^{-9}。如果经过粗同步处理之后[4]，RCM误差满足式(4.21)的要求，那么可以忽略线性时间同步误差对RCMC的影响，式(4.19)可以简化为

$$\begin{aligned}s_{\text{RC}}(\tau,t)=&\operatorname{sinc}\left\{B\left[\tau-R(t)/c\right]\right\}\cdot\exp(-\text{j}2\pi R_0/\lambda)\cdot\exp(-\text{j}2\pi f_0\alpha t_0)\\&\cdot\exp(\text{j}2\pi f_{dc}t')\cdot\exp(\text{j}\pi k_a t'^2)\cdot\exp(-\text{j}2\pi f_0\alpha t')\end{aligned} \tag{4.22}$$

式中，$t'=t_n-t_0$。对距离向压缩后的回波进行RCMC，变换到距离多普勒域为

$$\begin{aligned}S_{\text{RC}}(\tau,f_a)=&\operatorname{sinc}\left[B(\tau-R_0/c)\right]\cdot\exp(-\text{j}2\pi R_0/\lambda)\cdot\exp(-\text{j}2\pi f_0\alpha t_0)\\&\cdot\operatorname{rect}\left[\frac{f_a-(f_{dc}-\alpha f_0)}{B_a}\right]\cdot\exp\left\{-\text{j}\pi\frac{\left[f_a-(f_{dc}-\alpha f_0)\right]^2}{k_a}\right\}\end{aligned} \tag{4.23}$$

式中，$B_a=k_a\cdot T_s$为多普勒带宽。由式(4.23)可以看出，由于存在线性相位误差$\exp(-\text{j}2\pi f_0\alpha t_0)$，回波多普勒频谱发生了偏移，而方位向聚焦所用的匹配滤波函数为

$$H_a(f_a)=\operatorname{rect}\left[\frac{f_a-f_{dc}}{B_a}\right]\cdot\exp\left[-\text{j}\pi\frac{(f_a-f_{dc})^2}{k_a}\right] \tag{4.24}$$

则方位向压缩之后的二维成像结果为

$$
\begin{aligned}
s(\tau,t') = & \operatorname{sinc}\left[B(\tau - R_0/c)\right]\cdot\operatorname{sinc}\left[\left(B_a - |\alpha f_0|\right)(t' - \alpha f_0/k_a)\right] \\
& \cdot\exp(-\mathrm{j}2\pi R_0/\lambda)\cdot\exp(-\mathrm{j}2\pi\alpha f_0 t_0)\cdot\exp\left[\mathrm{j}2\pi(f_{dc} - \alpha f_0/2)t'\right]
\end{aligned}
\tag{4.25}
$$

由式(4.25)可以看出，线性时间同步误差对基于SAR卫星的BSAR成像的影响包括：①方位向压缩主瓣展宽；②方位向压缩峰值位置偏移；③成像后的目标峰值点存在相位误差。

为了验证线性时间同步误差对基于SAR卫星的BSAR成像的影响，下面进行计算机仿真计算，表4.1为系统仿真参数。图4.1给出了α分别为0、1×10^{-9}和1×10^{-8}时，线性时间同步误差对点目标基于SAR卫星的BSAR方位向成像的影响。

表4.1　系统仿真参数

参数	数值	参数	数值
载频/GHz	9.65	卫星飞行速度/(m/s)	7600
带宽/MHz	100	发射机俯视角/(°)	45
脉冲重复频率/Hz	4000	接收机高度/km	20
卫星高度/km	511.5	作用距离/km	100
线性时间同步误差		$0, 1\times10^{-9}, 1\times10^{-8}$	

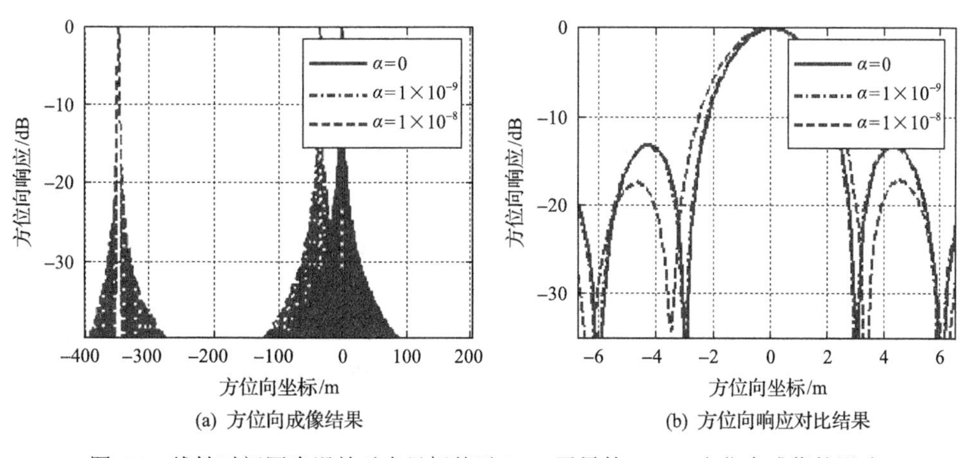

(a) 方位向成像结果　　(b) 方位向响应对比结果

图4.1　线性时间同步误差对点目标基于SAR卫星的BSAR方位向成像的影响

由图4.1(a)可以看出，线性时间同步误差造成了目标方位向位置的偏移，且其移动距离与理论计算结果相符。为了仔细比较不同量级的线性时间同步误差的影响，图4.1(b)给出了放大后叠在一起的图像，可以看出，当α为1×10^{-9}时，图像质量几乎没有影响；当α为1×10^{-8}时，方位向主瓣产生了明显的展宽，成像质量有明显下降，验证了之前的分析结论。

进一步分析线性时间同步误差对基于 SAR 卫星的 BSAR 成像相位的影响，设 $\alpha = 1\times10^{-9}$。沿方位向等间隔布置 9 个目标，目标之间的间隔为 50m。仿真中，$f_{dc} = 0$，因此引入的成像相位误差为 $\Delta\phi = -\pi(\alpha f_0)^2 / k_a - 2\pi\alpha f_0 t_0$，即 $\Delta\phi$ 随目标方位向位置呈线性变化。图 4.2 给出了成像相位误差的仿真结果，其中直线是计算结果，星点为仿真结果。可以看出，仿真结果与理论计算结果吻合得很好，验证了前面分析的正确性。

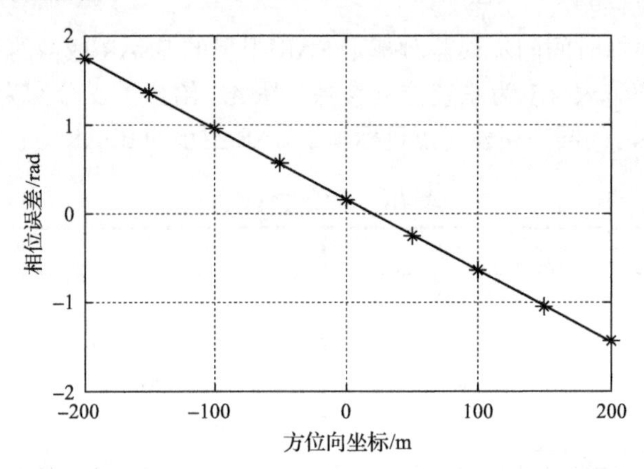

图 4.2　线性时间同步误差对基于 SAR 卫星的 BSAR 成像相位的影响

3. 随机时间同步误差

假设随机时间同步误差 $n_{\text{PRI}}(t_n)$ 满足均值为 0、方差为 σ^2 的正态分布，则由此引入的 RCM 误差满足均值为 0、方差为 $(c\sigma)^2$ 的正态分布；相位误差服从均值为 0、方差为 $(2\pi f_0\sigma)^2$ 的正态分布。

由于随机时间同步误差没有累积效应，因此其影响较小。根据 3σ 准则，随机时间同步误差引入的距离迁徙误差上限为 $3c\sigma$，因此要求 $\sigma < 1/(12B)$。假设 $B = 100\text{MHz}$，则要求 $\sigma < 8.3\times10^{-10}\text{s}$。假设发射系统脉冲重复频率为 2000Hz，则要求频率源稳定度优于 1.7×10^{-6}。同理，随机时间同步误差引入的相位误差上限为 $6\pi f_0\sigma$，通常成像要求相位误差小于 $\pi/4$，则要求 $\sigma < 1/(24 f_0)$。假设系统工作频率 $f_0 = 9.65\text{GHz}$，则要求 $\sigma < 4.3\times10^{-12}\text{s}$，即频率源稳定度优于 8.6×10^{-9}。目前，频率源稳定度远远优于上述指标，因此随机时间同步误差对基于 SAR 卫星的 BSAR 成像的影响可以忽略。

4.1.3　频率同步误差影响

频率同步误差对距离向成像的影响可以忽略[5]，只需要考虑其对方位向成像

的影响，因此式(4.17)可以改写为

$$
\begin{aligned}
s(\tau,t_n) &= \operatorname{rect}\left[\frac{\tau-t_d}{T_P}\right]\cdot\exp\left[\mathrm{j}\pi k(\tau-t_d)^2\right]\cdot\exp(-\mathrm{j}2\pi f_0 t_d) \\
&\quad\cdot\exp\left[\mathrm{j}2\pi(\Delta f_T-\Delta f_R)t_n\right]\cdot\exp\left\{\mathrm{j}\left[\phi_T(t_n-t_d)-\phi_R(t_n)\right]\right\}
\end{aligned}
\tag{4.26}
$$

式中，最后两个相位项分别是由固定频率同步误差和相位噪声引起的相位误差，下面分别对其进行分析。

1. 固定频率同步误差

根据二阶距离模型(4.18)，式(4.26)代表的回波信号的距离向压缩结果为

$$
\begin{aligned}
s_{\mathrm{RC}}(\tau,t') &= \operatorname{sinc}\left\{B\left[\tau-R(t_n)/c\right]\right\}\cdot\exp(-\mathrm{j}2\pi f_0 R_0/c)\cdot\exp(-\mathrm{j}2\pi\Delta f t_0) \\
&\quad\cdot\exp(\mathrm{j}2\pi f_{dc}t')\cdot\exp(\mathrm{j}\pi k_a t'^2)\cdot\exp(-\mathrm{j}2\pi\Delta f t')
\end{aligned}
\tag{4.27}
$$

式中，$\Delta f=\Delta f_R-\Delta f_T$。由式(4.27)可以看出，与线性时间同步误差相似，固定频率同步误差在回波中引入了线性相位误差，因此其影响也是相似的。

需要说明的是，在基于 SAR 卫星的 BSAR 中，收、发系统无法事先进行系统频率源对准，因此 Δf 的量值可能高达数千赫兹[6]，与多普勒带宽量级相同。如果不消除固定频率同步误差的影响，基于 SAR 卫星的 BSAR 成像将几乎得不到聚焦图像。

2. 相位噪声

相位噪声通常用来表征频率的短期稳定性。相位噪声的存在，引起了频率源载波频谱的扩展，造成信号频率随时间变化。若忽略幅度起伏，则实际频率源的输出信号可以表示为

$$
v(t)=V_0\cdot\sin\left[2\pi f_0 t+\Delta\varphi(t)+\varphi_0\right]
\tag{4.28}
$$

式中，V_0 为标称峰值电压；f_0 为标称频率；$\Delta\varphi(t)$ 为瞬时相位起伏；φ_0 为初始相位。

在频域中，相位噪声通常用幂指数形式的谱密度 $S_\varphi(f)$ 来表征[1]：

$$
S_\varphi(f)=af^{-4}+bf^{-3}+cf^{-2}+df^{-1}+e
\tag{4.29}
$$

式中，f 为傅里叶频率；a、b、c、d、e 为各次幂指数的系数。

在时域中，通常利用阿伦方差来表征相位噪声[2]。阿伦方差是一种二次取样方差，定义为偏离载波的相对频率起伏方差的几何平均值。时域模型和频域模型

从不同的侧面描述了相位噪声的特征，它们之间的关系可以表示为

$$\sigma_y^2(\tau)=\int_0^{\infty} S_y(f)\cdot\frac{2\sin^4(\pi\tau f)}{(\pi\tau f)^2}\mathrm{d}f \tag{4.30}$$

由式(4.26)可知，基于 SAR 卫星的 BSAR 中由相位噪声引入的相位误差为

$$\phi(t_n)=\phi_T(t_n-t_d)-\phi_R(t_n) \tag{4.31}$$

收、发系统频率源相互独立，假设两者的相位噪声具有相同的功率谱密度 $S_{\varphi}(f)$，则基于 SAR 卫星的 BSAR 回波相位噪声 $\phi(t_n)$ 的功率谱密度为

$$S_{\varphi\ \mathrm{PSAR}}(f)=2M^2S_{\varphi}(f) \tag{4.32}$$

由式(4.32)可以看出，基于 SAR 卫星的 BSAR 中收、发系统相位噪声直接相加，其影响更加严重。在单基地 SAR 中，收、发系统共用一个频率源，相位噪声的低频分量被有效地抵消了，只保留量值很小的高频分量，因此单基地 SAR 一般不考虑相位噪声的影响。但是，基于 SAR 卫星的 BSAR 则必须考虑相位噪声的影响。

相位噪声是一个非平稳的随机过程，根据其变化快慢，可以将合成孔径时间 T_s 内的相位噪声分解为线性相位、二次相位和高频相位分量[7]。

$$\phi(t_n)=2\pi\Delta f(t_0)t'+\pi\Delta k(t_0)t'^2+\Delta\phi \tag{4.33}$$

式中，t_0 和 t' 的定义不变；$\Delta f(t_0)$ 和 $\Delta k(t_0)$ 分别为频率误差和调频率；$\Delta\phi$ 为高频相位分量。

1)线性相位分量

线性相位分量是相位噪声的主要分量，该分量的影响与固定频率同步误差相似，主要造成基于 SAR 卫星的 BSAR 方位向成像位置偏移。但是，相位噪声的线性相位分量随目标方位向位置不同而变化，没有累积效果。方位向成像位置偏移为

$$\Delta x'=\Delta f(t_0)v_T/k_a \tag{4.34}$$

根据基于 SAR 卫星的 BSAR 的系统特性可知，其沿卫星飞行方向的方位向分辨率为 $\rho_A=v_T/B_a$。因此，方位向位置偏移的分辨单元数为

$$\Delta x=\Delta x'/\rho_A=T_s\cdot\Delta f(t_0) \tag{4.35}$$

利用阿伦方差可以近似得到方位向位置偏移单元数的方差为

$$\sigma_{\Delta x}^2 = (T_s f_0)^2 \cdot \sigma_y^2(T_s) = \frac{2}{\pi^2} \cdot \int_0^{\infty} S_{\varphi\ \mathrm{PSAR}}(f) \sin^4(\pi T_s f) \mathrm{d}f \tag{4.36}$$

2) 二次相位分量

二次相位分量会引入线性调频率误差，这是造成方位向压缩散焦的主要原因。尽管相位噪声的二次相位分量较小，但其影响并不能忽略。二维压缩结果可以表示为

$$\begin{aligned} s(\tau,t) &= \mathrm{sinc}\left[B(\tau - R_0 / c)\right] \cdot \exp(-\mathrm{j}2\pi f_0 R_0 / c) \\ &\cdot \int_{-B_a/2}^{B_a/2} \exp\left[\mathrm{j}\pi \frac{\Delta k(t_0)}{k_a^2}(f_a - f_{dc})^2\right] \exp(\mathrm{j}2\pi f_a t) \mathrm{d}f_a \end{aligned} \tag{4.37}$$

二次相位误差会引起主瓣展宽、峰值旁瓣比(peak side lobe ratio, PSLR)和积分旁瓣比(integrated side lobe ratio, ISLR)的升高。二次相位误差不仅会对脉冲压缩幅度产生影响，还会在脉冲压缩的峰值位置引入 QPE / 3 的相位误差，其中，$\mathrm{QPE} = \pi\Delta k(t_0)T_s^2 / 4$。由式(4.33)可知，线性调频率 $\Delta k(t_0)$ 满足

$$\Delta k(t_0) = \frac{1}{2\pi} \cdot \frac{\partial^2 \phi(t)}{\partial t^2} \tag{4.38}$$

此时，$\Delta k(t_0)$ 的功率谱可以写为

$$S_{\Delta k}(f) = 4\pi^2 f^4 S_{\varphi\ \mathrm{PSAR}}(f) \tag{4.39}$$

进而可得二次相位误差 QPE 的方差为

$$\sigma_{\mathrm{QPE}}^2 = \left(\pi \frac{T_s}{4}\right)^2 \cdot \sigma_k^2(T_s) = \frac{\pi^4 T_s^2}{4} \cdot \int_0^{1/T_s} f^4 S_{\varphi\ \mathrm{PSAR}}(f) \mathrm{d}f \tag{4.40}$$

3) 高频相位分量

高频相位分量主要引起虚假旁瓣，造成 ISLR 的升高。

$$\mathrm{ISLR} = \int_{1/T_s}^{\infty} S_{\varphi\ \mathrm{PSAR}}(f) \mathrm{d}f \tag{4.41}$$

由前面的分析可以看出，相位噪声的不同分量对基于 SAR 卫星的 BSAR 成像的影响并不相同。下面针对两种档次的振荡器，根据式(4.36)、式(4.40)和式(4.41)计算相位噪声各个分量造成的影响，计算中 $M = 965$。其中，振荡器 1［$\sigma_y^2(1\mathrm{s}) = 10^{-11}$］的参数设定为：$a = -95, b = -90, c = -200, d = -130, e = -155$；振荡器 2［$\sigma_y^2(1\mathrm{s}) = 10^{-10}$］的参数设定为：$a = -75, b = -70, c = -150, d = -120, e = -125$。

计算结果如图 4.3 所示。

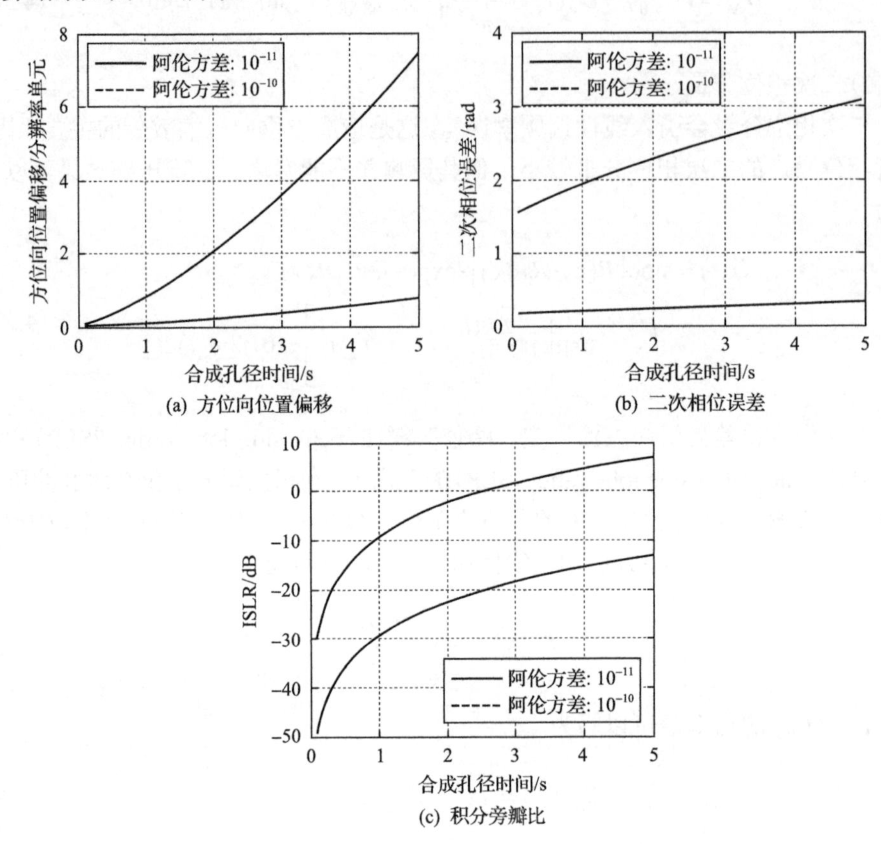

(a) 方位向位置偏移　(b) 二次相位误差

(c) 积分旁瓣比

图 4.3　相位噪声对基于 SAR 卫星的 BSAR 成像的影响

由图 4.3 可以看出，随着合成孔径时间的增加，振荡器相位噪声对基于 SAR 卫星的 BSAR 成像的影响逐渐加重，振荡器 1[$\sigma_y^2(1\text{s}) = 10^{-11}$]的相位噪声对基于 SAR 卫星的 BSAR 成像的影响要小于振荡器 2[$\sigma_y^2(1\text{s}) = 10^{-10}$]。假设要求方位向位置偏移小于一个分辨单元，则振荡器 1 容许合成孔径时间达到 5s，而振荡器 2 只能达到 1s。对振荡器 1 而言，即使合成孔径时间达到 5s，其引入的 QPE 仍小于 $\pi/4$；而振荡器 2 引入的 QPE 总是大于 $\pi/4$。SAR 成像一般要求 ISLR 小于–20dB，则振荡器 1 容许合成孔径时间达到 2.5s 左右，而振荡器 2 只能达到 0.3s 左右。

4.2　时、频同步方法

本节主要对时、频同步方法进行研究，时间同步主要解决收、发系统重频不相等引入的同步问题，频率同步主要解决收、发平台独立频率源引入的相位误差。为了解决时、频同步问题，通常在接收平台专门搭载一个直达波接收天线，接收卫星的直达波信号[8,9]。利用直达波信号信噪比较强、信号幅相特征容易提取等特性，获取时、频同步信息，进而实现收、发系统之间的时、频同步。本节涉及的基于SAR卫星的BSAR系统构型如图4.4所示。

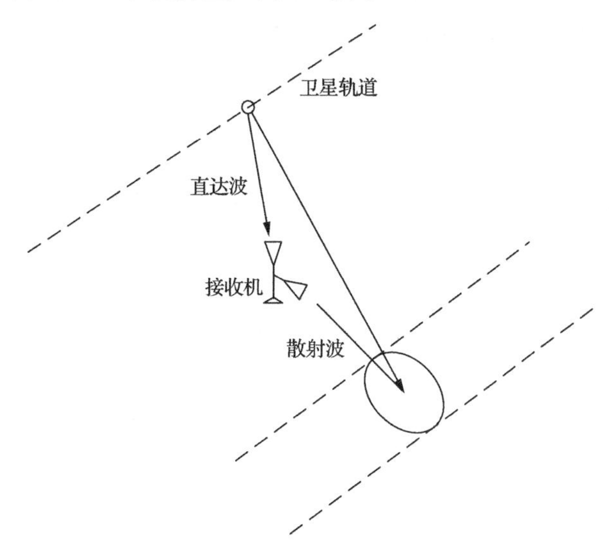

图4.4　基于SAR卫星的BSAR系统构型

图中，接收机搭载于机载平台或固定在地面某高地上，且位于卫星主波束或副瓣波束内。一方面，通过直达波通道采集星载SAR发射信号，即直达波信号；另一方面，通过散射波通道录取星载SAR观测场景的散射波信号。利用直达波信号提取时、频同步信息并对散射波信号进行同步操作及成像处理，进而得到观测场景的BSAR图像。

在基于SAR卫星的BSAR系统中，对于同一颗SAR卫星，其轨道重访周期一般为数天或更长。同时，在每次卫星重访时，对于双基地系统，接收系统能够接收到卫星信号的时间只有短短几秒钟。因此，为了录取直达波和散射波数据，目前主要采用两种数据采集方式：一种是连续采集方式，即接收机在卫星波束到达预定区域前后的这段时间内保持打开状态，连续采集卫星的直达波信号和观测场景的散射波信号；另一种是脉冲采集方式，将接收到的直达波脉冲信号作为触发，实现对直达波和散射回波的脉冲采集。两种采集方式各有优缺点，连续采集方式简单易行，能够提高数据录取的成功率，但数据冗余较大，存储效率差；脉冲采集方式能够大大提高数据录取的效率，但对硬件系统设计的要求较高。

对于连续采集方式，采集到的数据为一维回波数据流。然而，SAR成像都是按照二维回波数据进行处理的。因此，需要根据系统的脉冲重复周期，将一维回波数据转换为二维回波数据。对于脉冲采集方式，为了录取数据的稳定性，一般是在直达波脉冲触发采集系统开始工作后，接收系统以某一固定 PRI 间隔和采样时长，对直达波和散射波数据进行脉冲采集和录取。但是，系统标称的 PRI 值通常都不精确，如果以标称的 PRI 值对回波数据进行处理，那么会引入一个随着慢时间线性变化的包络偏移。因此，上述两种采集方式都需要对 PRI 值进行精确估计，这是时间同步需要解决的关键问题。

4.2.1 时间同步

由上述分析可知，为了获得 SAR 成像所需要的二维回波数据，需要利用系统的 PRI 值对采集数据进行处理，最终统一收、发系统时序。由于标称 PRI 值不够精确，需要通过时间同步对 PRI 的精确值进行估计。本书拟采用粗同步和精同步两步实现精确的发射机 PRI 值估计。粗同步过程，即为二维回波数据的形成过程。

在粗略估计 PRI 值过程中，划分回波所用的 PRI 估计值与实际的 PRI 值并不完全一致，由此将产生线性时间同步误差。因此，提取到的直达波距离历程可以写为

$$R'(t_m) = R(t_m) + t_m \cdot \Delta\mathrm{PRI} \cdot c + \varepsilon_{R_0}(t_m) \tag{4.42}$$

式中，t_m 为方位向慢时间；$\Delta\mathrm{PRI}$ 为 PRI 标称值与 PRI 真实值之间的误差；$R(t_m)$ 为直达波距离历程；$\varepsilon_{R_0}(t_m)$ 为脉冲压缩峰值位置提取误差，即量化噪声。由式(4.42)可以看出，PRI 值的误差使得直达波真实的距离历程上叠加了一个线性距离徙动分量。如果能够在提取到的直达波距离历程中消去真实的直达波距离历程，然后从残余距离历程中估计其线性参数，即可得到 PRI 估计误差 $\Delta\mathrm{PRI}$ 。

对于脉冲采集方式，脉冲采集时刻对应的收、发站距离可以通过卫星轨道和接收站坐标获得。对于连续采集方式，收、发站距离历程与采样脉冲时刻之间没有一一对应关系。通常，选择卫星到接收站的最短距离时刻(零多普勒时刻)作为时间参考点，该时间参考点对应的收、发站距离可以利用轨道信息和接收站位置信息计算得到。然而，直接从卫星轨道及星历数据计算得到的零多普勒时刻精确性较差，往往不能满足时间同步的要求，因此需要对零多普勒时刻进行估计。下面对连续采集方式下的零多普勒时刻估计方法进行介绍。

根据卫星轨道及星历数据，以预计的零多普勒时刻为时间零点，则卫星到接收站的直达波距离历程可以用四阶多项式表示[9]：

$$R_0(t_m) = a_0 + a_1 t_m + a_2 t_m^2 + a_3 t_m^3 + a_4 t_m^4 \tag{4.43}$$

式中，a_i (i 取 0～4) 由卫星轨道信息得到。

假设实际的零多普勒时刻为 t_0，则实际的直达波距离历程可以写为

$$R(t_m) = R_0(t_m - t_0) = a_0' + a_1' t_m + a_2' t_m^2 + a_3' t_m^3 + a_4' t_m^4 \tag{4.44}$$

式中

$$\begin{cases} a_0' = a_4 t_0^4 - a_3 t_0^3 + a_2 t_0^2 - a_1 t_0 + a_0 \\ a_1' = 4a_4 t_0^3 + 3a_3 t_0^2 - 2a_2 t_0 + a_1 \\ a_2' = 6a_4 t_0^2 - 3a_3 t_0 + a_2 \\ a_3' = -4a_4 t_0 + a_3 \\ a_4' = a_4 \end{cases} \tag{4.45}$$

由式(4.45)可以看出，如果能够估计出 a_3'，那么能够计算出实际的零多普勒时刻为

$$t_0 = \frac{a_3 - a_3'}{4a_4} \tag{4.46}$$

本书拟利用直达波的脉冲压缩峰值相位对零多普勒时刻进行估计。

第一步，对直达波进行脉冲压缩，提取峰值相位信息，则各峰值相位可以表示为

$$\theta_d(n) = \left[k_0 R(t_m) + \phi_b(t_m)\right]_{t_m = n \cdot \mathrm{PRI}} \tag{4.47}$$

式中，$k_0 = 2\pi / \lambda$，λ 为系统波长；$\phi_b(t_m) = 2\pi \Delta f_0 t_m + \phi_{st}(t_m) + \phi_{rw}(t_m)$ 为双基地振荡器相位误差，Δf_0 为收、发站振荡器的中心频率之差，$\phi_{st}(t_m)$ 为振荡器短期稳定性的表征，$\phi_{rw}(t_m)$ 为振荡器频率漂移，是振荡器长期稳定性的表征。由于本系统每次工作时间仅为数秒，因此 $\phi_{rw}(t_m)$ 的影响可以忽略。再者，$\left|2\pi \Delta f_0 t_m\right| \gg \left|\phi_{st}(t_m)\right|$，即双基地振荡器相位误差 $\phi_b(t_m)$ 中，中心频率之差引入的线性相位是主要分量。

第二步，在提取到的峰值相位中消去理论的直达波距离历程 $R_0(t_m)$ 引入的相位信息，可以得到残余相位为

$$\theta_w(n) = \angle\left(\exp\left\{\mathrm{j}\left[\theta_d(n) - k_0 R_0(t_m)\right]\right\}\right) \tag{4.48}$$

第三步，在式(4.48)的基础上，估计并消去残余相位中的线性相位，主要保留残余相位中的低频分量，以利于下一步的相位解缠。

第四步，在第三步的基础上，对残余相位进行分块相位解缠。直达波数据不仅分布在发射天线波束的主瓣区域，也分布在旁瓣区域，在天线波束零点位置，信噪比较低，引入的相位误差较大，往往导致相位不能成功解缠。为了消除这些不连续性，只对各波瓣中心部分的数据进行处理。

$$\theta_l(n+1)=\theta_l(n)+\angle\left(\exp\left\{\mathrm{j}\left[\theta_{w,l}(n+1)-\theta_{w,l}(n)\right]\right\}\right),\quad l=1,2,\cdots,L \tag{4.49}$$

第五步，对解缠之后的相位进行 M 阶多项式拟合。

$$\hat{\theta}_l(t)=\sum_{i=0}^{M}c_{l,i}\cdot t_m^i \tag{4.50}$$

第六步，计算各波瓣中心时刻对应的相位导数值。

$$d_l=\frac{\mathrm{d}\hat{\theta}_l(t_m)}{\mathrm{d}t_m}\bigg|_{t_m=t_l}=\sum_{i=1}^{M}i\cdot c_{l,i}\cdot t_m^{i-1} \tag{4.51}$$

第七步，估计真实的直达波距离历程。根据式(4.43)和式(4.44)，实际距离历程与理想距离历程之间的差可以表示为

$$\Delta R(t_m)=R(t_m)-R_0(t_m)=\sum_{p=0}^{4}(a_p'-a_p)\cdot t_m^p=\sum_{p=0}^{4}\Delta a_p\cdot t_m^p \tag{4.52}$$

则距离误差 $\Delta R(t_m)$ 引入的相位导数可以写为

$$d_l=k_0\cdot\sum_{p=1}^{4}p\cdot\Delta a_p\cdot t_{m,l}^{p-1} \tag{4.53}$$

根据式(4.51)和式(4.53)，即可得到 Δa_p 。

第八步，由 Δa_p 进行零多普勒时刻的估计：

$$t_0=\frac{a_3-a_3'}{4a_4}=-\frac{\Delta a_3}{4a_4} \tag{4.54}$$

首先，以估计出的零多普勒时刻为参考，利用式(4.44)计算出实际的直达波距离历程。然后，将其代入式(4.42)，即可得到 $\Delta\mathrm{PRI}$ 。最后，在直达波和散射波矩阵中消除其影响，实现精确的时间同步。

4.2.2 频率同步

频率同步误差来自收、发系统频率源之间的频率偏差以及相位噪声，该频率同步误差会导致回波信号不相参，如果不进行补偿，那么会对成像产生影响，甚至导致不能成像，进而影响 BSAR 成像处理。频率同步的目的就是消除由收、发系统本振信号不同而引入的相位误差。

收、发系统本振信号的瞬时频率可以表示为

$$f_{T/R}(t_m) = f_0 + \Delta f_{T/R} + n_{T/R}(t_m) \tag{4.55}$$

式中，$f_0 = M \cdot \Delta f_{\text{OSC}}$ 为中心频率；$\Delta f_{T/R} = M \cdot \Delta f_{\text{OSC}\,T/R}$ 为收、发系统各自的固定频率同步误差，下标 T 和 R 分别代表发射机和接收机，$M = f_0/\Delta f_{\text{OSC}}$ 为系统中心频率与频率源标称频率之比；$n_{T/R}(t_m)$ 为收、发系统相位噪声。由文献[10]和[11]可知，上述频率同步误差会影响成像处理，甚至导致不能成像。

由于星基 BSAR 系统的工作时间一般仅有几秒钟，可以认为收、发系统引入的频率误差固定不变，而随机抖动是由频率源相位噪声引起的，属于固有误差。因此，频率同步误差可以表示为

$$\Delta f(t_m) = \Delta f_0 + n_f(t_m) \tag{4.56}$$

式中，$\Delta f_0 = \Delta f_T - \Delta f_R$ 为固定频率同步误差；$n_f(t_m)$ 为由相位噪声引起的随机频率误差，两者均会引入相位误差。

假设直达波通道响应和散射波通道响应是一致的，则可以从直达波通道中估计出频率同步误差，然后在散射波通道中加以校正。

频率同步误差主要在方位向引入相位误差。因此，BSAR 系统直达波信号经过距离脉冲压缩处理后的信号可以表示为

$$s_{\text{HC}}(\tau, t_m) \approx \operatorname{sinc}\left[B(\tau - t_d)\right]\exp\left[-\text{j}2\pi f_0 \frac{R(t_m)}{c}\right]\exp\left[\text{j}\Delta\varphi(t_m)\right] \tag{4.57}$$

式中，B 为发射信号带宽；$\Delta\varphi(t_m)$ 为频率同步误差引起的方位向相位误差。

由此可以看出，直达波信号脉冲压缩峰值的相位包括两部分：距离历程相位和双基地相位。为了提取频率同步误差引入的相位误差，首先需要获得直达波距离历程引入的相位 $\exp\left[-\text{j}2\pi f_0 R(t_m)/c\right]$，然后补偿式(4.57)中的第一个相位，即可从直达波脉冲压缩峰值相位中提取相位误差，最后在散射波矩阵中加以校正即可实现对散射波信号的频率同步。

因此，频率同步的具体实现过程如下：

(1) 对直达波数据矩阵进行距离向压缩。

(2) 提取直达波矩阵中各次采样脉冲幅度最强的峰值信号，构成一个峰值信号矢量。

(3) 利用时间同步中对直达波距离历程的精确估计，得到直达波距离历程引入的相位。

(4) 提取第(2)步峰值信号矢量的相位，消去直达波距离历程引入的相位，即可得到所需要的频率同步误差。

(5) 对直达波矩阵和散射波矩阵中的频率同步误差进行补偿。

上述方法的误差源主要包括直达波通道与散射波通道的响应误差以及直达波距离历程估计误差。前者可以通过通道均衡校正加以消除，后者的消除则有赖于高精度的直达波距离历程估计。

4.2.3 仿真实验

1. 时间同步仿真实验

脉冲采集方式的脉冲采集时刻直达波距离历程可以由收、发站的位置参数计算获得，距离历程精度依赖收、发设备定位装置的精度。连续采集方式的距离历程需要首先进行零多普勒时刻的估计。因此，下面对连续采集方式下，时间同步方法的性能进行分析。设零多普勒时刻的预测误差为 $t_0 = 0.38\mathrm{s}$ 。

卫星参数以 TerraSAR-X 卫星为例[12]，如表 4.2 所示。

表 4.2　卫星仿真参数

参数	数值	参数	数值
中心频率/GHz	9.65	中心波长/m	0.031
PRF/Hz	2000.134	卫星速度/(m/s)	7200
带宽/MHz	75	脉冲宽度/μs	20
采样频率/MHz	150	卫星高度/km	514
卫星俯视角/(°)	45	方位波束宽度/(°)	0.33

根据仿真系统设计的采样率、PRF，可以得到由 PRF 误差引入的线性时间同步误差 t_{err} 为

$$t_{\mathrm{err}} = T_0 - \mathrm{round}(T_0 \cdot F_s) \cdot T_s = 6.4939 \times 10^{-9} \tag{4.58}$$

式中，T_0 为脉冲重复周期；F_s 为采样频率；T_s 为采样周期。

根据零多普勒时刻估计的步骤，对直达波信号进行处理，提取峰值点相位，进而可以得到零多普勒时刻的估计值为 $t_0' = 0.3799\mathrm{s}$ 。根据零多普勒时刻估计结果，可以得到真实的直达波距离历程。在提取到的直达波距离历程中消去真实的直达波距离历程，并从残余距离历程中估计其线性参数，即可得到 PRI 估计误差 $\Delta\mathrm{PRI}$ 。

图 4.5 为粗同步及精同步之后，在天线主瓣宽度内的直达波包络。在从粗同步的结果可以看出，标称 PRI 与系统实际的 PRI 存在误差，导致接收到的直达波数据的包络存在线性积累误差。如果不进行时间同步操作，那么会对成像结果的性能产生很大的影响，甚至导致不能成像。

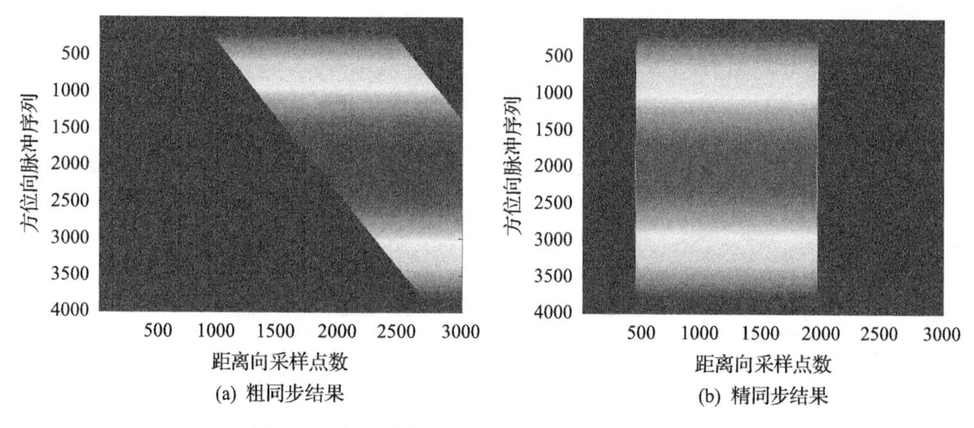

图 4.5　直达波粗同步及精同步后主瓣部分包络

通过对直达波脉冲序列峰值位置进行线性估计，提取实际 PRI 与标称 PRI 之间的误差，进而在粗同步数据中进行误差补偿，从而得到精同步之后的数据，如图 4.5(b)所示。其中，按照上述时间同步方法提取到的线性时间同步误差为 $t'_{\rm err} = 6.5022\times10^{-9}$。由式(4.58)可知，本书提出的时间同步方法对线性时间同步误差的估计满足了文献[13]中对线性时间同步误差估计精度要优于10^{-9}的要求。

根据前面估计得到的零多普勒时刻及卫星的轨道数据，可以得到直达波序列的距离历程曲线，利用距离历程对直达波脉冲压缩峰值位置进行补偿，从而得到距离历程校正之后的直达波序列脉冲压缩峰值位置曲线，如图 4.6 所示。

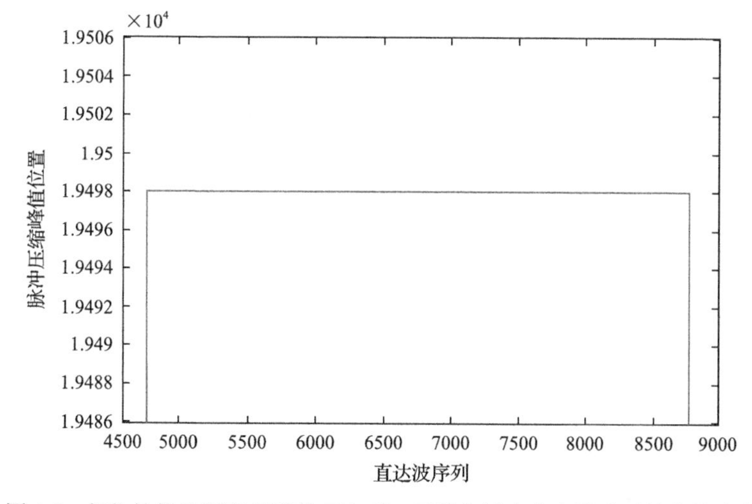

图 4.6　相位补偿及距离历程校正之后，天线主瓣宽度内脉冲压缩峰值分布

图 4.6 为经过真实距离历程校正后的直达波同步结果，从图中可以看出，经过距离徙动校正后的直达波峰值位置控制在同一个采样点上，说明精同步的结果

性能较好，满足 SAR 成像的要求。

2. 频率同步仿真实验

下面通过仿真对频率同步方法进行验证，并分析其性能。发射机以 TerraSAR-X 卫星为例，卫星仿真参数见表 4.2。接收机固定，接收机及观测场景参数如表 4.3 所示。

表 4.3　接收机及观测场景参数

参数	数值	参数	数值
方位向宽度/m	1000	距离向宽度/m	1000
接收机高度/km	3	接收机中心斜视距离/km	10

设系统频率源准确度为 1×10^{-6}，则固定频率同步误差为 $\Delta f = 9.65\text{kHz}$ 。仿真中设定的高稳定振荡器的相位谱参数如表 4.4 所示。

表 4.4　高稳定振荡器的相位谱参数

系数	h_0	h_1	h_2	h_3	h_4
参数值/dB	–155	–130	–200	–90	–95

按照上述频率同步方法，首先由直达波信号提取频率同步误差，然后对观测场景的散射波信号进行频率同步误差补偿，从而得到频率同步误差校正后的散射波信号。随后对散射波信号进行成像处理，即可得到观测场景的成像结果。下面分析频率同步误差对观测场景散射波信号成像结果的影响，如图 4.7 所示。

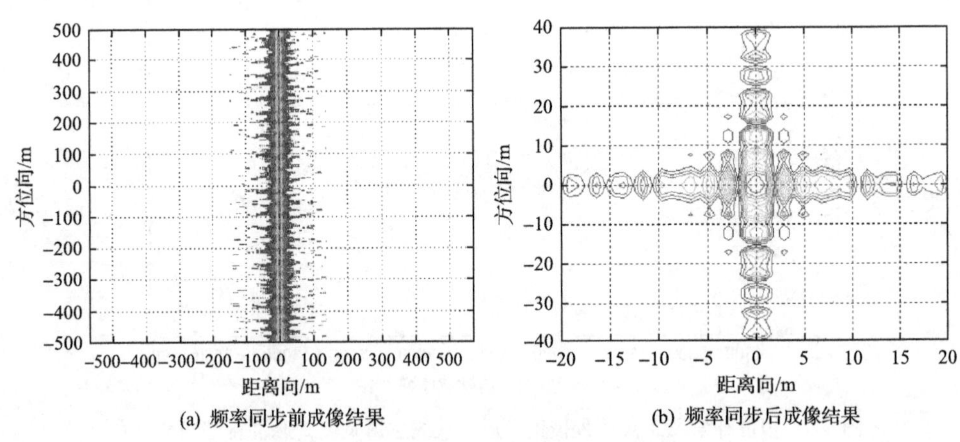

(a) 频率同步前成像结果　(b) 频率同步后成像结果

图 4.7　未进行相位补偿的散射波信号成像结果

由图 4.7(a)可以看出，当频率同步误差未补偿时，对散射波信号成像结果影响很大，甚至不能成像。按照频率同步方法，利用直达波信号提取的频率同步信息对散射波信号的频率同步误差相位进行校正，并对观测场景进行成像处理，得到的点目标成像结果如图 4.7(b)所示。从图 4.7(b)中可以看出，经过相位补偿，点目标能够实现很好的聚焦。图 4.8 为相位补偿之后，点目标成像结果距离向和方位向剖面图。从图 4.8(a)与图 4.8(b)中可以看出，相位补偿之后的成像结果在距离向及方位向都能实现很好的聚焦。

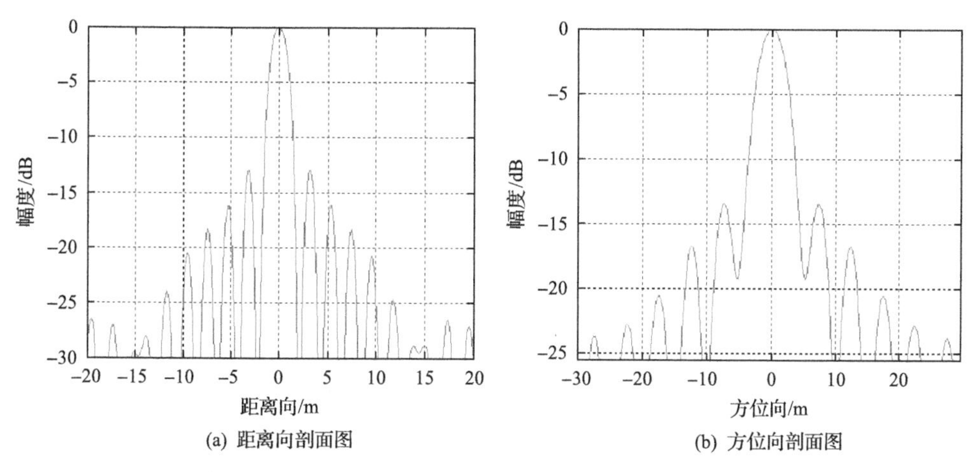

图 4.8　相位补偿后点目标成像结果距离向及方位向剖面图

由文献[14]可知，接收站固定的 BSAR 系统距离向地距分辨率为 $\dfrac{c}{B(\sin\theta_T+\sin\theta_R)}$，方位向分辨率为天线孔径 $D=\lambda/\theta$，其中，θ 为方位向波束宽度。

表 4.5 为相位补偿前后系统距离向及方位向分辨率。从表 4.5 中可以看出，补偿后系统分辨率与理论分辨率差别很小，说明上述频率同步方法能够很好地消除频率同步误差对成像结果的影响。

表 4.5　相位补偿前后系统距离向及方位向分辨率

参数	理论值	相位补偿后的值
距离向分辨率/m	2.43	2.46
方位向分辨率/m	5.21	5.35

参 考 文 献

[1] Lopez-Dekker P, Mallorqui J J, Serra-Morales P, et al. Phase synchronization and Doppler centroid estimation in fixed receiver bistatic SAR systems[J]. IEEE Transactions on Geoscience and Remote Sensing, 2008, 46(11): 3459-3471.

[2] Rutman J, Walls F L. Characterization of frequency stability in precision frequency sources[J]. Proceedings of the IEEE, 1991, 79(6): 952-960.

[3] 黄海风, 梁甸农. 一种新的星载双站 SAR 斜视等效距离模型[J]. 电子学报, 2005, 33(12): 2209-2212.

[4] Wei B M. Time and frequency synchronization aspects for bistatic SAR systems[C]. European Conference on Synthetic Aperture Radar(EUSAR), Ulm, 2004: 395-398.

[5] Zhang Y, Liang D, Dong Z. Analysis of frequency synchronization error in spaceborne parasitic interferometric SAR system[C]. European Conference on Synthetic Aperture Radar(EUSAR), Dresden, 2006: 1-4.

[6] Moccia A, Rufino G, D'Errico M, et al. BISSAT: A bistatic SAR for Earth observation[C]. IEEE International Geoscience and Remote Sensing Symposium, Toronto, 2002: 2628-2630.

[7] 张升康, 杨汝良. 振荡器相位噪声对双站SAR成像影响分析[J]. 测试技术学报, 2008, 22(1): 7-12.

[8] Lopez-Dekker P, Mallorqui J J, Serra-Morales P, et al. Phase synchronization and Doppler centroid estimation in fixed receiver bistatic SAR systems[J]. IEEE Transactions on Geoscience and Remote Sensing, 2008, 46(11): 3459-3471.

[9] Behner F, Reuter S, Nies H, et al. Synchronization and preprocessing of hybrid bistatic SAR data in the HITCHHIKER experiment[C]. The 10th European Conference on Synthetic Aperture Radar, Berlin, 2014: 268-271.

[10] Zhang Y S, Liang D N, Dong Z. Analysis of time and frequency synchronization errors in spaceborne parasitic interferometric InSAR system[C]. IEEE International Symposium on Geoscience and Remote Sensing Symposium, Denver, 2006: 3047-3050.

[11] Tian W M, Long T, Yang J, et al. Combined analysis of time and frequency synchronization error for BiSAR[C]. Proceedings of 2011 IEEE CIE International Conference on Radar, Chengdu, 2011: 388-392.

[12] Pitz W, Miller D. The TerraSAR-X satellite[J]. IEEE Transactions on Geoscience Remote Sensing, 2010, 48(2): 615-622.

[13] 张永胜, 梁甸农, 孙造宇, 等. 时间同步误差对星载寄生式 InSAR 系统干涉相位的影响分析[J]. 宇航学报, 2007, 28(2): 370-374.

[14] Zhang Q L, Chang W G, Li X Y. An extended NLCS algorithm for bistatic fixed-receiver SAR imaging[C]. The 7th European Radar Conference, Paris, 2013: 252-255.

第5章　基于SAR卫星的BSAR回波模拟

在新体制雷达研究中，信号级仿真是优化系统设计、分析误差影响、验证处理方法的重要手段，回波模拟则是其中的关键技术。与单基地SAR不同，BSAR系统中收、发平台运动特性不同，再加上时频同步误差，因此其回波模拟难度要远远高于单基地SAR。本章主要针对基于SAR卫星的BSAR系统，研究接收机固定和双向滑动聚束模式两种系统配置下的回波模拟问题。

回波模拟技术主要分为两大类：时域回波模拟算法和频域回波模拟算法。时域回波模拟算法以逐个像素、逐个脉冲的方式进行回波计算和累加，原理上适用于任意配置的BSAR系统，且具有很高的回波仿真精度，但是计算耗时，仿真效率非常低。为了提高回波模拟效率，需要研究相应的回波快速模拟算法。接收站固定星基BSAR系统构型收、发平台运动速度不同，因此该系统属于移变模式BSAR系统，回波信号存在二维空变性，现有的单基地和移不变模式回波快速模拟算法不再适用。因此，本章以接收站固定星基BSAR为研究对象，针对上述问题开展回波快速模拟研究。

对于双向滑动聚束模式星机BSAR系统，在收、发平台相对运动过程中，观测场景不同位置目标的照射起止时间和时长均不同[1]，系统构型十分复杂，目前还没有有效的回波模拟算法。鉴于此，本章构建双向滑动聚束模式星机BSAR系统的回波信号模型和时域回波模拟算法。相比于回波快速模拟算法，虽然其计算效率低，但精度很高。

5.1　接收站固定星基BSAR回波快速模拟

接收站固定星基BSAR系统以卫星、飞机等为发射平台，通过放置在地面或高塔平台上的固定接收机接收地面场景的散射波信号，进行成像以及干涉处理，从而实现高精度地形测绘任务。回波模拟是验证同步、成像等BSAR关键技术的重要手段，而提高回波模拟算法的效率，能够大大缩短回波模拟的时间，有利于解决系统关键技术。本节对接收站固定星基BSAR回波快速模拟算法进行研究。该算法具有很高的相位精度，可以应用于干涉应用中。

时域回波模拟算法在时域进行累加，生成场景回波。频域回波模拟算法通过二维频域的一系列变换，借助于FFT等快速计算可以实现对场景回波的快速模拟。本节首先对场景回波的时域模型及时域模拟算法进行介绍；然后在此基础上，分析场景回波的二维频域模型，针对频域回波模拟的难点，基于逆 Stolt 变换和距离多普勒域相位补偿方法，提出接收站固定星基 BSAR 回波快速模拟算法；最后通过仿真，对算法的有效性和性能进行验证和分析。

5.1.1 时域回波信号模型

接收站固定星基 BSAR 系统空间几何模型如图 5.1 所示。

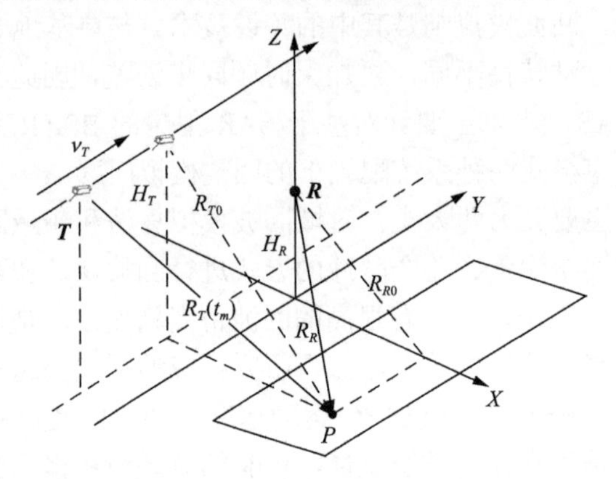

图 5.1 接收站固定星基 BSAR 系统空间几何模型

图 5.1 为接收站固定星基 BSAR 系统空间几何模型。卫星以速度 v_T 沿 Y 轴方向匀速飞行，工作模式为正侧视。接收站高度为 H_R，接收天线对准观测场景并接收观测场景的散射信号。

设观测场景中点目标 P 的坐标为 (x_p, y_p)，发射站的坐标为 $(x_T, v_T t_m, H_T)$，t_m 为方位向慢时间，接收站的坐标为 $(0, 0, H_R)$，则点目标 P 的双基地距离可以表示为

$$R(t_m, x_p, y_p) = R_T(t_m, x_p, y_p) + R_R(x_p, y_p) \tag{5.1}$$

式中

$$R_R(x_p, y_p) = \sqrt{R_{R0}^2 + y_p^2} \tag{5.2}$$

$$R_T(t_m, x_p, y_p) = \sqrt{R_{T0}^2 + v_T^2 (t_m - t_0)^2} \tag{5.3}$$

其中

$$R_{R0} = \sqrt{H_R^2 + x_p^2}, \quad R_{T0} = \sqrt{H_T^2 + (x_p - x_T)^2}, \quad t_0 = y_p / v_T$$

设卫星发射信号为线性调频信号，则观测场景的回波信号可以表示为

$$
\begin{aligned}
s(\tau,t_m) = &\sum \sigma(x_p,y_p)\cdot\omega_r(x_p,y_p)\cdot\omega_a(t_m,x_p,y_p)\cdot\operatorname{rect}\left[\tau-\frac{R(t_m,x_p,y_p)}{c}\right] \\
&\cdot\exp\left\{\mathrm{j}2\pi f_0\left[\tau-\frac{R(t_m,x_p,y_p)}{c}\right]+\mathrm{j}\pi k_r\left[\tau-\frac{R(t_m,x_p,y_p)}{c}\right]^2\right\}
\end{aligned} \tag{5.4}
$$

式中，$\sigma(x_p,y_p)$ 为点目标 P 双基地散射系数；$\omega_r(x_p,y_p)$ 和 $\omega_a(t,x_p,y_p)$ 分别为距离向及方位向天线调制因子；τ 为快时间；f_0 为载频；k_r 为调频率。

经过正交解调之后，观测场景回波信号可以表示为

$$
\begin{aligned}
s(\tau,t_m) = &\sum \sigma(x_p,y_p)\cdot\omega_r(x_p,y_p)\cdot\omega_a(t_m,x_p,y_p)\cdot\operatorname{rect}\left[\tau-\frac{R(t_m,x_p,y_p)}{c}\right] \\
&\cdot\exp\left[-\mathrm{j}2\pi f_0\frac{R(t_m,x_p,y_p)}{c}\right]\exp\left\{\mathrm{j}\pi k_r\left[\tau-\frac{R(t_m,x_p,y_p)}{c}\right]^2\right\}
\end{aligned} \tag{5.5}
$$

式(5.5)为接收站固定星基 BSAR 观测场景回波基带信号的时域数学模型。传统的时域回波模拟算法根据式(5.5)，对于方位向每一采样时刻逐个计算波束照射区域内每一个分辨单元的回波，时域累加形成该方位向位置的回波信号。这对于星载 SAR 场景回波模拟，计算量巨大，因此必须研究相应的观测场景回波快速模拟算法。

由式(5.5)可以看出，SAR 回波可以看成由场景的后向散射系数矩阵与 SAR 系统传递函数卷积得到，其中系统传递函数包含了 SAR 系统的距离徙动因素以及多普勒中心频率偏移等因素。该结论可以给观测场景回波快速模拟带来极大的方便，大大提高了 SAR 系统观测场景回波模拟的速度。由于时域卷积等效于频域相乘，同时考虑到 FFT 在计算速度方面的优势，绝大多数回波快速模拟算法都是通过在二维频域的一系列变换得到观测场景回波的二维频谱，通过二维傅里叶逆变换即可得到观测场景回波。本节也利用这一思路，实现对接收站固定星基 BSAR 观测场景回波的快速模拟。

5.1.2　频域回波信号模型

在对式(5.5)进行距离向傅里叶变换之后，场景回波在距离向频域的相位可以表示为

$$
\phi(t_m,f_\tau)=\exp\left(-\mathrm{j}\pi\frac{f_\tau^2}{k_r}\right)\cdot\exp\left\{-\mathrm{j}\frac{2\pi(f_0+f_\tau)}{c}\left[R_T(t_m,x_p,y_p)+R_R(x_p,y_p)\right]\right\} \tag{5.6}
$$

随后进行方位向傅里叶变换，则回波相位可以表示为

$$\Psi(f_a,f_\tau)=\exp\left(-\mathrm{j}\pi\frac{f_\tau^2}{k_r}\right)\int\exp\left[-\mathrm{j}\phi(f_a,f_\tau,t_m)\right]\mathrm{d}t_m \tag{5.7}$$

式中

$$\phi(f_a,f_\tau,t_m)=\frac{2\pi(f_0+f_\tau)}{c}\left[R_T(t_m,x_p,y_p)+R_R(x_p,y_p)\right]+2\pi f_a t_m \tag{5.8}$$

根据驻定相位原理，式(5.8)的驻定相位点为

$$t_p=t_0-\frac{f_a\cdot c\cdot R_{T0}}{v_T^2\sqrt{(f_\tau+f_0)^2-\dfrac{f_a^2c^2}{v_T^2}}} \tag{5.9}$$

将式(5.9)代入式(5.7)，则可得到观测场景回波的二维频域表达式为

$$\begin{aligned}S(f_a,f_\tau)=&\sum\sigma(x_p,y_p)\cdot\omega_a(f_a,x_p,y_p)\cdot\omega_r(x_p,y_p)\cdot\exp\left(-\mathrm{j}\pi\frac{f_\tau^2}{k_r}\right)\\&\cdot\exp(-\mathrm{j}2\pi f_a\cdot t_0)\cdot\exp\left\{\begin{aligned}&-\mathrm{j}2\pi\left[R_R(x_p,y_p)\frac{f_\tau+f_0}{c}\right.\\&\left.+R_{T0}(x_p,y_p)\sqrt{\left(\frac{f_0+f_\tau}{c}\right)^2-\left(\frac{f_a}{v_T}\right)^2}\right]\end{aligned}\right\}\end{aligned} \tag{5.10}$$

式中，f_τ 为距离向频率；f_a 为方位向频率。

由式(5.10)可以看出，其相位项可以分解为三项指数相位。其中，第一项代表距离向压缩项，对所有点目标都相同。第二项是与目标方位向位置相关的相位，决定了目标方位向成像位置。最后一项是与收、发距离相关的二维耦合相位，包含了目标的距离徙动等信息，该耦合相位的特性决定了系统距离徙动的空变特性。下面对星地 BSAR 系统距离徙动的二维空变性进行分析。

接收站固定星基 BSAR 距离徙动二维空变性如图 5.2 所示。从图 5.2 中可以看出，虽然点目标 A、B 和 C 处于同一距离线上，但三者双基地距离的延迟不同。对于处于同一方位向的点目标 B 和 D，两者的距离徙动曲线也不相同。

对于单基地 SAR 及移不变模式 BSAR，可以通过在二维频域进行逆 Stolt 变换得到收、发距离相关的耦合相位。但是，由式(5.10)第三项相位可以看出，接

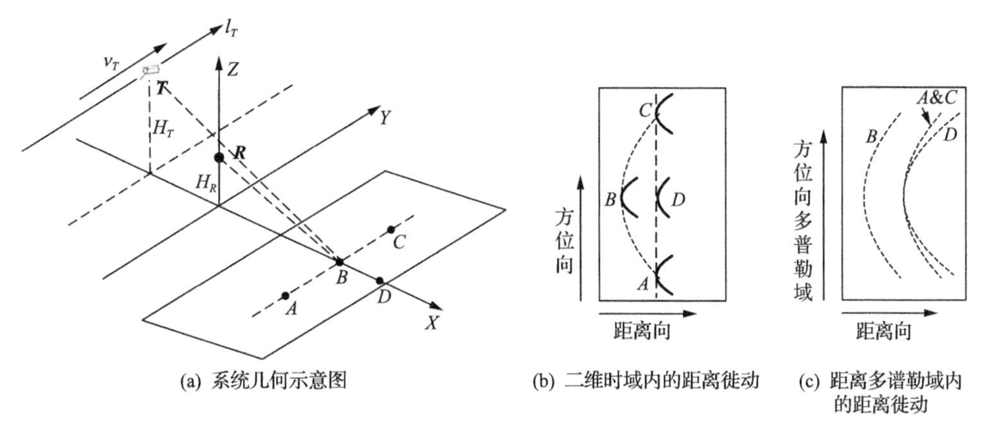

(a) 系统几何示意图　(b) 二维时域内的距离徙动　(c) 距离多谱勒域内的距离徙动

图 5.2　接收站固定星基 BSAR 距离徙动二维空变性

收站固定星基 BSAR 系统收、发站之间速度不同，导致得到的二维频谱中，与接收距离 $R_R(x_p,y_p)$ 相关的相位不存在二维耦合，而与发射距离 $R_{T0}(x_p,y_p)$ 相关的相位存在二维耦合。在二维频域中，与收、发距离相关的相位是无法分开，分别进行变换的。因此，对于接收站固定星基 BSAR 系统，无法在逆 Stolt 插值的同时得到式(5.10)的第三项相位。下面基于传统的逆 Stolt 插值算法和 RD 域相位校正，对接收站固定星基 BSAR 回波快速模拟算法进行研究。

5.1.3　回波快速模拟

SAR 系统的回波模拟通常由两部分组成：一部分是成像场景后向散射系数的模拟；另一部分是 SAR 系统传递函数建模及回波生成。目前，已有不少学者和机构致力于单基地 SAR 和 BSAR 场景目标散射机理的研究。因此，在本章的研究中，作者利用已有的算法得到场景的后向散射系数[2-9]，然后以此为回波生成的输入，开展回波的快速模拟研究。

为了得到式(5.10)的二维频谱，首先将模拟场景投影至斜距平面，并对斜距平面内的每个像素乘以其多普勒中心时刻的传播时延，即得到

$$s'(\tau,t_m)=\sum\sigma(x_p,y_p)\cdot\exp\left[-\mathrm{j}2\pi f_0\frac{R_{T0}(x_p,y_p)+R_R(x_p,y_p)}{c}\right] \tag{5.11}$$

对上述信号进行二维快速傅里叶变换，可以得到

$$\begin{aligned}S'(f_\tau{}',f_a{}')=&\sum\sigma(x_p,y_p)\exp(-\mathrm{j}2\pi f_a{}'t_0)\\&\cdot\exp\left\{-\mathrm{j}2\pi\frac{f_\tau{}'+f_0}{c}\left[R_R(x_p,y_p)+R_{T0}(x_p,y_p)\right]\right\}\end{aligned} \tag{5.12}$$

为了与式(5.10)的频率 f_τ 和 f_a 进行区别，这里用 f_τ'、f_a' 来表示式(5.11)二维快速傅里叶变换对应的频率。

实际上由式(5.12)得到式(5.10)中二维频谱最为精确的方法是逆 Stolt 变换，即通过如下关系式：

$$\begin{cases} f_a' = f_a \\ f_\tau' = \dfrac{c}{2\pi}\left\{\sqrt{\left[\dfrac{2\pi(f_0+f_\tau)}{c}\right]^2 - \left(\dfrac{2\pi f_a}{v_T}\right)^2}\right\} - f_0 \end{cases} \tag{5.13}$$

采用逆 Stolt 插值算法即可完成由式(5.12)到式(5.10)的变换，这一过程与 SAR 成像算法中的 ωk 算法使用的 Stolt 变换正好互逆，因此称为逆 Stolt 变换[2]。

对式(5.12)进行逆 Stolt 变换，可得到经过变换之后的结果为

$$\begin{aligned} S'(f_a,f_\tau) = \sum\sigma(x_p,y_p)\cdot\exp\left\{-\mathrm{j}2\pi\left[R_R(x_p,y_p)+R_{T0}(x_p,y_p)\right]\sqrt{\left(\frac{f_0+f_\tau}{c}\right)^2-\left(\frac{f_a}{v_T}\right)^2}\right\} \\ \cdot\exp\left(-\mathrm{j}2\pi f_a t_0\right) \end{aligned} \tag{5.14}$$

对比式(5.14)和式(5.10)可以发现，逆 Stolt 变换后的式(5.14)比式(5.10)多了一个相位项 $\Theta(R_R,f_a,f_\tau)$：

$$\Theta(R_R,f_a,f_\tau) = \exp\left\{\mathrm{j}2\pi R_R(x_p,y_p)\left[\frac{f_\tau+f_0}{c}-\sqrt{\left(\frac{f_0+f_\tau}{c}\right)^2-\left(\frac{f_a}{v_T}\right)^2}\right]\right\} \tag{5.15}$$

由式(5.15)可以看出，相位项 $\Theta(R_R,f_a,f_\tau)$ 是与目标到接收站距离相关的二次耦合项，这是由收、发站速度不同引起的误差相位。当以场景中心点为参考接收机斜距，在二维频域对上述观测场景的相位进行补偿时(仿真参数见表 5.1)，场景距离向边缘点目标残余相位如图 5.3 所示。

图 5.3 为以场景中心点目标 R_{ref} 为参考，对观测场景四个边缘点目标的相位 $\Theta(R_R,f_a,f_\tau)$ 进行补偿之后，四个边缘点目标残余相位在二维频域的分布。从图 5.3 中可以看出，若以场景中心点进行相位校正，则对于边缘点，残余误差较大，因此不能在二维频域对式(5.15)的误差相位进行统一校正。将式(5.14)进行距离向傅里叶逆变换，变换到距离多普勒域为

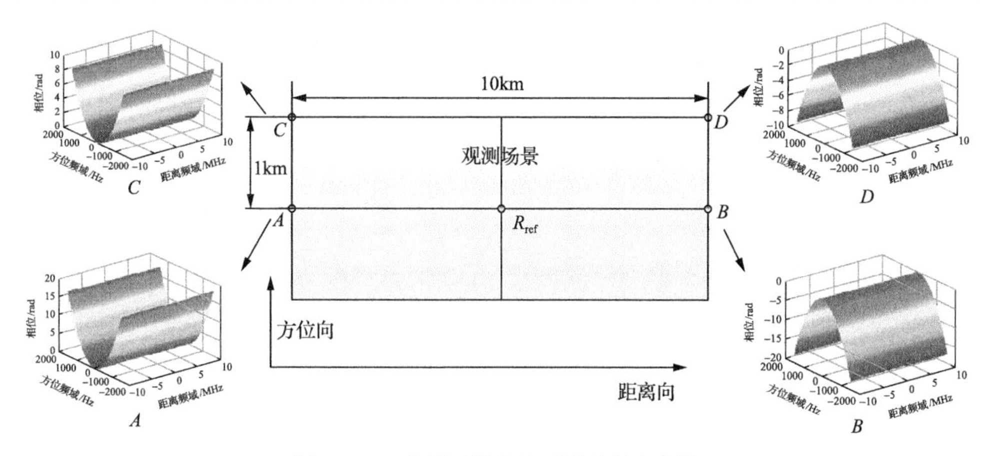

图 5.3　二维频域相位校正后的残余相位

$$
\begin{aligned}
S'(f_a,\tau) = &\sum \sigma(x_p,y_p)\cdot \operatorname{rect}\left[\tau-\frac{R(f_a,x_p,y_p)}{c}\right]\cdot \exp(-\mathrm{j}2\pi f_a t_0) \\
&\cdot \exp\left\{-\mathrm{j}2\pi\left[\frac{R_{T0}(x_p,y_p)+R_R(x_p,y_p)}{c}\sqrt{f_0^2-\left(\frac{cf_a}{v_T}\right)^2}\right]\right\}
\end{aligned} \tag{5.16}
$$

式(5.5)变换到距离多普勒域，不考虑距离向线性调频项，表达式为

$$
\begin{aligned}
S(f_a,\tau) = &\sum \sigma(x_p,y_p)\cdot \operatorname{rect}\left[\tau-\frac{R(f_a,x_p,y_p)}{c}\right]\cdot \exp(-\mathrm{j}2\pi f_a t_0) \\
&\cdot \exp\left\{-\mathrm{j}2\pi\left[\frac{R_{T0}(x_p,y_p)}{c}\sqrt{f_0^2-\left(\frac{f_a c}{v_T}\right)^2}+\frac{R_R(x_p,y_p)}{\lambda}\right]\right\}
\end{aligned} \tag{5.17}
$$

由式(5.16)及式(5.17)可知，误差相位与接收距离相关。

$$
\varPhi_\Delta = \exp\left\{-\mathrm{j}2\pi R_R(x_p,y_p)\left[\frac{1}{\lambda}-\sqrt{\left(\frac{1}{\lambda}\right)^2-\left(\frac{f_a}{v_T}\right)^2}\right]\right\} \tag{5.18}
$$

在距离多普勒域，对于某一点目标，其能量分布在距离徙动曲线上。对于处于同一距离门的目标，当用场景中心点进行相位补偿时，处于距离门近端及远端的目标残余相位如图 5.4 所示。

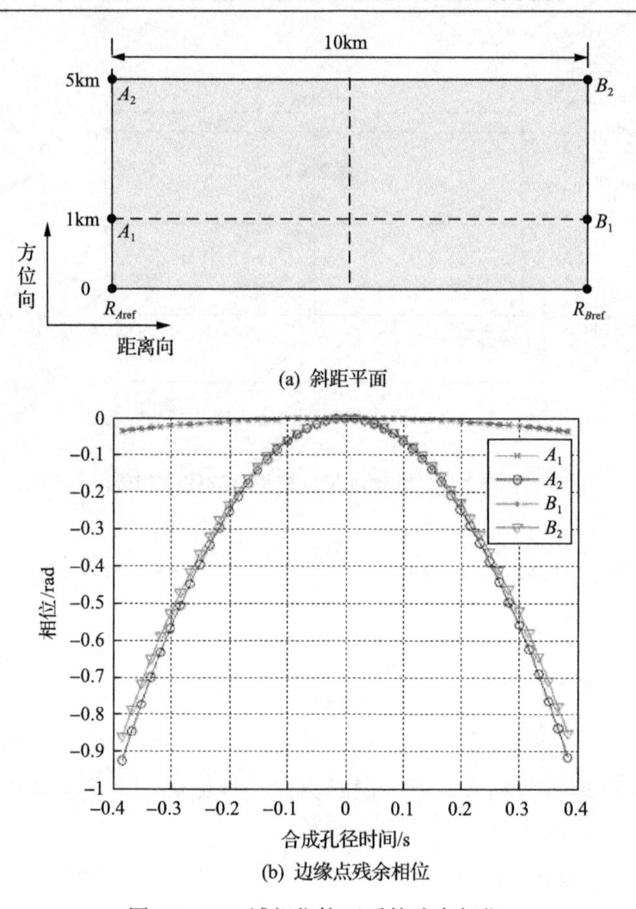

(a) 斜距平面

(b) 边缘点残余相位

图 5.4　RD 域相位校正后的残余相位

图 5.4 为以场景中心线上点目标为参考，对误差相位进行补偿后，方位向 1km 和方位向 5km 处四个点目标残余相位的分布。从图 5.4 中可以看出，在距离多普勒域，利用场景中心点进行相位校正后，场景距离近端及远端的目标残余误差相位近似为二次相位。为了分析该二次相位的影响，下面对不同方位向位置目标的残余误差相位进行分析。

经过距离多普勒域的相位补偿，边缘点残余相位可以表示为

$$\varPhi_{\Delta} = \exp\left\{ \mathrm{j}2\pi\left[R_R(x_p, y_p) - \sqrt{R_R^2(x_p, y_p) \pm \left(\frac{X}{2}\right)^2} \right]\left[\frac{1}{\lambda} - \sqrt{\left(\frac{1}{\lambda}\right)^2 - \left(\frac{f_a}{v_T}\right)^2} \right] \right\} \tag{5.19}$$

式中，X 为观测场景方位向宽度。

由匹配滤波理论可知，残余二次相位误差会引起非对称旁瓣，导致脉冲压缩结果峰值旁瓣比和积分旁瓣比的升高等[3]。当残余二次相位误差的上限设定为 $\pi/4$

时，可以得到方位向模拟场景的宽度与二次相位误差上限的关系式为

$$\left|2\pi\left[R_R(x_p,y_p)-\sqrt{R_R^2(x_p,y_p)-\left(\frac{X}{2}\right)^2}\right]\left[\frac{1}{\lambda}-\sqrt{\left(\frac{1}{\lambda}\right)^2-\left(\frac{f_a}{v_T}\right)^2}\right]\right|<\frac{\pi}{4} \tag{5.20}$$

根据表 5.1 中的仿真参数可以计算得到方位向模拟最大宽度为

$$X \leqslant 7865\text{m} \tag{5.21}$$

综上所述，经过 RD 域的相位校正，将信号沿距离向快速傅里叶变换到二维频域，然后乘以距离向线性调频项 $\exp(-\text{j}\pi f_\tau^2/k_r)$、方位向方向图调制因子 $\omega_a(f_a,x_p,y_p)$、距离向方向图调制因子 $\omega_r(x_p,y_p)$，即可得到预期的二维频谱。

根据上述分析，基于逆 Stolt 变换和 RD 域相位校正的接收站固定星基 BSAR 回波快速模拟流程如下：

(1) 对于满足式(5.20)的场景，按照场景目标散射机理，得到场景各处点目标的后向散射系数，然后与传播延迟相位相乘，再投影到斜距平面中，即可得到式(5.11)。

(2) 对式(5.11)的信号进行二维傅里叶变换，得到式(5.12)。

(3) 补偿近距相位及参考斜距相位，即将式(5.12)与式(5.22)相乘：

$$H_1(f_\tau',f_a')=\exp\left[\text{j}2\pi\frac{f_\tau+f_0}{c}(R_{R\text{ref}}+R_{T\text{ref}})\right] \tag{5.22}$$

(4) 根据式(5.13)，通过插值实现逆 Stolt 变换，得到式(5.14)。

(5) 将式(5.14)变换到距离多普勒域，进行误差相位校正，然后变换到二维频域。

(6) 将上述结果乘以下述函数：

$$\begin{aligned}H_2(f_\tau,f_a)=&\ \omega_a(f_a)\omega_r(x_p,y_p)\exp\left(-\text{j}\pi\frac{f_\tau^2}{k_r}\right)\\&\cdot\exp\left[-\text{j}2\pi(R_{R\text{ref}}+R_{T\text{ref}})\sqrt{\left(\frac{f_0+f_\tau}{c}\right)^2-\left(\frac{f_a}{v_T}\right)^2}\right]\end{aligned} \tag{5.23}$$

便得到回波的二维频谱，即式(5.10)。

(7) 对二维频谱进行二维傅里叶逆变换，便得到了接收站固定星基 BSAR 系统的场景回波。

本节提出的回波模拟流程如图 5.5 所示。

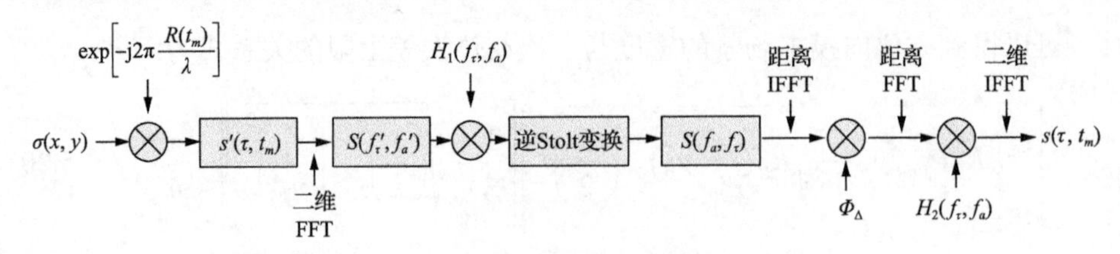

图 5.5　回波模拟流程

下面对本节提出的回波快速模拟算法的计算量进行分析。假设某观测场景距离向采样点数为 N_r，每一个距离向的分辨单元个数为 M_r，合成孔径宽度对应的方位向采样点数为 N_a，方位向分辨单元个数为 M_a。由式(5.5)可知，对于方位向每一采样时刻，波束覆盖范围内共有 $M_a M_r$ 个分辨单元，每一个分辨单元需要 $6N_r$ 次的复数乘法和 N_r 次的复数加法，因此计算量 N_{TD} 为

$$N_{\mathrm{TD}} = N_a M_a M_r N_r \cdot \text{复数乘法} \tag{5.24}$$

根据回波模拟流程，本节所提回波快速模拟算法计算量 N_{FD} 为

$$N_{\mathrm{FD}} = \left(\frac{3}{2} N_a N_r \log_2 N_r + \frac{3}{2} N_r N_a \log_2 N_a\right) \cdot \text{蝶形运算} + N_a N_r (P+4) \cdot \text{复数乘法} \tag{5.25}$$

式中，P 为 Stolt 插值的阶数，一般取为 8。由于一次蝶形运算为两次复数加法和一次复数乘法，因此式(5.25)可以写为

$$N_{\mathrm{FD}} = N_a N_r (P+11) \cdot \text{复数乘法} + N_a N_r (P+4) \cdot \text{复数加法} \tag{5.26}$$

根据表 5.1 中的仿真参数，下面对时域算法和本节算法的计算量进行分析，如图 5.6 所示。

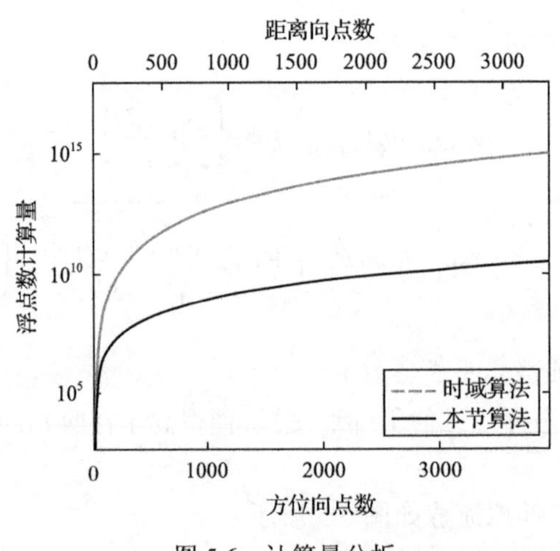

图 5.6　计算量分析

从图 5.6 中可以看出，本节算法大大减少了回波模拟的计算量，尤其是当模拟场景较大时，本节算法比时域算法的计算量至少降低了 3 个数量级。因此，本节提出的频域回波模拟算法极大地提高了回波模拟的效率。

5.1.4　实验验证

下面通过仿真对本节提出的接收站固定星基 BSAR 回波模拟算法的有效性和相位保真度进行验证。首先，利用本节回波快速模拟算法和时域回波模拟算法，分别生成点目标的回波，通过对比上述两种算法生成回波的距离向带宽和方位向合成孔径时间，验证回波快速模拟算法的有效性。然后，进行场景的模拟，分别利用回波快速模拟算法和时域回波模拟算法生成场景回波并计算算法的时间开销。同时，按照干涉 SAR 处理流程，分别对上述两种算法生成的场景回波进行干涉处理，实现对观测场景的高程反演。通过对比两种算法的仿真结果，验证回波快速模拟算法生成的回波经过成像处理后，图像的相位能否满足干涉系统对相位保真度的要求。下面分别对仿真结果进行分析。

1. 点目标仿真

由前面的分析可知，时域回波模拟算法虽然耗时，但生成的回波精度很高。因此，本节以时域回波模拟算法生成的点目标回波为参考，通过对比时域回波模拟算法和本节提出的回波快速模拟算法生成的点目标回波的关键参数，如距离向带宽、方位向合成孔径时间等，验证本节提出的回波快速模拟算法的有效性。BSAR 系统仿真参数如表 5.1 所示。

表 5.1　BSAR 系统仿真参数

参数	数值	参数	数值
发射站高度/km	514	卫星下视角/(°)	45
载频/GHz	9.65	卫星天线波束宽度/(°)	1.5×0.33
卫星速度/(m/s)	7600	信号带宽/MHz	50
脉冲重复频率/kHz	3	脉冲宽度/μs	10
接收站高度/km	3	接收天线下视角/(°)	60
接收天线波束宽度/(°)	15×2.3	采样率/MHz	100

图 5.7 分别为利用本节提出的频域回波模拟算法以及时域回波模拟算法得到的点目标回波实部全息图。从频域回波模拟算法得到的幅度图中可以看到与时域回波模拟算法相同的 SAR 点目标回波实部全息图特有的双曲线特征。

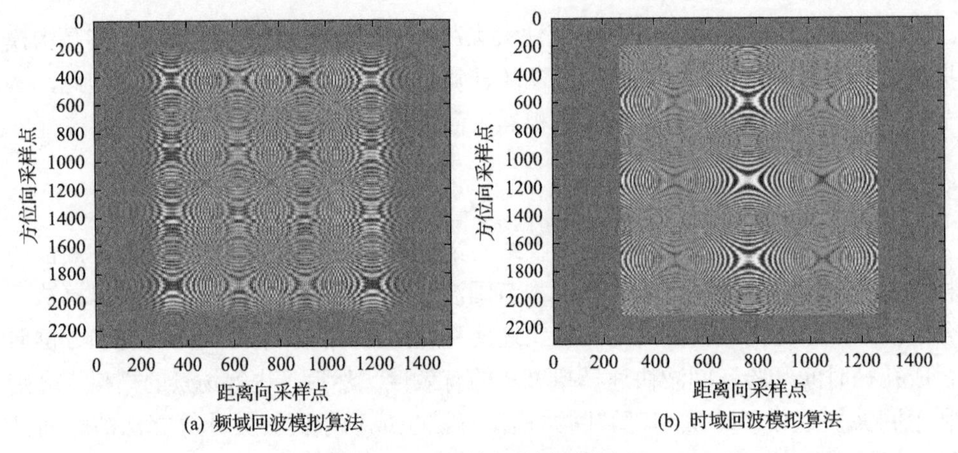

图 5.7 点目标回波幅度图

图 5.8 分别为频域回波模拟算法和时域回波模拟算法生成的点目标距离向及方位向幅度图，根据计算，上述 BSAR 系统的合成孔径时间为 0.57s。从图 5.8 中可以看出，频域回波模拟算法生成的点目标回波距离向时宽及方位向时宽与时域回波模拟算法生成回波的宽度相吻合，只是在二维频域变换时引入了二次相位，从而导致逆变换到时域时，信号波形出现菲涅耳波动[2]。

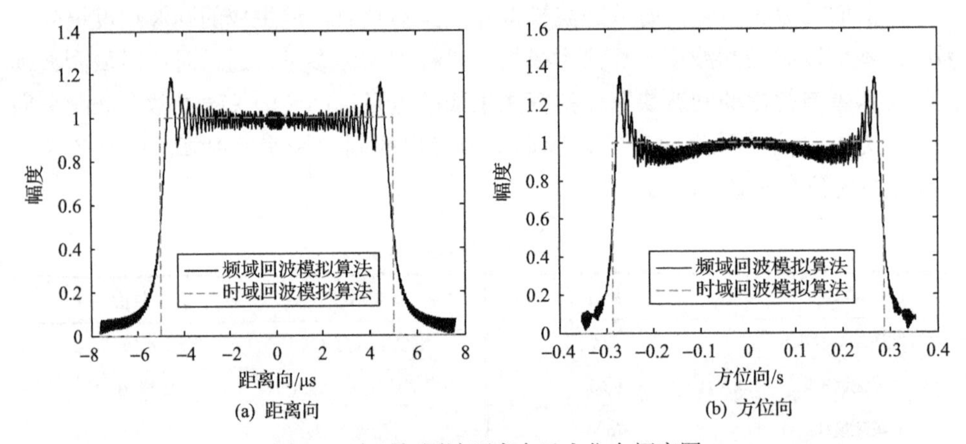

图 5.8 点目标回波距离向及方位向幅度图

为了分析频域回波模拟算法的有效性，下面仿真一个大场景回波，场景大小为 2km×10km，点目标为 3×17 的矩阵排列，如图 5.9 所示。

图 5.9(b)为频域回波模拟算法生成的点目标回波经过双基地 BP 成像处理[4,5]，得到的成像结果。从图 5.9(b)中可以看出，点目标聚焦性能较好。下面选取了三个不同位置的点目标，对其成像性能进行分析，结果如表 5.2 所示。从表 5.2 可以看出，频域回波模拟算法生成的点目标成像性能与理论值基本吻合，只是方位向 PSLR 有点高。经过分析，这可能是未考虑高次相位，从而使得成像结果形成非

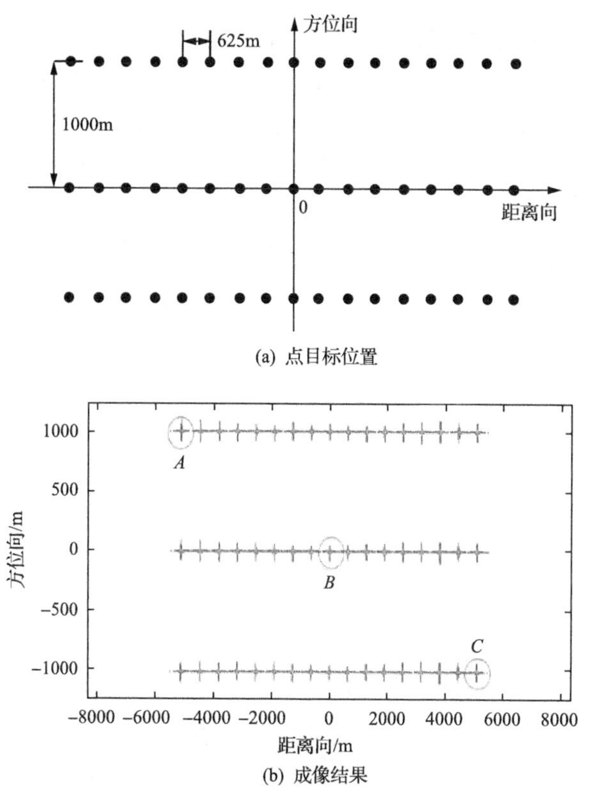

图 5.9　点目标成像结果

对称旁瓣，但从点目标成像性能结果可以看出，高次相位对点目标成像性能影响较小，可以忽略。

表 5.2　点目标成像性能

点	参数			
	距离向分辨率/m	距离向 PSLR/dB	方位向分辨率/m	方位向 PSLR/dB
理论值	3.81	−13.26	5.39	−13.26
A	3.95	−13.23	5.61	−12.73
B	3.86	−13.13	5.56	−13.16
C	3.83	−13.17	5.65	−12.74

上述点目标的成像结果说明，本节提出的接收站固定星基 BSAR 回波模拟算法能够实现对目标回波的仿真，验证了上述算法的有效性。

2. 场景仿真

本节利用时域回波模拟算法和本节提出的回波快速模拟算法，分别生成场景回波。按照干涉SAR处理流程，对上述两种算法生成的回波进行干涉处理。通过分析本节提出的回波快速模拟算法生成回波的成像结果及成像相位能否真实地反映场景相位的变化，以及对比时域回波模拟算法和回波快速模拟算法的干涉结果精度，从而验证本节提出的回波快速模拟算法能否应用于双基地干涉系统。为了实现双天线干涉，仿真实验中，在接收机上增加了一部接收天线，两部天线之间的距离为30m，两部天线中心的连线垂直地面向上。

场景大小为 1km×1km。以场景中心点为参考，设置了一个圆锥体，高度为100m，圆锥底部直径为600m，具体如图5.10(a)所示，计算得到的场景后向散射系数如图5.10(b)所示。

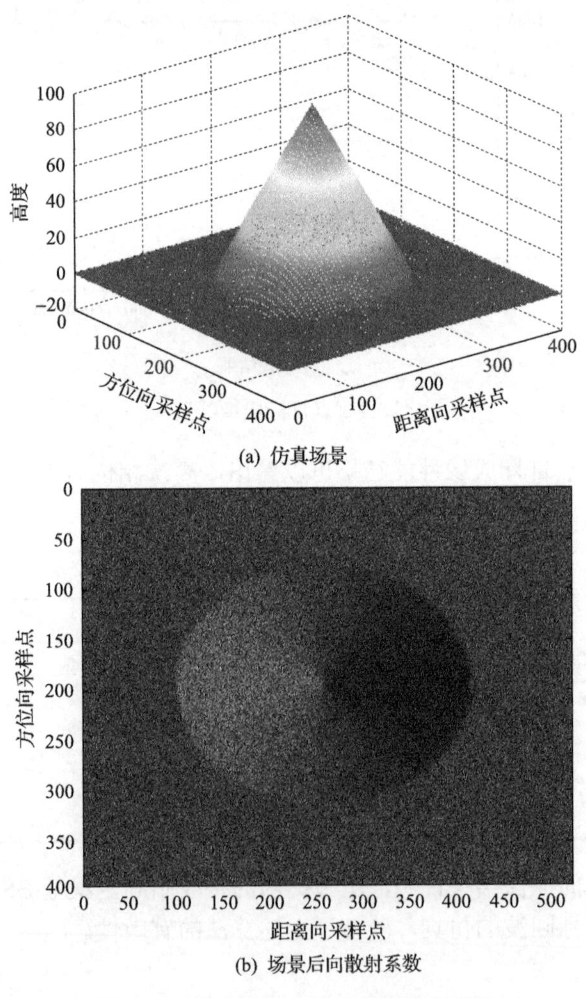

(a) 仿真场景

(b) 场景后向散射系数

图5.10　仿真场景及其后向散射系数图

图 5.11 为文献[6]～[9]给出的后向散射系数计算流程。首先根据场景预设的 DEM 数据，经过分形插值处理及采样点定位，得到斜距平面分辨单元对应的场景区域。然后利用小面单元计算各个分辨单元的散射特性，再加上场景的遮挡效应以及 SAR 系统特有的相干斑点噪声，最后得到场景的后向散射系数。

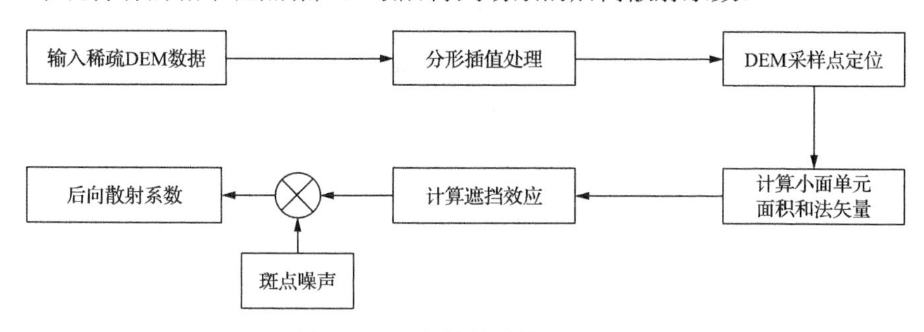

图 5.11　后向散射系数计算流程

利用本节提出的频域回波模拟算法及时域回波模拟算法，对上述场景在同一台个人计算机上(计算机配置：Lenovo 3.2GHz 四核，4GB 内存。仿真软件：MATLAB 2010 版)进行仿真。经过测量，时域及频域回波仿真耗时如表 5.3 所示。

表 5.3　仿真耗时

算法	频域回波模拟算法	时域回波模拟算法
耗时/min	4	2201

由表 5.3 可以看出，频域回波模拟算法极大地提高了场景回波的仿真效率，大大节省了场景回波的仿真时间，从而能够实现对 BSAR 系统回波的快速仿真。

图 5.12 为未进行相位补偿时，频域回波模拟算法生成的两个散射波通道的散射回波经过双基地 BP 成像处理得到的成像结果以及相位干涉图。从图 5.12 中可以看出，由于未进行 RD 域的相位补偿，成像结果较差。由两个通道成像结果得到的

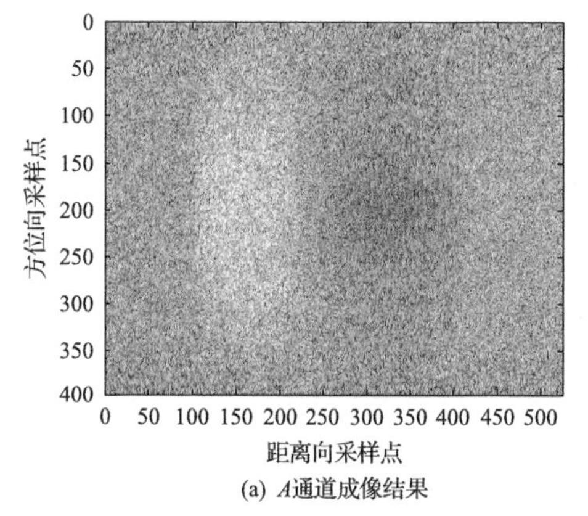

(a) A通道成像结果

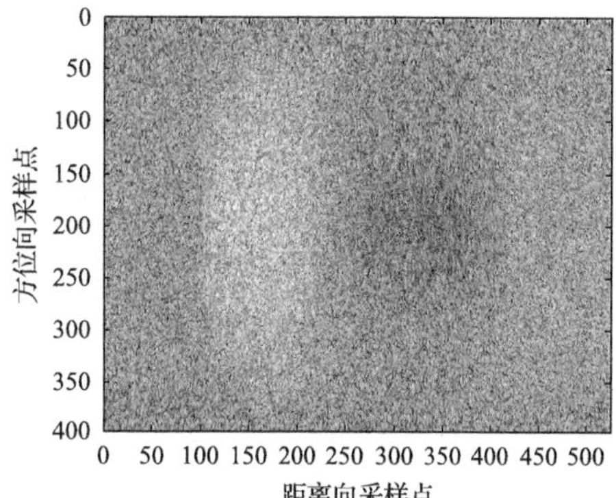

(b) B通道成像结果

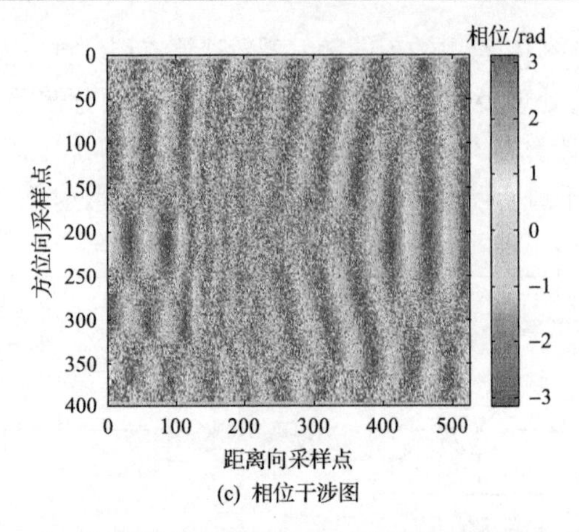

(c) 相位干涉图

图 5.12　未进行相位补偿的两个散射波接收机成像及干涉结果

相位干涉条纹与预设的干涉相位差别较大，已经无法反演得到场景真实的高程值。

图 5.13 为本节提出的回波快速模拟算法生成的两个散射波通道的散射回波经

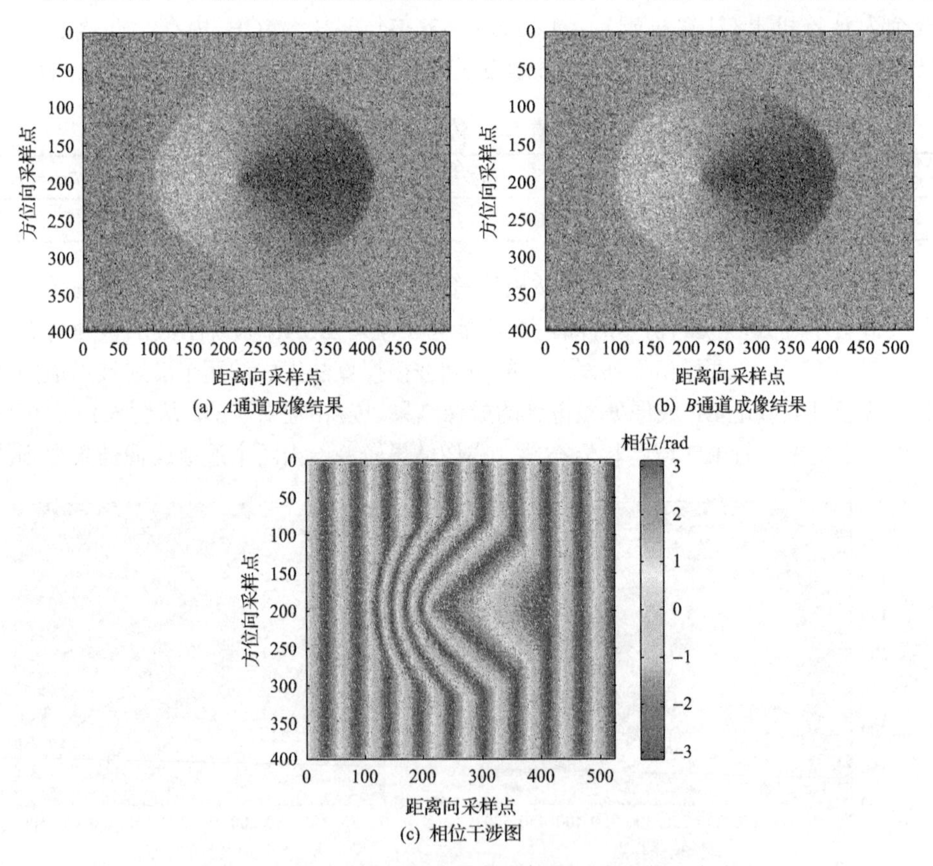

(a) A通道成像结果　(b) B通道成像结果

(c) 相位干涉图

图 5.13　相位补偿后，两个散射波接收机成像及干涉结果

过 BP 成像处理，分别得到的场景成像结果以及相位干涉图。从图 5.13 中可以看出，成像结果与预设的场景模型相吻合，从而说明本节提出的回波快速模拟算法能够实现接收站固定星基 BSAR 场景回波的快速仿真。下面对两部天线成像结果的相位特性进行分析。

图 5.14(a)为理论相位干涉结果，将图 5.14(a)与图 5.13(c)两者相减之后，干涉相位差值分布如图 5.14(b)所示。从图 5.14(b)中可以看出，差值结果大部分分布在零值附近，从而说明成像结果干涉条纹与理论的斜距相位干涉结果较为吻合，进一步验证了本节提出的回波快速模拟算法能够精确模拟场景相位的变化。

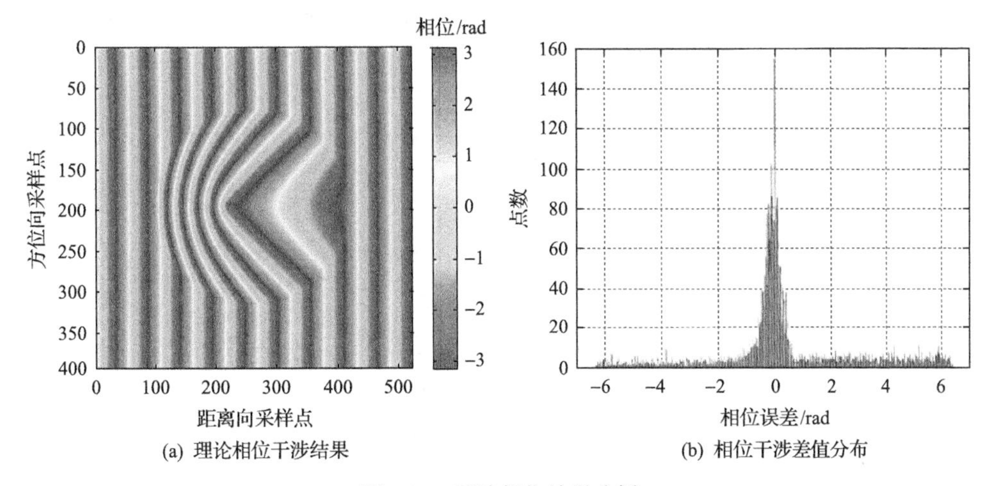

(a) 理论相位干涉结果　(b) 相位干涉差值分布

图 5.14　干涉相位结果分析

按照干涉 SAR 系统处理流程[10-13]，经过相位滤波、去平地相位、相位解缠、高程反演等，得到观测场景的 DEM 反演结果，如图 5.15 所示。其中，图 5.15(a)为按照干涉 SAR 系统处理流程得到的观测场景 DEM 反演结果，从图中可以看出，得到的观测场景 DEM 反演结果为圆锥地形，与预设的场景地形相吻合。将 DEM 反演结果与场景预设的 DEM 数据进行比较[得到观测场景的 DEM 反演误差如图 5.15(b)所示]，并将其与时域回波模拟算法的 DEM 反演误差[图 5.15(c)]进行比较。由图 5.15 可以看出，由频域回波模拟算法生成的 DEM 反演误差与时域回波模拟算法的 DEM 反演误差比较接近。

下面对 DEM 反演误差进行分析，结果如表 5.4 所示。

分别对时域回波模拟算法和频域回波模拟算法的 DEM 反演误差矩阵求取误差绝对值的最大值、误差均值以及误差方差，结果如表 5.4 所示。从表 5.4 中可以看出，本节提出的频域回波模拟算法 DEM 反演误差与时域回波模拟算法的 DEM 反演误差比较接近，从而说明本节提出的接收站固定星基 BSAR 频域回波模拟算

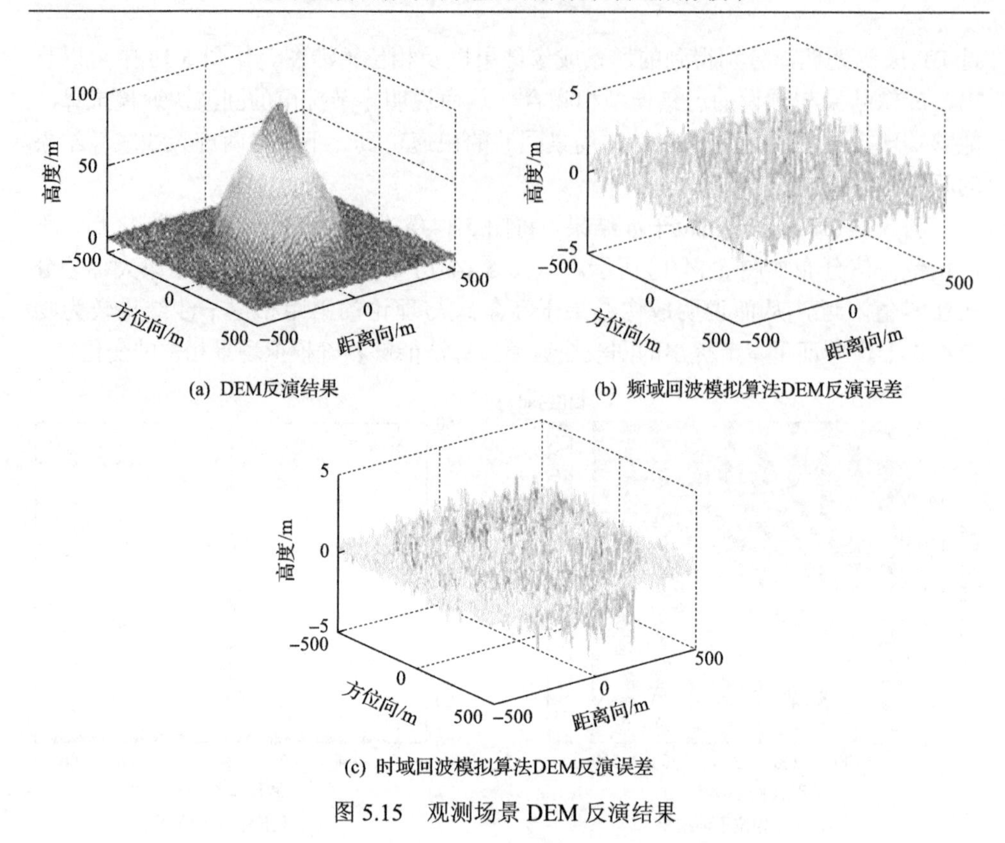

(a) DEM反演结果

(b) 频域回波模拟算法DEM反演误差

(c) 时域回波模拟算法DEM反演误差

图 5.15 观测场景 DEM 反演结果

表 5.4 DEM 反演误差

方法	参数		
	DEM 误差最大值/m	DEM 误差均值/m	DEM 误差方差/m
时域回波模拟算法	4.49	0.56	0.77
频域回波模拟算法	5.61	0.47	0.63m

法不仅能够实现对场景回波的快速仿真，还能精确地模拟场景相位的分布，进而说明该算法能够很好地应用于接收站固定星基 BSAR 应用方面的研究。

5.2 含有时、频同步误差的星地 BSAR 回波快速模拟

对于 BSAR 系统，收、发天线分置，因此收、发站之间的同步是 BSAR 系统需要解决的一项关键技术。双基地同步包括空间同步、时间同步、频率同步，本节考虑时间同步和频率同步的因素[14]。开展星基双基地实验对同步方法进行验证的方式较为复杂，且耗费大量人力、物力，因此含有时、频同步误差的回波模拟能够很好地对同步方法的有效性和性能进行验证与分析，大大降低了同步技术研

究的成本，节约了大量的时间。因此，本节以接收站固定星基 BSAR 系统为研究对象，对含有时、频同步误差的星地 BSAR 回波快速模拟算法进行研究。根据时、频同步误差随方位向慢时间变化的特性，将上述误差分为两类：一类误差在频域变换时注入；另一类误差与点目标无关，在时域相位相乘时进行注入。该算法大大缩短了实验周期，为接收站固定星地 BSAR 系统时、频同步技术的研究和发展奠定了基础。

5.2.1 时频同步误差

1. 时间同步误差

设发射信号定义为

$$s_T(\tau,t_m)=\omega_r(\tau)\cdot\exp\left[\phi_T(t_m)\right] \tag{5.27}$$

式中，$\omega_r(\tau)$为信号距离向幅度调制项；τ为距离向时间(快时间)；t_m为方位向慢时间；$\phi_T(t_m)$为发射信号相位。

含有时间同步误差的回波信号可以表示为

$$s(\tau,t_m)=\omega_r\left[\tau-\frac{R(t_m)}{c}-e(t_m)\right]\cdot\exp\left\{\varphi\left[\tau-\frac{R(t_m)}{c}-e(t_m)\right]\right\} \tag{5.28}$$

式中，$R(t_m)$为对应目标点的双基地距离；$e(t_m)$为时间同步误差，由以下三部分组成：

$$e(t_m)=\Delta t_m+k_{tm}\cdot t_m+\phi(t_m) \tag{5.29}$$

式中，Δt_m为固定时间同步误差；k_{tm}为收、发站 PRF 不完全相等引入的线性时间同步误差，随着方位向时间的增加，线性时间同步误差逐渐累加；$\phi(t_m)$为随机时间同步误差，不同方位向回波之间的随机时间同步误差不相关。

2. 频率同步误差

发射信号的相位可以表示为

$$\phi_T(t_m)=2\pi(f_0+\Delta f_T)\cdot t_m+\varphi_T(t_m) \tag{5.30}$$

式中，第一项为发射机载频引入的相位；第二项$\varphi_T(t_m)$为随机相位误差。接收机相位可以表示为

$$\phi_R(t_m,\tau)=2\pi(f_0+\Delta f_R)\cdot t_m+\varphi_R(t_m) \tag{5.31}$$

经过正交解调，BSAR 回波信号的相位为

$$\phi(t_m) = 2\pi\Delta f t_m + 2\pi(f_0 + \Delta f_T)\cdot\tau_d + \varphi(t_m) \tag{5.32}$$

式中，$\Delta f = \Delta f_T - \Delta f_R$；$\varphi(t_m) = \varphi_T(t_m - \tau_d) - \varphi_R(t_m)$。

由于$\Delta f_T \ll f_0$，式(5.32)可以化简为

$$\phi(t_m) = 2\pi(\Delta f_T - \Delta f_R)\cdot t_m + 2\pi f_0\tau_d + \varphi_T(t_m - \tau_d) - \varphi_R(t_m) \tag{5.33}$$

式中，第一项为固定频率同步误差引入的固定相位误差，会引起图像的偏移。第二项是目标的多普勒相位。第三项是 BSAR 系统的相位噪声。

由式(5.33)可以看出，固定频率偏移引入了一个随着方位向时间变化的相位项。这个相位仅与方位向时间有关，与各个点目标无关。相位噪声引入的相位项随机变化，不同方位向 PRF 回波之间不相关。

5.2.2　回波信号模型

BSAR 系统结构与图 5.1 相同，根据式(5.28)和式(5.33)，含有时、频同步误差的基带信号可以表示为

$$\begin{aligned} s(\tau,t_m) = &\sum\sigma(x_p,y_p)\cdot\omega_r(x_p,y_p)\cdot\omega_a(t_m,x_p,y_p)\cdot\mathrm{rect}\left[\tau-\tau_p-e(t_m)\right] \\ &\cdot\exp\left\{\mathrm{j}\left[\varphi_T(t_m-\tau_p)-\varphi_R(t_m)\right]\right\}\cdot\exp(-\mathrm{j}2\pi f_0\tau_p) \\ &\cdot\exp\left\{\mathrm{j}\pi k_r\left[\tau-\tau_p-e(t_m)\right]^2\right\}\cdot\exp\left[\mathrm{j}2\pi(\Delta f_T-\Delta f_R)t_m\right] \end{aligned} \tag{5.34}$$

式中，各参数的定义与式(5.4)相同。由式(5.34)可以看出，线性时间同步误差引入了一个随着方位向时间逐渐累加的距离向偏移项。固定频率相位误差也引入了一个与方位向时间线性相关的相位项。随着接收脉冲数的逐渐增加，距离向位置偏移和相位误差也逐渐增大。因此，这两项同步误差可以在二维逆 Stolt 变换过程中添加。固定时间同步误差、随机时间同步误差以及相位噪声的变化与方位向时间和点目标无关。因此，这三项同步误差可以通过时域相位相乘进行添加。

因此，含有时、频同步误差的接收站固定的 BSAR 系统回波快速模拟主要包括以下两个步骤：首先，在二维频域得到含有线性时间同步误差和固定频率同步误差的回波信号；其次，在二维时域乘以固定时间同步误差和随机时间同步误差以及相位噪声，即可得到含有时、频同步误差的回波信号。

含有线性时间同步误差和固定频率同步误差的回波信号表达式如下：

$$s'(\tau,t_m)=\sum\sigma(x_p,y_p)\cdot\omega_r(x_p,y_p)\cdot\omega_a(t_m,x_p,y_p)\cdot\text{rect}\left[\tau-\tau_p-e(t_m)\right]$$
$$\cdot\exp\left[\text{j}\pi k_r(\tau-\tau_p-k_{tm}t_m)^2\right]\exp(-\text{j}2\pi f_0\tau_p)\exp\left[\text{j}2\pi(\Delta f_T-\Delta f_R)t_m\right] \tag{5.35}$$

对式(5.35)进行二维傅里叶变换，即可得到含有线性时间同步误差和固定频率同步误差回波信号的二维频谱，如下所示：

$$S(f_a,f_\tau)=\sum\sigma(x_p,y_p)\cdot\omega_a(f_a,x_p,y_p)\cdot\omega_r(x_p,y_p)\cdot\exp\left(-\text{j}\pi\frac{f_\tau^2}{k_r}\right)$$
$$\cdot\exp(-\text{j}2\pi f_a\cdot t_0)\cdot\exp\left[-\text{j}2\pi R_R(x_p,y_p)\frac{f_\tau+f_0}{c}\right] \tag{5.36}$$
$$\cdot\exp\left[-\text{j}2\pi R_{T0}(x_p,y_p)\sqrt{\left(\frac{f_0+f_\tau}{c}\right)^2-\left(\frac{f_a+k_{tm}+\Delta f}{v_T}\right)^2}\right]$$

5.2.3　回波快速模拟

含有时、频同步误差的回波快速模拟算法与 5.1.3 节比较类似，不同的是模拟步骤中加入了时、频同步误差。时频同步误差注入方法根据时、频同步误差随着方位向慢时间的变化特性分成两类：一类在频域变换时注入；另一类在方位向时域，通过相位相乘进行注入。相较于 5.1 节的回波模拟算法，含有时、频同步误差的回波快速模拟算法增加的运算量是由方位向慢时间相位相乘引入的，该过程运算量不大。下面对含有时、频同步误差的回波快速模拟算法进行介绍。

为了得到式(5.36)的二维频谱，首先将模拟场景投影至斜距平面，然后对斜距平面内的每个像素乘以其多普勒中心时刻的传播时延，得到

$$s'(\tau,t_m)=\sum\sigma(x_p,y_p)\cdot\exp\left[-\text{j}2\pi\frac{R_{T0}(x_p,y_p)+R_R(x_p,y_p)}{\lambda}\right] \tag{5.37}$$

对上述信号进行二维快速傅里叶变换，得到

$$S'(f_\tau',f_a')=\sum\sigma(x_p,y_p)\cdot\exp(-\text{j}2\pi f_a't_0)\cdot\exp\left\{-\text{j}2\pi\frac{f_\tau'+f_0}{c}\left[R_R(x_p,y_p)+R_{T0}(x_p,y_p)\right]\right\} \tag{5.38}$$

逆 Stolt 变换如下：

$$\begin{cases} f_a' = f_a \\ f_\tau' = \dfrac{c}{2\pi}\left\{\sqrt{\left[\dfrac{2\pi(f_0+f_\tau)}{c}\right]^2 - \left[\dfrac{2\pi(f_a+k_{tm}+\Delta f)}{v_T}\right]^2}\right\} - f_0 \end{cases} \tag{5.39}$$

由式(5.39)可以看出，逆 Stolt 变换过程中加入了线性时间同步误差和固定频率同步误差引入的分量。经过逆 Stolt 变换，式(5.38)的表达式为

$$\begin{aligned} S'(f_a,f_\tau) = & \sum \sigma(x_p,y_p)\cdot\exp\left(-\mathrm{j}2\pi f_a t_0\right) \\ & \cdot\exp\left\{-\mathrm{j}2\pi\left[R_R(x_p,y_p)+R_{T0}(x_p,y_p)\right]\sqrt{\left(\frac{f_0+f_\tau}{c}\right)^2-\left(\frac{f_a+k_{tm}+\Delta f}{v_T}\right)^2}\right\} \end{aligned} \tag{5.40}$$

定义 $\Theta(R_R,f_a,f_\tau)$ 如下：

$$\Theta(R_R,f_a,f_\tau) = \exp\left\{\mathrm{j}2\pi R_R(x_p,y_p)\left[\frac{f_\tau+f_0}{c}-\sqrt{\left(\frac{f_0+f_\tau}{c}\right)^2-\left(\frac{f_a+k_{tm}+\Delta f}{v_T}\right)^2}\right]\right\} \tag{5.41}$$

将式(5.41)代入式(5.40)，得到

$$\begin{aligned} S'(f_a,f_\tau) = & \sum \sigma(x_p,y_p)\cdot\exp(-\mathrm{j}2\pi f_a t_0)\cdot\exp\left[\mathrm{j}\Theta(R_R,f_a,f_\tau)\right] \\ & \cdot\exp\left\{-\mathrm{j}2\pi\left[R_R(x_p,y_p)\frac{f_\tau+f_0}{c}+R_{T0}(x_p,y_p)\sqrt{\left(\frac{f_0+f_\tau}{c}\right)^2-\left(\frac{f_a+k_{tm}+\Delta f}{v_T}\right)^2}\right]\right\} \end{aligned} \tag{5.42}$$

将式(5.42)进行距离向傅里叶逆变换，变换到距离多普勒域为

$$\begin{aligned} S'(f_a,\tau) = & \sum \sigma(x_p,y_p)\exp\left(-\mathrm{j}2\pi f_a t_0\right) \\ & \cdot\exp\left(-\mathrm{j}2\pi\left\{\frac{R_{T0}(x_p,y_p)+R_R(x_p,y_p)}{c}\sqrt{f_0^2-\left[\frac{c\left(f_a+k_{tm}+\Delta f\right)}{v_T}\right]^2}\right\}\right) \end{aligned} \tag{5.43}$$

将式(5.36)变换到距离多普勒域，不考虑距离向线性调频项，其表达式为

$$S(f_a,\tau)=\sum\sigma(x_p,y_p)\exp\left(-\mathrm{j}2\pi f_a t_0\right)$$
$$\cdot\exp\left(-\mathrm{j}2\pi\left\{\frac{R_{T0}(x_p,y_p)}{c}\sqrt{f_0^2-\left[\frac{c\left(f_a+k_{tm}+\Delta f\right)}{v_T}\right]^2}+\frac{R_R(x_p,y_p)}{\lambda}\right\}\right) \tag{5.44}$$

由式(5.43)及式(5.44)可知，上述两式的误差相位在距离多普勒域的表达式为

$$\varTheta_{\Delta}=\exp\left\{-\mathrm{j}2\pi R_R(x_p,y_p)\left[\frac{1}{\lambda}-\sqrt{\left(\frac{1}{\lambda}\right)^2-\left(\frac{f_a+k_{tm}+\Delta f}{v_T}\right)^2}\right]\right\} \tag{5.45}$$

由式(5.45)可以看出，在距离多普勒域，对于某一点目标，误差相位 $\varTheta_{\Delta}$ 随着方位向频率 f_a 缓慢变化。当用参考点目标(方位向零位置)的相位对该误差相位进行补偿时，边缘点目标残余误差相位如图 5.16 所示。从图 5.16 中可以看出，在距离多普勒域，利用场景中心点进行相位校正后，场景距离近端及远端的目标残余误差相位是二次相位。当场景很小时，该残余误差相位可以忽略。当场景超出一定范围时，该残余误差相位必须进行相应的处理。

经过 RD 域的相位校正，将信号沿距离向进行快速傅里叶变换，使其变换到二维频域，然后乘以距离向的线性调频项 $\exp(-\mathrm{j}\pi f_\tau^2/k_r)$、方位向方向图调制因子 $\omega_a(f_a,x_p,y_p)$、距离向方向图调制因子 $\omega_r(x_p,y_p)$，即可得到含有线性时间同步误差和固定频率同步误差回波信号的二维频谱。将上述信号变换到二维时域，然后沿着方位向慢时间乘以固定时间同步误差和随机时间同步误差引入的相位项 $\exp\left\{-\mathrm{j}2\pi f_\tau\left[\Delta t_m+\phi(t_m)\right]\right\}$ 以及相位噪声 $\exp\left\{\mathrm{j}\left[\varphi_R(t_m)-\varphi_T(t_m-\tau_d)\right]\right\}$，即可得到含有时、频同步误差的接收站固定星地 BSAR 系统的回波信号。

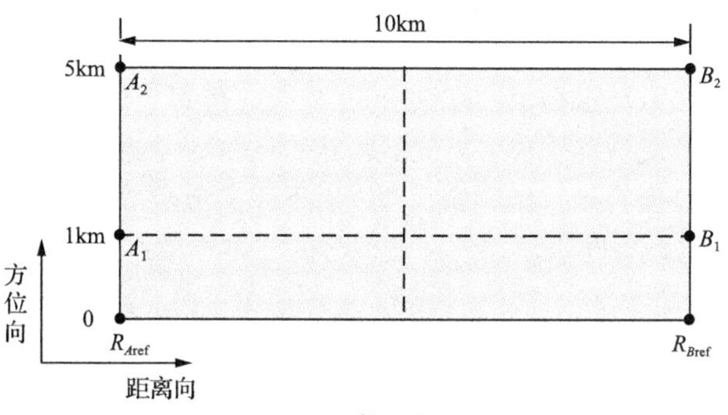

(a) 斜距平面

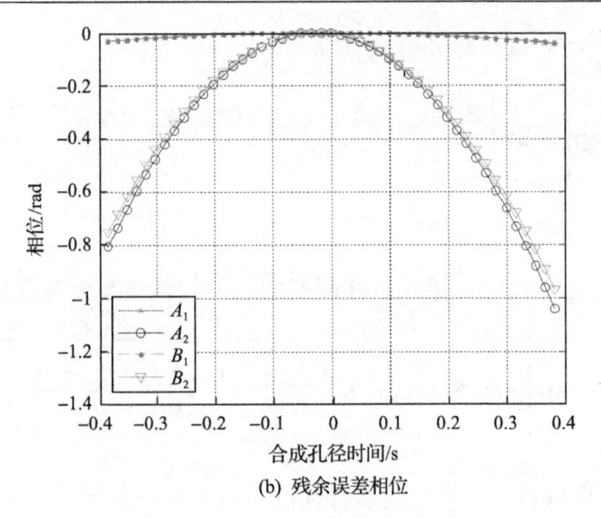

(b) 残余误差相位

图 5.16　RD 域相位校正后，边缘点目标残余误差相位

根据上述分析，基于逆 Stolt 变换和 RD 域相位校正，含有时、频同步误差的接收站固定星地 BSAR 回波快速模拟流程如下：

(1) 对于残余误差相位满足要求的模拟场景，首先按照场景目标散射机理，得到场景各处目标的后向散射系数，然后与传播延迟相位相乘，再投影到斜距平面中，即可得到式(5.37)。

(2) 对式(5.37)的信号进行二维傅里叶变换，得到式(5.38)。

(3) 补偿近距相位及参考斜距相位，即将式(5.38)与式(5.46)相乘：

$$H_1(f_\tau', f_a') = \exp\left[\mathrm{j}2\pi \frac{f_\tau + f_0}{c}(R_{R\mathrm{ref}} + R_{T\mathrm{ref}}) \right] \tag{5.46}$$

经过与式(5.46)所示的参考相位相乘，式(5.38)中的高频调制相位被变换到基带相位。因此，逆 Stolt 变换可以在基带实现，而中心频率处的高频调制相位可以忽略。

(4) 根据式(5.39)通过插值实现逆 Stolt 变换，得到式(5.40)。

(5) 将式(5.40)变换到距离多普勒域，进行残余误差相位校正。

(6) 将式(5.42)变换到二维频域，并乘以下述参考函数，可以得到含有线性时间同步误差和固定频率同步误差的回波信号的二维频谱：

$$\begin{aligned} H_2(f_\tau, f_a) = {} & \omega_a(f_a, x_p, y_p) \cdot \omega_r(x_p, y_p) \exp\left(-\mathrm{j}\pi \frac{f_\tau^2}{k_r} \right) \\ & \cdot \exp\left\{ -\mathrm{j}2\pi \left[R_{R\mathrm{ref}} \frac{f_0 + f_\tau}{c} + R_{T\mathrm{ref}} \sqrt{\left(\frac{f_0 + f_\tau}{c} \right)^2 - \left(\frac{f_a + k_{tm} + \Delta f}{v_T} \right)^2} \right] \right\} \end{aligned} \tag{5.47}$$

(7) 对信号进行方位向傅里叶逆变换，并乘以固定时间同步误差和随机时间同步误差引入的相位项：

$$H_T(f_\tau, t_m) = \exp\{-\mathrm{j}2\pi f_\tau [\Delta t_m + \phi(t_m)]\} \tag{5.48}$$

(8) 将信号变换到二维时域，并乘以式(5.34)中相位噪声引入的相位项，即可得到含有时、频同步误差的接收站固定星地 BSAR 系统的二维回波：

$$H_F(\tau, t_m) = \exp\{\mathrm{j}[\varphi_R(t_m) - \varphi_T(t_m - \tau_d)]\} \tag{5.49}$$

综上，含有时、频同步误差的接收站固定星地 BSAR 系统回波快速模拟算法流程如图 5.17 所示。

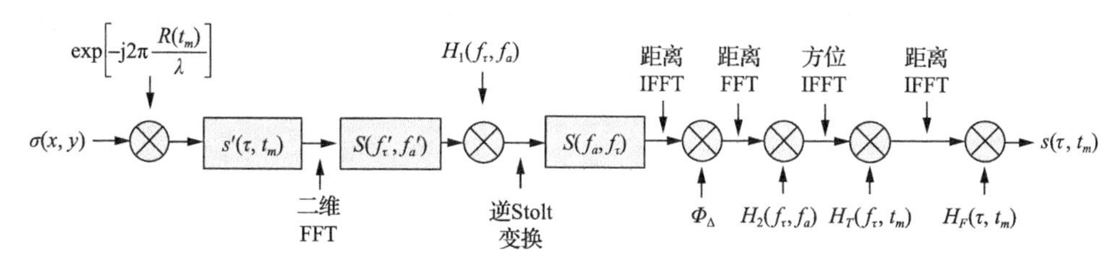

图 5.17　含有时、频同步误差的接收站固定星地 BSAR 系统回波快速模拟算法流程

5.2.4　仿真结果

下面通过仿真验证本节提出的含有时、频同步误差的接收站固定星地 BSAR 回波快速模拟算法的有效性。由前面的分析可知，固定时间同步误差、随机时间同步误差以及相位噪声都是根据式(5.34)沿着方位向在方位时域通过相位相乘引入的，该部分同步误差的注入过程清晰可见。下面通过点目标仿真，主要验证线性时间同步误差和固定频率同步误差是否被正确注入回波中。线性时间同步误差会在回波包络方位向引入一个线性偏移，固定频率同步误差会使得点目标回波的多普勒中心存在偏移。通过对本节提出的回波快速模拟算法生成回波的包络和多普勒进行分析，即可判断时、频同步误差是否被有效注入。同时，利用时域回波模拟算法生成含有时、频同步误差的回波信号，并将时域及频域仿真结果进行对比。下面分别对仿真结果进行分析。

1. 点目标仿真

仿真参数如表 5.1 所示，回波中添加的时、频同步误差如表 5.5 所示。

表 5.5 中，Δt_m 为固定时间同步误差，$\Delta f_R - \Delta f_T$ 为固定频率同步误差，k_{tm} 为线性时间同步误差，$\sigma_y^2(1\mathrm{s})$ 为频率源稳定度。

表 5.5　时、频同步误差

时间同步误差		频率同步误差	
参数	数值	参数	数值
Δt_m	0.02ns	$\Delta f_R - \Delta f_T$	100Hz
k_{tm}	1×10^{-9}	$\sigma_y^2(1\text{s})$	10^{-11}

图 5.18(a)和图 5.18(b)分别为本书提出的回波快速模拟算法和时域回波模拟算法生成的回波实部包络。由图 5.18(a)和图 5.18(b)均可以看出，由于线性时间同步误差的影响，回波快速模拟算法和时域回波模拟算法得到的回波信号随着方位向时间的变化均出现了线性距离偏移。对点目标回波信号进行距离向匹配滤波处理，提取脉冲压缩峰值位置，并提取线性分量，经过计算，线性分量约为0.98×10^{-9}，这与表 5.5 中的线性时间同步误差基本吻合。

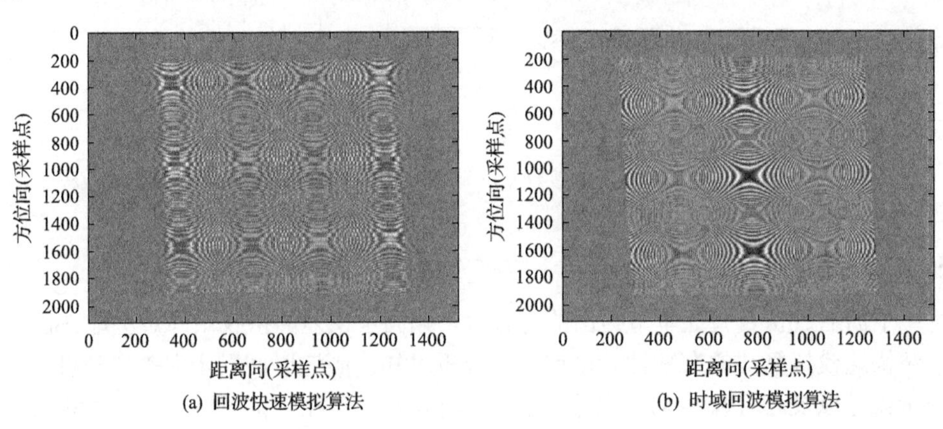

图 5.18　点目标回波

图 5.19(a)和图 5.19(b)显示的距离向及方位向回波包络特征则与图 5.7 的结

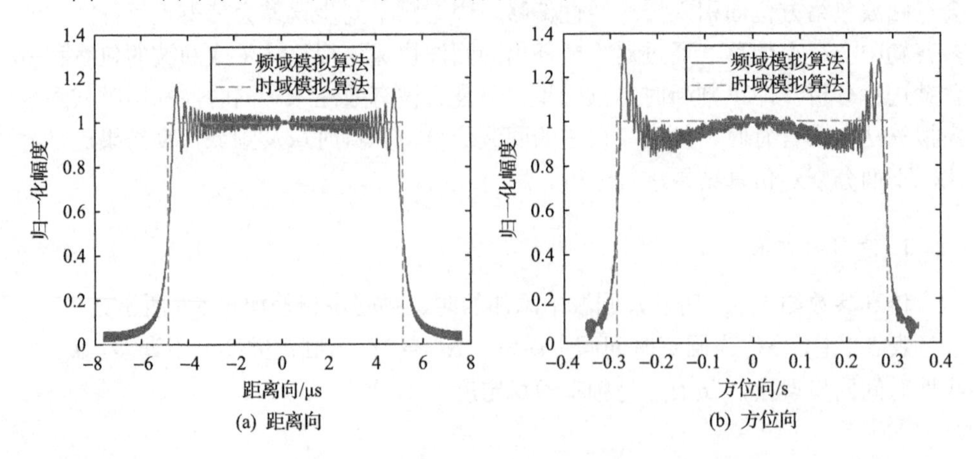

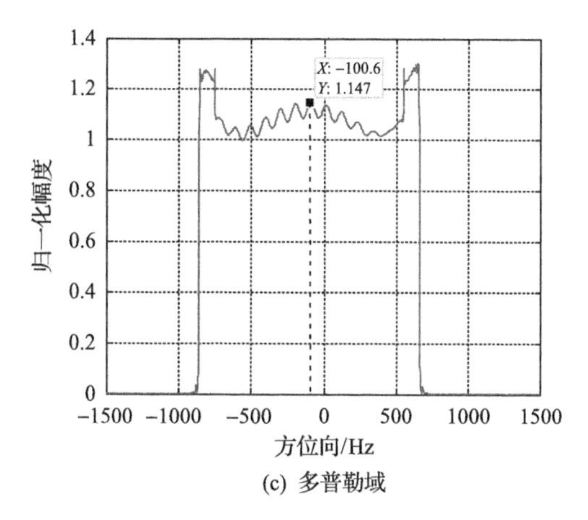

(c) 多普勒域

图 5.19　点目标回波距离向及方位向幅度图

果类似，距离向脉冲宽度和方位向合成孔径时间与仿真参数相吻合。将方位向数据变化到多普勒域，如图 5.19(c)所示。从图中可以看出，点目标方位向多普勒中心出现了偏移，此时多普勒中心的值与预设的固定频率同步误差基本吻合。

为了验证本节提出的算法在大场景仿真时的性能，下面进行大场景回波信号的仿真。仿真场景大小为 2km×4km。经过时、频同步处理以及成像处理[4,5]，成像结果如图 5.20 所示。由图 5.20(a)可以看出，经过成像处理，点目标实现了良好聚焦。

同时，由图 5.20(b)可以看出，位于同一距离位置的点目标，经过成像处理，距离向位置发生了偏移，这是接收站固定星地 BSAR 系统二维空变性的体现。

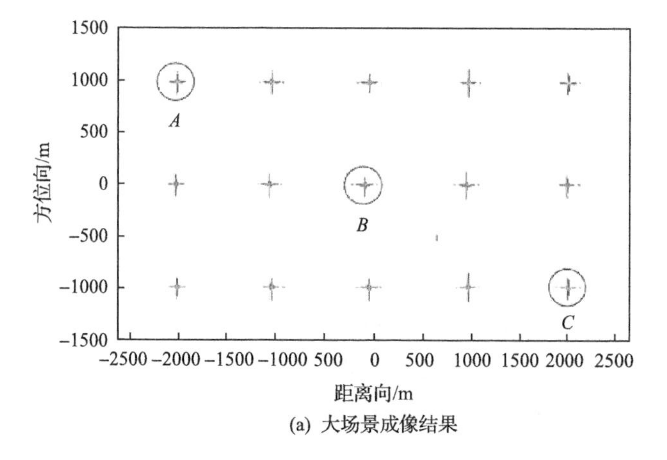

(a) 大场景成像结果

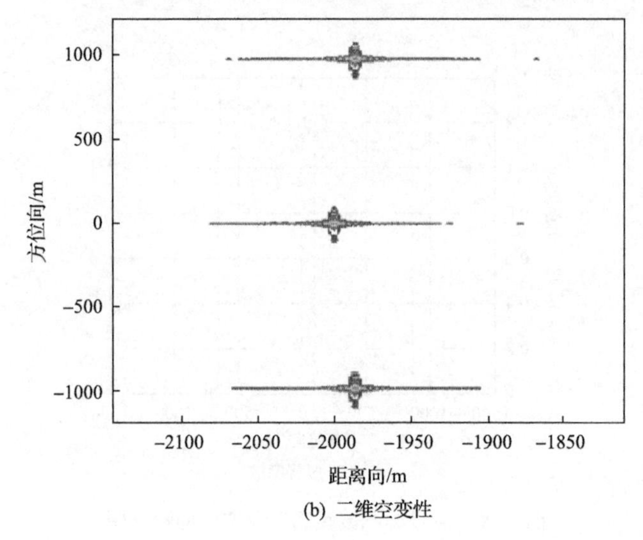

(b) 二维空变性

图 5.20 大场景仿真结果

为了分析回波快速模拟算法得到的回波信号参数是否与预设的仿真参数相吻合，这里选取了三个具有代表性的点目标(A、B、C)的成像性能进行分析，如表 5.6 所示。

表 5.6 图像性能

点	参数			
	距离向分辨率/m	距离向 PSLR/dB	方位向分辨率/m	方位向 PSLR/dB
理论值	3.81	–13.26	5.39	–13.26
A	3.84	–13.18	5.42	–13.13
B	3.87	–13.23	5.45	–12.98
C	3.95	–12.92	5.56	–13.14

由表 5.6 可以看出，三个点目标距离向及方位向分辨率与理论分辨率较为吻合。

2. 场景仿真

为了验证该回波快速模拟算法的有效性，基于已有的某地区 DEM 数据，本节以该 DEM 数据为参考，仿真该真实场景的回波信号。该真实场景如图 5.21 所示，场景大小为 5km×5km。DEM 数据如图 5.21(a)所示，场景的散射特性如图 5.21(b)所示。

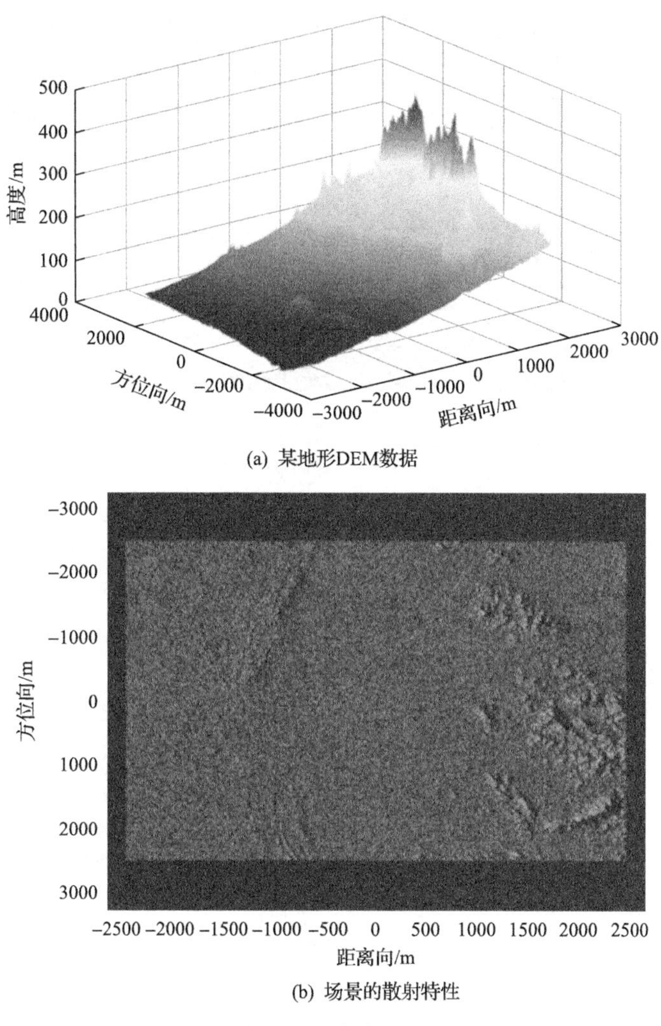

(a) 某地形DEM数据

(b) 场景的散射特性

图 5.21 真实场景

按照本节提出的回波快速模拟算法，生成含有时、频同步误差的回波数据。为了对比，未进行时、频同步处理和经过时、频同步处理的成像结果分别如图 5.22(a)和图 5.22(b)所示。

由图 5.22(a)可以看出，时、频同步误差会导致图像散焦及位置偏移。因此，BSAR 系统必须进行时、频同步处理。经过时、频同步及双基地成像处理，场景成像结果如图 5.22(b)所示。从图 5.22(b)中可以看出，场景聚焦较好，与预设场景特性比较吻合。从而验证了本节所提含有时、频同步误差的回波快速模拟算法能够很好地实现对时、频同步误差的仿真，有利于后续对时、频同步技术的研究。

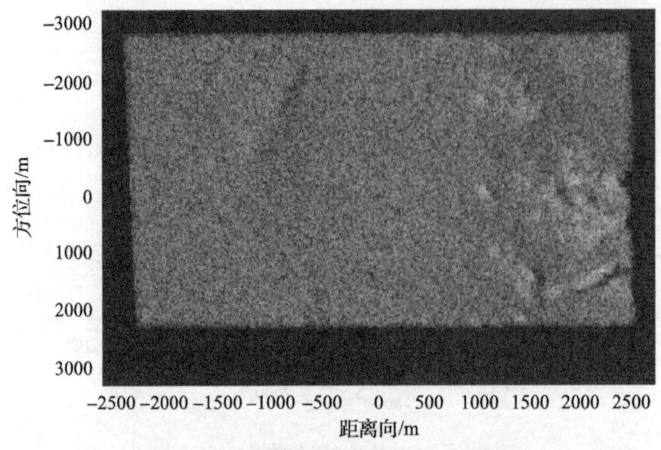

(a) 含有时、频同步误差的成像结果

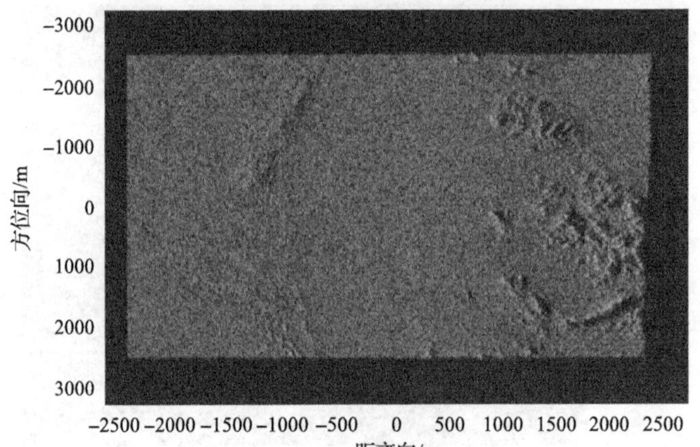

(b) 时、频同步处理后的成像结果

图 5.22　真实场景仿真结果

5.3　双向滑动聚束模式星机 BSAR 回波模拟

星机 BSAR 系统以卫星为照射源，通过搭载于机载平台的接收机，实现对观测场景的高分辨率成像，是未来天空地一体化空间对地观测网络中的重要组成部分。一方面，随着 SAR 卫星技术的发展，可供作为照射源的星载 SAR 数量逐渐增多；另一方面，机载平台机动灵活，能够实现对敏感区域的抵近观测，因此该系统具有广阔的应用前景。但是，相较于传统的星载单基地 SAR、星载 BSAR 以及机载 BSAR，收、发平台这种配置具有明显不同的优势，同时带来了大量的技术挑战。

在星机 BSAR 中，由于收、发平台速度之间的巨大差异，如果收、发平台还工作于传统的单基地 SAR 工作模式(条带式、聚束式、扫描式等)，那么观测场景范围十分有限。为了获得比较实用的观测场景长度(收、发波束方位向共同覆盖区域的长度)，必须设计一些新的星机 BSAR 收、发波束工作模式。

双向滑动聚束模式通过降低收、发波束速度差，从而提高方位向成像性能，是一种新的星机 BSAR 工作模式[15]。由于工作于双向滑动聚束模式，观测场景点目标照射起止时间均不同，这对回波模拟提出了很大的挑战。本节首先对双向滑动聚束模式星机 BSAR 系统特性进行分析，在此基础上，提出一种高精度时域回波模拟算法，能够很好地模拟双向滑动聚束模式条件下观测场景点目标的二维空变性，从而为后续对系统回波特性及成像算法的研究奠定了基础。

5.3.1　双向滑动聚束模式

由 3.1 节的分析可知，星机 BSAR 系统成像性能与收、发波束速度和宽度均有关。为了便于本节的研究，在接下来的讨论中，星机 BSAR 系统参数参考德国 TerraSAR-X 与 PAMIR 开展的星机双基地实验[16]，此时，卫星波束距离向及方位向宽度远远大于接收波束宽度，且点目标合成孔径时间由接收波束覆盖时间决定。

双向滑动聚束模式示意图如图 5.23 所示，通过控制卫星波束工作于滑动聚束模式，接收波束工作于反向滑动聚束模式，从而降低收、发波束的速度差，延长收、发波束重合时间，进而将成像宽度提高到实用化的长度。下面对双向滑动聚束模式进行详细介绍。

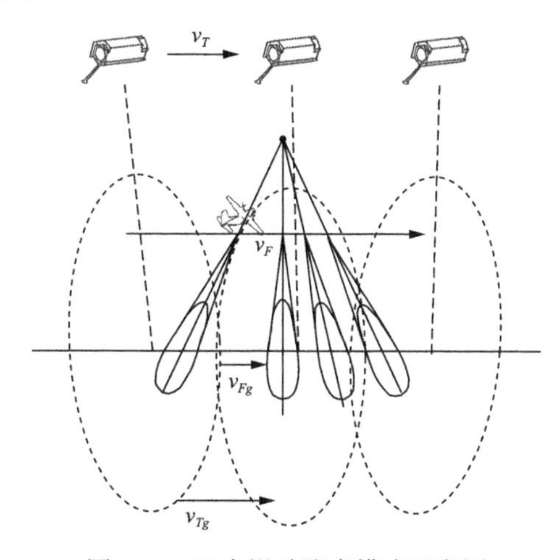

图 5.23　双向滑动聚束模式示意图

由于卫星平台速度很快，为了降低发射波束的速度，卫星工作于滑动聚束模式。图 5.24 给出了该模式的波束控制过程，卫星波束移动速度小于卫星平台速度，且卫星波束始终指向虚拟转动中心点。滑动聚束模式可看作条带模式与聚束模式之间的一种过渡模式。该模式通过损失一部分方位向分辨率的精度，获得较好的观测场景长度，是一种比较灵活的工作模式。

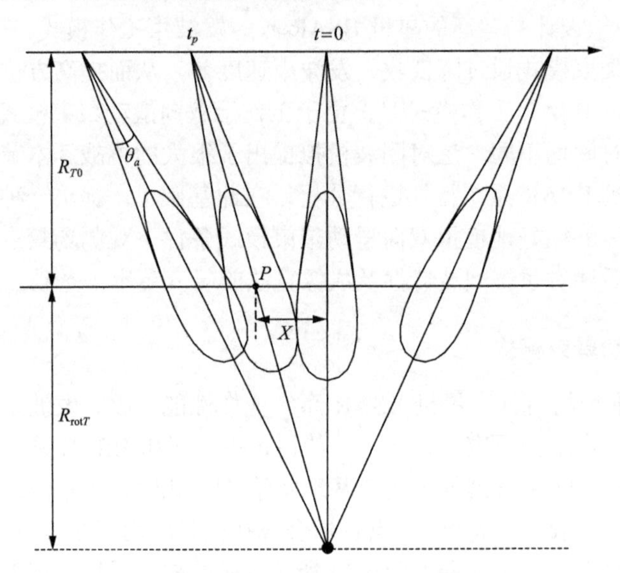

图 5.24 卫星波束滑动聚束模式示意图

虽然卫星工作于滑动聚束模式，但该模式一个波束转动过程的时间往往也只有几秒钟。如果飞机仍工作于条带模式，那么飞机波束覆盖的方位向长度只有几百米。为了提高观测场景成像长度，Gebhardt 等设计了一种反向滑动聚束模式，目的是提高飞机波束的移动速度[15]，波束控制过程如图 5.25 所示。

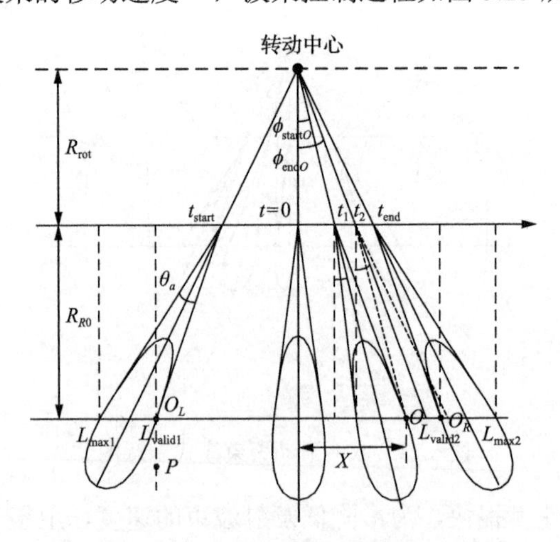

图 5.25 接收波束反向滑动聚束模式示意图

图 5.25 中给出了飞机反向滑动聚束模式的波束控制过程，通过比较图 5.24 中的卫星波束转动中心指向可以发现，在波束控制过程中，飞机波束指向的反向延长线汇聚于波束转动中心。由于滑动聚束模式中卫星到波束转动中心的连线与卫星到波束中心的连线方向相同，而上述飞机波束控制过程中，飞机到波束转动中心的连线与飞机到波束中心的连线不同，因此飞机的这种波束工作模式被命名为反向滑动聚束模式。在反向滑动聚束模式中，飞机的波束运动速度远大于飞机平台的运动速度，从而降低了接收波束与卫星波束之间的速度差，扩大了收、发波束的覆盖范围，从而提高了星机 BSAR 系统的方位向成像宽度。

5.3.2　点目标照射时间分析

对于处于波束观测场景中心线上的点目标 O，其照射起止时间分别为 t_1 和 t_2，对应的波束中心线与 $t=0$ 时刻的波束夹角分别为 $\phi_{\text{start}O}$ 和 $\phi_{\text{end}O}$。根据图 5.25 中的几何关系，可以分别得到场景中心线上点目标的起始时间和结束时间。

起始时间 t_1 与系统几何结构的关系为

$$\begin{cases} R_{R0}\cdot\tan\left(\phi_{\text{start}O}+\dfrac{\theta_a}{2}\right)+v_F t_1 = X \\ v_F t_1 = R_{\text{rot}}\cdot\tan\phi_{\text{start}O} \end{cases} \tag{5.50}$$

由式(5.50)可得关于 t_1 的表达式：

$$\begin{cases} v_F^2\sin\dfrac{\theta_a}{2}t_1^2-\left(R_{R0}v_F\cos\dfrac{\theta_a}{2}+R_{\text{rot}}v_F\cos\dfrac{\theta_a}{2}+Xv_F\sin\dfrac{\theta_a}{2}\right)t_1+\cdots \\ R_{\text{rot}}X\cos\dfrac{\theta_a}{2}-R_{R0}R_{\text{rot}}\sin\dfrac{\theta_a}{2}=0 \end{cases} \tag{5.51}$$

求解式(5.51)即可得到 t_1 和 $\phi_{\text{start}O}$ 的表达式分别为

$$t_1=\frac{(R_{R0}+R_{\text{rot}})\cos\dfrac{\theta_a}{2}+X\sin\dfrac{\theta_a}{2}+\sqrt{\begin{array}{l}X\sin\theta_a(R_{R0}-R_{\text{rot}})+2R_{R0}R_{\text{rot}}\left(1+\sin^2\dfrac{\theta_a}{2}\right)+\cdots \\ \cos^2\dfrac{\theta_a}{2}(R_{R0}^2+R_{\text{rot}}^2)+X^2\sin^2\dfrac{\theta_a}{2}\end{array}}}{2v_F\sin\dfrac{\theta_a}{2}} \tag{5.52}$$

$$\phi_{\text{start}O}=\arctan\left(\frac{v_F t_1}{R_{\text{rot}}}\right) \tag{5.53}$$

同理，可得到结束时间 t_2 的关系式为

$$\begin{cases} R_{R0}\tan\left(\phi_{\text{end}O}-\dfrac{\theta_a}{2}\right)+v_F t_2 = X \\ v_F t_2 = R_{\text{rot}}\tan\phi_{\text{end}O} \end{cases} \tag{5.54}$$

由式(5.54)可得关于 t_2 的方程为

$$\begin{cases} v_F^2\sin\dfrac{\theta_a}{2}t_2^2+\left(R_{R0}v_F\cos\dfrac{\theta_a}{2}+R_{\text{rot}}v_F\cos\dfrac{\theta_a}{2}-Xv_F\sin\dfrac{\theta_a}{2}\right)t_2-\cdots \\ R_{\text{rot}}X\cos\dfrac{\theta_a}{2}-R_{R0}R_{\text{rot}}\sin\dfrac{\theta_a}{2}=0 \end{cases} \tag{5.55}$$

求解式(5.55)即可得到 t_2 和 $\phi_{\text{end}O}$ 的表达式分别为

$$t_2=\frac{X\sin\dfrac{\theta_a}{2}-(R_{R0}+R_{\text{rot}})\cos\dfrac{\theta_a}{2}+\sqrt{\begin{aligned}&X\sin\theta_a(R_{\text{rot}}-R_{R0})+2R_{R0}R_{\text{rot}}\left(1-3\sin^2\dfrac{\theta_a}{2}\right)\\&+\cos^2\dfrac{\theta_a}{2}(R_{R0}^2+R_{\text{rot}}^2)+X^2\sin^2\dfrac{\theta_a}{2}\end{aligned}}}{2v_F\sin\dfrac{\theta_a}{2}} \tag{5.56}$$

$$\phi_{\text{end}O}=\arctan\left(\frac{v_F t_2}{R_{\text{rot}}}\right) \tag{5.57}$$

由式(5.52)和式(5.56)即可得到点目标 O 的照射时间为

$$t_{\text{slide}O}=t_2-t_1 \tag{5.58}$$

由式(5.52)和式(5.56)可以看出，点目标的起止照射时间与点目标的方位向位置和距离向位置均有关，随着点目标位置的变化而变化。

设点目标波束照射中心时刻为 t_o，根据图 5.25 中的几何关系，可得

$$\frac{X-v_F t_o}{R_{\text{rot}}}=\frac{v_F t_o}{R_{R0}} \tag{5.59}$$

求解式(5.59)可得

$$t_o=\frac{XR_{\text{rot}}}{v_F(R_{R0}+R_{\text{rot}})} \tag{5.60}$$

由式(5.60)可以看出，场景中心线上点目标的波束中心照射时间与点目标距离场景中心点的距离 X 相关，随着 X 线性变化。

同时，从图 5.25 中也可以看出，对于处于同一方位向的点目标 O_L 和 P，虽然其方位向位置 X 相同，但距离位置不同，从而使得波束照射中心时间也不同。

5.3.3　收、发波束覆盖范围分析

对于工作于双向滑动聚束模式的星机 BSAR 系统，由于收、发波束转动方向相反，系统构型非常复杂，收、发波束覆盖范围也时刻变化。下面分别对收、发波束的覆盖范围进行分析，进而以点目标成像特性为例进行仿真验证。为了研究方便，假设收、发波束在地面投影的波束形状均为平行四边形[17]。

1. 卫星波束覆盖范围

首先设卫星方位向零时刻星下点为参考坐标原点 O'，在点目标仿真时，对于卫星某一方位向采样时刻 t_m，设卫星与转动中心的夹角为 ϕ_T，利用几何关系可得此时卫星波束中心点 O_T 的方位向位置 L_{OT} 为

$$L_{OT} = \frac{v_T t_m R_{\text{rot}T}}{R_{\text{rot}T} + R_{T0}} \tag{5.61}$$

根据卫星在地面的投影与发射波束中心点之间的几何关系，可得 ϕ_T 在地面的投影 ϕ_{Tg} 为

$$\phi_{Tg} = \arctan\left[\frac{v_T t_m R_{T0}}{(R_{\text{rot}T} + R_{T0})\sqrt{R_{T0}^2 - H_T^2}}\right] \tag{5.62}$$

根据图 5.26 中的几何关系，可知采样时刻 t_m 对应的卫星波束中心点 O_T 的坐标为 $(L_{OT}, -R_{T0}\sin\theta_{T0}, 0)$。卫星波束方位向宽度定义为 D_T，考虑到 t_m 时刻卫星波束斜视，因此与波束中心点处于同一距离门的左右两个边缘点(L_{T1}、L_{T2} 与场景中心线的交点)对应的坐标分别为

$$\begin{aligned}&\left(L_{OT} - \frac{D_T}{2\cos\phi_{Tg}}, -R_{T0}\sin\theta_{T0}, 0\right)\\&\left(L_{OT} + \frac{D_T}{2\cos\phi_{Tg}}, -R_{T0}\sin\theta_{T0}, 0\right)\end{aligned} \tag{5.63}$$

L_{T1}、L_{T2} 直线的斜率相等，均为 $-\cot\phi_{Tg}$，因此可设直线 L_{T1} 与 L_{T2} 的表达式分别为

$$L_{T1}: x = k_T y + c_{T1} \tag{5.64}$$

$$L_{T2}: x = k_T y + c_{T2} \tag{5.65}$$

式中，$k_T = -\tan\phi_{Tg}$。将L_{T1}、L_{T2}与场景中心线的交点分别代入式(5.64)和式(5.65)，即可解得上述两个直线的表达式。

由图 5.26 可知，卫星天线波束中心反方向始终指向转动中心，因此对于方位向的不同采样位置，卫星波束中心的下视角是变化的。利用图 5.26 中的几何关系，可得t_m时刻对应的卫星波束天线下视角为

$$\theta_T = \arctan\left[\frac{\sqrt{R_{T0}^2 - H_T^2 + \left(\dfrac{v_T t_m R_{T0}}{R_{\mathrm{rot}T} + R_{T0}}\right)^2}}{H_T}\right] \tag{5.66}$$

卫星波束距离向宽度设为θ_{Tr}，根据图 5.26 中的几何关系，可得L_{T3}与L_{T4}对应的直线表达式分别为

$$L_{T3}: y = -H_T \tan\left(\theta_T - \frac{\theta_{Tr}}{2}\right) \tag{5.67}$$

$$L_{T4}: y = -H_T \tan\left(\theta_T + \frac{\theta_{Tr}}{2}\right) \tag{5.68}$$

通过式(5.64)、式(5.65)、式(5.67)及式(5.68)，可以近似得到方位向t_m时刻卫星波束地面照射范围。当针对点目标仿真时，对于方位向每一采样时刻，根据卫星波束的照射范围和点目标位置，判断其是否在卫星波束照射范围内，从而完成对点目标回波的仿真。

2. 接收波束覆盖范围

下面分析接收波束覆盖范围。这里也认为接收波束近似为一个平行四边形，大小由距离向及方位向波束角确定，平行四边形的四个边设为四条直线，分别为L_{R1}、L_{R2}、L_{R3}及L_{R4}。从图 5.27 中可以看出，通过在方位向t_m时刻求取平行四边形的四个边对应的直线，即可得到接收波束的地面照射范围，从而根据点目标的坐标值，判断是否被接收波束覆盖。如图 5.27 所示，在方位向t_m时刻，点目标P_1处于四条直线所确定的波束范围内，因此在t_m时刻有回波，而点目标P_2不在四条直线所确定的波束范围内，因此t_m时刻没有回波。

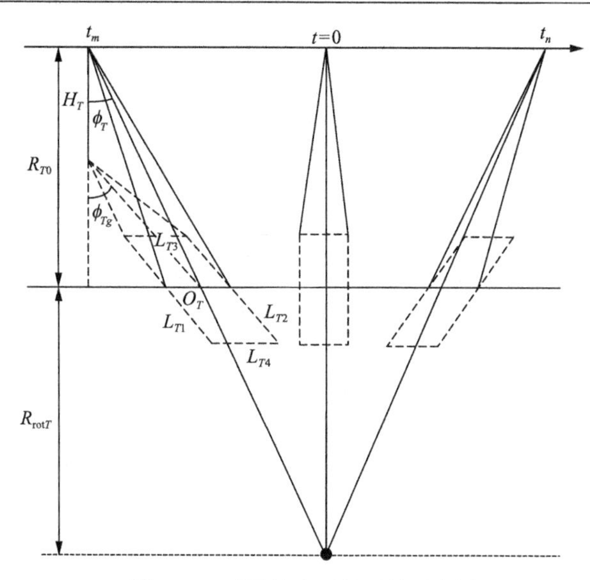

图 5.26　卫星波束照射区域示意图

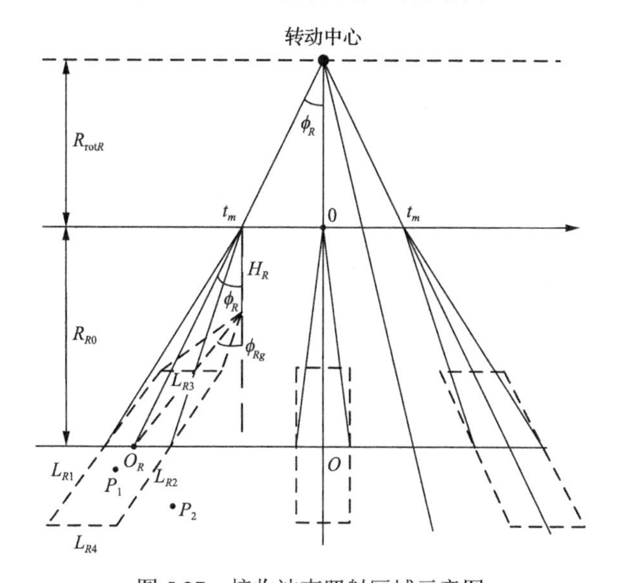

图 5.27　接收波束照射区域示意图

设飞机方位向零时刻机下点为坐标原点。在点目标仿真时，对于飞机某一方位向采样时刻 t_m，设飞机与转动中心的夹角为 ϕ_R，利用几何关系可得此时接收波束中心点 O_R 的方位向位置 L_{OR} 为

$$L_{OR} = \frac{v_F t_m (R_{\mathrm{rot}R} + R_{R0})}{R_{\mathrm{rot}R}} \tag{5.69}$$

根据飞机在地面的投影与接收波束中心点之间的几何关系，可得 ϕ_R 在地面的投影 ϕ_{Rg} 为

$$\phi_{Rg} = \arcsin\left[\frac{\dfrac{R_{R0} v_F t_m}{R_{\mathrm{rot}R}}}{\sqrt{\left(\dfrac{R_{R0} v_F t_m}{R_{\mathrm{rot}R}}\right)^2 + R_{R0}^2 - H_R^2}}\right] \tag{5.70}$$

根据图 5.27 中的几何关系，可知采样时刻 t_m 对应的接收波束中心点 O_R 的坐标为 $(L_{OR}, -R_{R0} \cdot \sin\theta_{R0}, 0)$。接收波束方位向宽度定义为 D_F，考虑到 t_m 时刻波束斜视，从而与接收波束中心点处于同一距离门的左右两个边缘点（L_{R1}、L_{R2} 与场景中心线的交点）对应的坐标分别为

$$\begin{aligned} L_{R1} &\sim \left(L_{OR} - \frac{D_F}{2\cos\phi_{Rg}}, -R_{R0}\sin\theta_{R0}, 0\right) \\ L_{R2} &\sim \left(L_{OR} + \frac{D_F}{2\cos\phi_{Rg}}, -R_{R0}\sin\theta_{R0}, 0\right) \end{aligned} \tag{5.71}$$

L_{R1}、L_{R2} 直线的斜率相等，均为 $\cot\phi_{Rg}$，因此可设直线 L_{R1} 与 L_{R2} 的表达式分别为

$$L_{R1} : x = k_R y + c_{R1} \tag{5.72}$$

$$L_{R2} : x = k_R y + c_{R2} \tag{5.73}$$

式中，$k_R = \tan\phi_{Rg}$。

将 L_{R1}、L_{R2} 与场景中心线的交点分别代入式(5.72)和式(5.73)，即可解得上述两个直线的表达式。

由图 5.27 可知，接收天线波束中心反方向始终指向转动中心，因此对于方位向不同采样时刻，波束中心的下视角是变化的，利用图 5.27 中的几何关系，可得 t_m 时刻对应的波束天线下视角为

$$\theta_R = \arccos\left[\frac{H_R}{\sqrt{\left(\dfrac{R_{R0} v_F t_m}{R_{\mathrm{rot}R}}\right)^2 + R_{R0}^2}}\right] \tag{5.74}$$

距离向接收波束角度设为 θ_{Rr}，根据图 5.27 中的几何关系，可得 L_{R3} 与 L_{R4} 对应的直线表达式分别为

$$L_{R3}: y = -H_R \tan\left(\theta_R - \frac{\theta_{Rr}}{2}\right) \tag{5.75}$$

$$L_{R4}: y = -H_R \tan\left(\theta_R + \frac{\theta_{Rr}}{2}\right) \tag{5.76}$$

通过式(5.72)、式(5.73)、式(5.75)及式(5.76)，可以近似得到方位向 t_m 时刻接收波束地面照射范围。当针对点目标仿真时，对于方位向每一采样时刻，根据每一个点目标在坐标系中的位置，判断其是否在接收波束照射范围内，从而完成对点目标回波的模拟。

由上述分析和讨论可知，双向滑动聚束模式星机 BSAR 场景回波模拟非常复杂和耗时。

5.3.4　仿真验证

由前面的分析可知，对于双向滑动聚束模式星机 BSAR 系统，发射波束工作于滑动聚束模式，接收波束工作于反向滑动聚束模式，因此点目标的照射起止时间及时长与点目标的位置有关。下面通过仿真对本节提出的双向滑动聚束模式回波模拟算法进行验证。收、发站仿真参数如表 5.7 所示。

表 5.7　收、发站仿真参数

参数	数值	参数	数值
卫星中心斜距/km	726	接收机中心斜距/km	60
卫星波束宽度/(°)	0.33	接收机波束宽度/(°)	2.5
卫星波束速度/(km/s)	7.6	接收天线扫描范围/(°)	±15
卫星转轴长度/km	400	接收站转轴长度/km	2.68
载频/GHz	9.65	带宽/MHz	30
脉宽/μs	10	采样率/MHz	75
PRF/Hz	3000		

点目标位置如图 5.28(a)所示，根据本书提出的时域回波模拟算法，生成的点目标回波包络如图 5.28(b)所示。由图 5.28 可以看出，收、发波束工作于双向滑动聚束模式，从而使得点目标回波包络呈现如下特征：

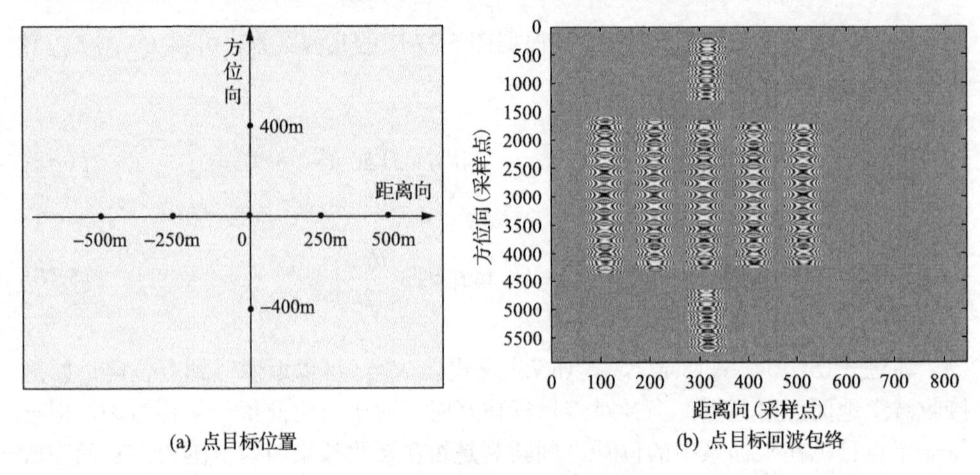

(a) 点目标位置　　(b) 点目标回波包络

图 5.28　场景点目标位置及回波包络

(1)假设收、发波束的形状为平行四边形且波束转动速度固定，则对于同一方位向的点目标，随着距离的增加，点目标照射起始时间越来越晚，结束时间越来越早，从而使得波束的照射时间越来越短。这与图 5.28 点目标回波的包络特性相吻合。

(2)对于非方位向中心位置的目标，由于波束斜视，包络存在距离徙动，且上述场景中设置的两个方位向边缘点目标照射时间缩短，包络弯曲存在空变性。

参 考 文 献

[1] Ender J. The double sliding spotlight mode for bistatic SAR[C]. Proceedings of International Radar Symposium, Cologne, 2006: 1-4.

[2] 仇晓兰, 丁赤飚, 胡东辉. 双站 SAR 成像处理技术[M]. 北京: 科学出版社, 2010.

[3] Cumming I G, Frank H W. Digital Processing of Synthetic Aperture Radar Data: Algorithm and Implementation[M]. Boston: Artech House, 2012.

[4] Hu C, Zeng T, Long T, et al. Fast back-projection algorithm for bistatic SAR with parallel trajectory [C]. Proceeding of European Conference on Synthetic Aperture Radar(EUSAR), Dresden, 2006: 1-4.

[5] Yu D, Munson D C. A fast back projection algorithm for bistatic SAR imaging[C]. Proceeding of International Conference on Image Processing, Rochester, 2002: 449-452.

[6] 张朋, 黄金, 郭陈江, 等. 合成孔径雷达成像三维地形目标模拟方法[J]. 系统仿真学报, 2005, 17(10): 2403-2405, 2413.

[7] 任三孩. 三维场景 SAR 回波模拟技术研究[D]. 长沙: 国防科学技术大学, 2007.

[8] Kropatsch W G, Strobl D. The generation of SAR layover and shadow maps from digital elevation models[J]. IEEE Transactions on Geoscience and Remote Sensing, 1990, 28(1): 98-107.

[9] Burrough P A. Fractal dimensions of landscapes and other environmental data[J]. Nature, 1981, 294(5838): 240-242.

[10] Fritz T, Rossi C, Yague-Martinez N, et al. Interferometric processing of TanDEM-X data[C]. IEEE International Geoscience and Remote Sensing Symposium, Vamcouver, 2011: 2428-2431.

[11] Rosen P A, Hensley S, Joughin I R, et al. Synthetic aperture radar interferometry[J]. Proceedings of the IEEE, 2000, 88(3): 333-382.

[12] 毛志杰. 干涉合成孔径雷达信号处理方法研究[D]. 西安: 西安电子科技大学, 2009.

[13] 刘子龙. 星载 InSAR 信号处理方法研究[D]. 长沙: 国防科学技术大学, 2009.

[14] Zhang Y S, Liang D N, Dong Z. Analysis of time and frequency synchronization errors in spaceborne parasitic InSAR system[C]. 2006 IEEE International Symposium on Geoscience and Remote Sensing, Denver, 2006: 3047-3050.

[15] Gebhardt U, Loffeld O, Nies H, et al. Bistatic spaceborne/airborne hybrid experiment: Basic consideration[C]. Proceedings of SPIE International Symposium on Remote Sensing, Brugge, 2005: 479-488.

[16] Walterscheid I, Espeter T, Brenner A R, et al. Bistatic experiments with PAMIR and TerraSAR-X-setup, processing, and image results[J]. IEEE Transactions on Geoscience and Remote Sensing, 2010, 48(8): 3268-3279.

[17] Nico G, Tesauro M. On the existence of coverage and integration time regimes in bistatic SAR configurations[J]. IEEE Geoscience and Remote Sensing Letters, 2007, 4(3): 426-430.

第6章　基于SAR卫星的BSAR成像算法

高效、精确的成像处理方法是获取高质量BSAR图像的关键。如前所述，目前尚无通用的高效成像算法，需要针对不同的系统配置，开展BSAR成像算法研究。

对于接收机固定的BSAR系统，收、发平台一静一动，属于一般构型的BSAR系统，且系统配置特殊，其成像处理具有以下困难：①二维频谱存在严重耦合，造成系统响应同时具有距离向和方位向的二维空变性；②观测场景较大，对成像算法的成像效率与聚焦深度要求较高。此外，传统的成像算法研究并没有涉及同步问题，因此在工程实用性方面具有一定的局限性。为了解决这些问题，本章针对接收机固定模式的星艇BSAR系统，将时、频同步处理与成像处理视为有机整体，提出一种时、频同步与成像一体化方法，实现了高效、精确的同步与成像处理。

在滑动聚束模式星地BSAR系统中，将直达波信号作为距离向匹配滤波参考信号，虽然能够同时完成距离向匹配滤波和时、频同步处理，但这也使得点目标的距离徙动曲线叠加了直达波距离历程，从而导致点目标的RCM存在非常大的二维空变性，传统的基于回波信号频谱线性化的成像算法不再适用。针对上述问题，本章首先对直达波距离历程进行估计，然后利用估计得到的距离历程，补偿同步后回波中直达波距离历程引入的相位，最后基于非线性CS算法，实现滑动聚束模式星地BSAR系统的成像处理。

双向滑动聚束模式星机BSAR系统通过控制卫星波束工作于滑动聚束模式，接收波束工作于反向滑动聚束模式，从而降低收、发波束的速度差，延长收、发波束重合时间，进而将成像宽度提高到实用化的长度。由于收、发波束工作于双向滑动聚束模式，由第3章的分析可知，对于观测场景不同位置点目标，波束的照射时间和时长均不同，且距离徙动特性存在空变性，系统的成像模型十分复杂。本章在对双向滑动聚束模式星机BSAR系统二维空变性分析和研究的基础上，对适用于该工作模式的成像算法进行研究。

6.1　接收机固定模式星艇BSAR同步与成像一体化方法

6.1.1　信号模型

图6.1为接收机固定模式星艇BSAR成像几何示意图，其中SAR卫星T沿平

行于 Y 轴的直线匀速飞行，速度为 v；飞艇搭载接收机 R 保持静止。为了实现收、发系统的时、频同步，接收机配置了两路数据通道：直达波通道和散射波通道。其中，直达波信号的距离历程为 r_D，散射波信号收、发距离和为 $r_T + r_R$。

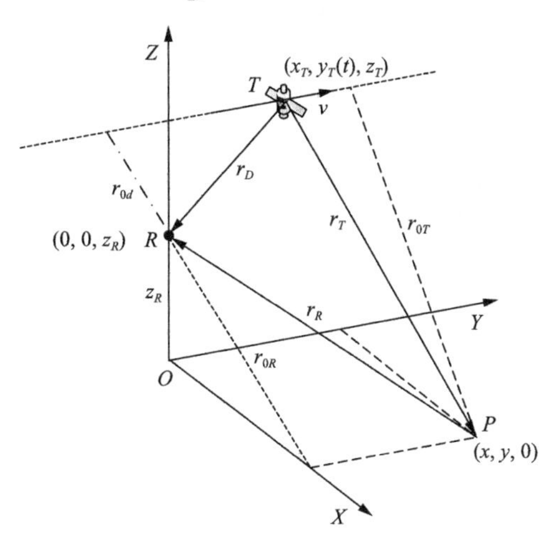

图 6.1　接收机固定模式星艇 BSAR 成像几何示意图

如图 6.1 所示，接收机坐标为 $(0,0,z_R)$，发射机坐标为 $(x_T, y_T(t), z_T)$，且满足

$$y_T(t) = vt \tag{6.1}$$

式中，t 为方位向慢时间。假设场景中任一点目标 P 的坐标为 $(x,y,0)$，则该点目标距发射机和接收机的距离历程可以分别表示为

$$r_T(t,x,y) = \sqrt{(x-x_T)^2 + (y-vt)^2 + z_T^2} \tag{6.2}$$

$$r_R(x,y) = \sqrt{x^2 + y^2 + z_R^2} \tag{6.3}$$

为了方便以下推导，本章以发射机坐标为参考来定义目标空间的坐标系。根据式(6.2)和式(6.3)，可以得到

$$t_{0T} = \frac{y}{v} \tag{6.4}$$

$$r_{0T} = \sqrt{(x-x_T)^2 + z_T^2} \tag{6.5}$$

式中，t_{0T} 为发射机相对于点目标 P 的零多普勒时刻；r_{0T} 为 t_{0T} 时刻发射机与点目标 P 之间的距离。因此，式(6.2)和式(6.3)可以改写为

$$r_T(t,t_{0T},r_{0T}) = \sqrt{r_{0T}^2 + v^2(t-t_{0T})^2} \tag{6.6}$$

$$r_R(t_{0T}, r_{0T}) = \sqrt{r_{0R}^2(r_{0T}) + v^2 t_{0T}^2} \tag{6.7}$$

式中，$r_{0R} = \sqrt{x^2 + z_R^2}$。由式(6.5)可知，变量 x 是 r_{0T} 的函数，因此 r_{0R} 记作 $r_{0R}(r_{0T})$。

直达波信号的距离历程可以表示为

$$r_D(t) = \sqrt{x_T^2 + v^2 t^2 + (z_T - z_R)^2} = \sqrt{r_{0d}^2 + v^2 t^2} \tag{6.8}$$

式中，$r_{0d} = \sqrt{x_T^2 + (z_T - z_R)^2}$ 为发射机与接收机之间的最短距离。

假设星载 SAR 系统辐射的信号为线性调频信号：

$$s_t(t, \tau) = \mathrm{rect}\left[\frac{\tau}{T_P}\right] \cdot \exp\left[\mathrm{j}2\pi f_0(t + \tau) + \mathrm{j}\pi k \tau^2\right] \tag{6.9}$$

式中，$\mathrm{rect}[\cdot]$ 为矩形窗函数；τ 为距离向快时间；T_P 为脉冲宽度；f_0 为系统工作载频；k 为调频率。则点目标 P 的散射回波信号可以写作

$$\begin{aligned} s_r(t, \tau) = \sigma(t_{0T}, r_{0T}) \cdot \mathrm{rect}\left[\frac{t - t_{0T}}{T_s}\right] \cdot \mathrm{rect}\left[\frac{\tau - t_d}{T_P}\right] \\ \cdot \exp\left[\mathrm{j}2\pi f_0(t + \tau - t_d) + \mathrm{j}\pi k(\tau - t_d)^2\right] \end{aligned} \tag{6.10}$$

式中，$\sigma(\cdot)$ 为点目标 P 的双基地散射系数；$t_d = \left[r_T(t, t_{0T}, r_{0T}) + r_R(t_{0T}, r_{0T})\right]/c$ 为收、发斜距和对应的时延；c 为光速；T_s 为合成孔径时间。

式(6.10)为忽略时、频同步误差时的散射回波信号表达式。然而，基于 SAR 卫星的 BSAR 必须要考虑时、频同步误差的影响。假设时间同步误差为 $e(t)$，则散射回波信号应该改写为

$$\begin{aligned} s_r(t, \tau) = \sigma(t_{0T}, r_{0T}) \cdot \mathrm{rect}\left[\frac{t - t_{0T}}{T_s}\right] \cdot \mathrm{rect}\left[\frac{\tau - t_d - e(t)}{T_P}\right] \\ \cdot \exp\left\{\mathrm{j}2\pi f_0\left[t + \tau - t_d - e(t)\right] + \mathrm{j}\pi k\left[\tau - t_d - e(t)\right]^2\right\} \end{aligned} \tag{6.11}$$

进一步假设发射机系统振荡源输出信号为理想正弦信号，可以将所有频率同步误差造成的影响折算到接收机系统。因此，忽略影响较小的幅度和初始相位，接收机系统频率源的输出信号可以写为

$$s_o = \exp\left[\mathrm{j}2\pi f_0 t + \mathrm{j}\phi_e(t)\right] \tag{6.12}$$

因此，在正交解调之后，考虑时、频同步误差的实际散射回波应为

$$
\begin{aligned}
s_r(t,\tau) = {} & \sigma(t_{0T}, r_{0T}) \cdot \text{rect}\left[\frac{t - t_{0T}}{T_s}\right] \cdot \text{rect}\left[\frac{\tau - t_d - e(t)}{T_P}\right] \\
& \cdot \exp\left\{\text{j}\pi k\left[\tau - t_d - e(t)\right]^2\right\} \cdot \exp\left\{-\text{j}2\pi f_0\left[t_d + e(t)\right]\right\} \cdot \exp\left[\text{j}\phi_e(t)\right]
\end{aligned}
\tag{6.13}
$$

如式(6.13)所示，时、频同步误差不仅造成回波采样窗口的漂移，进而造成 RCM 误差，还引入了相位误差，破坏了方位向信号相位的相干性。由 4.1 节的分析可知，时、频同步误差将会造成成像质量下降，必须采取相应的措施加以补偿。

假设直达波通道和散射波通道已进行均衡校正，并且已利用相同的本振信号进行信号解调，则两路通道包含相同的时、频同步误差。因此，参照式(6.13)，解调后的直达波信号可以表示为

$$
\begin{aligned}
s_d(t,\tau) = {} & \text{rect}\left[\frac{\tau - t_{d0} - e(t)}{T_P}\right] \cdot \exp\left\{\text{j}\pi k\left[\tau - t_{d0} - e(t)\right]^2\right\} \\
& \cdot \exp\left\{-\text{j}2\pi f_0\left[t_{d0} + e(t)\right]\right\} \cdot \exp\left[\text{j}\phi_e(t)\right]
\end{aligned}
\tag{6.14}
$$

式中，$t_{d0} = r_D(t) / c$。

直达波信号具有信噪比高、相位成分相对简单的优点。由 4.2 节的时、频同步方法可知，直达波信号距离向压缩之后，可以从直达波信号中提取时、频同步误差，然后对散射波信号进行补偿。经过时、频同步后的散射波信号为

$$
\begin{aligned}
s(t,\tau,t_{0T},r_{0T}) &= s_{\text{r\_ts}}(t,\tau) \cdot s_{\text{rf\_p}}(t) \\
&= \sigma(t_{0T}, r_{0T}) \cdot \text{rect}\left[\frac{t - t_{0T}}{T_s}\right] \cdot \text{rect}\left[\frac{\tau - t_d'}{T_p}\right] \\
&\quad \cdot \exp\left[\text{j}\pi k(\tau - t_d')^2\right] \cdot \exp\left[-\text{j}2\pi f_0 t_d'(t, t_{0T}, r_{0T})\right]
\end{aligned}
\tag{6.15}
$$

式中

$$
\begin{aligned}
t_d'(t,t_{0T},r_{0T}) &= t_d - t_{d0} \\
&= \frac{r_T(t,t_{0T},r_{0T}) + r_R(t_{0T},r_{0T}) - r_D(t)}{c}
\end{aligned}
\tag{6.16}
$$

由式(6.15)可以看出，同步处理之后，散射波信号中的时、频同步误差已被完全补偿。然而，如式(6.15)所示，同步后的散射波信号的收、发距离历程发生了变化。因此，同步后散射波信号的系统响应与传统的 BSAR 系统存在较大差异。下面针对式(6.15)给出的信号模型，研究相应的成像算法。

6.1.2 回波的二维频谱推导

为了明确式(6.15)所示同步后散射回波信号的特性，下面利用驻定相位原理(principle of stationary phase，POSP)，详细推导同步后回波的二维频谱。

1. BPTRS 推导

针对式(6.73)所示的信号做二维傅里叶变换，可以得到双基地点目标参考频谱[1]。首先，针对快时间 τ 做傅里叶变换，可以将式(6.15)变换到距离频域/方位时域。根据 POSP，可以得到

$$\begin{aligned} S(t,f,t_{0T},r_{0T}) = \sigma(t_{0T},r_{0T}) \cdot \mathrm{rect}\left[\frac{t-t_{0T}}{T_s}\right] \cdot \mathrm{rect}\left[\frac{f}{kT_p}\right] \\ \cdot \exp\left(-\mathrm{j}\pi\frac{f^2}{k}\right) \cdot \exp\left[-\mathrm{j}2\pi(f+f_0)t'_d(t,t_{0T},r_{0T})\right] \end{aligned} \tag{6.17}$$

式中，f 为距离向频率。然后，针对式(6.17)中的慢时间 t 做傅里叶变换，可以将同步后的散射波信号变换到二维频域：

$$\begin{aligned} S(f_a,f,t_{0T},r_{0T}) = \sigma(t_{0T},r_{0T}) \cdot \mathrm{rect}\left[\frac{f}{k \cdot T_p}\right] \cdot \exp\left(-\mathrm{j}\pi\frac{f^2}{k}\right) \\ \cdot \int \mathrm{rect}\left[\frac{t-t_{0T}}{T_s}\right] \cdot \exp\left[-\mathrm{j}\varphi_a(f_a,f,t,t_{0T},r_{0T})\right]\mathrm{d}t \end{aligned} \tag{6.18}$$

式中，f_a 为方位向频率。积分项中的相位为

$$\varphi_a(f_a,f,t,t_{0T},r_{0T}) = 2\pi(f+f_0)t'_d(t,t_{0T},r_{0T}) + 2\pi f_a t \tag{6.19}$$

$\varphi_a(f_a,f,t,t_{0T},r_{0T})$ 包含在式(6.19)中，因此很难从中求解出驻定相位点的解析表达式，进而难以应用 POSP。为了解决这个问题，本节利用二阶泰勒级数展开式对式(6.19)进行近似[2]。对收、发距离历程以及直达波距离历程进行泰勒级数展开，并保留到二阶项，可以得到

$$r_T(t,t_{0T},r_{0T}) = \sqrt{r_{0T}^2 + v^2(t-t_{0T})^2} \approx r_{0T} + \frac{v^2(t-t_{0T})^2}{2r_{0T}} \tag{6.20}$$

$$r_R(t_{0T},r_{0T}) = \sqrt{r_{0R}^2 r_{0T} + v^2 t_{0T}^2} = r_{0R}r_{0T} + \frac{v^2 t_{0T}^2}{2r_{0R}r_{0T}} \tag{6.21}$$

$$r_D(t)=\sqrt{r_{0d}^2+v^2t^2}\approx r_{0d}+\frac{v^2t^2}{2r_{0d}} \tag{6.22}$$

因此，式(6.19)可以改写为

$$\varphi_a(f_a,f,t,t_{0T},r_{0T})\approx\frac{2\pi(f+f_0)}{c}\cdot\left[r_{0T}+r_{0R}r_{0T}-r_{0d}+\frac{v^2(t-t_{0T})^2}{2r_{0T}}+\frac{v^2t_{0T}^2}{2r_{0R}r_{0T}}-\frac{v^2t^2}{2r_{0d}}\right]+2\pi f_a t \tag{6.23}$$

令 $\dfrac{\partial\varphi_a(f_a,f,t,t_{0T},r_{0T})}{\partial t}=0$，可以得到驻定相位点为

$$t_P=\frac{v^2t_{0T}r_{0d}(f+f_0)-r_{0T}f_a c r_{0d}}{v^2(r_{0d}-r_{0T})(f+f_0)} \tag{6.24}$$

将式(6.24)给出的驻定相位点 t_P 代入式(6.18)，根据 POSP，可以得到同步处理后回波信号的 BPTRS 为

$$S(f_a,f,t_{0T},r_{0T})=\sigma(t_{0T},r_{0T})\cdot\mathrm{rect}\left[\frac{f_a-f_{DC}}{B_a}\right]\cdot\mathrm{rect}\left[\frac{f}{kT_p}\right]\cdot\exp\left[\mathrm{j}\psi(f_a,f,t_{0T},r_{0T})\right] \tag{6.25}$$

式中，相位项 $\psi(f_a,f,t_{0T},r_{0T})$ 表征了 BPTRS 的主要特性，可以写为

$$\begin{aligned}\psi(f_a,f,t_{0T},r_{0T})=&-2\pi\cdot\frac{f+f_0}{c}(r_{0T}+r_{0R}r_{0T}-r_{0d})\\&-\pi\cdot\frac{f+f_0}{c}\cdot\frac{r_{0T}+r_{0R}r_{0T}-r_{0d}}{(r_{0T}-r_{0d})r_{0R}r_{0T}}\cdot v^2t_{0T}^2\\&-2\pi\cdot\frac{f_a t_{0T}r_{0d}}{r_{0d}-r_{0T}}+\pi\cdot\frac{f_a^2 c r_{0T}r_{0d}}{v^2(r_{0d}-r_{0T})(f+f_0)}-\pi\cdot\frac{f^2}{k}\end{aligned} \tag{6.26}$$

式中，多普勒中心频率 f_{DC} 和方位向信号带宽 B_a 可以分别表示为

$$f_{DC}\approx-\frac{1}{\lambda}\cdot\frac{\partial\left[r_T(t,t_{0T},r_{0T})+r_R(t_{0T},r_{0T})-r_d(t)\right]}{\partial t}\Big|_{t=t_{0T}}=\frac{v^2}{\lambda r_{0d}}t_{0T} \tag{6.27}$$

$$B_a\approx\left|\frac{v^2(r_{0T}-r_{0d})}{\lambda r_{0T}r_{0d}}\cdot T_s\right| \tag{6.28}$$

式(6.26)中的第一项和第二项为 RCM 分量。可以看出，该分量具有距离/方位二维空变特性。第三项为方位向频率 f_a 的线性函数，表征了点目标的方位向像点位置。第四项为二维频率的耦合项，主要影响方位向成像质量。最后一项为距离调制项。很明显，BPTRS 是目标位置参数 t_{0T} 和 r_{0T} 的函数。需要说明的是，在式(6.27)和式(6.28)的推导中，采用了窄带信号的假设，即 $\dfrac{f+f_0}{c}\approx\dfrac{1}{\lambda}$。

2. 场景回波二维频谱推导

场景回波的二维频谱为场景内所有点目标的二维频谱叠加的结果，可以表示为[3,4]

$$H(f_a,f)=\iint S(f_a,f,t_{0T},r_{0T})\mathrm{d}t_{0T}\mathrm{d}r_{0T} \tag{6.29}$$

然而，如式(6.26)所示，相位项 $\psi(f_a,f,t_{0T},r_{0T})$ 为参数 t_{0T} 和 r_{0T} 的函数。为了得到式(6.26)的解析表达式，需要用参数 t_{0T} 和 r_{0T} 的线性函数对 $\psi(f_a,f,t_{0T},r_{0T})$ 进行近似。

首先，$\psi(f_a,f,t_{0T},r_{0T})$ 的第一项和第二项均代表 RCM 分量，但是第二项为参数 t_{0T} 的二次函数。因此，线性近似将忽略第二项所示的 RCM 分量。

然后，将式(6.26)在场景中心 $(t_{0T}=0,r_{0T}=r_0)$ 处进行泰勒级数展开，并保留到一次项，可以得到

$$\begin{aligned}\psi_L(f_a,f,t_{0T},r_{0T})=&\psi_{0L}(f_a,f,0,r_0)-2\pi\cdot\psi_{tL}(f_a,f,0,r_0)\cdot t_{0T}\\&-2\pi\cdot\psi_{rL}(f_a,f,0,r_0)\cdot(r_{0T}-r_0)\end{aligned} \tag{6.30}$$

式中，$r_0=\sqrt{(x_0-x_T)^2+z_T^2}$，且

$$\psi_{0L}(f_a,f,0,r_0)=\psi(f_a,f,t_{0T},r_{0T})\Big|_{t_{0T}=0,r_{0T}=r_0} \tag{6.31}$$

$$\psi_{tL}(f_a,f,0,r_0)=-\frac{1}{2\pi}\cdot\frac{\partial\psi(f_a,f,t_{0T},r_{0T})}{\partial t_{0T}}\Big|_{t_{0T}=0,r_{0T}=r_0} \tag{6.32}$$

$$\psi_{rL}(f_a,f,0,r_0)=-\frac{1}{2\pi}\cdot\frac{\partial\psi(f_a,f,t_{0T},r_{0T})}{\partial r_{0T}}\Big|_{t_{0T}=0,r_{0T}=r_0} \tag{6.33}$$

式(6.30)中的第一项为 $\psi(f_a,f,t_{0T},r_{0T})$ 空不变分量，代表空不变的距离向调制、RCM 以及方位向调制；第二项和第三项为 $\psi(f_a,f,t_{0T},r_{0T})$ 的空变分量，代表残余的距离向调制、RCM 以及方位向调制。经过数学推导，可以得到

$$\psi_{0L}(f_a,f,0,r_0)=-\pi\frac{f^2}{k}-2\pi\frac{f+f_0}{c}\left[r_0+r_{0R}r_0-r_{0d}-\frac{f_a^2c^2r_0r_{0d}}{2v^2(r_{0d}-r_0)(f+f_0)^2}\right] \tag{6.34}$$

$$\psi_{tL}(f_a,f,0,r_0)=\frac{r_{0d}}{r_{0d}-r_0}\cdot f_a \tag{6.35}$$

$$\psi_{rL}(f_a,f,0,r_0)=\frac{f+f_0}{c}(1+M)-\frac{f_a^2cr_{0d}^2}{2v^2(r_{0d}-r_0)^2(f+f_0)} \tag{6.36}$$

式中

$$M=\frac{\partial r_{0R}}{\partial r_{0T}}\bigg|_{t_{0T}=0,r_{0T}=r_0}=\frac{x_0}{\sqrt{x_0^2+z_R^2}}\cdot\frac{r_0}{x_0-x_T} \tag{6.37}$$

由式(6.36)可以看出，$\psi_{rL}(f_a,f,0,r_0)$包含二维频率的耦合项。为了去除该耦合项，需要做进一步的近似。将$\psi_{rL}(f_a,f,0,r_0)$在$f=0$处进行泰勒级数展开，并保留至一次项，可以得到

$$\psi_{rL}(f_a,f,0,r_0)\approx\psi_{rL1}(f_a,0,r_0)+\psi_{rL2}(f_a,0,r_0)\cdot f \tag{6.38}$$

式中

$$\psi_{rL1}(f_a,0,r_0)=\frac{1+M}{\lambda}-\frac{f_a^2\lambda r_{0d}^2}{2v^2(r_{0d}-r_0)^2} \tag{6.39}$$

$$\psi_{rL2}(f_a,0,r_0)=\frac{1+M}{c}+\frac{f_a^2\lambda r_{0d}^2}{2v^2(r_{0d}-r_0)^2f_0} \tag{6.40}$$

式中，$\lambda=c/f_0$为系统工作波长。在式(6.38)中，第一项为多普勒频率相位项，代表了沿距离向空变的方位向调制；第二项为变标的距离向频率相位项，代表了残余的沿距离向空变的 RCM 分量。

最后，令$r=r_{0T}-r_0$，并将式(6.30)和式(6.38)代入式(6.29)，可以得到同步后场景回波的二维频谱为

$$\begin{aligned}H(f_a,f)\approx H_0(f_a,f)\cdot\iint\sigma(t_{0T},r_{0T})\cdot\text{rect}\left[\frac{f_a-f_{DC}}{B_a}\right]\\ \cdot\exp\left\{-\text{j}2\pi\cdot\left[\psi_{tL}(f_a,f,0,r_0)\cdot t_{0T}+\psi_{rL}(f_a,f,0,r_0)\cdot r\right]\right\}\text{d}t_{0T}\text{d}r\end{aligned} \tag{6.41}$$

式中

$$H_0(f_a,f)=\mathrm{rect}\left[\frac{f}{k\cdot T_p}\right]\cdot\exp\left[\mathrm{j}\cdot\psi_{0L}(f_a,f,0,r_0)\right] \tag{6.42}$$

现在，式(6.41)中积分项内的相位项为参数 t_{0T} 和 r_{0T} 的线性函数，因此该相位项可以看作傅里叶变换核。由此，可以得到

$$H(f_a,f)\approx H_0(f_a,f)\cdot\sigma(\psi_{tL}(f_a,f,0,r_0),\psi_{rL}(f_a,f,0,r_0)) \tag{6.43}$$

然而，根据 $\psi_{tL}(f_a,f,0,r_0)$ 和 $\psi_{rL}(f_a,f,0,r_0)$ 的表达式，$\sigma(\psi_{tL},\psi_{rL})$ 事实上是双基地散射系数 $\sigma(t_{0T},r_{0T})$ 的二维变标傅里叶变换的结果。

6.1.3 二维频谱误差分析

为了得到式(6.43)，6.1.2 节的推导采用了两处线性近似。为了验证式(6.43)给出的二维频谱的有效性，下面对这两处线性近似处理分别进行分析。

首先，如式(6.38)所示，$\psi_{rL}(f_a,f,0,r_0)$ 被近似为参数 f 的线性函数，因此 $\psi_{rL}(f_a,f,0,r_0)$ 中关于参数 f 的二次项以及高次项均被忽略。根据式(6.36)和式(6.38)，该线性近似造成的近似相位误差为

$$\Delta\psi_{E1}=\frac{\pi}{2!}\cdot\frac{f_a^2\lambda r_{0d}^2(r_{0T}-r_0)}{v^2(r_{0d}-r_0)^2}\cdot\left(\frac{f}{f_0}\right)^2-\frac{\pi}{3!}\cdot\frac{f_a^2\lambda r_{0d}^2(r_{0T}-r_0)}{v^2(r_{0d}-r_0)^2}\cdot\left(\frac{f}{f_0}\right)^3+\cdots \tag{6.44}$$

对于窄带信号（$f\ll f_0$），式(6.44)所示的近似相位误差的主要分量为第一项，因此下面的分析只考虑该项分量。由式(6.44)可以看出，当 f 取最大值时，近似相位误差最大。采用表 6.1 所列的系统参数，可以得到 $r_0=726.9\mathrm{km}$、$r_{0d}=645.8\mathrm{km}$、$f_{\max}=25\mathrm{MHz}$。以方位向频率 f_a 和斜视距离偏差 $r=r_{0T}-r_0$ 为自变量，计算得到的近似相位误差如图 6.2 所示。

由图 6.2 可以看出，方位向频率范围为 $\pm\mathrm{PRF}/2$，即使斜视距离偏差范围为 ±5km，近似相位误差始终满足 $|\Delta\psi_{E1}|\ll\pi/8$。因此，式(6.38)所示的线性近似引入的近似相位误差可以忽略。

其次，如式(6.30)所示，$\psi(f_a,f,t_{0T},r_{0T})$ 被近似为参数 t_{0T} 和 r_{0T} 的线性函数 $\psi_L(f_a,f,t_{0T},r_{0T})$。该线性近似引入的近似相位误差为

$$\Delta\psi_{E2}=\psi(f_a,f,t_{0T},r_{0T})-\psi_L(f_a,f,t_{0T},r_{0T}) \tag{6.45}$$

将式(6.26)和式(6.30)代入式(6.45)，可以得到

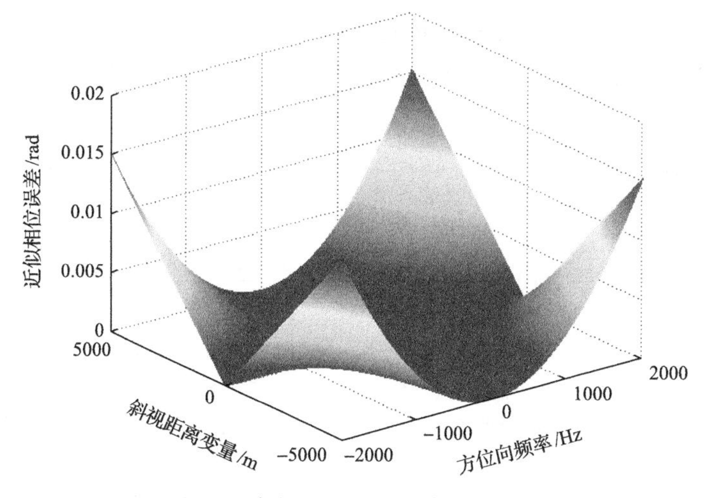

图 6.2　式(6.44)所示的近似相位误差

$$\begin{aligned}\Delta\psi_{E2} &= -2\pi\cdot f_a\cdot\frac{r_{0d}(r_{0T}-r_0)}{(r_{0d}-r_0)(r_{0d}-r_{0T})}\cdot t_{0T}\\&\quad -2\pi\cdot\frac{f+f_0}{c}\cdot\left[\frac{r_{0T}+r_{0R}r_{0T}-r_{0d}}{2(r_{0T}-r_{0d})\cdot r_{0R}r_{0T}}\cdot\left(vt_{0T}\right)^2\right]\\&\quad -2\pi\cdot\frac{f+f_0}{c}\cdot\left\{r_{0R}r_{0T}-\left[r_{0R}r_0+M\cdot(r_{0T}-r_0)\right]\right\}\\&\quad -\pi\cdot\frac{f_a^2c}{v^2(f+f_0)}\cdot\frac{r_{0d}^2(r_{0T}-r_0)^2}{(r_{0d}-r_{0T})(r_{0d}-r_0)^2}\end{aligned}\tag{6.46}$$

在式(6.46)中，第一项代表残余的线性多普勒相位，会引入目标像点的方位向位置偏差。第二项和第三项代表残余的 RCM 误差，会引入目标像点的距离向位置偏差。最后一项为残余的相位耦合项，可能造成目标散焦。

根据式(6.46)，目标像点的方位向位置误差和距离向位置误差分别为

$$\Delta x=\frac{r_{0d}(r_{0T}-r_0)}{(r_{0d}-r_0)(r_{0d}-r_{0T})}\cdot vt_{0T}\tag{6.47}$$

$$\Delta r=\frac{r_{0T}+r_{0R}r_{0T}-r_{0d}}{2(r_{0T}-r_{0d})\cdot r_{0R}r_{0T}}\cdot(vt_{0T})^2+r_{0R}r_{0T}-\left[r_{0R}r_0+M\cdot(r_{0T}-r_0)\right]\tag{6.48}$$

由此可以看出，式(6.30)所示的线性近似会造成图像几何畸变。然而，在已知几何畸变量值的情况下，可以利用重采样的方法对聚焦的图像进行几何畸变校正[5]。而且，几何畸变校正是利用频域成像算法进行成像的必要步骤，因此该线性近似处理并没有引入额外的计算量。

因此，下面只考虑式(6.46)中的最后一项，采用窄带信号假设（$c/(f+f_0)\approx\lambda$），将该相位分量在$r_{0T}=r_0$处进行泰勒级数展开，可以得到

$$\Delta\psi_{E2}\approx-\pi\cdot\frac{f_a^2\lambda r_{0d}^2}{v^2}\cdot\frac{(r_{0T}-r_0)^2}{(r_{0d}-r_0)^3}-\frac{\pi}{2}\cdot\frac{f_a^2\lambda r_{0d}^2}{v^2}\cdot\frac{(r_{0T}-r_0)^3}{(r_{0d}-r_0)^4}-\cdots \tag{6.49}$$

在式(6.49)中，第二项与第一项的比值为$\frac{1}{2}\cdot\left|\frac{r_{0T}-r_0}{r_{0d}-r_0}\right|$。同样，采用表 6.1 所列的系统参数，可以得到该比值小于 0.04。而且，根据泰勒级数的特性可知，展开式中的分项阶数越高，量值越小。因此，式(6.49)中的主要分量为第一项。由于该项为方位向频率f_a和斜视距离偏差r的二次函数，因此其代表的相位误差可能较大。利用$\pi/8$作为阈值，可以得到该项近似适用的范围为

$$|f_a r|\leqslant\sqrt{\left|\frac{(r_{0d}-r_0)^3v^2}{8r_{0d}^2\lambda}\right|} \tag{6.50}$$

采用相同的参数，可以得到$|f_a r|\leqslant 4.87\times10^5$。假设观测场景的距离向宽度为10km，即$r_{\max}=5000\text{m}$，则方位向频率必须满足$|f_a|\leqslant 97.4\text{Hz}$。

然而，根据式(6.25)，方位向频率满足$|f_a-f_{DC}|\leqslant B_a$。由式(6.27)可知，多普勒中心频率$f_{DC}$与点目标的方位向坐标$t_{0T}$有关。假设观测场景的方位向宽度为$W_a$，则同步后观测场景回波的方位向频率满足

$$\max(|f_a|)=\frac{1}{2}\left(\frac{v}{\lambda r_{0d}}\cdot W_a+B_a\right) \tag{6.51}$$

利用表 6.1 中的系统参数，可以得到$B_a=158.99\text{Hz}$。若$W_a=2000$，则$\max(|f_a|)=458.02\text{Hz}$明显超出了式(6.50)给出的限制条件。

因此，实际情况下，为了满足式(6.50)给出的条件，方位向频率f_a和斜视距离偏差r需要做一定的折中。根据之前的分析，图 6.3 给出了一种可行的折中方案，对应的场景尺寸为1km×3km (方位向×距离向)。

由此可以看出，基于式(6.43)所示的二维频谱进行成像处理，会面临聚焦深度较小的问题。如果要对更大尺寸的场景进行成像，那么需要对同步后的回波数据进行二维分块处理。分块之后，不同的距离向子块对应不同的参考斜视距离r_0，而不同的方位向子块对应不同的多普勒中心频率f_{DC}。前者的处理相对简单，无须赘述。为了使每个方位向子块回波的二维频谱都满足式(6.50)给出的限制条件，对应

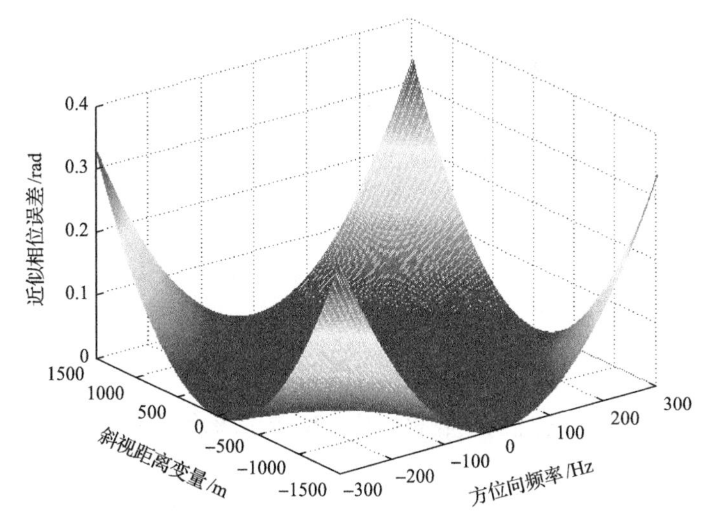

图 6.3　式(6.49)所示的近似相位误差

不同的方位向子块，需要进行相应的多普勒中心校正(Doppler centroid correction，DCC)处理。

$$H_{\mathrm{DCC}}(f_a,f)=H(f_a,f)\cdot H_{\mathrm{DCC}}(t) \tag{6.52}$$

式中，DCC 参考函数为

$$H_{\mathrm{DCC}}(t)=\exp\left(-\mathrm{j}2\pi f_{DN}t\right) \tag{6.53}$$

式中，$f_{DN}=\dfrac{v^2}{\lambda r_{0d}}\cdot t_{0TN}$，$t_{0TN}$ 代表第 N 个方位向子块中心点的方位向坐标。根据傅里叶变换的相移定理，DCC 处理后的回波二维频谱将被搬移到基带：

$$H_{\mathrm{DCC}}(f_a,f)=H(f_a+f_{DN},f) \tag{6.54}$$

为了尽量减小子块图像拼接时的幅度和相位失真，子块之间需要有一定的重叠，因此会对算法的效率造成一定影响。

6.1.4　基于二维 ISFT 的成像处理

1. 二维频谱分析

如前所述，同步后场景回波信号的二维频谱 $\sigma(\psi_{tL},\psi_{rL})$ 可以看作双基地散射系数 $\sigma(t_{0T},r_{0T})$ 的二维变标傅里叶变换的结果。为了直观起见，式(6.43)可以改写为

$$\sigma(\psi_{tL},\psi_{rL})=\sigma\left[\frac{r_{0d}}{r_{0d}-r_0}\cdot f_a,\psi_{rL1}(f_a,0,r_0)+\psi_{rL2}(f_a,0,r_0)\cdot f\right] \tag{6.55}$$

式中，方位向频率的变标因子为 $\frac{r_{0d}}{r_{0d}-r_0}$；距离向频率的变标因子为 $\psi_{rL2}(f_a,0,r_0)$。

由式(6.28)可知，方位向频率带宽为

$$B_a=\left|\frac{B'_a}{r_{0d}/(r_{0d}-r_0)}\right| \tag{6.56}$$

式中，$B'_a=\frac{v^2}{\lambda r_{0T}}\cdot T_s$ 为传统的接收机固定 BSAR 系统的方位向频率带宽。因此，B_a 对应的方位向分辨率为 $\rho_a=\rho_{a0}\cdot\left|r_{0d}/r_{0d}-r_0\right|$，$\rho_{a0}$ 为带宽 B'_a 对应的方位向分辨率。通常情况下，$\left|r_{0d}/(r_{0d}-r_0)\right|\gg 1$，如果直接对该频谱进行傅里叶逆变换，那么方位向分辨率的恶化将难以承受。利用表 6.1 所列的参数，可以得到 $\rho_{a0}=5.31\text{m}$，$\left|r_{0d}/(r_{0d}-r_0)\right|=7.96$，因此 $\rho_a=41.82\text{m}$。同理，距离向分辨率具有相似的问题。

表 6.1　系统仿真参数

参数	发射机系统	接收机系统
系统载频/GHz	9.65	9.65
信号带宽/MHz	50	50
脉冲重复频率/Hz	4000	4000
采样频率/MHz	—	100
时间同步误差	—	1×10^{-8}
固定频率同步误差	—	1×10^{-6}
阿伦方差	—	1×10^{-11}
飞行高度/km	514.5	20
方位向波束宽度/(°)	0.29	—
中心斜视距离/km	726.91	100
入射/反射角度/(°)	45	78.46
飞行速度/(m/s)	7600	0

2. ISFT 原理

文献[3]首次将变标傅里叶逆变换概念引入 SAR 成像领域，然后文献[4]深入比较了 ISFT 成像算法和 CS 算法的异同。近年来，ISFT 已经被应用在 BSAR 成像算法的研究中[6,7]。

图 6.4 给出了 ISFT 原理。假设 $s(t) \leftrightarrow S(f)$ 是一组傅里叶变换对，如果输入信号为 $S(a \cdot f)$，那么 ISFT 之后的输出信号为 $\dfrac{1}{|a|} \cdot s(t)$。ISFT 在数字域的实现可以参见文献[4]。

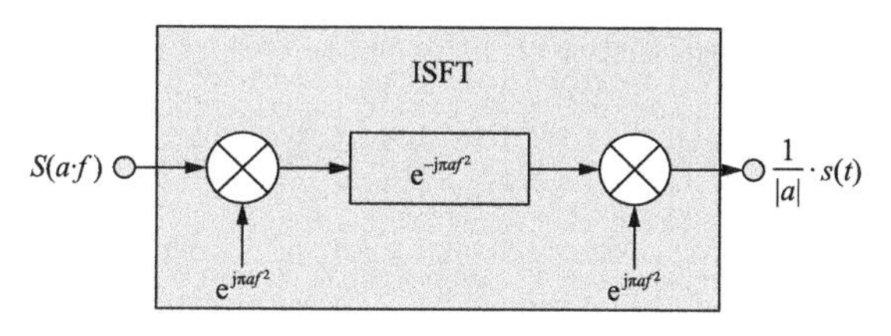

图 6.4　ISFT 原理

3. 基于二维 ISFT 的成像算法

由式(6.43)可知，同步后场景回波的二维频谱为空不变的频谱分量 $H_0(f_a, f)$ 和双基地散射系数的二维变标傅里叶变换结果 $\sigma(\psi_{tL}(f_a, f, 0, r_0), \psi_{rL}(f_a, f, 0, r_0))$ 的乘积。同时，成像处理可以被视为从二维频谱 $H(f_a, f)$ 反演散射系数 $\sigma(t_{0T}, r_{0T})$ 的过程。针对式(6.43)给出的二维频谱 $H(f_a, f)$，本节提出了一种基于二维 ISFT 的成像算法，具体处理步骤阐述如下。图 6.5 给出了该算法的处理流程图。

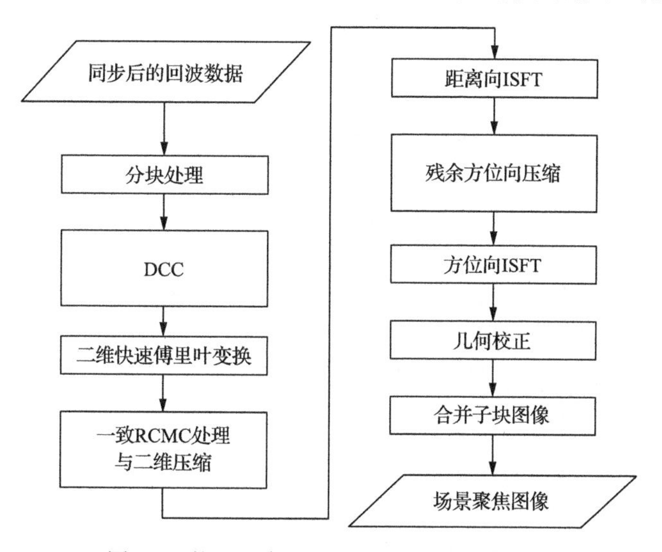

图 6.5　基于二维 ISFT 成像算法处理流程图

(1)根据式(6.50)所示的条件，将同步后的场景回波划分为若干子块。

(2)对于不同的方位向子块，进行 DCC 处理。

$$s_{\mathrm{DCC}}(t,\tau,t_{0T},r_{0T}) = s(t,\tau,t_{0T},r_{0T}) \cdot H_{\mathrm{DCC}}(t) \tag{6.57}$$

(3)将二维时域回波变换到二维频域。

(4)利用相位参考函数进行一致 RCMC 处理和二维压缩；如前所述，$H_0(f_a,f)$ 代表空不变的 RCM、距离向调制和方位向调制，因此相位参考函数可以表示为

$$\begin{aligned} H_{RF}(f_a,f) &= H_0^*(f_a,f) \cdot \exp\left(-\mathrm{j}2\pi f_0 \cdot \frac{r_0 + r_{0R}r_0 - r_{0d}}{c}\right) \\ &= \mathrm{rect}\left[\frac{f}{k \cdot T_p}\right] \cdot \exp\left(\mathrm{j}\pi \frac{f^2}{k}\right) \cdot \exp\left(\mathrm{j}2\pi f \cdot \frac{r_0 + r_{0R}r_0 - r_{0d}}{c}\right) \\ &\quad \cdot \exp\left[-\mathrm{j}\pi \cdot \frac{f_a^2 c r_0 r_{0d}}{v^2(r_{0d} - r_0)(f + f_0)}\right] \end{aligned} \tag{6.58}$$

完成上述处理之后的二维频域信号为

$$\begin{aligned} H_1(f_a,f) &= H(f_a,f) \cdot H_{RF}(f_a,f) \\ &= \exp\left(-\mathrm{j}2\pi f_0 \cdot \frac{r_0 + r_{0R}r_0 - r_{0d}}{c}\right) \\ &\quad \cdot \sigma\left[\frac{r_{0d}}{r_{0d} - r_0} \cdot f_a, \psi_{rL1}(f_a,0,r_0) + \psi_{rL2}(f_a,0,r_0) \cdot f\right] \end{aligned} \tag{6.59}$$

(5)沿距离向进行 ISFT 处理，将信号变换到距离多普勒域。

$$\begin{aligned} H_2(f_a,r) &= \int H_1(f_a,f) \exp\left[\mathrm{j}2\pi E_{RFS}(f_a,0,r_0) \cdot f_r \cdot r\right] \mathrm{d}\left[E_{RFS}(f_a,0,r_0) \cdot f_r\right] \\ &= \sigma\left(\frac{r_{0d}}{r_{0d} - r_0} \cdot f_a, r\right) \cdot \exp\left[-\mathrm{j}2\pi \psi_{rL1}(f_a,0,r_0) r\right] \\ &\quad \cdot \exp\left(-\mathrm{j}2\pi f_0 \cdot \frac{r_0 + r_{0R}r_0 - r_{0d}}{c}\right) \end{aligned} \tag{6.60}$$

式中

$$E_{RFS}(f_a,0,r_0) = \frac{c}{1+M} \cdot \psi_{rL2}(f_a,0,r_0) = 1 + \frac{c}{1+M} \cdot \frac{f_a^2 \lambda r_{0d}^2}{2v^2(r_{0d} - r_0)^2 f_0} \tag{6.61}$$

需要指出的是，式(6.60)中的 f_r 是相对于距离 r 的频率，而 f 则是相对于快时间 τ 的频率，两者之间的转换关系为 $f_r = f \cdot \dfrac{1+M}{c}$。

(6)在距离多普勒域乘以距离空变的相位补偿函数，进行残余方位向聚焦。

$$\begin{aligned} H_3(f_a,r) &= H_2(f_a,r)\cdot \exp\left[\mathrm{j}2\pi\psi_{rL1}(f_a,0,r_0)r\right] \\ &= \sigma\left(\frac{r_{0d}}{r_{0d}-r_0}\cdot f_a, r\right)\cdot \exp\left(-\mathrm{j}2\pi f_0 \cdot \frac{r_0 + r_{0R}r_0 - r_{0d}}{c}\right) \end{aligned} \tag{6.62}$$

(7)沿方位向进行 ISFT 处理，得到二维时域的聚焦图像。

$$\begin{aligned} s_{\text{out}}(t_{0T},r) &= \int H_3(f_a,r)\exp\left(\mathrm{j}2\pi\frac{r_{0d}}{r_{0d}-r_0}\cdot f_a\cdot t_{0T}\right)\mathrm{d}\left(\frac{r_{0d}}{r_{0d}-r_0}\cdot f_a\right) \\ &= \sigma(t_{0T},r)\cdot \exp\left(-\mathrm{j}2\pi f_0\cdot\frac{r_0 + r_{0R}r_0 - r_{0d}}{c}\right) \end{aligned} \tag{6.63}$$

(8)利用重采样方法进行图像几何畸变校正。

(9)合并子块图像得到最后的场景聚焦图像。

6.1.5　仿真结果与分析

本小节利用仿真实验来验证所提算法的有效性。表 6.1 给出了系统仿真参数，其中发射机系统参数参照 TerraSAR-X 系统，而接收机系统参数则参照飞艇。

由 4.1 节的同步误差影响分析可知，时间同步误差的主要分量为线性同步误差，而频率同步误差则主要包括固定频率同步误差和相位噪声[8]。如表 6.1 所示，时间同步误差的斜率为 1×10^{-8}，固定频率同步误差为 1×10^{-6}，即 $\Delta f = f_0\cdot 10^{-6}$，相位噪声的阿伦方差为 $\sigma_a(\tau=1\mathrm{s}) = 1\times10^{-11}$。

1. 同步前后的点目标回波

首先，利用场景中心点来说明同步操作前后点目标回波的变化，如图 6.6 所示。由于存在时、频同步误差，点目标回波在时、频支撑域均存在明显的扭曲现象，而且频谱沿方位向发生了明显的移位；利用所提算法进行同步操作之后，点目标回波的时、频支撑域的扭曲现象被去除，且频谱被搬移到基带，有利于进一步的成像处理。然而，由图 6.6(d)可以看出，同步之后信号的方位向频率带宽减小为同步前的 $1/\left|(r_{0d}-r_0)/r_{0d}\right|$，验证了之前的分析。

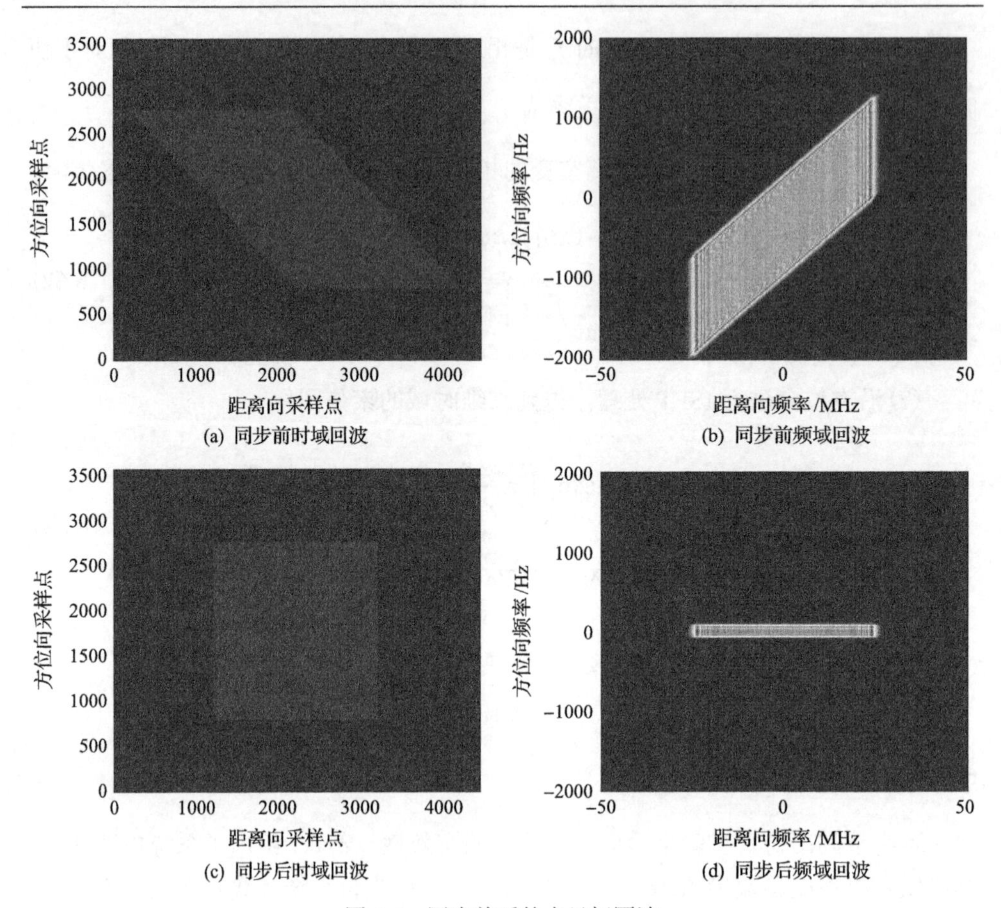

(a) 同步前时域回波　(b) 同步前频域回波

(c) 同步后时域回波　(d) 同步后频域回波

图 6.6　同步前后的点目标回波

2. 小场景回波成像仿真

如果场景的尺寸满足式(6.50)给出的(方位向×距离向)条件，那么不需要分块处理，极大地简化了本节所提算法。如前所述，场景尺寸为 1km×3km (方位向×距离向)是一种较好的选择。此时，沿 X 轴(地面距离向)的场景宽度为 $3\text{km}/\cos 45° = 4.24\text{km}$。因此，如图 6.7 所示，假设场景尺寸为 4km×1km (X 轴×Y 轴)，场景内均匀布置 9 个点目标。由表 6.1 所列的参数可知，场景中心点(点目标 5)的坐标为 $(97.9796\text{km}, 0\text{km}, 0\text{km})$。为了分析方便，首先以场景中心点为原点，建立新的 X-Y 坐标系。如图 6.7 所示，点目标之间的 X 轴间距为 2000m，Y 轴间距为 500m。然后，利用本节所提算法对同步后的场景回波进行仿真成像处理，成像处理结果如图 6.8 所示。

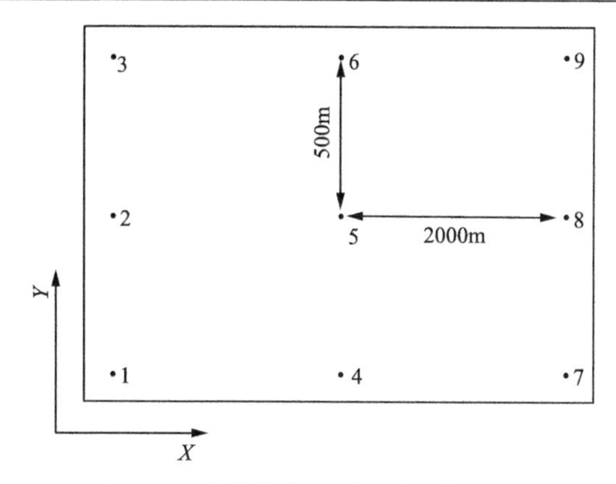

图 6.7　成像仿真场景及点目标分布

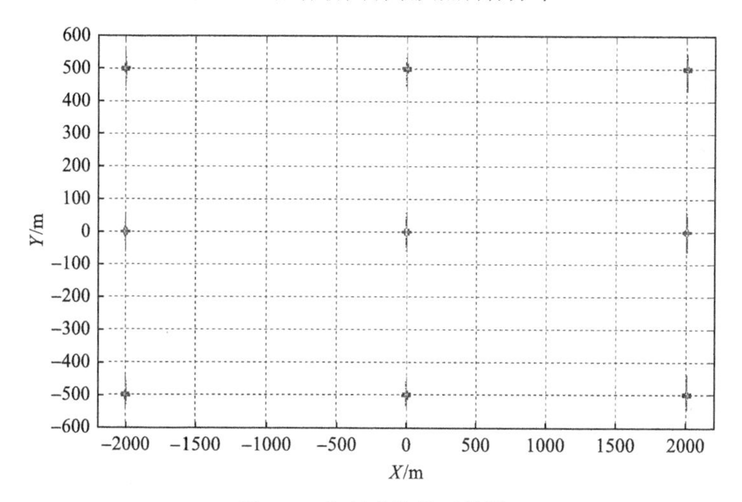

图 6.8　仿真成像处理结果

由图 6.8 可知，利用本节所提算法进行成像处理之后，所有的点目标均实现了良好聚焦，且位于正确的位置。为了进一步说明成像处理的性能，图 6.9 给出了点目标 1、5、9 的成像结果二维剖面图，左侧一列为方位向剖面图，右侧一列为距离向剖面图。表 6.2 给出了所有点目标的具体成像性能指标。

由图 6.9 可以看出，点目标 1、5、9 的成像结果二维剖面图非常接近理想值。这说明，利用本节所提算法进行成像处理，三个点目标均实现了良好聚焦。仔细观察发现，如图 6.9(a)和图 6.9(c)所示，场景边缘点目标的方位向旁瓣并不完全对称。造成这一现象的原因正是式(6.49)给出的近似相位误差。

由 2.2.4 节可知，基于 SAR 卫星的 BSAR 空间分辨率与系统构型密切相关。为了更好地考察本节所提算法的成像性能，表 6.2 给出几何校正之前方位-距离域的性能指标。根据表 6.1 所列的参数，方位向分辨率和距离向分辨率均为 5.31m。理想的 PSLR 为–13.26dB，ISLR 为–9.72dB。

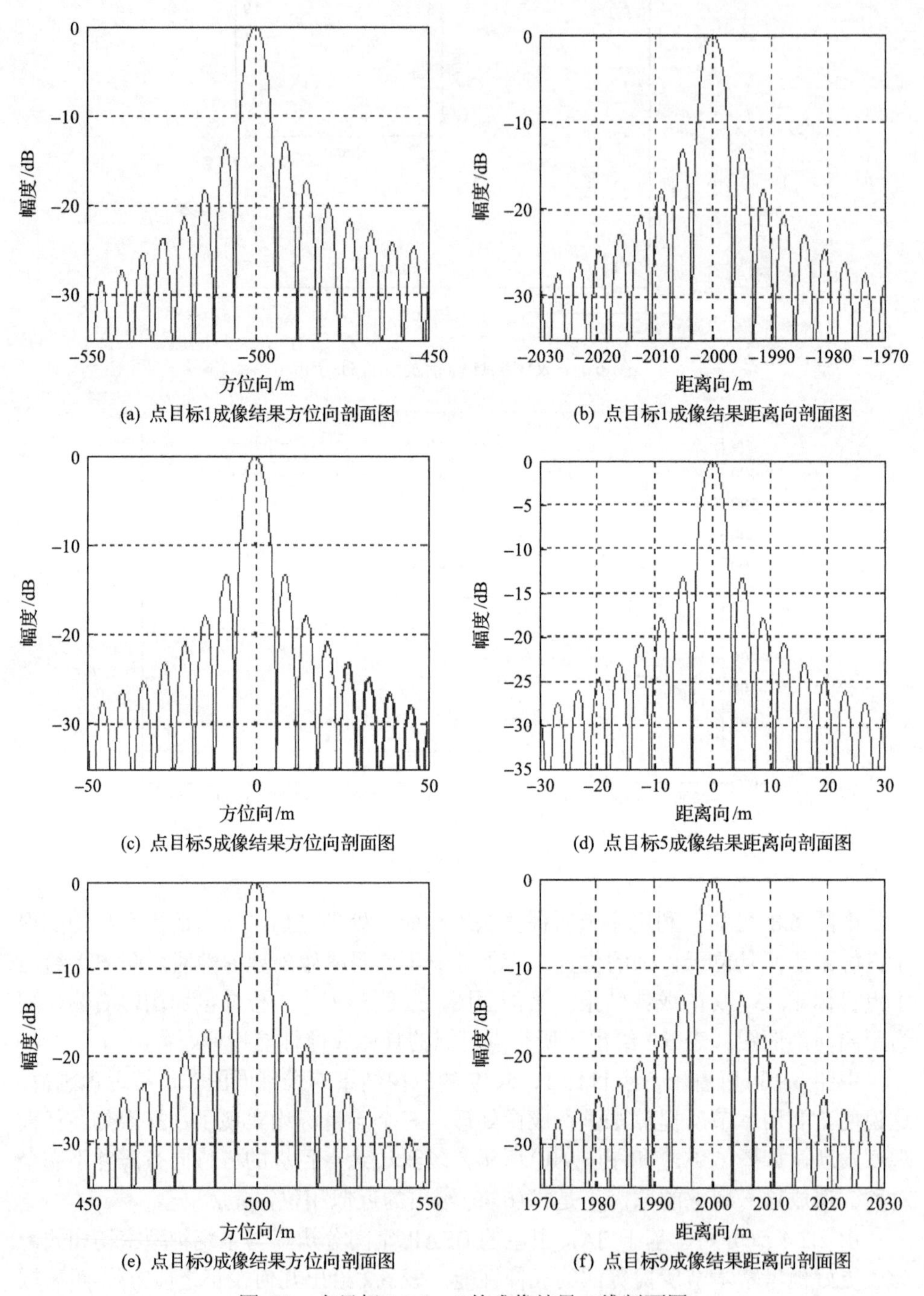

(a) 点目标1成像结果方位向剖面图

(b) 点目标1成像结果距离向剖面图

(c) 点目标5成像结果方位向剖面图

(d) 点目标5成像结果距离向剖面图

(e) 点目标9成像结果方位向剖面图

(f) 点目标9成像结果距离向剖面图

图 6.9 点目标 1、5、9 的成像结果二维剖面图

表 6.2　仿真成像性能指标

目标	方位向			距离向		
	分辨率/m	PSLR/dB	ISLR/dB	分辨率/m	PSLR/dB	ISLR/dB
1	5.39	−12.90	−9.85	5.32	−13.27	−10.16
2	5.39	−13.24	−10.16	5.32	−13.27	−10.16
3	5.38	−12.99	−9.90	5.32	−13.27	−10.16
4	5.34	−12.79	−9.90	5.34	−13.40	−10.37
5	5.31	−13.28	−10.20	5.32	−13.27	−10.16
6	5.33	−12.81	−9.86	5.32	−13.24	−10.16
7	5.31	−12.78	−10.11	5.32	−13.27	−10.16
8	5.23	−13.23	−10.18	5.31	−13.26	−10.16
9	5.29	−12.77	−10.04	5.32	−13.26	−10.16

如表 6.2 所示，二维分辨率与理想值的偏差小于 0.08m。相对于理想 PSLR 值，方位向 PSLR 的偏差小于 0.49dB，距离向 PSLR 的偏差小于 0.14dB。相对于理想 ISLR 值，方位向偏差小于 0.48dB，距离向偏差小于 0.65dB。

3. 大场景回波成像仿真

如果场景尺寸超过了给出的限制，那么需要对同步后的场景回波进行二维分块处理。对于不同的距离向子块，需采用相应的参考斜视距离 r_0 。对于不同的方位向子块，需进行 DCC 处理。假设某一个方位向子块中心的方位向坐标为 1000m，则该子块对应的多普勒中心频率为 378.53Hz。图 6.10 给出了位于 (0m,1000m) 的点目标在 DCC 处理前后的二维频谱。

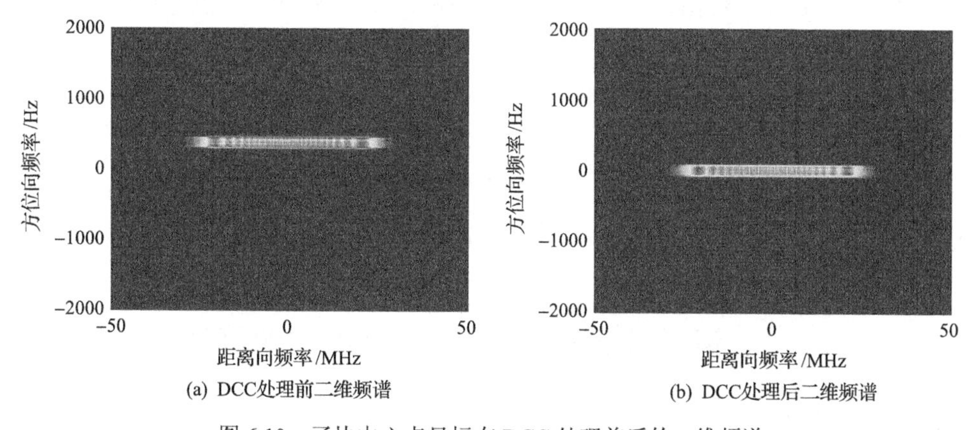

(a) DCC处理前二维频谱　(b) DCC处理后二维频谱

图 6.10　子块中心点目标在 DCC 处理前后的二维频谱

由图 6.10 可以看出，DCC 操作之前，由于同步处理，该点目标回波具有明显的多普勒中心偏移；而 DCC 操作之后，该点目标回波的二维频谱被搬移到了方位向频率的基带。

假设目标场景的尺寸为 8km×4km（X 轴×Y 轴），则考虑子块之间的重叠，可以将场景划分为 3×5(X 轴×Y 轴)个子块。场景中布置了三个点目标，坐标分别为 $(-4000\text{m},-2000\text{m})$、$(0\text{m},0\text{m})$ 和 $(4000\text{m},2000\text{m})$。利用本节所提算法对该场景回波进行处理，得到的最终结果如图 6.11 所示。可以看出，三个点目标均实现了理想聚焦，并位于正确的位置，验证了本节所提算法的有效性。

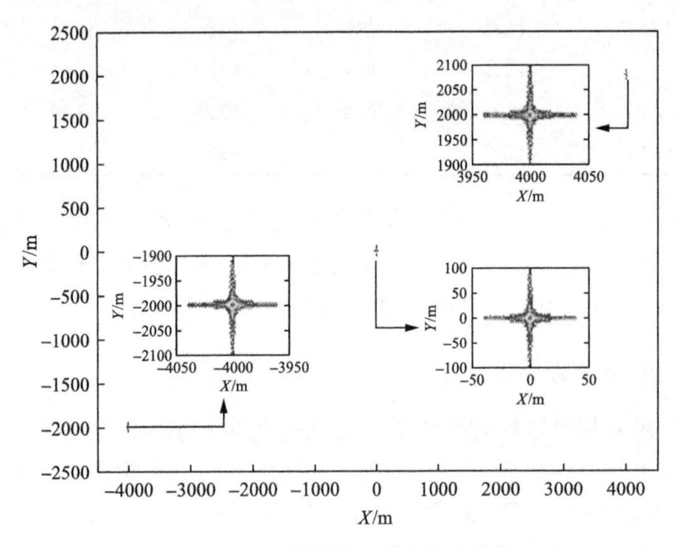

图 6.11　大场景回波成像仿真结果

由图 6.11 可以看出，通过二维分块处理，本节所提算法很好地突破了聚焦深度有限的缺点，可以适用于较大场景回波的成像处理。然而，需要指出的是，同步后目标回波的多普勒中心与该点的方位向位置有关，因此方位向宽度过大的场景回波在同步后可能出现多普勒模糊。为了避免多普勒模糊，多普勒频率应满足 $\max\left(\left|f_a\right|\right)<\text{PRF}/2$。结合式(6.51)可知，场景方位向宽度需满足 $W_a<\dfrac{\lambda r_{0d}}{v}\cdot\left|\text{PRF}-B_a\right|$。如表 6.1 所示，PRF=4000Hz，则 $W_{a,\max}=10.15\text{km}$。

6.2　滑动聚束模式星地 BSAR 成像算法

6.2.1　信号模型

滑动聚束模式星地 BSAR 系统模型如图 6.12 所示。

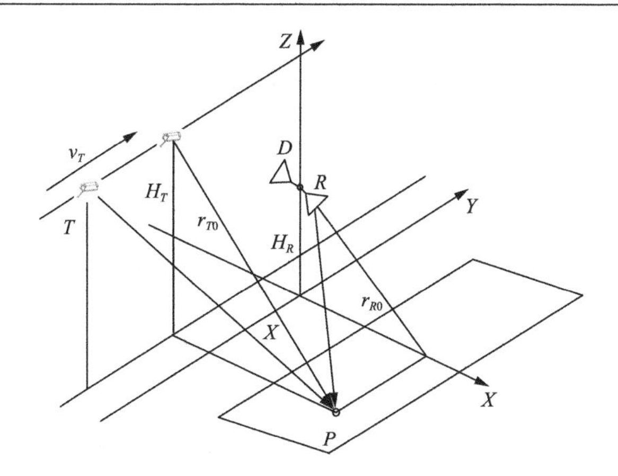

图 6.12　滑动聚束模式星地 BSAR 系统模型

如图 6.12 所示，发射机与接收机最近距离时的坐标为$(x_T,0,H_T)$，接收机坐标为$(0,0,H_R)$。设场景中某点目标 P 的坐标为$(x,y,0)$。在星地 BSAR 滑动聚束模式中，卫星工作于滑动聚束模式，接收机静止，因此收、发站到点目标的距离历程为

$$r_T(t_m)=\sqrt{r_{T0}^2+v_T^2(t_m-t_0)^2},\quad r_{T0}=\sqrt{(x-x_T)^2+H_T^2},\quad t_{T0}=y\left(\frac{1}{v_T}-\frac{1}{v_{TF}}\right) \tag{6.64}$$

$$r_R(y)=\sqrt{r_{R0}^2+y^2},\quad r_{R0}=\sqrt{x^2+H_R^2} \tag{6.65}$$

式中，t_m 为慢时间；v_T 为发射机速度；v_{TF} 为发射波束速度；r_{T0}、r_{R0} 分别为卫星和接收机与点目标之间的最近斜距；t_{T0} 为卫星与目标距离最近的时刻。

在点目标 P 的合成孔径时间范围内，发射机与直达波接收天线的斜距历程为

$$r_D(t_m)=\sqrt{r_{D0}^2+v_T^2(t_m+t_1)^2},\quad r_{D0}=\sqrt{x_T^2+(H_T-H_R)^2},\quad t_1=y/v_T \tag{6.66}$$

式中，r_{D0} 为发射机到直达波接收天线的最近斜距。

星载 SAR 系统发射信号设为

$$s_t(t_m,\tau)=\text{rect}\left[\frac{\tau}{T_P}\right]\exp\left[\text{j}2\pi f_0(t_m+\tau)+\text{j}\pi k_r\tau^2\right] \tag{6.67}$$

式中，τ 为距离快时间；$\text{rect}[\cdot]$ 为矩形窗函数；T_P 为距离向脉冲宽度；f_0 为中心频率；k_r 为线性调频率。对于点目标 P，其散射回波信号可以表示为

$$s_r(t_m,\tau)=\sigma_p\cdot\omega_a\left(\frac{t_m-t_{T0}}{T_{\text{sys}}}\right)\cdot\omega_r\left(\frac{\tau-\tau_d}{T_P}\right)\exp\left[\mathrm{j}2\pi f_0(t_m+\tau-\tau_d)+\mathrm{j}\pi k_r(\tau-\tau_d)^2\right] \tag{6.68}$$

式中，σ_p 为点目标 P 的双基地散射强度；$\omega_r(\cdot)$ 和 $\omega_a(\cdot)$ 分别为距离向及方位向天线调制因子；T_{sys} 为合成孔径时间；$\tau_d=\left[r_T(t_m)+r_R(y)\right]/c$ 为双基地距离时延，c 为光速。

式(6.68)中，未考虑收、发系统分置引入的时、频同步误差。但是实际情况下，BSAR 系统必须要考虑收、发系统分置引入的时、频同步误差对回波信号的影响。假设时间同步误差为 $e(t_m)$，频率同步误差为 $\phi_e(t_m)$，则正交解调之后，考虑时、频同步误差的散射回波信号的表达式为

$$\begin{aligned}s_r(t_m,\tau)=&\sigma_p\cdot\omega_a\left(\frac{t_m-t_{T0}}{T_{\text{sys}}}\right)\cdot\omega_r\left[\frac{\tau-\tau_d-e(t_m)}{T_P}\right]\\&\cdot\exp\left\{\mathrm{j}\pi k_r\left[\tau-\tau_d-e(t_m)\right]^2\right\}\cdot\exp\left\{-\mathrm{j}2\pi f_0\left[\tau_d+e(t_m)\right]\right\}\cdot\exp\left[\mathrm{j}\phi_e(t_m)\right]\end{aligned} \tag{6.69}$$

由式(6.69)可以看出，时间同步误差一方面在距离向包络 $\omega_r(\cdot)$ 引入了一个偏移 $e(t_m)$，另一方面也引入了一个误差相位 $\exp\left[-\mathrm{j}2\pi f_0\cdot e(t_m)\right]$。频率同步误差对包络没有影响，但引入了一个误差相位 $\exp\left[\mathrm{j}\phi_e(t_m)\right]$。因此，时、频同步误差不仅造成距离向包络位置的偏移，还引入了相位误差。时、频同步误差将会造成成像质量下降，甚至导致不能成像。因此，BSAR 系统必须采取一定的时、频同步技术，从而尽可能消除 BSAR 系统中收、发站分置引入的时、频同步误差，实现收、发系统之间的时、频同步，为后续成像处理等奠定基础[9]。

假设直达波信号和散射波信号由同一个本振信号进行正交解调，且两路通道经过通道均衡校正处理，因此直达波通道和散射波通道包含相同的时、频同步误差。由式(6.69)可知，解调后的直达波通道采样信号可以表示为

$$\begin{aligned}s_d(t_m,\tau)=&\omega_r\left[\frac{\tau-\tau_{d0}-e(t_m)}{T_P}\right]\cdot\exp\left\{\mathrm{j}\pi k_r\left[\tau-\tau_{d0}-e(t_m)\right]^2\right\}\\&\cdot\exp\left\{-\mathrm{j}2\pi f_0\left[\tau_{d0}+e(t_m)\right]\right\}\cdot\exp\left[\mathrm{j}\phi_e(t_m)\right]\end{aligned} \tag{6.70}$$

式中，$\tau_{d0}=r_D(t_m)/c$。

6.2.2 基于直达波信号的时、频同步处理

对于方位向任一时刻，利用该时刻的直达波信号作为距离向匹配滤波的参考信号，直接对该时刻散射波信号进行距离向匹配滤波处理，在完成距离向脉冲压

缩的同时，实现了收、发系统时间和频率的同步处理[10]。下面对距离向匹配滤波过程进行介绍。

式(6.69)所示的散射波信号变换到距离频域的表达式为

$$\begin{aligned} S_r(t_m,f_\tau) = {} & \sigma(t_{T0},r_{T0}) \cdot \omega_a\left(\frac{t_m - t_{T0}}{T_{\text{sys}}}\right) \cdot \omega_r\left(\frac{f_\tau}{k_r T_p}\right) \\ & \cdot \exp\left(-\mathrm{j}\pi\frac{f_\tau^2}{k_r}\right) \cdot \exp\left\{-\mathrm{j}2\pi(f_\tau + f_0)\cdot\left[\tau_d + e(t_m)\right]\right\} \cdot \exp\left[\mathrm{j}\phi_e(t_m)\right] \end{aligned} \tag{6.71}$$

式中，f_τ 为距离向频率。

同理，式(6.70)所示的直达波信号在距离频域的表达式为

$$S_d(t_m,f_\tau) = \omega_r\left(\frac{f_\tau}{k_r T_p}\right) \cdot \exp\left(-\mathrm{j}\pi\frac{f_\tau^2}{k_r}\right) \cdot \exp\left\{-\mathrm{j}2\pi(f_\tau + f_0)\cdot\left[\tau_{d0} + e(t_m)\right]\right\} \cdot \exp\left[\mathrm{j}\phi_e(t_m)\right] \tag{6.72}$$

最后，将式(6.71)和式(6.72)共轭相乘并进行距离向傅里叶逆变换，即可得到经过时、频同步处理及距离向匹配滤波后的散射波信号表达式：

$$s(t_m,\tau) = \sigma_p \cdot \omega_a\left(\frac{t_m - t_{T0}}{T_{\text{sys}}}\right) \cdot \operatorname{sinc}\left\{B\left[\tau - \tau_d'(t_m)\right]\right\} \cdot \exp\left[-\mathrm{j}2\pi f_0 \tau_d'(t_m)\right] \tag{6.73}$$

式中，B 为发射信号带宽。$\tau_d'(t_m)$ 为

$$\tau_d'(t_m) = \frac{r_T(t_m) + r_R(y) - r_D(t_m)}{c} \tag{6.74}$$

由式(6.73)可以看出，经过距离向匹配滤波，散射波信号中的时、频同步误差得到补偿。但是，由式(6.74)可以看出，时、频同步处理之后，散射波信号的距离历程在原有的收、发站距离历程基础之上叠加了直达波距离历程。因此，需要对式(6.73)和式(6.74)给出的信号模型的成像特性进行分析，进而提出相应的成像算法。

6.2.3　成像特性分析

对于滑动聚束模式星地 BSAR 系统，收、发波束运动特性不同，从而会使得系统成像模式比较复杂。同时，直达波作为距离向匹配滤波参考信号，使得点目标的距离历程在原有的双基地距离历程上叠加了直达波的距离历程。下面首先对目标的距离徙动空变性、调频率空变特性以及二维频谱空变性进行分析，随后提

出适合该信号模型下的频域成像算法。

1. 距离徙动空变性分析

距离徙动校正一般是以参考点的距离徙动曲线为参考，校正观测场景其他位置点目标的距离徙动。如果距离徙动空变性较大，那么还需要考虑随着距离向及方位向变化的空变量。下面以场景中心点目标为参考，对观测场景其他位置点目标的距离徙动空变性进行分析。

由式(6.65)和式(6.66)可知，参考点目标 P 的距离历程为

$$r_p(t_m)=\sqrt{H_T^2+(x-x_T)^2+v_T^2(t_m-t_0)^2}+\sqrt{H_R^2+x^2+y^2}-\sqrt{r_{D0}^2+v_T^2(t_m+t_1)^2} \tag{6.75}$$

设处于同一方位向位置的某一点目标 B 的坐标为 $(x+\Delta x,y)$，则点目标 B 的距离历程为

$$\begin{aligned}r_B(t_m)=&\sqrt{H_T^2+(x+\Delta x-x_T)^2+v_T^2(t_m-t_0)^2}+\sqrt{H_R^2+(x+\Delta x)^2+y^2}\\&-\sqrt{r_{D0}^2+v_T^2\left(t_m+t_1\right)^2}\end{aligned} \tag{6.76}$$

将式(6.76)做关于 Δx 的二阶泰勒级数展开，则点目标 B 与参考点目标 P 相比，距离历程的空变量为

$$\begin{aligned}\Delta r(t_m,\Delta x)&=r_B(t_m)-r_P(t_m)\\&=\left[\frac{x-x_T}{\sqrt{H_T^2+(x-x_T)^2+v_T^2(t_m-t_0)^2}}+\frac{x}{\sqrt{H_R^2+x^2+y^2}}\right]\cdot\Delta x\\&\quad+\frac{1}{2}\left[\frac{1}{\sqrt{H_T^2+(x-x_T)^2+v_T^2(t_m-t_0)^2}}+\frac{1}{\sqrt{H_R^2+x^2+y^2}}\right]\cdot\Delta x^2\\&\quad-\frac{1}{2}\left[\frac{(x-x_T)^2}{\left[H_T^2+(x-x_T)^2+v_T^2(t_m-t_0)^2\right]^{1.5}}+\frac{x^2}{(H_R^2+x^2+y^2)^{1.5}}\right]\cdot\Delta x^2\end{aligned} \tag{6.77}$$

由式(6.77)可见，距离历程的空变量 Δx 的系数与点目标的位置 (x,y) 相关。对于不同位置的点目标，距离历程的空变量，即 Δx 的系数是不同的。因此，星地BSAR系统距离徙动具有距离向空变性。

假设点目标 C 的坐标为 $(x,y+\Delta y)$，则点目标 C 的距离历程为

$$\begin{aligned}r_C(t_m)=&\sqrt{H_T^2+(x-x_T)^2+v_T^2(t_m-t_0')^2}\\&+\sqrt{H_R^2+x^2+(y+\Delta y)^2}-\sqrt{r_{D0}^2+v_T^2(t_m+t_1')^2}\end{aligned} \tag{6.78}$$

式中，$t_0' = (y + \Delta y)(1/v_T - 1/v_{TF})$；$t_1' = (y + \Delta y)/v_T$。

将式(6.78)做关于 Δy 的一阶泰勒级数展开，则点目标 C 与参考点目标 P 相比，距离历程的空变量为

$$
\begin{aligned}
\Delta r(t_m, \Delta y) &= r_C(t_m) - r_P(t_m) \\
&= \left[\frac{v_T^2 (t_m - t_0)(1/v_{TF} - 1/v_T)}{\sqrt{H_T^2 + (x - x_T)^2 + v_T^2 (t_m - t_0)^2}} + \frac{y}{\sqrt{H_R^2 + x^2 + y^2}} - \frac{v_T (t_m + t_1)}{\sqrt{r_{D0}^2 + v_T^2 (t_m + t_1)^2}} \right] \cdot \Delta y \\
&\quad + \frac{1}{2} \left[\frac{v_T^2 (1/v_T - 1/v_{TF})^2}{\sqrt{H_T^2 + (x - x_T)^2 + v_T^2 (t_m - t_0)^2}} + \frac{v_T^4 (t_m - t_0)(1/v_T - 1/v_{TF})}{\left[H_T^2 + (x - x_T)^2 + v_T^2 (t_m - t_0)^2 \right]^{1.5}} \right] \cdot \Delta y^2 \\
&\quad + \frac{1}{2} \left[\frac{1}{\sqrt{H_R^2 + x^2 + y^2}} - \frac{y^2}{(H_R^2 + x^2 + y^2)^{1.5}} \right] \cdot \Delta y^2 \\
&\quad - \frac{1}{2} \left[\frac{1}{\sqrt{r_{D0}^2 + v_T^2 (t_m + t_1)^2}} + \frac{v_T^2 (t_m + t_1)^2}{\left[r_{D0}^2 + v_T^2 (t_m + t_1)^2 \right]^{1.5}} \right] \cdot \Delta y^2
\end{aligned}
\tag{6.79}
$$

由式(6.79)可以看出，Δy 的一次及二次项系数与点目标的位置 (x, y) 有关，对于不同位置点的目标，距离徙动的空变量是不同的。因此，星地 BSAR 距离历程具有方位向空变性。

下面通过仿真实验分析点目标 RCM 的空变特性。点目标位置如图 6.13(a)所示，距离向及方位向间隔均为 1000m。下面分别对点目标距离徙动沿距离向和方位向的空变性进行分析。

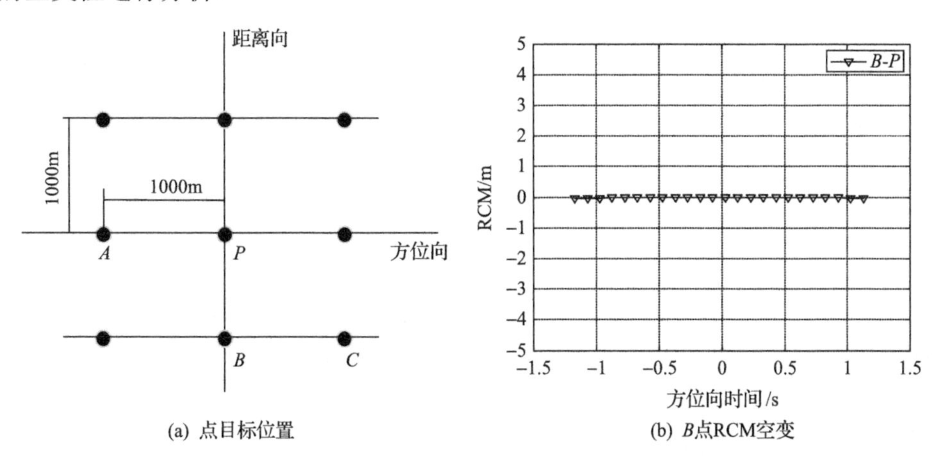

(a) 点目标位置　　(b) B点RCM空变

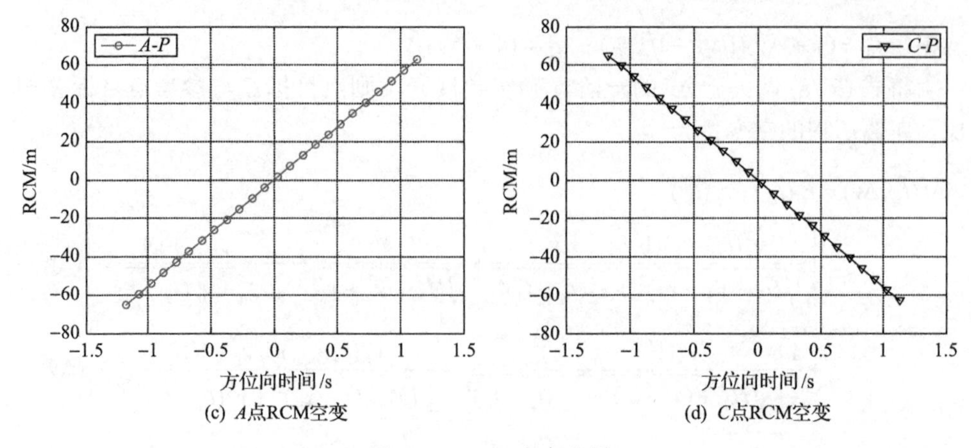

(c) A点RCM空变　　(d) C点RCM空变

图 6.13　RCM 空变分析

图 6.13(b) 为以场景中心点目标 P 的 RCM 为参考，处于同一方位向位置的点目标 B 的残余 RCM 分布。从图 6.13(b) 中可以看出，方位向零位置点目标的残余 RCM 比较小，基本可以忽略。图 6.13(c) 为以场景中心点目标 P 的 RCM 为参考，处于同一距离向位置处的点目标 A 的残余 RCM 分布。从图 6.13(c) 中可以看出，残余 RCM 主要为线性分量，且比较大。图 6.13(d) 为以参考点目标 P 的 RCM 进行距离徙动校正后，点目标 C 残余 RCM 分布。从图 6.13(d) 中可以看出，残余 RCM 主要为线性分量，且与 A 的变化趋势相反。由图 6.13 可以看出，直达波信号的引入，导致该模型条件下距离向及方位向边缘点目标的 RCM 空变比较严重，在成像处理过程中，需要考虑点目标 RCM 的二维空变性。

2. 调频率空变性分析

基于星载辐射源的星地 BSAR 系统中，点目标的多普勒信息由发射机与目标的相对运动产生。多普勒调频率与卫星到点目标的最短距离 r_{T0} 相关。当卫星与点目标 P 斜距最近时，对应的双基地距离为

$$r = \sqrt{r_{R0}^2 + y_p^2} + \sqrt{H_T^2 + (x_p - x_T)^2} \tag{6.80}$$

式中，(x_p, y_p) 为点目标 P 的坐标；x_T 为发射机 X 轴位置。

由式(6.80)可见，对于收、发距离和为 r 值的所有点目标，随着点目标方位向位置 y_p 的变化，距离向位置 x_p 也发生变化。$r_{T0} = \sqrt{H_T^2 + (x_p - x_T)^2}$，即发射机到点目标的最短距离 r_{T0} 是点目标方位向位置 y_p 的函数，因此点目标的多普勒调频率随方位向位置 y_p 的不同而变化，记为 $K_a(y_p)$。如果方位向聚焦时使用方位向参考位置的多普勒调频率 $K_a(0)$，那么其他位置点目标多普勒调频率 $K_a(y_p)$ 的

失配，会造成场景其他位置点目标的方位向散焦。当调频率失配较大时，将会严重影响星地 BSAR 系统的方位向聚焦深度。

对于点目标 P，经过直达波匹配滤波，其多普勒调频率 $K_a(y_p)$ 失配引起的二次相位误差(quadratic phase error，QPE)为[11]

$$\text{QPE}=\pi\left|K_a'(y_p)-K_a'(0)\right|\left(\frac{T_{\text{sys}}}{2}\right)^2 \tag{6.81}$$

式中，$K_a'(y_p)=K_a(y_p)-K_D(y_p)$；$K_a'(0)=K_a(0)-K_D(0)$，$K_D(\cdot)$ 为直达波匹配滤波引入的多普勒调频率；T_{sys} 为滑动聚束模式星地 BSAR 系统的合成孔径时间，一般为条带模式 SAR 的几倍。

对于场景中心点目标，其多普勒调频率为

$$K_a(0)=\frac{1}{\lambda}\frac{\mathrm{d}^2 r(t_m,0)}{\mathrm{d}t_m^2}\bigg|_{t_m=0}=\frac{v_T^2}{\lambda(r-r_{R0})} \tag{6.82}$$

对于场景中心点目标，由式(6.66)可知，直达波匹配滤波引入的多普勒调频率为

$$K_D(y_p)=\frac{1}{\lambda}\frac{\mathrm{d}^2 r_D(t_m,0)}{\mathrm{d}t_m^2}\bigg|_{t_m=0}=\frac{v_T^2}{\lambda r_{D0}} \tag{6.83}$$

对于方位向边缘点目标，其多普勒调频率为

$$K_a(y_p)=\frac{1}{\lambda}\frac{\mathrm{d}^2 r(t_m,y_p)}{\mathrm{d}t_m^2}\bigg|_{t_m=0}=\frac{v_T^2\left(r-\sqrt{r_{R0}^2+y_p^2}\right)^2}{\lambda\left[\left(r-\sqrt{r_{R0}^2+y_p^2}\right)^2+v_T^2y_p^2\left(\frac{1}{v_T}-\frac{1}{v_{TF}}\right)^2\right]^{3/2}} \tag{6.84}$$

对于方位向边缘点目标，由式(6.66)可知，直达波匹配滤波引入的多普勒调频率为

$$K_D(y_p)=\frac{1}{\lambda}\frac{\mathrm{d}^2 r_D(t_m,y_p)}{\mathrm{d}t_m^2}\bigg|_{t_m=0}=\frac{v_T^2 r_{D0}^2}{\lambda(r_{D0}^2+y_p^2)^{3/2}} \tag{6.85}$$

将式(6.82)～式(6.85)代入式(6.81)，即可得到直达波匹配滤波后，多普勒调频率失配引起的二次相位误差的解析表达式。

下面通过对星地 BSAR 系统的仿真，分析二次相位误差的分布，仿真参数见

表 6.3，仿真结果如图 6.14 所示。

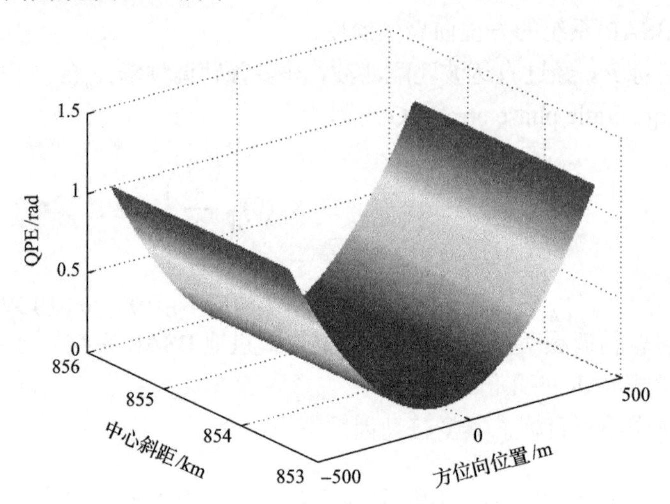

图 6.14　QPE 随中心斜距及方位向位置变化分布曲线

图 6.14 显示的是二次相位误差随着点目标中心斜距及方位向位置的二维分布。其中，横、纵坐标分别为点目标方位向位置及点目标中心斜距，垂直坐标为 QPE。由图 6.14 可见，由于滑动聚束模式星地 BSAR 合成孔径时间较长，方位向聚焦深度较小。如果以 $\pi/4$ 为 QPE 上限，那么方位向聚焦深度只有约 800m。因此，为了增加方位向聚焦深度，基于星载辐射源的 BSAR 方位向成像时必须考虑多普勒调频率的方位向空变性。

3. 二维频谱空变性分析

由于式(6.74)对应的距离历程由三个根号项组成，很难直接利用驻定相位原理求解驻定相位点。为了获取信号的二维频谱，将式(6.74)对应的距离历程在合成孔径中心时刻 $t_m = 0$ 进行泰勒级数展开。对发射机及直达波距离历程进行泰勒级数展开，可以得到

$$r_T(t_m) = K_{T0} + K_{T1}t_m + K_{T2}t_m^2 + \cdots \tag{6.86}$$

$$r_D(t_m) = K_{D0} + K_{D1}t_m + K_{D2}t_m^2 + \cdots \tag{6.87}$$

式中

$$K_{T0} = \sqrt{r_{T0}^2 + v_T^2 t_{T0}^2}, \quad K_{T1} = -\frac{v_T^2 t_{T0}}{\sqrt{r_{T0}^2 + v_T^2 t_{T0}^2}}, \quad K_{T2} = -\frac{v_T^2 r_{T0}^2}{2(r_{T0}^2 + v_T^2 t_{T0}^2)^{3/2}}, \quad \cdots \tag{6.88}$$

$$K_{D0}=\sqrt{r_{D0}^2+v_T^2t_{D0}^2},\quad K_{D1}=-\frac{v_T^2t_{D0}}{\sqrt{r_{D0}^2+v_T^2t_{D0}^2}},\quad K_{D2}=-\frac{v_T^2r_{D0}^2}{2(r_{D0}^2+v_T^2t_{D0}^2)^{3/2}},\quad\cdots \tag{6.89}$$

从而可得式(6.74)的泰勒级数展开式为

$$r(t_m)=\mu_0+\mu_1t_m+\mu_2t_m^2+\mu_3t_m^3+\mu_4t_m^4+\cdots \tag{6.90}$$

式中

$$\begin{cases}\mu_0=K_{T0}+r_R(t_{T0},r_{T0})-K_{D0}\\ \mu_1=K_{T1}-K_{D1}\\ \mu_2=K_{T2}-K_{D2}\\ \quad\vdots\end{cases} \tag{6.91}$$

由级数反演法[12]，并保留 f_a 的四次及以下阶次的相位，可得式(6.90)的二维频谱为

$$S(f_\tau,f_a)=\omega_r(f_\tau)\omega_a(f_a)\exp\left\{\mathrm{j}\left[\phi_c+\phi_0(f_a,r)+\phi_1(f_a,f_\tau,r)+\phi_2(f_a,f_\tau,r)\right]\right\} \tag{6.92}$$

式中，ϕ_c 为与 f_τ、f_a 无关的常数相位项，对成像没有影响；$\phi_0(f_a,r)$ 为 BSAR 的方位调制项，与距离频率 f_τ 无关；$\phi_1(f_a,f_\tau,r)$ 为 f_τ 的线性项，是由点目标的距离徙动引入的相位；$\phi_2(f_a,f_\tau,r)$ 为距离向和方位向的二维耦合相位。式(6.92)的推导过程及各项的表达式详见附录 A。

在实际成像过程中，$\phi_0(f_a,r)$ 可以通过构造方位向匹配滤波器进行补偿。$\phi_1(f_a,f_\tau,r)$ 的距离徙动项具有空变性，可以将信号变换到距离多普勒域，通过插值进行校正。对于距离向和方位向二维耦合相位 $\phi_2(f_a,f_\tau,r)$，需要在二维频域进行消除。由于 μ_1、μ_2、μ_3 和 μ_4 都是与距离有关的量，因此一般情况下，都是以场景中心点为参考点，用场景参考点的二维耦合相位统一进行补偿。

图 6.15 中，横、纵坐标分别为距离向频域和方位向频域，垂直坐标为相位误差。图 6.15(a)是以直达波为距离向匹配滤波参考信号，回波信号以场景中心点的二维耦合相位 $\phi_2(f_a,f_\tau,r_{\mathrm{ref}})$ 为参考，方位向 1000m 位置处点目标残余相位分布。同时，为了更好地进行对比，图 6.15(b)是以发射信号为距离向匹配滤波参考信号，以场景中心点的二维耦合相位 $\phi_2'(f_a,f_\tau,r_{\mathrm{ref}})$ 为参考，方位向 1000m 位置处点目标残余相位分布。对比图 6.15(a)和图 6.15(b)可以看出，直达波信号的引入，使得二维耦合相位的空变性非常大，当以场景中心点为参考进行补偿后，残余相位导致很难得到观测场景的聚焦图像。

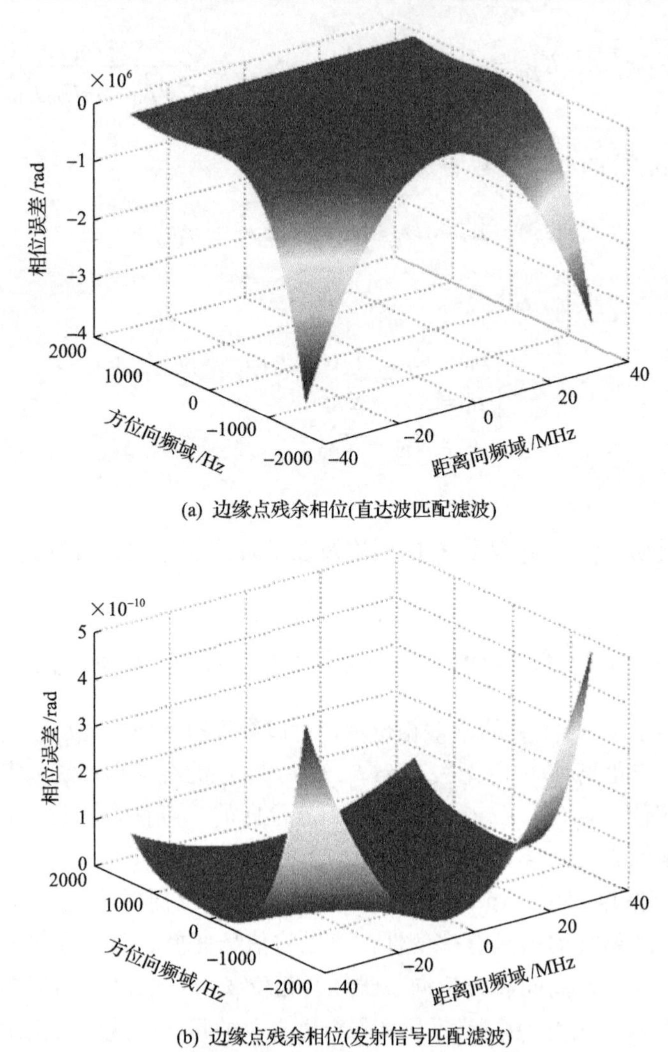

(a) 边缘点残余相位(直达波匹配滤波)

(b) 边缘点残余相位(发射信号匹配滤波)

图 6.15　二维耦合相位空变性分析

6.2.4　直达波距离历程估计

由上述分析可知，星地 BSAR 系统利用直达波信号作为距离向压缩参考信号，能够在完成距离向压缩的同时，实现收、发系统之间的时、频同步处理，但这也使得点目标的距离徙动特性变得更为复杂。经过对点目标 RCM 曲线以及二维频谱的分析可知，点目标的距离徙动曲线叠加了直达波距离历程，从而导致点目标的 RCM 存在非常大的二维空变性。也就是说，利用直达波信号作为距离向匹配滤波的参考信号之后，一方面完成了收、发站之间时、频同步误差的补偿处理；

另一方面，该同步处理导致观测场景点目标的距离徙动曲线叠加了直达波的距离徙动曲线，从而导致观测场景点目标距离徙动曲线空变性非常严重，很难利用已有的成像算法实现回波数据的成像处理。由式(6.73)可以看出，经过时、频同步处理后，回波相位不再含有时、频同步误差相位，但同时叠加了与观测场景点目标位置无关，仅随着方位向慢时间变化的直达波相位。因此，为了减小点目标距离徙动的二维空变性，本节首先对直达波相位进行补偿，从而使得式(6.73)变换为完成了距离向压缩的星地 BSAR 回波数据。然后利用星地双基地成像算法对直达波补偿后的回波数据进行处理，实现对观测场景的聚焦。直达波距离历程估计的详细过程，请参考 4.2.1 节内容，此处不再赘述。

假设零多普勒时刻估计误差为 Δt_0，当利用直达波距离历程对散射波数据进行直达波补偿时，回波信号为

$$\begin{aligned} s_1(\tau,t_m) = \sigma_p \cdot \mathrm{sinc}\left[\tau - \frac{r_T(t_m)+r_R(y)+\Delta r_D(t_m)}{c}\right] \\ \cdot \exp\left[-\mathrm{j}2\pi f_0 \frac{r_T(t_m)+r_R(y)+\Delta r_D(t_m)}{c}\right] \end{aligned} \tag{6.93}$$

式中

$$\begin{aligned} \Delta r_D(t_m) &= r_D(t_m) - r'_D(t_m) \\ &= r_D(t_m) - r_D(t_m - \Delta t_0) \end{aligned} \tag{6.94}$$

由式(6.93)可以看出，零多普勒时刻估计误差主要有以下两个影响：一是在距离向引入了一个包络偏移量 $\Delta r_D(t_m)/c$；二是在方位向引入了一个与慢时间相关的误差相位 $\exp\left[-\mathrm{j}2\pi f_0\, \Delta r_D(t_m)/c\right]$。下面分别对上述两个误差项进行分析。

1. 零多普勒时刻估计误差对距离向的影响分析

以表 6.3 中的参数为例，下面分析零多普勒时刻估计误差引入的包络偏移，结果如图 6.16 所示。

为了实现方位向聚焦处理，通常要求距离向包络误差小于距离向脉冲压缩宽度的 1/4[11]。从图 6.16 中可以看出，此时要求零多普勒时刻估计误差不大于 0.02s。

2. 零多普勒时刻估计误差对方位向的影响分析

将合成孔径时间 T_{sys} 内的误差相位分解为线性相位分量、二次相位分量和高频相位分量。

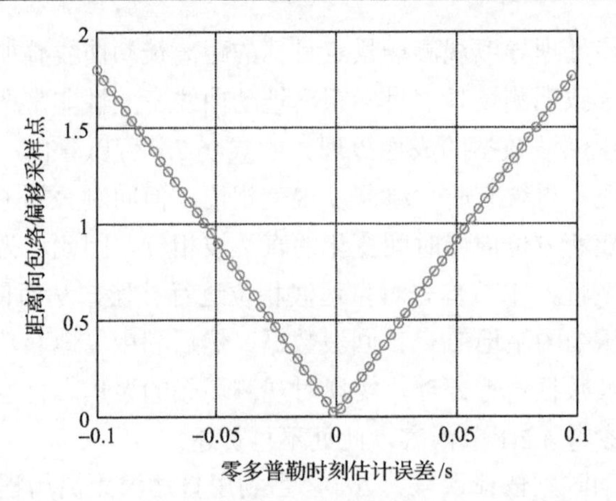

图 6.16　距离向包络偏移随零多普勒时刻估计误差的变化

$$\phi(t_m) = \phi_c + 2\pi k_1 t_m + \pi k_2 t_m^2 + \Delta\phi \tag{6.95}$$

式中，ϕ_c 为固定相位误差，不会对成像结果造成影响，因此下面不再进行分析；k_1 和 k_2 分别为误差相位的线性相位分量和二次相位分量系数；$\Delta\phi$ 为高频相位分量。下面分别针对这几个分量对成像结果的影响进行分析。

1) 线性相位分量

线性相位分量是误差相位的主要分量，该分量主要造成点目标方位向成像位置偏移。由文献[9]可知，方位向成像位置偏移为

$$\Delta x' = \frac{k_1 v_T}{k_a} \tag{6.96}$$

设系统方位向分辨率为 ρ_A，则方位向成像位置偏移的分辨单元数为

$$\Delta x = \frac{\Delta x'}{\rho_A} \tag{6.97}$$

2) 二次相位分量

二次相位分量会引入线性调频率误差，引起主瓣展宽、PSLR 和 ISLR 的升高，是造成方位向散焦的主要原因。二次相位误差一方面会影响脉冲压缩之后峰值的幅度；另一方面会在峰值位置引入 QPE/3 的相位误差，其中

$$\text{QPE} = \frac{\pi k_2 T_{\text{sys}}^2}{4} \tag{6.98}$$

3) 高频相位分量

误差相位的高频相位分量主要引起虚假旁瓣，造成积分旁瓣比升高。设三次

相位分量系数为 k_3，K_a 为方位向多普勒调频率。经过分析，当零多普勒时刻同步误差为 0.1s 时，两者的比值 $k_3/K_a \approx 3.95\times10^{-6}$。经过验证，这个量级的高频相位分量对成像结果的影响基本上可以忽略。

根据以上分析可以看出，误差相位中主要是一次相位分量和二次相位分量对成像结果有影响。下面针对上述两项相位分量对成像结果的影响进行分析(图 6.17)。

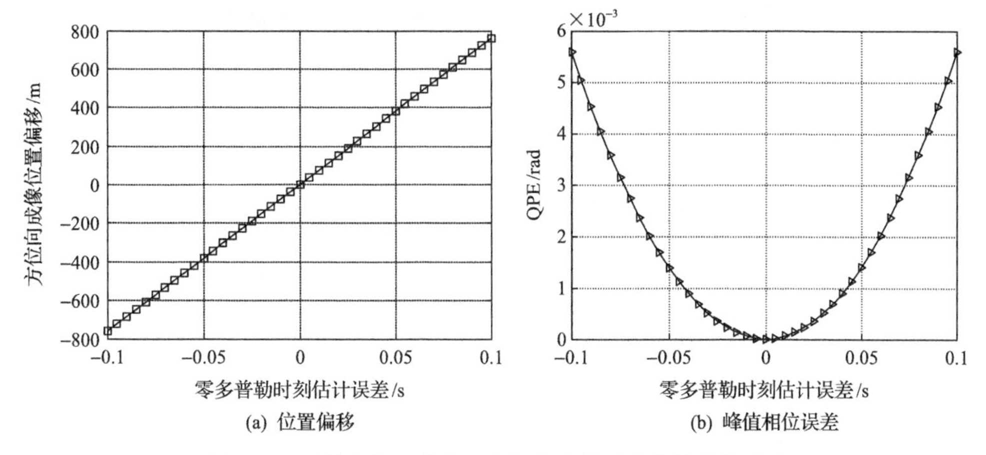

图 6.17　误差相位一次和二次相位分量对成像结果的影响

由图 6.17 可以看出，零多普勒时刻估计误差引入的线性相位项主要引入成像结果的方位向位置偏移；二次相位误差较小，该误差相位对成像结果的影响基本上可以忽略。

6.2.5　频域成像算法

卫星工作于滑动聚束模式，从而使得观测场景方位向不同位置点目标的多普勒中心存在偏移。当观测场景较大时，该偏移会导致回波多普勒出现混叠。因此，在直达波信号补偿之前，还需要计算观测场景的多普勒频带范围，利用方位向预处理方法对回波信号方位向进行处理，从而使得直达波补偿后，回波数据方位向多普勒谱不会出现频谱混叠。

因此，基于方位向预处理方法、直达波补偿算法以及改进的非线性 Chirp Scaling 算法，本小节提出了针对该模型条件下的频域成像算法。首先通过方位向预处理方法，提高方位向采样率，从而避免直达波补偿后方位向出现频谱混叠。然后利用时、频同步方法估计得到的直达波距离历程，对回波数据进行直达波相位补偿，从而减小点目标距离徙动的二维空变性。经过直达波补偿，成像问题就简化为星地 BSAR 成像。最后利用改进的非线性 Chirp Scaling 算法，实现对观测场景的成像。

1. 方位向 Deramp 处理

发射机工作于滑动聚束模式，因此不同方位向点目标多普勒中心存在线性偏移。当观测场景较大时，多普勒偏移会使得部分点目标的多普勒历程移出±PRF/2范围。如果不进行方位向预处理，经过直达波补偿后，方位向多普勒频谱会出现混叠，导致成像结果产生虚假目标等。方位向预处理过程如图 6.18 所示[13]，下面对该过程进行介绍。

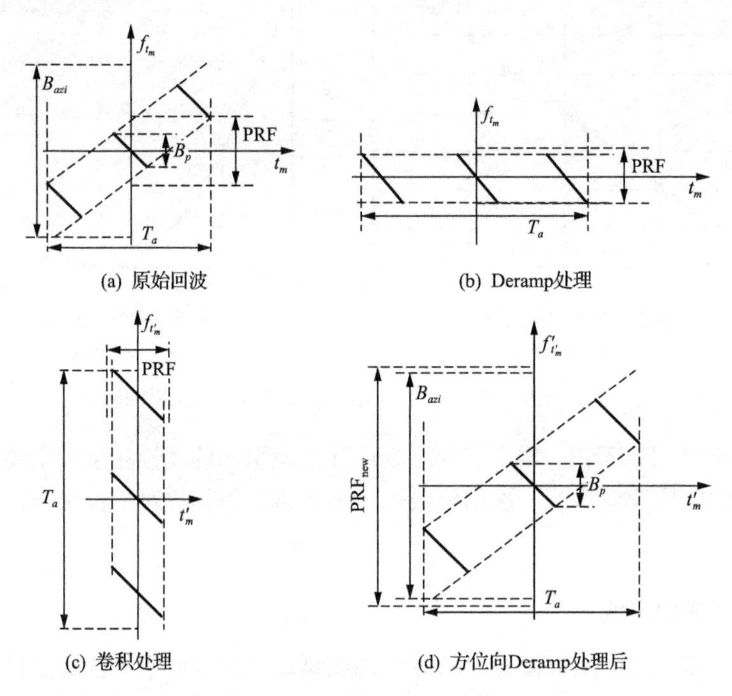

图 6.18 方位向预处理过程

首先在方位向将回波信号与下列参考信号进行卷积，将不同方位向点目标多普勒谱均移到非混叠区域：

$$H_{\mathrm{ref}}(t_a) = \exp(\mathrm{j}\pi k_a t_m^2) \tag{6.99}$$

式中，$k_a = v_T^2 / (\lambda r_{T0})$。

经过卷积处理，方位向回波信号变为

$$S_2(f_\tau, t'_m) = \exp(\mathrm{j}\pi k_a t_m'^2) \cdot \int S_r(f_\tau, x) \exp(\mathrm{j}\pi k_a x^2) \exp(-\mathrm{j}2\pi k_a t_m x) \mathrm{d}x \tag{6.100}$$

经过与参考信号卷积处理，信号时、频谱如图 6.18(b)所示。从图 6.18(b)中可以看出，经过与参考信号相乘，回波信号多普勒谱被约束在[–PRF/2, PRF/2]。式(6.100)中的积分项与傅里叶逆变换核类似，因此积分项的作用是利用傅里叶逆变换将信号从慢时间域 t_m 变换到 t'_m。设 t'_m 对应的频域信号为 f'_{t_m}，此时，式(6.100)在二维频域的表达式为

$$S_2(f_\tau, f'_{t_m}) = S_r(f_\tau, f'_{t_m}) H_{\text{ref}}(f'_{t_m}) \tag{6.101}$$

式中，$H_{\text{ref}}(f'_{t_m})$ 为参考信号 $H_{\text{ref}}(t_m)$ 的频谱。

为了获得 $S_r(f_\tau, f'_{t_m})$，需要补偿式(6.101)中的第二项，补偿函数为

$$H'_{\text{ref}}(f'_{t_m}) = \exp\left(-\text{j}\pi \frac{f'^2_{t_m}}{k_a}\right) \tag{6.102}$$

经过与式(6.102)相乘，最终获取了经过方位向预处理，场景内所有点目标的多普勒频谱均在方位向采样频率范围之内的回波信号 $s_r(\tau, t'_m)$。

2. 直达波补偿

利用已知的直达波距离历程，对散射波数据中直达波引入的相位进行补偿，消除直达波信号引入的空变项。

$$s_{RC}(\tau, t'_m) = s_r(\tau, t'_m) \exp\left[-\text{j}2\pi \frac{f_c + f_\tau}{c} r'_D(t'_m)\right] \tag{6.103}$$

经过直达波补偿，回波数据为星地 BSAR 的回波信号，如下所示：

$$\begin{aligned} s_{RC}(\tau, t'_m) = \sigma_p \cdot \text{sinc}\left[\tau - \frac{r_T(t'_m) + r_R(y) + \Delta r_D(t'_m)}{c}\right] \\ \cdot \exp\left[-\text{j}2\pi f_0 \frac{r_T(t'_m) + r_R(y) + \Delta r_D(t'_m)}{c}\right] \end{aligned} \tag{6.104}$$

此时，利用改进的非线性 Chirp Scaling 算法对回波方位向进行处理，进而实现对观测场景的成像处理。

3. 方位向多普勒调频率扰动处理

为了将不同方位向位置的点目标的多普勒调频率调整为参考点目标的多普勒调频率，非线性 Chirp Scaling 算法通过在方位向引入相位扰动函数 $h_{\text{pert}}(t'_m)$，从而消除方位向多普勒调频率的空变性。对于星地 BSAR 系统，多普勒调频率 K_a 与点目标方位向位置 y_p 之间的变化规律近似满足二次函数，且以零多普勒时刻对

称。根据文献[9]，方位向扰动函数为 $h_{\text{pert}}(t'_m)=\exp(\mathrm{j}\pi\alpha t'^4_m)$ 。

经过相位扰动，y_p 位置处目标的多普勒调频率为

$$\begin{aligned}K'_a(y_p)&=\frac{1}{2\pi}\frac{\mathrm{d}^2\left[\pi K_a(y_p)(t'_m-t_0)^2+\pi\alpha t'^4_m\right]}{\mathrm{d}t'^2_m}\bigg|_{t'_m=t_0}\\&=K_a(y_p)+6\alpha t_0^2\end{aligned}\tag{6.105}$$

令 $K'_a(y_p)=K_a(0)$ ，从而可以得到

$$\alpha=-\frac{\Delta K_a(y_p)}{6t_0^2}=-\frac{K_a(y_p)-K_a(0)}{6t_0^2}\tag{6.106}$$

对式(6.104)的相位进行泰勒级数展开，并保留至二次项相位，从而可以得到

$$s_2(t'_m,\tau)\approx\operatorname{sinc}\left\{B\left[\tau-\frac{r(t'_m,x_p,y_p)}{c}\right]\right\}\cdot\exp\left[\mathrm{j}\pi K_a(y_p)(t'_m-t_0)^2\right]\cdot\exp(-\mathrm{j}\phi_0)\tag{6.107}$$

式中，$\phi_0=\dfrac{2\pi}{\lambda}\cdot\dfrac{r_{R0}+r_{T0}}{c}$ 为固定相位，对方位向聚焦没有影响。经过非线性 Chirp Scaling 算法处理的方位向相位可以写为

$$\begin{aligned}\varphi_{Ap}&=\exp\left[\mathrm{j}\pi K_a(y_p)(t'_m-t_0)^2+\mathrm{j}\pi\alpha t'^4_m\right]\cdot\exp(-\mathrm{j}\phi_0)\\&=\exp\left[\mathrm{j}\pi K_a(0)(t'_m-t_0)^2\right]\cdot\exp(\mathrm{j}\phi_\Delta)\cdot\exp(-\mathrm{j}\phi_0)\end{aligned}\tag{6.108}$$

式中，ϕ_Δ 为多普勒扰动之后引入的残余相位。

4. 距离徙动校正

经过分析，星地 BSAR 系统距离徙动的空变性很小[9]。因此，在距离徙动校正时，可以以场景中心处的距离徙动为参考对回波数据进行校正。因此，距离徙动校正函数为

$$H_{\text{RCMC}}(f_a,f_r)=\exp\left[\mathrm{j}\pi\frac{r_{T0}}{c}\left(\frac{f_a}{f_{aM}}\right)^2f_r\right]\tag{6.109}$$

式中，$f_{aM}=v_T/\lambda$ 。

5. 方位压缩与残余相位补偿

经过 RCMC 处理之后，观测场景各处点目标的距离徙动曲线已经被校正。由式(6.108)可见，经过非线性 Chirp Scaling 算法操作之后，对处于同一距离门的点目标来说，各点目标的多普勒调频率与参考位置处的多普勒调频率相等。但是由式(6.108)可以看出，经过非线性 Chirp Scaling 算法处理，方位向引入了一项残余相位 ϕ_Δ。令 $t_n = t'_m - t_0$，则方位向残余相位 ϕ_Δ 可以表示为

$$\begin{aligned}\phi_\Delta &= \pi K_a(y_p)(t'_m - t_0)^2 + \pi\alpha t'^4_m - \pi K_a(0)(t'_m - t_0)^2 \\ &= \pi\alpha t_n^4 + 4\pi\alpha t_n^3 t_0 + 4\pi\alpha t_n t_0^3 + \pi\alpha t_0^4\end{aligned} \tag{6.110}$$

式中，第一项为四次相位调制项，如果不进行补偿，那么会使得点目标成像结果的方位向主瓣展宽、旁瓣升高，该相位与点目标方位向位置无关。第二项是三次相位项，该项相位会使得脉冲压缩结果产生非对称旁瓣，且其与点目标方位向位置有关。第三项是多普勒偏移项，其会导致成像结果存在方位向偏移，与点目标的方位向位置有关。最后一项是常数项，该项对方位向成像处理的影响可以忽略。因此，残余相位 ϕ_Δ 的组成比较复杂，有些相位项与点目标位置无关，有些相位项则具有方位向空变性。因此，在方位向聚焦过程中，需要对该残余相位进行补偿，否则可能对成像结果产生影响。

由上面分析可知，为了提高成像质量，非线性 Chirp Scaling 算法引入的残余相位必须进行补偿。将式(6.110)沿方位向慢时间进行傅里叶变换，可以得到

$$\begin{aligned}\phi_{\Delta f_a} \approx& -\pi\frac{f_a^2}{K_a(0)} + \pi\alpha\left[\frac{f_a}{K_a(0)}\right]^4 + 4\pi\alpha\left[\frac{f_a}{K_a(0)}\right]^3 t_0 \\ &+ 4\pi\alpha\frac{f_a}{K_a(0)}t_0^3 + \pi\alpha t_0^4 - 2\pi f_a t_0\end{aligned} \tag{6.111}$$

方位向压缩是在距离多普勒域实现的，因此无法补偿沿方位向时间变化的相位调制。由式(6.111)可见，由于四次相位调制项与点目标位置不相关，该项相位的校正可以与方位向压缩同时进行；三次相位调制和一次相位调制与方位向点目标位置相关，因此不能通过某一相位项进行统一补偿，需要利用方位向分块处理进行校正。

为了解决方位向空变性，通常采用方位向分块处理这种有效的解决方案。具体处理过程为：将回波数据按照一定的方位向间隔划分为若干子块；对于每一个子块，以子块内的方位向中心位置为参考，分别进行成像处理；通过拼接得到整

幅的图像。方位向子块的划分需要考虑相位补偿精度的要求，不能太小，否则会导致数据处理量的增大；也不能太大，否则相位补偿精度不满足要求。本书以合成孔径时间内的三次相位误差不超过π/8为限，即

$$4\pi\alpha\left(\frac{T_{\mathrm{sys}}}{2}\right)^3\cdot\frac{\Delta t_0}{2}\leqslant\frac{\pi}{8} \tag{6.112}$$

式中，Δt_0为子块的大小。T_{sys}的表达式为

$$T_{\mathrm{sys}}\approx\frac{r_{T0}\theta_T}{v_{TF}}=\frac{r_{T0}D_T}{\lambda v_{TF}} \tag{6.113}$$

式中，θ_T为发射机波束宽度；D_T为发射天线方位向孔径宽度。Δt_0必须满足

$$\Delta t_0\leqslant\frac{1}{2\alpha T_{\mathrm{sys}}^3}=\frac{1}{2\alpha}\cdot\left(\frac{r_{T0}D_T}{\lambda v_{TF}}\right)^3 \tag{6.114}$$

综上，方位向处理过程分为如下两个步骤：首先在距离多普勒域补偿二次相位和四次相位；然后将方位向进行分块，分别对每一个子块进行一次相位和三次相位的补偿，最后将各个子块进行拼接得到聚焦图像。

综上所述，基于直达波进行同步处理的星地BSAR成像处理流程如图6.19所示。

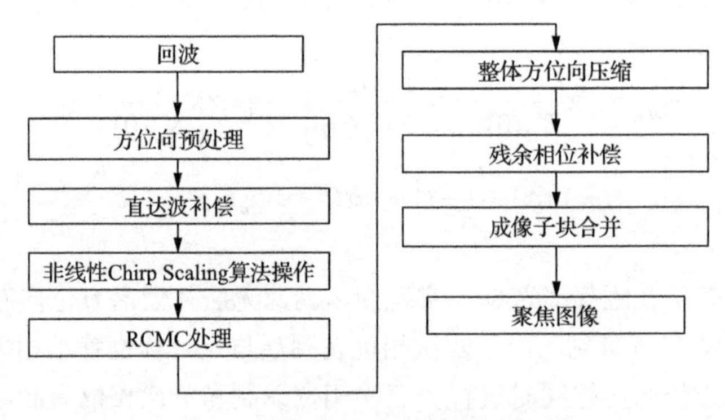

图6.19　星地BSAR成像处理流程

6.2.6　实验验证与分析

对于本节提出的频域成像算法，下面首先通过点目标仿真，验证该成像算法的有效性和成像性能。随后通过对滑动聚束模式星地BSAR实测数据进行成像处

理，进一步验证该频域成像算法的有效性。

1. 仿真数据成像结果

首先进行点目标回波的仿真及成像处理。星地 BSAR 仿真参数如表 6.3 所示。

表 6.3　星地 BSAR 仿真参数

参数	数值	参数	数值
载频/GHz	9.65	带宽/MHz	30
PRF/Hz	3000	采样率/MHz	75
脉宽/μs	10	卫星方位向波束宽度/(°)	0.33
卫星高度/km	514	卫星入射角/(°)	45
卫星平台速度/(m/s)	7600	卫星波束速度/(m/s)	2100
接收站高度/m	1000	接收天线入射角/(°)	75

设零多普勒时刻的预测误差 $t_0 = 0.38\text{s}$、线性时间同步误差 $t_{\text{err}} = 6.4939\times10^{-9}$、系统频率源准确度为 1×10^{-6}，则固定频率同步误差为 $\Delta f = 9.65\text{kHz}$。以目前星载 SAR 系统主流的高稳本振参数为参考，其相位谱参数如表 4.4 所示。按照上述相位谱参数生成的相位噪声如图 6.20 所示。

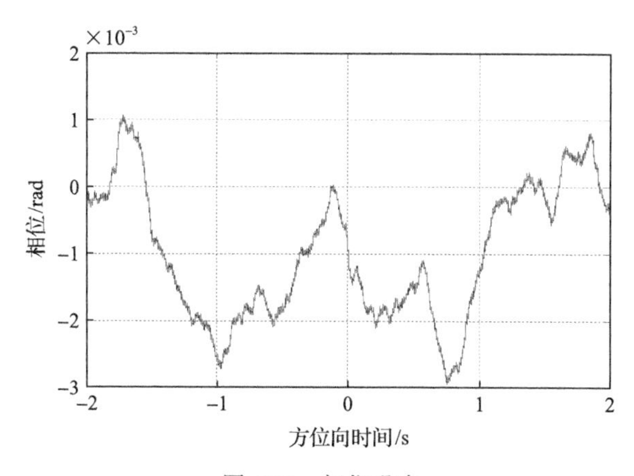

图 6.20　相位噪声

根据仿真设定的时、频同步误差，分别生成含有时、频同步误差的直达波信号和散射波信号，并利用直达波信号进行零多普勒时刻的估计。由于很难得到零多普勒时刻估计误差的解析表达式，本节通过蒙特卡罗仿真，分析零多普勒时刻的估计精度。按照零多普勒时刻估计方法，蒙特卡罗仿真 100 次，仿真结果如图 6.21 所示。

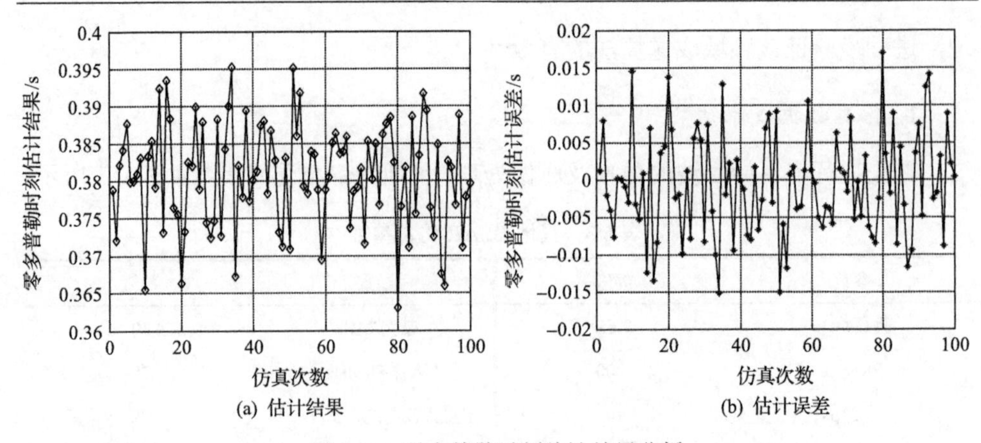

(a) 估计结果　　(b) 估计误差

图 6.21　零多普勒时刻估计结果分析

由图 6.21(a)可以看出，零多普勒时刻估计结果围绕设定的零多普勒值 $t_0 = 0.38\text{s}$ 随机抖动。由图 6.21(b)可以看出，零多普勒时刻估计误差小于 0.02s。根据 4.1 节的分析可知，该估计误差引入的距离向包络偏移满足要求。

根据前面所述，首先利用直达波作为距离向匹配滤波参考信号，完成回波数据的距离向脉冲压缩处理。然后按照本节提出的成像算法流程，对回波数据进行处理，得到的成像结果如图 6.22 所示。其中，直达波零多普勒时刻估计误差约为 0.011s。

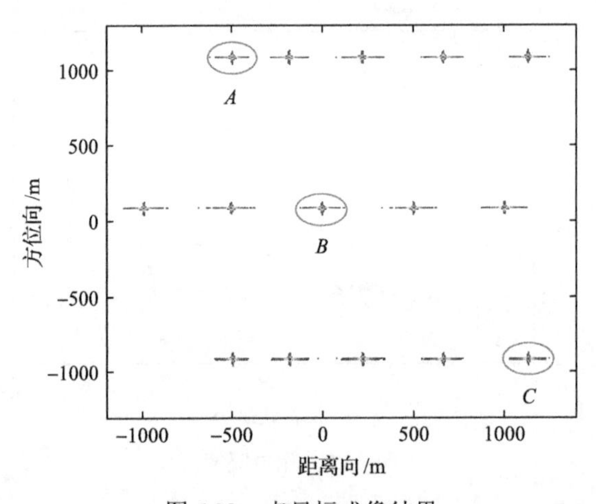

图 6.22　点目标成像结果

图 6.22 为根据 6.2.5 节成像算法得到的成像结果。由图 6.22 可以看出，点目标聚焦性能较好，从而验证了本节所提成像算法的有效性。同时，由图 6.22 可以看出，直达波零多普勒时刻估计误差的存在，导致成像结果方位向位置出现了偏移，偏移距离约为 85m，这与由式(6.96)和零多普勒时刻估计误差计算得到的方位向位置偏移基本吻合。

下面选取点目标 A、B、C 进行成像性能分析。为了便于分析成像性能指标，对距离向及方位向剖面图进行了 8 倍升采样。

由图 6.22、图 6.23 及表 6.4 可知，本节提出的双基地成像算法能够实现对滑动聚束模式星地 BSAR 的良好成像，且成像性能与理论值较为吻合。

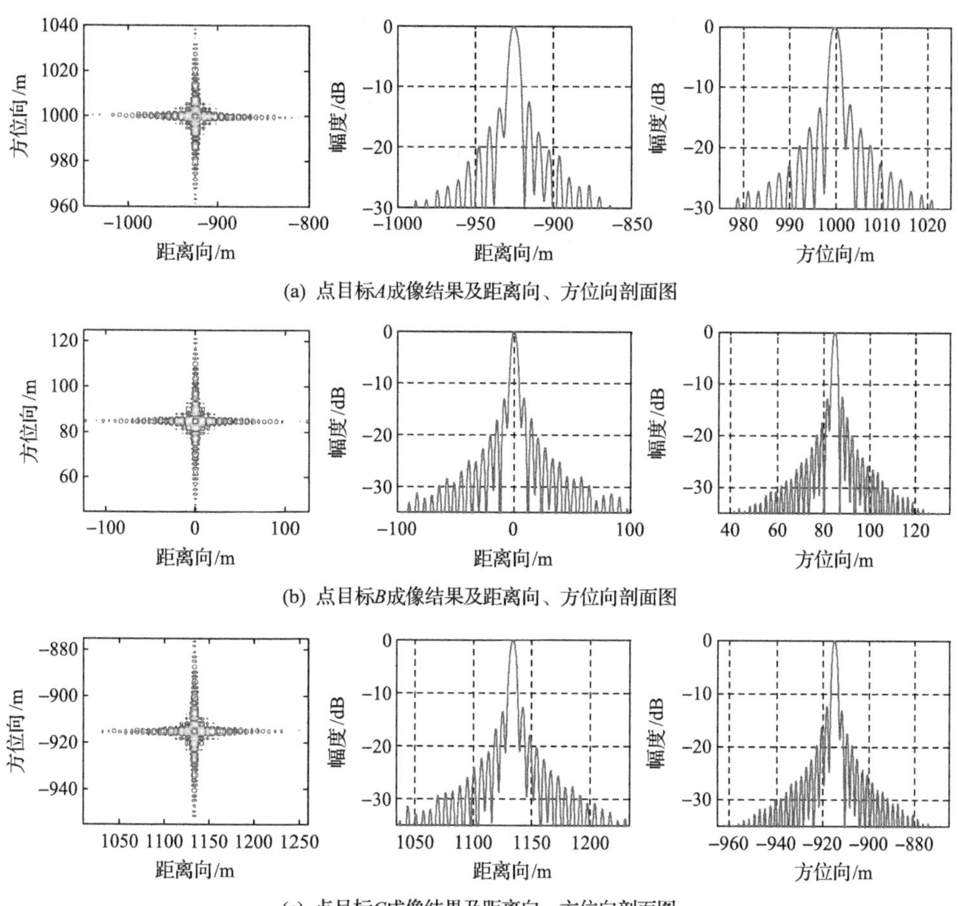

图 6.23　点目标 (A,B,C) 成像结果及二维剖面图

表 6.4　点目标成像性能

点	参数			
	距离向分辨率/m	距离向 PSLR/dB	方位向分辨率/m	方位向 PSLR/dB
理论值	5.98	–13.26	1.49	–13.26
A	6.16	–13.05	1.52	–13.12
B	6.05	–13.17	1.50	–13.14
C	6.06	–12.74	1.56	–13.05

2. 实测数据成像结果

2009 年，德国宇航中心以 TerraSAR-X 卫星为星载照射源，HITCHHIKER 系统为地面接收系统，开展了一系列星地 BSAR 实验，一方面，验证了星地 BSAR 系统的同步措施；另一方面，实验过程中利用接收系统录取了大量的实测数据，对研究 BSAR 系统特性以及成像算法提供了可靠的数据来源[14-17]。本书接下来处理的数据是在德国锡根大学某楼顶上录取的双基地数据，其中 TerraSAR 工作于滑动聚束模式。BSAR 实测数据相关系统参数如表 6.5 所示。

表 6.5　BSAR 实测数据相关系统参数

参数	数值	参数	数值
载频/GHz	9.65	带宽/MHz	300
PRF/Hz	3224	采样率/MHz	300
卫星高度/km	514	卫星入射角/(°)	53
卫星平台速度/(m/s)	7689	卫星波束速度/(m/s)	2100
接收站高度/m	100	接收天线入射角/(°)	85

利用本书 6.2.5 节提出的频域成像算法对实测数据进行成像处理，处理结果如下。

图 6.24(a)为德国锡根大学提供的实测数据 BP 成像结果，图中显示的是散射强度与干涉相位的叠加结果，成像场景宽度约为 3km×8km，分辨率为 1.4m(方位向)×0.56m(距离向)。图 6.24(b)为本节所提成像算法成像结果。对比两幅图像可以看出，本节所提成像算法的成像结果与 BP 成像结果较为吻合，从而说明了本节

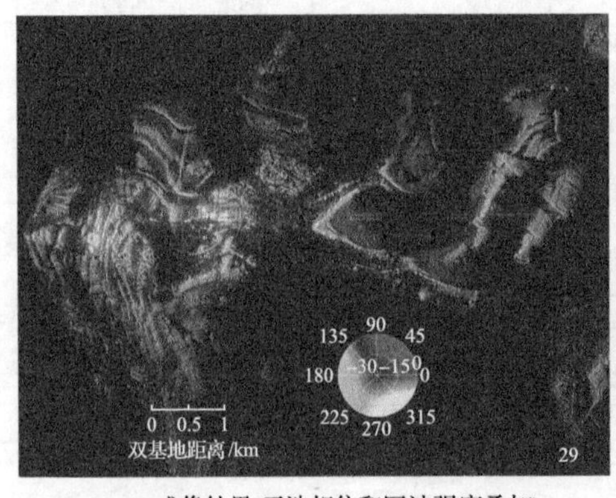

(a) BP成像结果(干涉相位和回波强度叠加)

(b) 本节所提算法的成像结果

图 6.24　实测数据成像结果

所提成像算法的有效性。图 6.25 为观测场景某一观测区域的光学图像、BP 成像结果以及本节所提算法成像结果。对比 BP 成像结果和本节所提算法的成像结果可以看出，两幅图像中的建筑物以及植被的包络均能得到很好的聚焦，从而进一步验证了本节所提成像算法的准确性。图 6.26 为本节所提频域成像算法成像结果局部细节展示，从图中可以看出，观测场景中的植被、河流以及边缘信息都比较明显，植被的阴影也清晰可见。因此，本节所提频域成像算法能够很好地实现对观测场景的双基地成像。同时，相较于时域成像算法，本节所提频域成像算法能够大大节省成像时间，提高成像效率。

(a) 光学图像

(b) BP成像结果

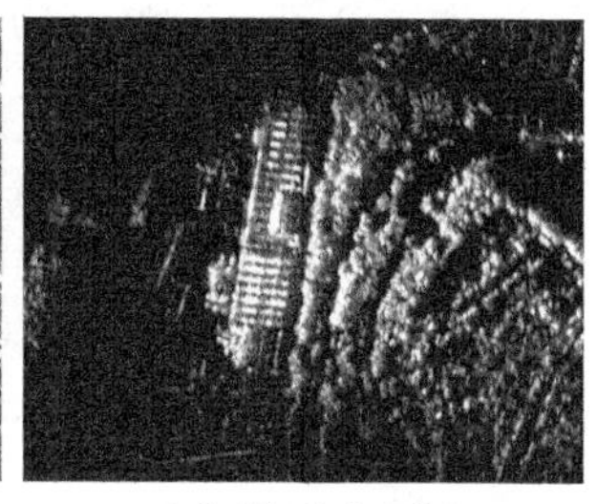

(c) 本节所提算法成像结果

图 6.25　成像结果对比

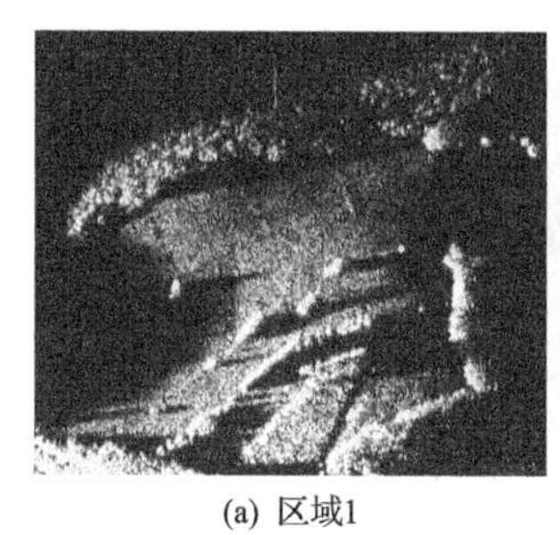

(a) 区域1

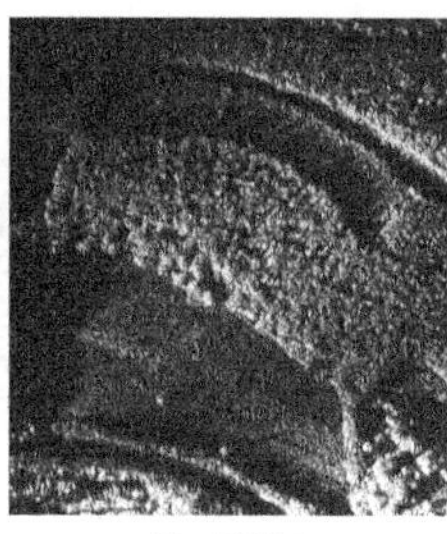

(b) 区域2

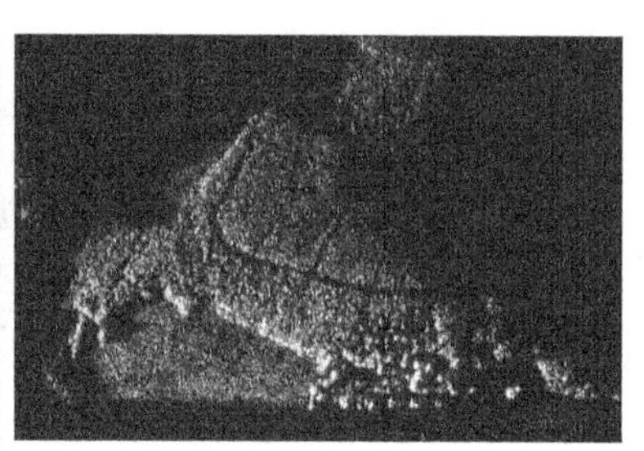

(c) 区域3

图 6.26　成像结果局部细节展示

6.3　双向滑动聚束模式星机 BSAR 成像算法

星机 BSAR 系统由于收、发平台运动速度之间的巨大差异，如果不对收、发波束进行控制，那么成像范围十分有限。德国 Gebhardt 等设计了一种收、发波束运动模式——双向滑动聚束模式[18]，如图 5.23 所示。收、发波束工作于双向滑动聚束模式，从而使得系统的几何结构和成像模型更加复杂。

本节以工作于双向滑动聚束模式星机 BSAR 系统为研究对象，通过对系统成像特性的分析，基于方位向预处理及距离多普勒域成像算法，提出适用于双向滑动聚束模式星机 BSAR 系统的频域成像算法。

6.3.1 成像特性分析

对于双向滑动聚束模式星机 BSAR 系统，收、发波束运动特性不同，从而使得系统成像模式比较复杂，下面通过对目标的多普勒特性和距离徙动特性进行分析，提出合理有效的成像算法。

1. 点目标距离徙动特性分析

下面对场景点目标的距离历程进行分析，进而分析双向滑动聚束模式星机 BSAR 的距离徙动特性。为了分析方便，假设收、发波束中心在方位向中心时刻位置重合，同时由于收、发波束速度和方位向宽度差异较大，点目标的合成孔径时间由接收波束照射时间决定。下面分别对收、发距离历程进行分析。

首先分析接收距离历程的变化特性，如图 6.27 所示，以观察场景方位向中心时刻波束中心 O 为坐标原点，在方位向时刻 t_p，设接收波束中心照射到点目标 $P(x,y,0)$，对应的波束中心与场景中心线的交点为 O_R，则由图 6.27 中所示的几何关系可知

$$(R_{\mathrm{rot}R}+R_{R0})\cdot\tan\phi_R+y\cdot\tan\phi_{Rg}=x \tag{6.115}$$

式中

$$R_{R0}\cdot\tan\phi_R=\sqrt{R_{R0}^2-H_R^2}\cdot\tan\phi_{Rg} \tag{6.116}$$

由式(6.115)和式(6.116)可得波束扫描角为

$$\phi_R=\arctan\left(\frac{x}{R_{\mathrm{rot}R}+R_{R0}+\dfrac{R_{R0}}{\sqrt{R_{R0}^2-H_R^2}}\cdot y}\right) \tag{6.117}$$

从而可得点目标的合成孔径中心时刻为

$$t_p=\frac{R_{\mathrm{rot}R}\cdot\tan\phi_R}{v_F} \tag{6.118}$$

将式(6.117)代入式(6.118)，可以得到

$$t_p=\frac{x\cdot R_{\mathrm{rot}R}}{v_F\cdot\left(R_{\mathrm{rot}R}+R_{R0}+\dfrac{R_{R0}}{\sqrt{R_{R0}^2-H_R^2}}\cdot y\right)} \tag{6.119}$$

即接收天线波束中心在 t_p 时刻照射到点目标。同时，根据图 6.27 中的几何关系，可以得到点目标的接收机最近距离时刻 t_{pR0} 为

$$t_{pR0}=\frac{(R_{\mathrm{rot}R}+R_{R0})\cdot\tan\phi_R}{v_F}=\frac{x\cdot(R_{\mathrm{rot}R}+R_{R0})}{v_F\cdot\dfrac{R_{\mathrm{rot}R}+R_{R0}+R_{R0}}{\sqrt{R_{R0}^2-H_R^2}\cdot y}} \tag{6.120}$$

进而可以得到点目标 $P(x,y,0)$ 的接收距离历程表达式为

$$R_{pR}=\sqrt{\left(\sqrt{R_{R0}^2-H_R^2}-y\right)^2+H_R^2+v_F^2\cdot(t-t_{pR0})^2} \tag{6.121}$$

由式(6.119)可以看出，点目标的合成孔径中心时刻与点目标在场景中的位置相关，不仅与方位向位置 x 相关，也与距离向位置 y 成反比，即点目标的合成孔径中心时刻是二维空变的，这是由接收波束工作于反向滑动聚束模式引起的。

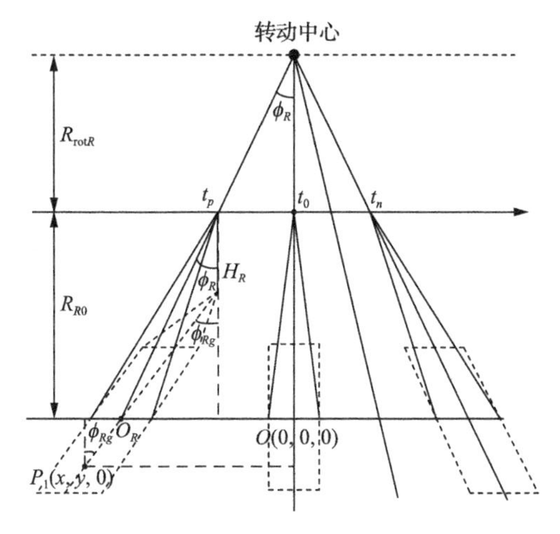

图 6.27　点目标合成孔径中心时刻接收站几何关系

对于卫星波束，本书假设合成孔径时间由接收机决定，因此接收机对应的波束照射时间为合成孔径时间，接收波束中心时刻为点目标的合成孔径中心时刻。由于卫星工作于反向滑动聚束模式，当接收波束中心照射点目标时，卫星波束中心不一定照射到点目标，因此计算卫星的距离历程时，分析的是接收波束照射时间范围内，卫星与点目标的距离历程变化。

图 6.28 为卫星工作于滑动聚束模式过程中，卫星与点目标之间位置的相对变化过程。由图 6.28 中的几何关系可知

$$t_{pT0} = t_p - t'_p = t_p - \frac{x}{v_T} \tag{6.122}$$

从而可以得到点目标 $P(x,y,0)$ 的卫星距离历程表达式为

$$R_{pT} = \sqrt{\left(\sqrt{R_{T0}^2 - H_T^2} - y\right)^2 + H_T^2 + v_T^2 \cdot (t - t_{pT0})^2} \tag{6.123}$$

由式(6.121)和式(6.123)即可得到在合成孔径时间 T_a 内，点目标的距离历程为

$$\begin{aligned} R_p &= R_{pT} + R_{pR} \\ &= \sqrt{\left(\sqrt{R_{T0}^2 - H_T^2} - y\right)^2 + H_T^2 + v_T^2 \cdot (t - t_{pT0})^2} \\ &\quad + \sqrt{\left(\sqrt{R_{R0}^2 - H_R^2} - y\right)^2 + H_R^2 + v_F^2 \cdot (t - t_{pR0})^2} \end{aligned} \tag{6.124}$$

由式(6.124)可以看出，点目标的距离历程一方面与点目标距离向位置 y 相关；另一方面也与点目标的方位向位置 x 相关，从而可以看出，点目标的距离徙动曲线具有二维空变性。

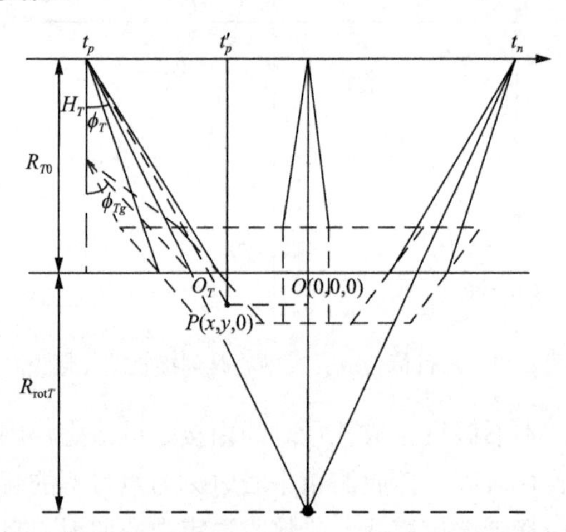

图 6.28　点目标合成孔径中心时刻卫星与点目标几何关系

下面对同一方位向、不同距离向的点目标 RCM 曲线进行分析，在方位向中心位置，以 300m 等间隔放置 5 个点目标，得到点目标距离向 RCM 曲线分布特性，如图 6.29 所示。

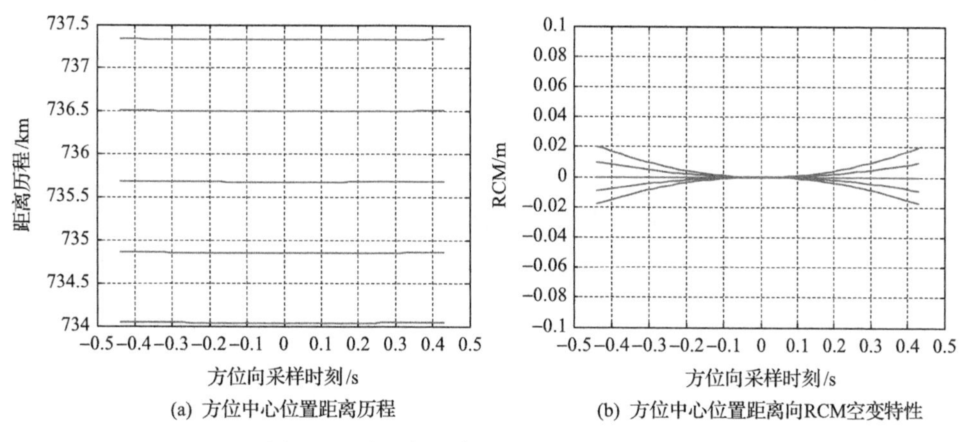

(a) 方位中心位置距离历程　(b) 方位中心位置距离向RCM空变特性

图 6.29　点目标距离向 RCM 曲线分布特性

从图 6.29 中可以看出，距离向 RCM 空变较方位向空变小，基本上可以忽略。因此，可以以场景中心点 RCM 曲线为参考，对观测场景进行统一校正，而不必考虑距离向 RCM 曲线的空变性。

2. 点目标的多普勒历程

这里针对收、发波束共同覆盖范围内，方位向中心线上左右两个边缘点目标的多普勒特性进行分析。两个点目标为 O_L、O_R，分别对应场景的位置 L_{valid1} 和 L_{valid2}，如图 5.25 所示。目标的多普勒历程由卫星和接收波束照射起止位置时刻、波束中心与目标的夹角决定。

对于点目标 O_L，假设此时卫星波束覆盖点目标，因此卫星运动产生的多普勒频率为

$$f_{TL} = \frac{v_T^2(t - T_L)}{\lambda\sqrt{R_{T0}^2 + v_T^2(t - T_L)^2}} \tag{6.125}$$

式中，t 为方位向合成孔径时间序列；T_L 为点目标 O_L 对应的最近斜距时刻，计算公式为

$$T_L = \frac{L_{\text{valid1}} R_{\text{rot}}}{v_F (R_{R0} + R_{\text{rot}})} \tag{6.126}$$

接收波束提供的多普勒频率范围为 $[f_{RL1}, f_{RL2}]$，其中，f_{RL1}、f_{RL2} 分别为

$$f_{RL1} = \frac{v_F}{\lambda}\sin\left(\phi_{L1} + \frac{\theta_a}{2}\right),\quad f_{RL2} = \frac{v_F}{\lambda}\sin\left(\phi_{L2} + \frac{\theta_a}{2}\right) \tag{6.127}$$

式中

$$\phi_{L1} = \operatorname{atan}\left(\frac{v_F t_{L1}}{R_{\text{rot}}}\right), \quad \phi_{L2} = \operatorname{atan}\left(\frac{v_F t_{L2}}{R_{\text{rot}}}\right) \tag{6.128}$$

其中，t_{L1}、t_{L2}分别为相对点目标O_L的接收波束照射起止时刻。

从而，点目标O_L的多普勒范围为$\left[f_{L1}, f_{L2}\right]$，其中，$f_{L1}$、$f_{L2}$分别为

$$f_{L1} = \frac{v_T^2\left(-\frac{T_{\text{sys}}}{2} - T_L\right)}{\lambda\sqrt{R_{T0}^2 + v_T^2\left(-\frac{T_{\text{sys}}}{2} - T_L\right)^2}} + \frac{v_F}{\lambda}\sin\left(\phi_{L1} + \frac{\theta_a}{2}\right) \tag{6.129}$$

$$f_{L2} = \frac{v_T^2\left(\frac{T_{\text{sys}}}{2} - T_L\right)}{\lambda\sqrt{R_{T0}^2 + v_T^2\left(\frac{T_{\text{sys}}}{2} - T_L\right)^2}} + \frac{v_F}{\lambda}\sin\left(\phi_{L2} + \frac{\theta_a}{2}\right) \tag{6.130}$$

式中，T_{sys}为方位向合成孔径时间。

同理，可得点目标O_R的多普勒范围为$\left[f_{R1}, f_{R2}\right]$，其中，$f_{R1}$、$f_{R2}$分别为

$$f_{R1} = \frac{v_T^2\left(-\frac{T_{\text{sys}}}{2} - T_R\right)}{\lambda\sqrt{R_{T0}^2 + v_T^2\left(-\frac{T_{\text{sys}}}{2} - T_R\right)^2}} + \frac{v_F}{\lambda}\sin\left(\phi_{R1} + \frac{\theta_a}{2}\right) \tag{6.131}$$

$$f_{R2} = \frac{v_T^2\left(\frac{T_{\text{sys}}}{2} - T_R\right)}{\lambda\sqrt{R_{T0}^2 + v_T^2\left(\frac{T_{\text{sys}}}{2} - T_R\right)^2}} + \frac{v_F}{\lambda}\sin\left(\phi_{R2} + \frac{\theta_a}{2}\right) \tag{6.132}$$

式中

$$\phi_{R1} = \arctan\left(\frac{v_F t_{R1}}{R_{\text{rot}}}\right), \quad \phi_{R2} = \arctan\left(\frac{v_F t_{R2}}{R_{\text{rot}}}\right) \tag{6.133}$$

$$T_R = \frac{L_{\text{valid2}} R_{\text{rot}}}{v_F (R_{R0} + R_{\text{rot}})} \tag{6.134}$$

其中，t_{R1}、t_{R2} 分别为相对点目标 O_R 的接收波束照射起止时刻。

由式(6.129)～式(6.132)可以看出，对于距离向及方位向不同位置的点目标，由于照射时间的不同，其多普勒历程是不同的，此不同不仅包括多普勒带宽大小的不同，还包括多普勒起止位置的不同。

下面通过仿真对上述分析进行验证，点目标位置如图 6.30 所示。

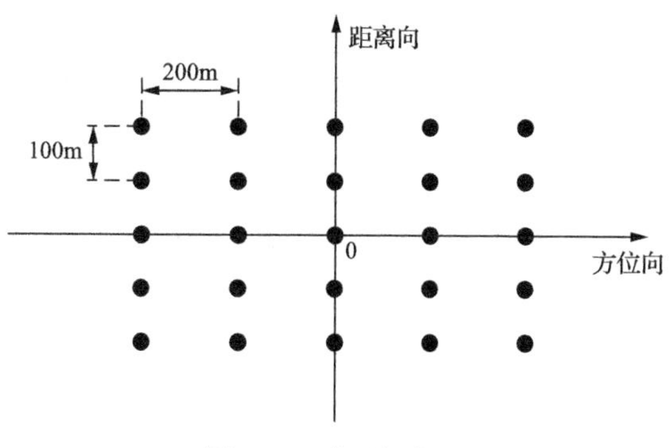

图 6.30　点目标位置

距离向及方位向等间隔放置了 25 个点目标，距离向间隔为 100m，方位向间隔为 200m。

系统仿真参数见表 6.6，根据收、发波束运动参数，得到上述点目标各自的多普勒历程，如图 6.31 所示。

图 6.31 为上述点目标的多普勒历程仿真结果。A 图为方位向位置相同、距离向位置不同的 5 个点目标多普勒起始位置的局部放大图，由 A 图可以看出，虽然点目标方位向位置相同，但是波束照射起始时间不同，因此目标的多普勒起始频率也不同。B 图为方位向位置相同、距离向位置不同的 5 个点目标多普勒结束位置的局部放大图，由 B 图可以看出，虽然点目标方位向位置相同，但是距离向位置不同，因此波束照射的结束时刻不同，进而导致多普勒频率结束位置也存在偏差。

综上，从图 6.31 中可以看出，对于方位向位置相同、距离向位置不同的点目标，其多普勒起止频率不同；对于距离向位置相同、方位向位置不同的点目标，其多普勒起止频率也不相同；起止频率的不同导致不同点目标的多普勒中心也不相同。同时，由图 6.31 可以看出，对于方位向边缘点目标，由于照射时间减少，多普勒带宽减小。

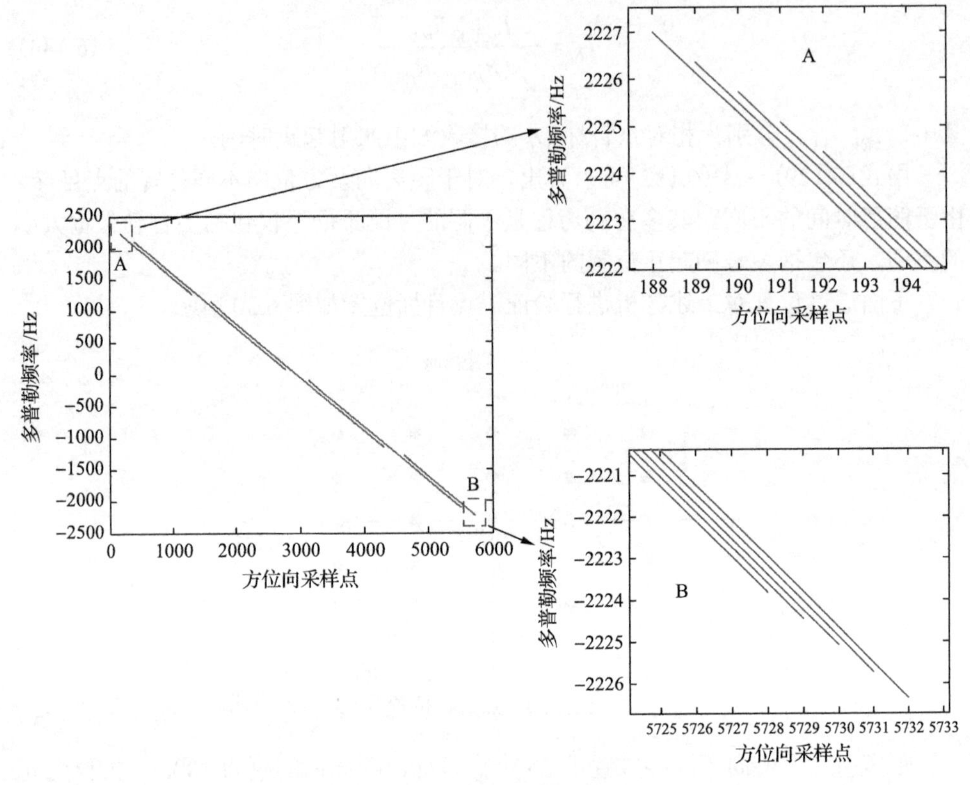

图 6.31　点目标多普勒历程

6.3.2　成像算法

对于双向滑动聚束模式星机 BSAR 系统，收、发波束工作模式的不同，使得系统成像模型较为复杂。基于对方位向及距离向空变性的分析及距离多普勒域算法，本节提出适合于双向滑动聚束模式的星机双基地成像算法。

1. 方位向预处理

由前面的分析可知，接收波束工作于反向滑动聚束模式，因此不同方位向点目标多普勒中心存在线性偏移，当观测场景较大时，多普勒偏移会使得部分点目标的多普勒历程移出±PRF/2 范围，如果不进行方位向预处理，那么会导致频谱混叠、产生虚假目标等。

方位向预处理过程如图 6.18 所示，首先在方位向进行 Deramp 处理，将不同方位向点目标均移到非混叠区域，然后进行升采样，最后进行 Deramp 逆处理，即可消除方位向频谱混叠。经过方位向预处理，场景内所有点目标的多普勒频谱均在方位向采样频率范围之内。

2. 频域成像算法

式(6.124)由双根号项组成，很难利用驻定相位原理直接求解驻定相位点，因此将式(6.124)在合成孔径中心时刻$t_m = 0$处进行泰勒级数展开：

$$R(t_m) = \mu_0 + \mu_1 t_m + \mu_2 t_m^2 + \mu_3 t_m^3 + \mu_4 t_m^4 + \cdots \tag{6.135}$$

根据级数反演法，保留f_a的三次及以下阶次的相位，可以得到式(6.90)对应的回波信号二维频谱为

$$S(f_r, f_a) = \omega_r(f_r)\omega_a(f_a)\exp\left[\mathrm{j}\phi(f_r, f_a)\right] \tag{6.136}$$

式中

$$\phi(f_r, f_a) \approx \phi_0(f_a, \Delta R) + \phi_1(f_a, \Delta R) f_r + \phi_2(f_a, \Delta R) f_r^2 \tag{6.137}$$

式中，每一项的具体表达式可根据附录 A 获得。其中，ΔR代表以场景中心为参考，点目标与场景中心点的距离向位置偏移；$\phi_0(f_a, \Delta R)$为 BSAR 的方位调制项，与距离向频率f_r无关；$\phi_1(f_a, \Delta R)$为f_r的线性项系数，代表点目标的距离徙动；$\phi_2(f_a, \Delta R)$为f_r的平方项系数，代表距离向调频相位。由式(6.137)可知，这三项相位均与距离向位置偏移量ΔR相关，表征了 BSAR 的二维空变性。

为了设计成像算法，需要得到式(6.137)中$\phi_0(f_a, \Delta R)$、$\phi_1(f_a, \Delta R)$和$\phi_2(f_a, \Delta R)$相对的解析表达式。但在 BSAR 系统中，由于收、发站之间几何关系较为复杂，收、发斜距相对ΔR变化的解析表达式难以得到。因此，本节采取一种数值计算方法来获取该表达式。由于观测场景宽度远小于卫星的斜距，因此$1/\mu_2$、μ_3/μ_2^3及$(9\mu_3^2 - 4\mu_2\mu_4)/64\mu_2^5$随$\Delta R$的变化关系在大多数情况下可以利用$\Delta R$的二次多项式进行比较精确的近似。

首先，在观测场景范围内沿距离向放置一定的点目标；然后，分别计算各点目标与收、发站之间的斜距历程并进行展开，从而得到一组$1/\mu_2$、μ_3/μ_2^3及$(9\mu_3^2 - 4\mu_2\mu_4)/64\mu_2^5$的值；最后，根据得到的数值进行二次曲线拟合，从而得到

$$1/\mu_2 = \alpha_0 + \alpha_1 \Delta R + \alpha_2 \Delta R^2 \tag{6.138}$$

$$\mu_3/\mu_2^3 = \beta_0 + \beta_1 \Delta R + \beta_2 \Delta R^2 \tag{6.139}$$

$$(9\mu_3^2 - 4\mu_2\mu_4)/64\mu_2^5 = \eta_0 + \eta_1 \Delta R + \eta_2 \Delta R^2 \tag{6.140}$$

将式(6.138)和式(6.140)代入式(6.137)，即可得到$\phi(f_r, f_a)$相对ΔR的解析表达式为

$$\phi(f_r, f_a) = \phi_0(f_a, \Delta R) + \phi_1(f_a, f_r)\Delta R + \phi_2(f_a, f_r)\Delta R^2 \tag{6.141}$$

将式(6.141)代入式(6.92)，即可得到回波二维频谱。

得到直达波匹配滤波后的回波二维频谱后，在二维频域进行场景中心点的精确聚焦，聚焦相位为

$$H_1(f_r, f_a) = \exp\left[-\mathrm{j}\phi_0(f_r, f_a)\right] \tag{6.142}$$

式(6.141)中第二项为距离徙动的空变项。由前面的分析可知，如果观测场景的 RCM 空变较小，那么当场景中心点完全聚焦时，即可实现对场景所有点目标的 RCMC 处理。如果观测场景的 RCM 空变不能忽略，那么可以通过插值对 RCM 空变量进行校正，插值函数为

$$f_r' = \phi_1(f_r, f_a) \tag{6.143}$$

经过距离徙动校正，在距离多普勒域进行方位向匹配滤波，匹配滤波因子为

$$H_3(f_r, f_a) = \exp\left[-\mathrm{j}\phi_2(f_a)\Delta R^2\right] \tag{6.144}$$

即可完成回波数据的二维聚焦。

6.3.3 仿真实验验证

针对工作于双向滑动聚束模式的星机 BSAR 系统，点目标的成像时间由收、发波束共同覆盖时间决定。因此，不同距离向及方位向位置的点目标，其照射时间是不同的，进而导致目标多普勒特性和距离徙动特性的不同。下面分别通过仿真对其进行分析，星机 BSAR 仿真参数如表 6.6 所示，系统仿真参数如表 6.7 所示。

表 6.6 星机 BSAR 仿真参数

参数	数值	参数	数值
卫星高度/km	514	卫星平台速度/(m/s)	7600
卫星入射角/(°)	45	卫星方位向波束宽度/(°)	0.33
卫星波束速度/(m/s)	2100	接收天线入射角/(°)	70
接收站高度/km	3	接收站速度/(m/s)	100
接收天线波束宽度/(°)	2.5×10	接收波束速度/(m/s)	400

表 6.7　星机 BSAR 系统仿真参数

参数	数值	参数	数值
载频/GHz	9.65	带宽/MHz	30
PRF/Hz	3000	采样率/MHz	75
脉宽/μs	10		

点目标位置如图 6.32(a)所示。

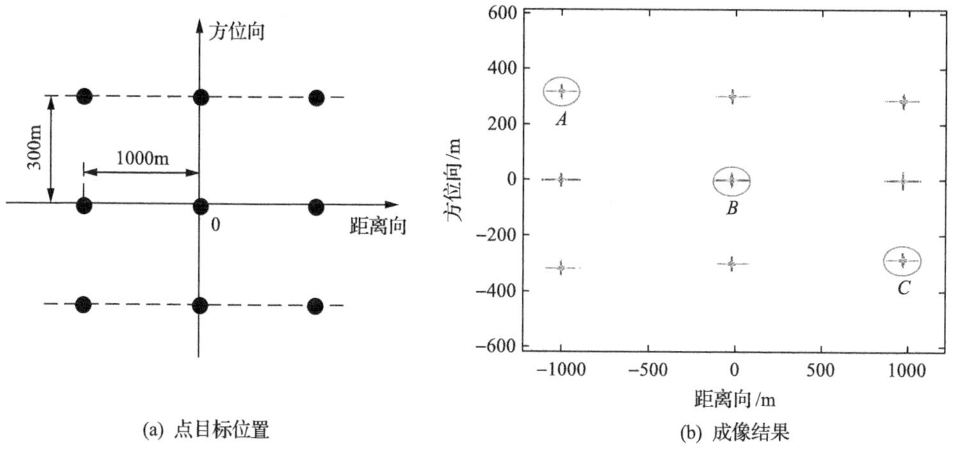

(a) 点目标位置　　(b) 成像结果

图 6.32　点目标回波包络及成像结果

图 6.32(a)为点目标位置，图 6.32(b)为经过成像处理得到的成像结果。双向滑动聚束模式星机 BSAR 点目标回波的包络特性在成像特性分析中已经进行了深入分析，这里不再重复。由图 6.32(b)可以看出，9 个点目标聚焦性能较好，从而说明本节所提成像算法能够很好地实现对双向滑动聚束模式星机 BSAR 系统的成像处理，验证了成像算法的有效性。

下面选取点目标 *A*、*B*、*C* 进行成像性能分析。为了便于分析成像性能指标，这里对距离向及方位向剖面图进行了 8 倍升采样。

由图 6.32 可以看出，边缘点以及中心点目标能够实现很好的聚焦。系统工作于双向滑动聚束模式，每个点目标的照射起止时间和时长均不同，从而使得成像结果点目标方位向位置存在畸变。在后续处理中，需要根据系统参数对成像结果进行几何校正处理。由表 6.8 可以看出，距离向分辨率、方位向分辨率以及峰值旁瓣比与理论值较为吻合，进一步证明了本节所提成像算法的有效性。通过图 6.32、图 6.33 及表 6.8 可知，本节所提双基地成像算法能够实现对双向滑动聚束模式的星机 BSAR 系统的良好成像，且成像性能与理论值较为吻合。

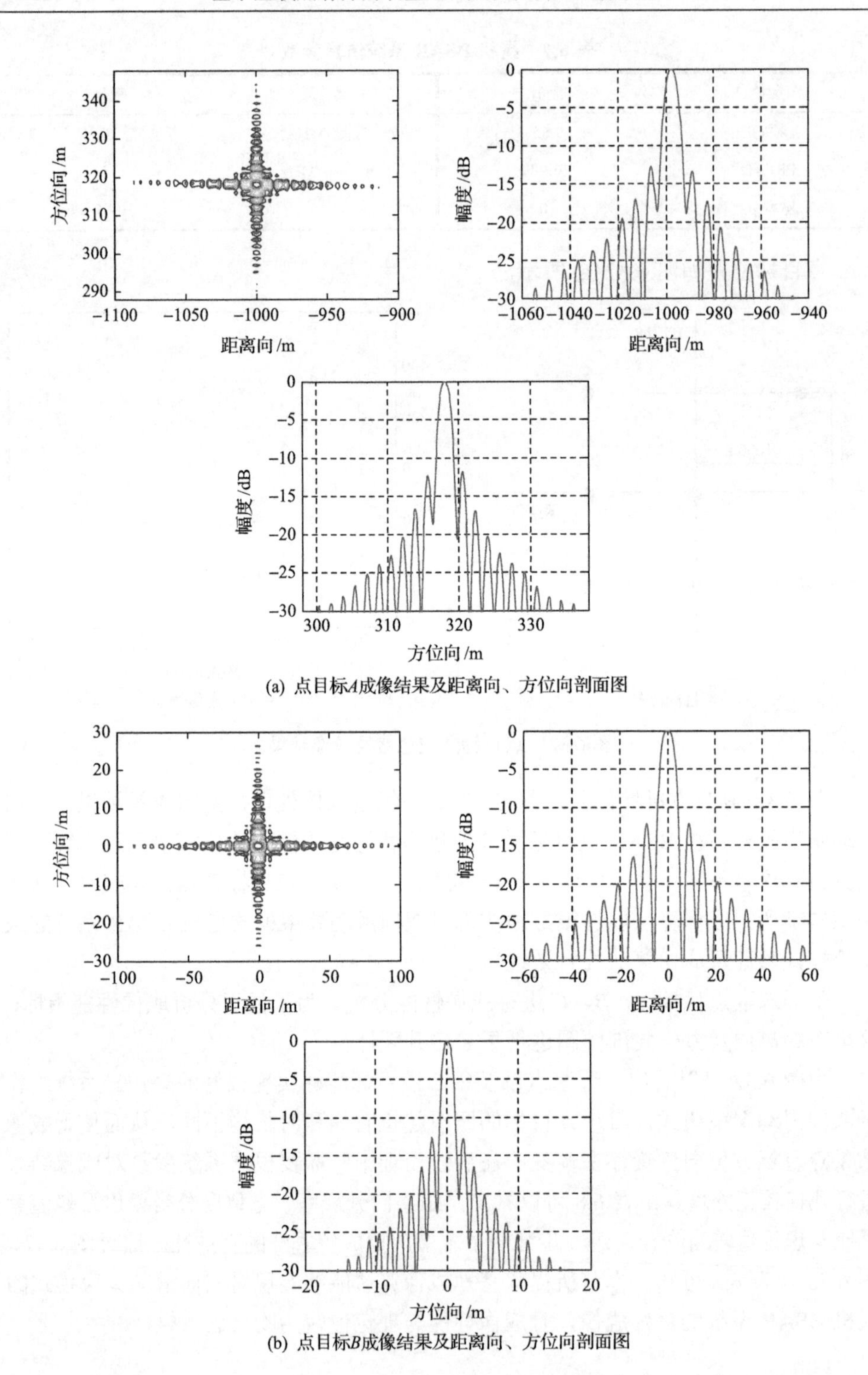

(a) 点目标A成像结果及距离向、方位向剖面图

(b) 点目标B成像结果及距离向、方位向剖面图

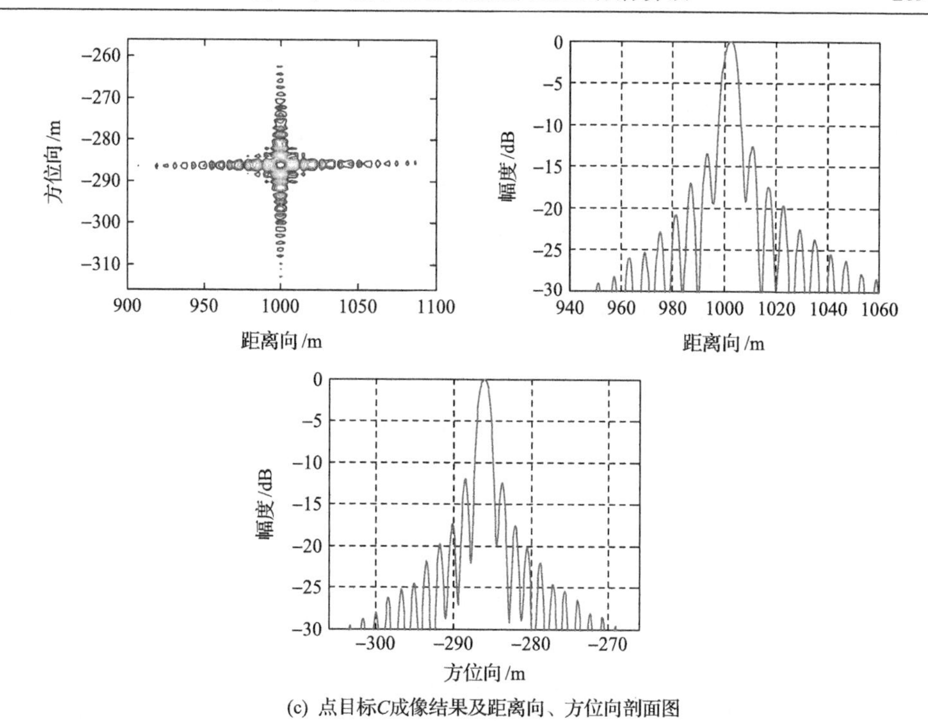

(c) 点目标C成像结果及距离向、方位向剖面图

图 6.33　双向滑动聚束模式星机 BSAR 点目标成像结果

表 6.8　成像性能

点	参数			
	距离向		方位向	
	分辨率/m	PSLR/dB	分辨率/ m	PSLR/dB
理论值	6.07	−13.26	1.49	−13.26
A	6.12	−12.75	1.61	−12.84
B	6.09	−13.15	1.51	−13.16
C	6.15	−12.60	1.54	−12.96

参 考 文 献

[1] Wang R, Loffeld O, Ul-Ann Q, et al. A bistatic point target reference spectrum for general bistatic SAR processing[J]. IEEE Geoscience and Remote Sensing Letters, 2008, 5(3): 517-521.

[2] Wang R, Loffeld O, Nies H, et al. Frequency-domain bistatic SAR processing for spaceborne/airborne configuration[J]. IEEE Transactions on Aerospace and Electronic Systems, 2010, 46(3): 1329-1345.

[3] Loffeld O, Hein A. SAR processing by scaled inverse Fourier transformation[C]. European Conference on Synthetic Aperture Radar, Konigswinter, 1996: 143-146.

[4] Loffeld O, Hein A, Schneider F. SAR focusing: Scaled inverse Fourier transformation and chirp scaling[C]. IEEE International Geoscience and Remote Sensing, Seattle, 1998: 630-632.

[5] Li Y, Zhu D Y. The geometric-distortion correction algorithm for circular-scanning SAR imaging[J]. IEEE Geoscience and Remote Sensing Letters, 2010, 7(2): 376-380.

[6] Natroshvili K, Loffeld O, Nies H, et al. Focusing of general bistatic SAR configuration data with 2-D inverse scaled FFT[J]. IEEE Transactions on Geoscience and Remote Sensing, 2006, 44(10): 2718-2727.

[7] 武拥军, 黄冶. 斜视 SAR 成像的逆变标傅里叶变换算法[J]. 信号处理, 2010, 26(10): 1500-1503.

[8] Wang W Q. Approach of adaptive synchronization for bistatic SAR real-time imaging[J]. IEEE Transactions on Geoscience and Remote Sensing, 2007, 45(9): 2695-2700.

[9] Zhang Q L, Chang W G, Li X Y. An extended NLCS algorithm for bistatic fixed-receiver SAR imaging[C]. The 7th European Radar Conference, Paris, 2013: 1-5.

[10] Behner F, Reuter S, Nies H, et al. Synchronization and processing in the HITCHHIKER bistatic SAR experiment[J]. IEEE Journal of Selected Topics in Applied Earth Observations and Remote Sensing, 2016, 9(3): 1028-1035.

[11] Cumming I G, Frank H W. Digital Processing of Synthetic Aperture Radar Data: Algorithm and Implementation[M]. Boston: Artech House, 2012.

[12] Loffeld O, Nies H, Gebhardt U, et al. Bistatic SAR-some refelections on Rocca's smile[C]. European Conference on Synthetic Aperture Radar, Ulm, 2004: 1-4.

[13] Sun G C, Xing M D, Wang Y, et al. Sliding spotlight and TOPS SAR data processing without subaperture[J]. IEEE Geoscience and Remote Sensing Letters, 2011, 8(6): 1036-1040.

[14] Behner F, Reuter S, Nies H, et al. Synchronization and preprocessing of hybrid bistatic SAR data in the HITCHHIKER experiment[C]. The 10th European Conference on Synthetic Aperture Radar, Berlin, 2014: 268-271.

[15] Behner F, Reuter S. HITCHHIKER-hybrid bistatic high resolution SAR experiment using a stationary receiver and TerraSAR-X transmitter[C]. The 8th European Conference on Synthetic Aperture Radar, Aachen, 2010: 1-4.

[16] Reuter S, Behner F, Nies H, et al. Development and experiments of a passive SAR receiver system in a bistatic spaceborne/stationary configuration[C]. IEEE International Geoscience and Remote Sensing Symposium, Honolulu, 2010: 118-121.

[17] Nies H, Behner F, Reuter S, et al. SAR experiments in a bistatic hybrid configuration for generating PolInSAR data with TerraSAR-X illumination[C]. The 8th European Conference on Synthetic Aperture Radar, Aachen, 2010: 994-997.

[18] Gebhardt U, Loffeld O, Nies H, et al. Bistatic spaceborne/airborne hybrid experiment: Basic considerations[C]. Proceedings of SPIE International Symposium on Remote Sensing, Brugge, 2005: 479-488.

第7章 基于导航卫星的BSAR同步与成像算法

基于导航卫星的BSAR具有特殊的系统配置、信号体制以及成像特性，因此其同步与成像处理具有独特的技术挑战。

首先，由于GLONASS已经实现了全球导航覆盖，地球上的任何一点都能接收到GLONASS卫星发射的导航信号，理论上基于导航卫星的BSAR系统不存在空间同步问题。实际中，如果需要针对某一颗特定的GLONASS卫星进行成像，那么可以利用卫星轨迹跟踪软件(如Tracsat)确定其相对于预定观测场景的轨迹与照射时间段，再使其在合适的时间开机录取数据即可。GLONASS卫星的波束照射范围极大，因此实现空间同步相对容易。收、发系统采用各自独立的时钟，因此收、发系统缺少统一的时间基准，从而引入了时间同步误差。在基于导航卫星的BSAR系统中，通过对直达波信号进行处理，从而提取其时延信息，结合精密的卫星轨道数据，可以用来实现散射波信号的时间对准，即完成时间同步处理。

对基于导航卫星的BSAR系统而言，同步处理的关键在于相位同步。收、发系统采用各自独立的本地振荡源，因此利用接收机本振信号对接收到的回波信号进行正交解调会引入相位误差。对基于导航卫星的BSAR系统而言，相位同步误差会破坏信号的相参性，进而造成成像质量的下降，因此必须对该问题加以解决。

对非合作系统而言，通常采用直达波进行相位同步处理。然而，传统的相位同步方法对基于导航卫星的BSAR系统并不适用。究其原因，在于导航信号体制不同于传统的SAR系统成像信号。导航信号采用伪随机码的信号体制，是一种扩频通信码。因此，与传统的SAR系统成像处理不同，基于导航卫星的BSAR系统成像处理具有如下特点：

(1)接收机固定的双基地构型。在基于导航卫星的BSAR系统中，接收机保持固定不动，仅依靠沿导航卫星轨迹飞行的发射机实现大带宽的多普勒信号。然而，由于接收机保持静止，等距离门内的点目标回波对应的发射距离(发射机至点目标的距离)同时与点目标的方位向位置和距离向位置有关，从而使得基于导航卫星的BSAR系统方位向聚焦处理具有非常明显的二维空变特性。

(2)导航信号体制。导航信号不同于常见的SAR系统成像信号(如LFM脉冲信号)。首先，导航信号为连续波信号，因此传统的停-走(stop-go)斜距模型不再适用；其次，导航信号中携带的导航信息也会引入新的相位调制项，因此基于导航卫星的BSAR系统的信号模型与成像处理比较特殊。

(3) 较长的积累时间。为了实现较高的方位向分辨率，基于导航卫星的 BSAR 系统通常采用较长的合成孔径时间(如 5min)。长积累时间造成发射机飞行轨迹不再满足直线假设，因此其系统响应比较特殊，从而使得传统的 SAR 频域聚焦算法不再适用。

针对上述问题，本章将同步处理与成像处理作为有机整体，充分利用基于导航卫星的 BSAR 收、发几何极度非对称的系统特性，结合时域成像算法，研究基于导航卫星的 BSAR 同步与成像算法。

7.1　回波信号模型

基于导航卫星的 BSAR 系统利用 GLONASS 卫星发射的 L_1 波段的导航信号进行成像。该信号包含两种 PRN 码，分别为 P 码和 C/A 码，可以表示为

$$s_T(t) = A_p P(t) N'_p(t)\cos(2\pi f_0 t + \varphi) + A_{\mathrm{ca}}\mathrm{CA}(t) N'_{\mathrm{ca}}(t)\sin(2\pi f_0 t + \varphi) \tag{7.1}$$

式中，t 为全局时间；A_p 和 A_{ca} 分别为 P 码和 C/A 码的幅度；$P(t)$ 和 $\mathrm{CA}(t)$ 分别为 P 码和 C/A 码；$N'_p(t)$ 和 $N'_{\mathrm{ca}}(t)$ 分别为调制在 P 码和 C/A 码上的导航信息，取值为 1 或–1；f_0 为载频；φ 为初相。由于 P 码和 C/A 码相互独立，针对 P 码进行相关处理后，C/A 码对应信号的幅度非常小，可以忽略不计[1]。因此，下面仅针对导航信号中的 P 码进行研究，用于成像处理的发射信号为

$$s_T(t) = A_p \cdot P(t) \cdot \exp\left[\mathrm{j}2\pi f_0 t + \mathrm{j}\pi N_p(t) + \mathrm{j}\varphi\right] \tag{7.2}$$

式中，导航信息 $N_p(t)$ 取值为 1 或 0。

如式(7.2)所示，GLONASS 卫星发射的电磁信号经过点目标 P 反射后，被固定接收机接收到的回波可以表示为

$$s_{\mathrm{Echo}}(t) = P\left[t - \tau_{\mathrm{d\_RC}}(t)\right] \cdot \exp\left\{\mathrm{j}2\pi f_0 \cdot \left[t - \tau_{\mathrm{d\_RC}}(t)\right] + \mathrm{j}\pi N_p\left[t - \tau_{\mathrm{d\_RC}}(t)\right]\right\} \tag{7.3}$$

式中，$\tau_{\mathrm{d\_RC}}(t)$ 为电磁波传播路径引起的时延。需要指出的是，式(7.3)忽略了在进一步的同步与成像处理中无关紧要的回波幅度信息和初始相位。导航信号为连续波信号，因此传统的停-走斜距模型不再适用[2]。基于非 stop-go 假设，时间延迟可以表示为

$$\tau_{\mathrm{d\_RC}}(t) = \frac{\left|\boldsymbol{R}_T\left[t - \tau_{\mathrm{d\_RC}}(t)\right] - \boldsymbol{P}\right| + \left|\boldsymbol{R}_R - \boldsymbol{P}\right|}{c} \tag{7.4}$$

式中，c 为光速；$\boldsymbol{R}_T$、$\boldsymbol{R}_R$ 和 $\boldsymbol{P}$ 分别为发射机、接收机和点目标的位置矢量；$|\cdot|$ 表示 p-2 范数。

对式(7.3)表示的信号进行正交解调，可以得到

$$s(t)=P\left[t-\tau_{\mathrm{d\_RC}}(t)\right]\cdot\exp\left\{-\mathrm{j}2\pi f_0\tau_{\mathrm{d\_RC}}(t)+\mathrm{j}\pi N_p\left[t-\tau_{\mathrm{d\_RC}}(t)\right]\right\} \tag{7.5}$$

一般情况下，SAR 成像处理的对象为二维回波数据，而式(7.5)为一维回波信号模型，因此有必要将其转化为二维回波信号模型。基于导航卫星的 BSAR 系统按照 1ms 的间隔将一维回波划分为二维回波数据[3]，即 PRF=1000Hz，则

$$\begin{aligned}s(t_n,\tau)=&P\left[\tau-\tau_{\mathrm{d\_RC}}(t_n,\tau)\right]\cdot\exp\left[-\mathrm{j}2\pi f_0\tau_{\mathrm{d\_RC}}(t_n,\tau)\right]\\&\cdot\exp\left\{\mathrm{j}\pi N_p\left[t_n+\tau-\tau_{\mathrm{d\_RC}}(t_n,\tau)\right]\right\}\end{aligned} \tag{7.6}$$

式中，t_n 和 τ 分别为方位向慢时间和距离向快时间。

根据非 stop-go 模型，时间延迟 $\tau_{\mathrm{d\_RC}}(t_n,\tau)$ 可以在 $\tau=0$ 处进行泰勒级数展开：

$$\tau_{\mathrm{d\_RC}}(t_n,\tau)=\tau_{\mathrm{d\_RC}}(t_n)+\tau'_{\mathrm{d\_RC}}(t_n)\cdot\tau+\cdots \tag{7.7}$$

式中，$\tau'_{\mathrm{d\_RC}}(t_n)=f_{\mathrm{d\_RC}}(t_n)/f_0$ 为 $\tau_{\mathrm{d\_RC}}(t,\tau)$ 的一阶导数，$f_{\mathrm{d\_RC}}(t_n)$ 为瞬时多普勒频率。对于距离向信号 $P\left[\tau-\tau_{\mathrm{d\_RC}}(t_n,\tau)\right]$ 和导航信号 $N_p\left[t_n+\tau-\tau_{\mathrm{d\_RC}}(t_n,\tau)\right]$，时间延迟 $\tau_{\mathrm{d\_RC}}(t_n,\tau)$ 采用零阶泰勒级数近似即可满足精度要求；对于方位向多普勒信号 $\exp\left[-\mathrm{j}2\pi f_0\tau_{\mathrm{d\_RC}}(t_n,\tau)\right]$，$\tau_{\mathrm{d\_RC}}(t_n,\tau)$ 需要采用一阶泰勒级数近似才能满足精度要求[2]。

因此，式(7.6)可以改写为

$$\begin{aligned}s\left(t_n,\tau\right)=&P\left[\tau-\tau_{\mathrm{d\_RC}}(t_n)\right]\cdot\exp\left[-\mathrm{j}2\pi f_0\tau_{\mathrm{d\_RC}}(t_n)\right]\cdot\exp\left[-\mathrm{j}2\pi f_{\mathrm{d\_RC}}(t_n)\tau\right]\\&\cdot\exp\left\{\mathrm{j}\pi N_p\left[t_n+\tau-\tau_{\mathrm{d\_RC}}(t_n)\right]\right\}\end{aligned} \tag{7.8}$$

由式(7.8)可以看出，由于采用导航信号作为系统成像信号，相比于传统的脉冲体制的 SAR 回波信号，基于导航卫星的 BSAR 回波信号多了两个相位项：多普勒频率对距离向回波的相位调制项 $\exp\left[-\mathrm{j}2\pi f_{\mathrm{d\_RC}}(t_n)\tau\right]$ 和导航信息引入的相位项 $\exp\left\{\mathrm{j}\pi N_p\left[t_n+\tau-\tau_{\mathrm{d\_RC}}(t_n)\right]\right\}$。这两个相位项会对后续的信号处理产生影响，需要加以详细分析。

7.1.1 多普勒频率影响分析

如式(7.8)所示，基于导航卫星的 BSAR 回波信号包含一个多普勒频率对距离

向回波的相位调制项 $\exp\left[-\mathrm{j}2\pi f_{\mathrm{d\_RC}}(t_n)\tau\right]$。由于该相位调制项的存在，如果直接利用 P 码对接收到的回波进行距离向压缩处理，那么不能得到理想的压缩结果。下面以时长为 1ms 的 P 码为例，利用仿真实验来说明这个问题，仿真结果如图 7.1 所示。首先在 P 码数据上叠加相位调制项 $\exp\left[-\mathrm{j}2\pi f_{\mathrm{d\_RC}}\tau\right]$，然后用原始的 P 码数据对其进行距离向压缩处理。通过调整 $f_{\mathrm{d\_RC}}$ 可以得到不同多普勒频率调制下的距离向压缩结果。仿真中假设 $-0.5\mathrm{ms} \leqslant \tau \leqslant 0.5\mathrm{ms}$，$f_{\mathrm{d\_RC}}$ 分别为 0Hz、−500Hz 和 −1000Hz，图 7.1 给出了压缩后峰值附近的结果。

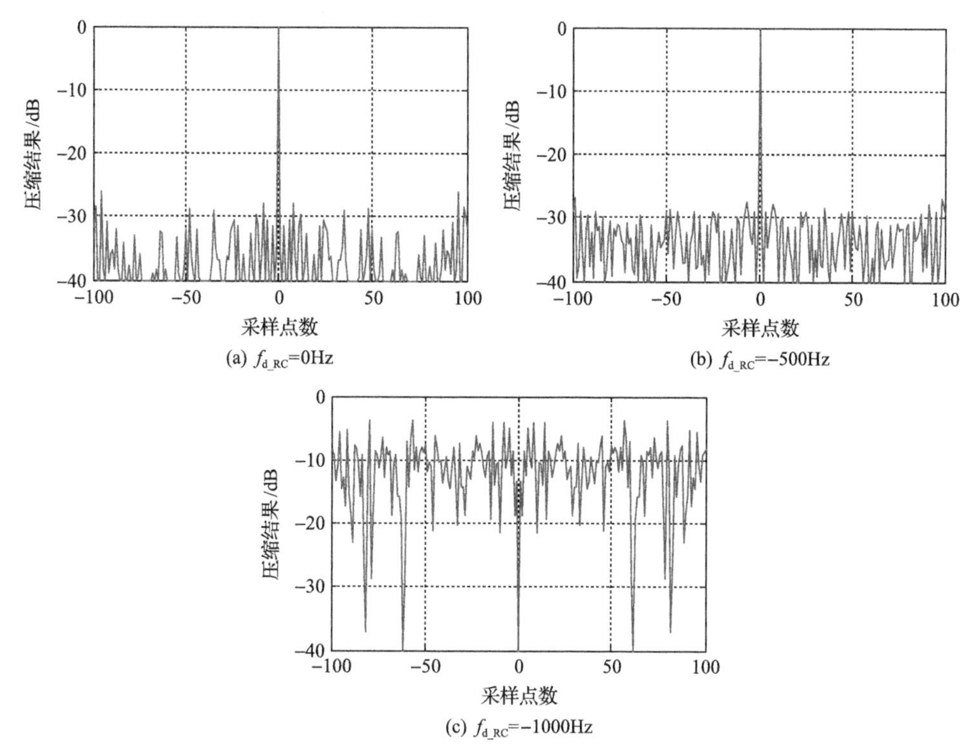

(a) $f_{\mathrm{d\_RC}}$=0Hz　(b) $f_{\mathrm{d\_RC}}$=−500Hz

(c) $f_{\mathrm{d\_RC}}$=−1000Hz

图 7.1　P 码信号的压缩结果

在图 7.1 中，$f_{\mathrm{d\_RC}}=0$ 对应理想的距离向压缩结果，可以作为评价其余结果的参考值。当 $f_{\mathrm{d\_RC}}=-500\mathrm{Hz}$ 时，其对距离向压缩结果的主瓣影响并不明显，但副瓣电平整体有所升高；当 $f_{\mathrm{d\_RC}}=-1000\mathrm{Hz}$ 时，距离向压缩后的主瓣全部被淹没了，完全失去了意义。可以看出，为了得到较好的距离向压缩效果，多普勒频率的估计误差不能超过 500Hz。

通常情况下，利用星历数据得到的多普勒频率估计值即可满足距离向压缩处理的要求[3]。散射波多普勒频率 $f_{\mathrm{d\_RC}}(t_n)$ 可以表示为

$$f_{\mathrm{d\_RC}}(t_n) = -\frac{1}{\lambda} \cdot \boldsymbol{v}_T^{\mathrm{T}}(t_n) \frac{\boldsymbol{R}_T(t_n) - \boldsymbol{P}}{\left|\boldsymbol{R}_T(t_n) - \boldsymbol{P}\right|} \tag{7.9}$$

式中，$\boldsymbol{v}_T(t_n)$ 为发射机瞬时速度矢量；λ 为系统工作波长。直达波的多普勒频率为

$$f_{\mathrm{d\_HC}}(t_n) = -\frac{1}{\lambda} \cdot \boldsymbol{v}_T^{\mathrm{T}}(t_n) \frac{\boldsymbol{R}_T(t_n) - \boldsymbol{R}_R}{\left|\boldsymbol{R}_T(t_n) - \boldsymbol{R}_R\right|} \tag{7.10}$$

基于导航卫星的 BSAR 收、发几何极度非对称，因此 $f_{\mathrm{d\_RC}}(t_n) \approx f_{\mathrm{d\_HC}}(t_n)$，统一用 $f_d(t_n)$ 表示。在式(7.10)中，λ 为系统参数，接收机位置坐标 $\boldsymbol{R}_R$ 通过测量可知，发射机位置坐标 $\boldsymbol{R}_T(t_n)$ 和速度 $\boldsymbol{v}_T(t_n)$ 可以根据星历数据解算获得。

然而，由于星历数据存在一定误差，解算得到的多普勒频率也具有一定误差。假设实际的直达波多普勒频率为 $f_d(t_n)$，利用式(7.10)得到的粗略估计值为 $f_{\mathrm{d\_es}}(t_n)$，则多普勒频率误差为 $f_{\mathrm{d\_e}}(t_n) = f_d(t_n) - f_{\mathrm{d\_es}}(t_n)$。由实测数据处理经验来看，该误差虽然不会对距离向压缩结果产生明显影响，但会在方位向引入一定的相位误差。以时延为 $\tau_d(t_n)$ 的点目标为例，多普勒频率误差引入的相位误差为

$$\phi_{\mathrm{InD}} = -2\pi f_{\mathrm{d\_e}}(t_n)\tau_d(t_n) \tag{7.11}$$

假设以 $\pi/8$ 为误差容限，可以得到

$$\left|2\pi f_{\mathrm{d\_e}}(t_n)\tau_d(t_n)\right| \leqslant \frac{\pi}{8} \tag{7.12}$$

基于导航卫星的 BSAR 脉冲重复间隔为 1ms，因此 $-0.5\mathrm{ms} \leqslant \tau_d(t_n) \leqslant 0.5\mathrm{ms}$，进而 $\left|f_{\mathrm{d\_e}}(t_n)\right| \leqslant 125\mathrm{Hz}$。可以看出，为了进一步提高方位向压缩效果，必须获取尽量精确的多普勒频率值。

7.1.2　导航信息影响分析

如式(7.8)所示，GLONASS 卫星发射的信号中包含导航信息 N_p，该信息会引起相位跳变，进而破坏方位向信号的多普勒相位历程。为了直观地展示导航信息及其影响，下面给出相应实测数据的处理结果。按照 7.1.1 节的阐述，利用导航卫星的星历数据可以估算得到多普勒频率 $f_d(t_n)$，结合已知的 P 码数据，可以对接收到的雷达回波进行距离向压缩处理，进而提取每条距离线的压缩峰值相位，进而得到该回波的多普勒相位。将提取到的多普勒相位 φ_d 转化为多普勒相位信号 $\cos(\varphi_d)$，结果片段如图 7.2(a)所示。可以看出，在图 7.2(a)中标示出的区域，多普勒相位信号发生了跳变。该信号跳变对应的是导航信息，如图 7.2(b)所示。

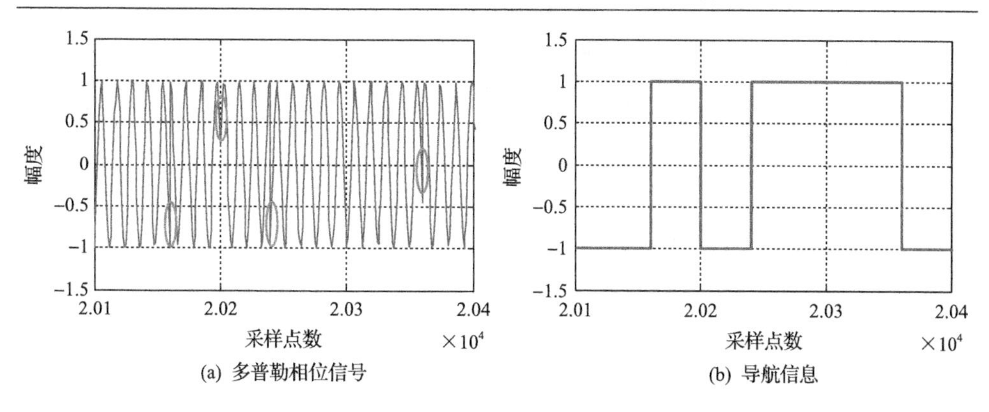

(a) 多普勒相位信号　　(b) 导航信息

图 7.2　导航信息对多普勒相位的调制

采用适当的方法，可以有效地检测导航信息，进而消除影响。为了进一步明确导航信息对多普勒相位的影响，图 7.3 分别给出了包含导航信息和不包含导航

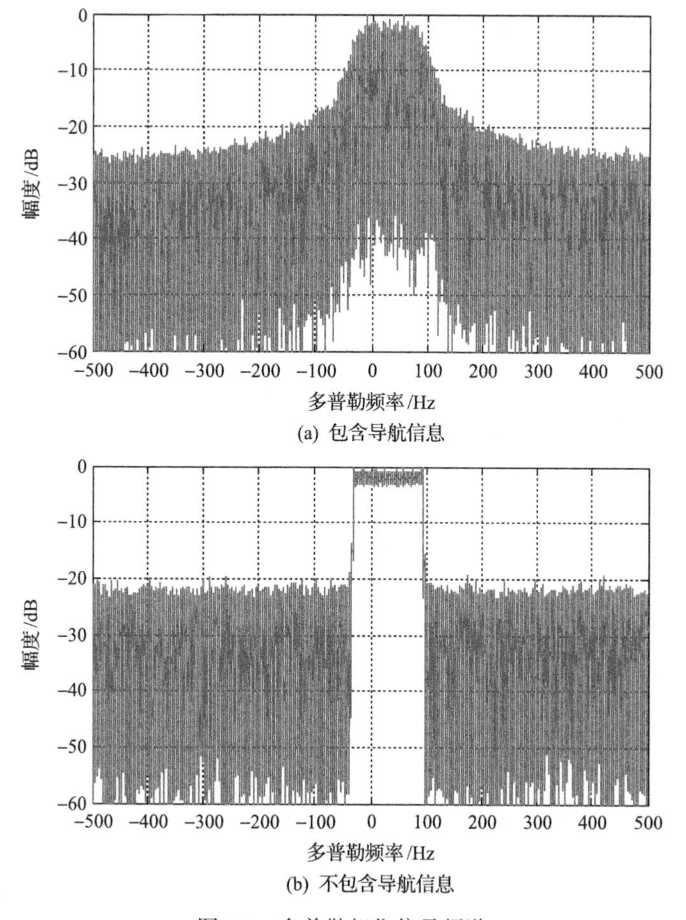

(a) 包含导航信息

(b) 不包含导航信息

图 7.3　多普勒相位信号频谱

信息的多普勒相位信号频谱。由图 7.3(a)可以看出，由于导航信息的调制作用，直接提取到的多普勒相位信号频谱畸变严重；如图 7.3(b)所示，不包含导航信息的多普勒相位信号频谱具有类似 Chirp 信号的矩形谱特征。

7.2 同步误差影响分析

7.1 节推导了理想情况下的二维回波信号模型，并就多普勒频率和导航信息对后续信号处理的影响进行了分析。实际情况中，由于收、发系统分置，合成孔径时间较长，星历数据精度有限等，基于导航卫星的 BSAR 系统实际解调后的回波信号与式(7.8)并不相同，而是在其基础上叠加了一定的同步误差。下面针对几种主要的同步误差源，分别对其产生机理和误差影响进行分析。

7.2.1 频率同步误差影响

假设 f_0 为系统标称载频，则发射机端和接收机端本振信号的输出频率可以表述为

$$f_{T/R}(t) = f_0 + \Delta f_{T/R} + b_{T/R} \cdot t + n_{T/R}(t) \tag{7.13}$$

式中，$\Delta f_{T/R}$ 为实际频率与标称载频之间的偏差；$b_{T/R} \cdot t$ 为由元器件老化等因素引起的线性频率漂移；$n_{T/R}(t)$ 为由频率源相位噪声引起的随机频率误差；下标 T 和 R 分别代表发射系统和接收系统。由式(7.13)可以看出，收、发系统采用各自独立的本振频率源，因此在接收机端对接收到的回波信号进行正交解调时会引入一定的相位误差。虽然收、发系统的本振信号都存在一定的误差，但是人们往往假定发射机端的本振信号频率为理想值 f_0，而将所有的频率误差都折算到接收机端[4]。因此，式(7.3)仍然适用，接收机端的本振信号为

$$s_R(t) = \exp\left[\mathrm{j}2\pi\int_0^t f_R(t)\mathrm{d}t\right] \tag{7.14}$$

利用式(7.14)表示的本振信号对式(7.3)表示的回波信号进行正交解调后的结果则与式(7.5)不同。经过二维数据划分之后，可以得到

$$\begin{aligned} s(t_n,\tau) = & P\left[\tau - \tau_{\mathrm{d\_RC}}(t_n)\right]\cdot\exp\left[-\mathrm{j}2\pi f_0 \tau_{\mathrm{d\_RC}}(t_n)\right]\cdot\exp\left[-\mathrm{j}2\pi f_{\mathrm{d\_RC}}(t_n)\tau\right] \\ & \cdot\exp\left\{\mathrm{j}\pi N_p\left[t_n + \tau - \tau_{\mathrm{d\_RC}}(t_n)\right]\right\}\cdot\exp\left[\mathrm{j}\phi_{\mathrm{ef}}(t_n)\right] \end{aligned} \tag{7.15}$$

式中，$\phi_{\mathrm{ef}}(t_n) = 2\pi\int_0^{t_n}\left[\Delta f_R + b_R \cdot t + n_R(t)\right]\mathrm{d}t$ 为由式(7.13)所示的频率同步误差引入

的相位误差。显然，该相位误差会破坏方位向回波信号的相参性，进而导致成像质量的下降。根据变化快慢，$\phi_{\mathrm{ef}}(t_n)$ 可以划分为线性相位误差、二次相位误差和高频相位误差。总体来看：线性相位误差主要引起像点方位向位置偏移；二次相位误差会造成图像散焦；高频相位误差会对像点副瓣性能造成影响。

7.2.2 大气相位影响

GLONASS 卫星发射的电磁波传输到地面场景经历的传输距离较远，经历的传输媒介主要包括星际空间和大气层。星际空间几乎可以看成真空环境，一般不会对电磁波传输造成影响。大气层的组成比较复杂，主要包括对流层、平流层、中间层、电离层和外大气层等。其中，电离层和对流层对电磁波传输的影响比较显著[5]。

通常情况下，假定电磁波传输速度为光速。然而，在某些电离层条件下，电磁波的传输速度有所下降，进而造成传输时间明显增加。假设系统载频为 f_0，则附加的传输时延可以表示为[6]

$$\tau_{\mathrm{Iono}} \approx K_1 R_1 / f_0 \tag{7.16}$$

式中，R_1 为穿过电离层传播路径的长度；K_1 为标度因子，取决于电离层的电子密度 N_{TV}。研究表明，电离层的延时效应随电磁波的频率增大迅速下降。对于 L 波段的电磁波，严重电离层条件下的单程延时在 1μs 量级，中度电离层条件下的单程延时也在 10～100ns 量级[6]。很明显，这种延时相当于在式(7.8)表示的回波中增加一项相位误差 $\phi_{\mathrm{Iono}} = -2\pi f_0 \tau_{\mathrm{Iono}}$。式(7.16)表示的传输延时随时间呈无规则变化，因此其对 SAR 成像的影响不能忽略，尤其是对合成孔径时间较长的情况。

对流层对电磁波的影响主要表现在两个方面：雷达信号延时和传播路径弯曲，且前者的影响占主导地位。定义大气的折射率为

$$n(z) = 1 + \delta(z) \tag{7.17}$$

式中，z 为海平面上的高程值；$\delta(z)$ 为折射率随高度的变化，可以表示为

$$\delta(z) = a_0 \cdot \exp(-z / H) \tag{7.18}$$

式中，$a_0 = 3.13 \times 10^{-4}$；$H = 6.949\mathrm{km}$。在此基础上，路径距离 R_t 和几何距离 R_g 之间的关系可以表示为

$$R_t \approx R_g \cdot \left(1 + \bar{\delta}\right) \tag{7.19}$$

式中，$\bar{\delta}$ 为 $\delta(z)$ 的均值。类似地，对流层会造成电磁波传输时间的延长，相当于

在式(7.8)表示的回波中叠加一项相位误差$\phi_{\text{Atmo}} = -2\pi R_g \bar{\delta} / \lambda$。对于合成孔径时间较长的情况，该相位误差不能视为常量，也会影响最后的成像质量。

7.3　基于直达波的同步预处理

综合上述的各种同步误差，基于导航卫星的BSAR的实际二维信号模型可以表示为

$$\begin{aligned} s(t_n,\tau) = & P\left[\tau - \tau_{\text{d\_RC}}(t_n)\right] \cdot \exp\left[-\text{j}2\pi f_0 \tau_{\text{d\_RC}}(t_n)\right] \cdot \exp\left[-\text{j}2\pi f_d(t_n)\tau\right] \\ & \cdot \exp\left\{\text{j}\pi N_p\left[t_n + \tau - \tau_{\text{d\_RC}}(t_n)\right]\right\} \cdot \exp\left[\text{j}\phi_e(t_n)\right] \end{aligned} \tag{7.20}$$

式中，相位同步误差$\phi_e(t_n)$为频率同步误差和大气相位误差的叠加。

$$\phi_e(t_n) = \phi_{\text{ef}}(t_n) + \phi_{\text{Iono}}(t_n) + \phi_{\text{Atmo}}(t_n) \tag{7.21}$$

根据 7.2 节的阐述，相位同步误差对后续的成像处理造成了影响，必须加以解决。基于导航卫星的BSAR通过增设直达波通道，利用直达波信号提取相位同步误差，并在散射波中加以补偿校正，为进一步的成像处理奠定了基础。

假设经过事先的通道均衡校正，直达波通道与散射波通道的传输响应完全一致。并且，两者采用同样的本振信号进行解调，因此直达波信号与散射波信号具有相等的频率同步误差。再者，基于导航卫星的BSAR收、发几何极度非对称，且成像场景较小，因此直达波信号与散射波信号具有近似相等的大气相位误差。

类似地，直达波的二维信号模型可以写为

$$\begin{aligned} s_d(t_n,\tau) = & P\left[\tau - \tau_{\text{d\_HC}}(t_n)\right] \cdot \exp\left[-\text{j}2\pi f_0 \tau_{\text{d\_HC}}(t_n)\right] \cdot \exp\left[-\text{j}2\pi f_d(t_n)\tau\right] \\ & \cdot \exp\left\{\text{j}\pi N_p\left[t_n + \tau - \tau_{\text{d\_HC}}(t_n)\right]\right\} \cdot \exp\left[\text{j}\phi_e(t_n)\right] \end{aligned} \tag{7.22}$$

式中，$\tau_{\text{d_HC}}(t_n) = r_{\text{HC}}(t_n)/c$为直达波时延。导航信息的码率为50Hz，远低于P码的码率(5.11MHz)，因此有

$$N_p\left[t_n + \tau - \tau_{\text{d\_RC}}(t_n)\right] = N_p\left[t_n + \tau - \tau_{\text{d\_HC}}(t_n)\right] \tag{7.23}$$

简便起见，下面统一用$N_p[t_n]$来表征导航信息。

基于以上假设，利用导航信号的特点，通过对直达波信号进行信号处理可以实现同步预处理。同步预处理的目的是消除导航信号体制的影响，即有效检测导航信息和精确估计多普勒频率。

7.3.1 导航信息检测

首先利用式(7.10)对直达波多普勒频率 $f_d(t_n)$ 进行估算，然后结合P码数据，可以实现对直达波信号的距离向压缩。距离向压缩后的直达波信号可以表示为

$$\begin{aligned} s_{\mathrm{d\_rc}}(t_n,\tau) = & C_p\left[\tau-\tau_{\mathrm{d\_HC}}(t_n)\right]\cdot\exp\left[-\mathrm{j}2\pi f_0\tau_{\mathrm{d\_HC}}(t_n)\right] \\ & \cdot\exp\left[-\mathrm{j}2\pi f_{\mathrm{d\_e}}(t_n)\tau\right]\cdot\exp\left[\mathrm{j}\pi N_p[t_n]\right]\cdot\exp\left[\mathrm{j}\phi_e(t_n)\right] \end{aligned} \tag{7.24}$$

式中，$C_p\left[\tau-\tau_{\mathrm{d\_HC}}(t_n)\right]$ 为对P码进行相关处理的结果。根据式(7.24)，提取直达波信号的距离向压缩峰值位置和相位，可以得到直达波时延 $\tau_{\mathrm{d\_HC}}(t_n)$ 和多普勒相位信息 $\varphi_{\mathrm{d\_HC}}(t_n)$。其中

$$\varphi_{\mathrm{d\_HC}}(t_n) = -2\pi f_0\tau_{\mathrm{d\_HC}}(t_n) - 2\pi f_{\mathrm{d\_e}}(t_n)\tau_{\mathrm{d\_HC}}(t_n) + \pi N_p[t_n] + \phi_e(t_n) \tag{7.25}$$

如前所述，利用直达波时延 $\tau_{\mathrm{d\_HC}}(t_n)$，结合精密的卫星轨道数据，可以实现散射波信号的时间对准，完成时间同步处理[7]。如式(7.25)所示，直达波的峰值相位中包含导航信息。如7.2.2节所述，导航信息会引起相位跳变，进而破坏方位向信号的多普勒相位历程，必须加以有效检测与消除。

为了检测导航信息，首先对该相位进行解缠，然后进行差分处理，处理结果为

$$\begin{aligned} \varphi_{\mathrm{dd\_HC}}(t_n) &= \varphi_{\mathrm{d\_HC}}(t_n) - \varphi_{\mathrm{d\_HC}}(t_n-\mathrm{PRI}) \\ &= -2\pi f_0\Delta\tau_{\mathrm{d\_HC}}(t_n) - 2\pi f_{\mathrm{d\_e}}(t_n)\Delta\tau_{\mathrm{d\_HC}}(t_n) + \pi\Delta N_p[t_n] + \Delta\phi_e(t_n) \end{aligned} \tag{7.26}$$

式中，$\mathrm{PRI}=1\mathrm{ms}$，为脉冲重复间隔；$\Delta\tau_{\mathrm{d\_HC}}(t_n)$ 为相邻PRI时刻的直达波时延差；$\pi\Delta N_p[t_n]$ 为导航信息引入的相位差；$\Delta\phi_e(t_n)$ 为相位误差波动。

$$\begin{cases} \Delta\tau_{\mathrm{d\_HC}}(t_n) = \tau_{\mathrm{d\_HC}}(t_n) - \tau_{\mathrm{d\_HC}}(t_n-\mathrm{PRI}) \\ \Delta N_p[t_n] = N_p[t_n] - N_p[t_n-\mathrm{PRI}] \\ \Delta\phi_e(t_n) = \phi_e(t_n) - \phi_e(t_n-\mathrm{PRI}) \end{cases} \tag{7.27}$$

式中，$\left|\Delta\tau_{\mathrm{d\_HC}}(t_n)\right| \leqslant v_T\cdot\mathrm{PRI}/c$。由GLONASS卫星的系统参数可知，$v_T\approx 3953\mathrm{m/s}$，因此 $\left|\Delta\tau_{\mathrm{d\_HC}}(t_n)\right| \leqslant 13\mathrm{ns}$。实际情况中，多普勒频率误差 $f_{\mathrm{d\_e}}(t_n)$ 通常小于500Hz，则 $\left|2\pi f_{\mathrm{d\_e}}(t_n)\Delta\tau_{\mathrm{d\_HC}}(t_n)\right|\approx 0$。忽略式(7.26)中的第二项，可得

$$\varphi_{\mathrm{dd\_HC}}(t_n) = -2\pi f_0\Delta\tau_{\mathrm{d\_HC}}(t_n) + \pi\Delta N_p[t_n] + \Delta\phi_e(t_n) \tag{7.28}$$

为了验证式(7.28)，图 7.4 给出了直达波的峰值相位差分处理结果示例。其中，图 7.4(a)为整体图，图 7.4(b)为局部(163000 点～164000 点)放大图。可以看出：式(7.28)准确地表征了直达波的峰值相位差分处理结果。该差分相位的主要分量为相邻 PRI 时刻的直达波时延差引入的相位 $-2\pi f_0 \Delta\tau_{\mathrm{d\_HC}}(t_n)$，并且叠加了相位误差波动 $\Delta\phi_e(t_n)$ 和导航信息相位差 $\pi\Delta N_p[t_n]$。

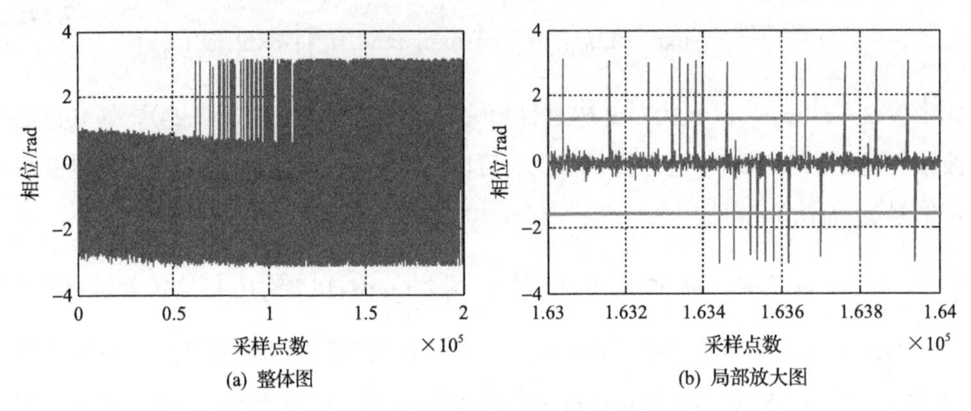

(a) 整体图　　(b) 局部放大图

图 7.4　直达波峰值相位差分处理结果示例

在式(7.28)所示的直达波峰值相位差分处理结果的基础上，可以有效地检测导航信息。如图 7.4(b)所示，在差分相位中，导航信息对应着相位跳变。通过合理设置检测门限，能够比较容易地检测到所有的相位跳变，即导航信息。实际处理中，需要对图 7.4(a)所示的整体图进行分析，根据其变化特性才能确定检测门限。若利用 N_{Index} 来标记检测到的发生相位跳变的采样点，则可以恢复导航信息：

$$
\begin{cases}
N_p\left[1:N_{\mathrm{Index}}(1)\right]=0 \\
N_p\left[N_{\mathrm{Index}}(m):N_{\mathrm{Index}}(m+1)\right]=\dfrac{1}{\pi}\cdot\arccos[(-1)^m] \\
N_p\left[N_{\mathrm{Index}}(M):N_{\mathrm{Index}}(\mathrm{end})\right]=\dfrac{1}{\pi}\cdot\arccos[(-1)^M]
\end{cases}
\tag{7.29}
$$

式中，$m=1:M-1$，M 为检测到的相位跳变数。若利用式(7.29)恢复出导航信息 $N_p[n]$，$n=t_n/\mathrm{PRI}$，则可以消除其在回波信号中的影响。

7.3.2　多普勒频率精确估计

消除导航信息的影响之后，式(7.28)可以进一步改写为

$$\varphi_{\mathrm{dd\_HC}}(t_n) = -2\pi f_0 \Delta\tau_{\mathrm{d\_HC}}(t_n) + \Delta\phi_e(t_n) \tag{7.30}$$

令 $\Delta t = \mathrm{PRI}$，则由式(7.30)可得

$$\begin{aligned}\frac{1}{2\pi}\cdot\frac{\varphi_{\mathrm{dd\_HC}}(t_n)}{\Delta t} &= -f_0\frac{\Delta\tau_{\mathrm{d\_HC}}(t_n)}{\Delta t} + \frac{1}{2\pi}\cdot\frac{\Delta\phi_e(t_n)}{\Delta t} \\ &= f_d(t_n) + \frac{1}{2\pi}\cdot\frac{\Delta\phi_e(t_n)}{\Delta t}\end{aligned} \tag{7.31}$$

式中，$f_d(t_n) = -\frac{1}{\lambda}\cdot\frac{\Delta r_{\mathrm{HC}}(t_n)}{\Delta t} = -f_0\frac{\Delta\tau_{\mathrm{d\_HC}}(t_n)}{\Delta t}$ 为多普勒频率值。在式(7.31)中，第一项为主要分量，第二项为相位同步误差引入的频率波动。由 2.1.2 节可知，多普勒频率 $f_d(t_n)$ 的主要分量具有线性特性。因此，利用线性拟合方法能够从式(7.31)表示的频率中精确地估计出实际的多普勒频率值。由于方位向采样造成的频谱混叠效应，此处估计得到的多普勒频率值 $f_{\mathrm{d\_ES}}(t_n)$ 满足 $-500\mathrm{Hz} \leqslant f_{\mathrm{d\_ES}}(t_n) < 500\mathrm{Hz}$，而真实的多普勒频率应为

$$f_d(t_n) = f_{\mathrm{d\_ES}}(t_n) \pm n\cdot\mathrm{PRF} \tag{7.32}$$

式中，n 为整数。参考由式(7.10)得到的多普勒频率粗略值 $f_{\mathrm{d\_ES}}(t_n)$，可以确定式(7.32)中的变量 n。实测数据处理经验表明，利用该方法得到的多普勒频率估计值相当精确，与真值之间的误差很小，不会对后续的信号处理产生影响。

7.4 测量误差抵消原理

在消除导航信息和多普勒频率调制项的影响之后，回波信号的相位历程主要由距离历程相位和相位同步误差组成。直达波信号可以视作以接收机为单点目标的回波信号，其相位组成相对简单。如果能够精确测算直达波的距离历程相位，那么可以从直达波的峰值相位历程中提取相位同步误差，然后对散射波中的相位同步误差进行补偿。显然，这种相位同步方法的精度依赖直达波距离历程相位的测量精度。

在基于导航卫星的 BSAR 系统中，接收机固定不动，因此直达波距离历程相位的精度取决于导航卫星轨迹的测量精度。利用普通的星历数据计算得到的导航卫星轨道精度为 3～5m[5]。对于 GLONASS 卫星，采用经过事后处理的精密星历数据计算得到的轨道精度可以达到 5cm[8]。假设雷达波长为 18cm，则 5cm 的测距误差相当于 100°的距离历程相位。可见，该轨道精度仍不足以保证直达波距离历程相位的测量精度。

然而，基于导航卫星的 BSAR 收、发几何具有极度非对称特性，导致直达波和散射波的距离历程测量误差可以在很大程度上相互抵消，使得其同步处理比较特殊。为了对该原理进行证明，图 7.5 给出了基于导航卫星的 BSAR 几何示意图。其中，$T(T')$ 为发射机，R 为接收机，P 为观测场景中的任意一点，实线表示实际的卫星轨迹，虚线为星历数据表征的理论上的卫星轨迹，θ 为发射机相对于接收机和点目标的张角。

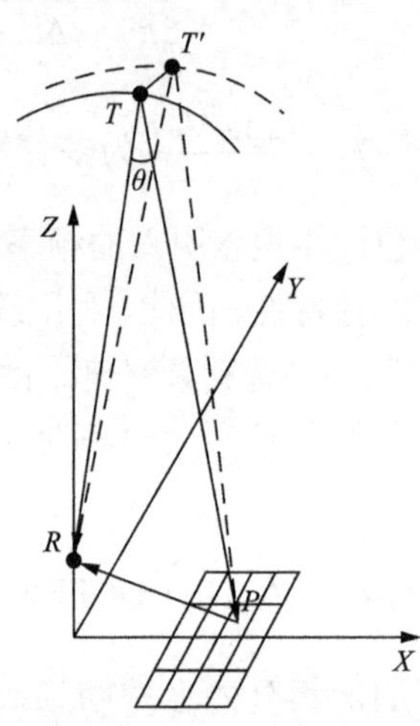

图 7.5　基于导航卫星的 BSAR 几何示意图

根据图 7.5，直达波和散射波的真实距离历程和理论距离历程分别为

$$\begin{cases} r_{\mathrm{HC}}(t_n) = \left|\boldsymbol{R}_T(t_n) - \boldsymbol{R}_R\right| \\ r_{\mathrm{RC}}(t_n) = \left|\boldsymbol{R}_T(t_n) - \boldsymbol{P}\right| + \left|\boldsymbol{R}_R - \boldsymbol{P}\right| \end{cases} \tag{7.33}$$

$$\begin{cases} r_{\mathrm{HC\_TH}}(t_n) = \left|\boldsymbol{R}_{T'}(t_n) - \boldsymbol{R}_R\right| \\ r_{\mathrm{RC\_TH}}(t_n) = \left|\boldsymbol{R}_{T'}(t_n) - \boldsymbol{P}\right| + \left|\boldsymbol{R}_R - \boldsymbol{P}\right| \end{cases} \tag{7.34}$$

实际情况中，卫星轨迹的测量误差远远小于卫星轨迹真值，因此可以将理论距离历程在卫星真实轨迹 $\boldsymbol{R}_T(t)$ 处进行泰勒级数展开，得到

$$\begin{aligned} \left|\boldsymbol{R}_{T'}(t) - \boldsymbol{R}_R\right| &\approx \left|\boldsymbol{R}_T(t) - \boldsymbol{R}_R\right| + \frac{\boldsymbol{R}_T(t) - \boldsymbol{R}_R}{\left|\boldsymbol{R}_T(t) - \boldsymbol{R}_R\right|} \cdot \left[\boldsymbol{R}_{T'}(t) - \boldsymbol{R}_T(t)\right] \\ &= \left|\boldsymbol{R}_T(t) - \boldsymbol{R}_R\right| + \boldsymbol{\Phi}_{TR}^{\mathrm{T}} \cdot \left[\boldsymbol{R}_{T'}(t) - \boldsymbol{R}_T(t)\right] \end{aligned} \tag{7.35}$$

$$\begin{aligned} \left|\boldsymbol{R}_{T'}(t) - \mathbf{P}\right| &\approx \left|\boldsymbol{R}_T(t) - \boldsymbol{P}\right| + \frac{\boldsymbol{R}_T(t) - \boldsymbol{P}}{\left|\boldsymbol{R}_T(t) - \boldsymbol{P}\right|} \cdot \left[\boldsymbol{R}_{T'}(t) - \boldsymbol{R}_T(t)\right] \\ &= \left|\boldsymbol{R}_T(t) - \boldsymbol{P}\right| + \boldsymbol{\Phi}_{TP}^{\mathrm{T}} \cdot \left[\boldsymbol{R}_{T'}(t) - \boldsymbol{R}_T(t)\right] \end{aligned} \tag{7.36}$$

式中，$\boldsymbol{\Phi}_{TP}$ 和 $\boldsymbol{\Phi}_{TR}$ 分别为点目标 P 和接收机到发射机的单位矢量。因此，直达波和散射波的距离历程测量误差可以分别表示为

$$\delta r_{\mathrm{HC}}(t_n) = r_{\mathrm{HC\_TH}}(t_n) - r_{\mathrm{HC}}(t_n) = \boldsymbol{\Phi}_{TR}^{\mathrm{T}} \cdot \left[\boldsymbol{R}_{T'}(t) - \boldsymbol{R}_T(t)\right] \tag{7.37}$$

$$\delta r_{\mathrm{RC}}(t_n) = r_{\mathrm{RC\_TH}}(t_n) - r_{\mathrm{RC}}(t_n) = \boldsymbol{\Phi}_{TP}^{\mathrm{T}} \cdot \left[\boldsymbol{R}_{T'}(t) - \boldsymbol{R}_T(t)\right] \tag{7.38}$$

根据式(7.37)和式(7.38)，可得直达波和散射波的距离历程测量误差之间的差异：

$$\begin{aligned}\delta r_{\mathrm{res}} &= \delta r_{\mathrm{HC}}(t_n) - \delta r_{\mathrm{RC}}(t_n)\\ &= \left[\boldsymbol{\Phi}_{TP}(t_n) - \boldsymbol{\Phi}_{TR}(t_n)\right]^{\mathrm{T}}\left[\boldsymbol{R}_{T'}(t_n) - \boldsymbol{R}_T(t_n)\right]\\ &= 2\sin\left[\theta(t_n)/2\right]\cdot \boldsymbol{\Theta}^{\mathrm{T}}(t_n)\left[\boldsymbol{R}_{T'}(t_n) - \boldsymbol{R}_T(t_n)\right]\end{aligned} \tag{7.39}$$

式中，$\theta(t_n)$ 为随慢时间 t_n 变化的张角；$\boldsymbol{\Theta}(t_n)$ 为 $\boldsymbol{\Phi}_{TP}(t_n) - \boldsymbol{\Phi}_{TR}(t_n)$ 的单位矢量。进而，可以得到

$$\left|\delta r_{\mathrm{res}}\right| \leqslant 2\sin\left[\theta(t_n)/2\right]\cdot\left|\boldsymbol{R}_{T'}(t_n) - \boldsymbol{R}_T(t_n)\right| = 2\sin\left[\theta(t_n)/2\right]\cdot \delta r_T \tag{7.40}$$

式中，$\delta r_T = \left|\boldsymbol{R}_{T'}(t_n) - \boldsymbol{R}_T(t_n)\right|$ 为 GLONASS 卫星轨迹的测量误差，而张角 $\theta(t_n)$ 可以利用反余弦公式求得：

$$\theta(t_n) = \arccos\left[\frac{r_{TP}^2(t_n) + r_{\mathrm{HC}}^2(t_n) - r_{RP}^2}{2 r_{TP}(t_n) r_{\mathrm{HC}}(t_n)}\right] \tag{7.41}$$

式中

$$r_{TP}(t_n) = \left|\boldsymbol{R}_T(t_n) - \boldsymbol{P}\right|, \quad r_{RP}(t_n) = \left|\boldsymbol{R}_R - \boldsymbol{P}\right| \tag{7.42}$$

由式(7.40)可以看出，如果 $\theta(t_n)$ 足够小，那么直达波与散射波的距离历程测量误差可以在很大程度上相互抵消。基于导航卫星的 BSAR 几何构型恰好满足这个条件。基于导航卫星的 BSAR 收、发几何极度非对称，即发射距离远远大于接收距离，且观测场景较小，因此 $r_{\mathrm{HC}}(t_n) \approx r_{TP}(t_n) \gg r_{RP}(t_n)$。进而由式(7.41)可知，$\theta(t_n)$ 的量值很小，因此抵消之后的残余误差远远小于原始测量误差。采用 2.1.2 节的系统参数，可以计算张角 $\theta(t_n)$，计算结果如图 7.6 所示。

由图 7.6 可以看出，张角 $\theta(t_n)$ 的量级为 10^{-5}，此时 $2\sin\left[\theta(t_n)/2\right] \approx \theta(t_n)$，因此两者抵消之后的残余误差只为原始测量误差的 10^{-5} 量级。

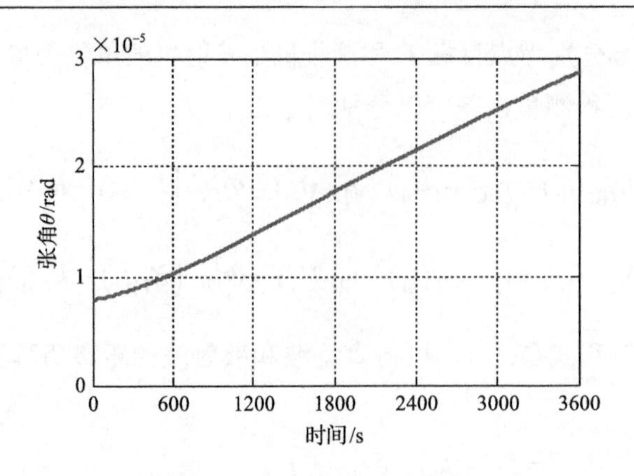

图 7.6　随慢时间变化的张角

7.5　同步与成像一体化方法

利用 7.4 节证明得到的测量误差相抵消原理，结合时域成像算法，本节提出一种同步与成像一体化方法，实现了基于导航卫星的 BSAR 散射回波的同步与成像处理。

7.5.1　相位同步误差提取

利用相位同步预处理得到的多普勒频率和导航信息，可以对直达波信号进行距离向压缩，并从中提取用于同步处理的相位误差。相位误差提取流程如图 7.7 所示。

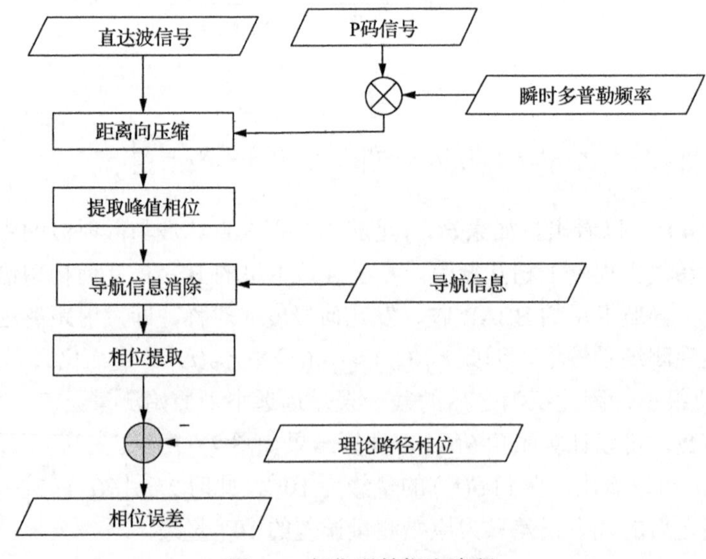

图 7.7　相位误差提取流程

首先，利用预处理中估计到的多普勒频率 $f_d(t_n)$ 和 P 码信号，对直达波信号进行距离向压缩处理，并提取峰值相位信息。然后，利用预处理中检测到的导航信息 $N_p[t_n]$，消除峰值相位中导航信息的干扰，进而得到包含相位同步误差的多普勒相位历程。

$$\varphi_{\text{d\_HC}}(t_n) = -2\pi f_0 \tau_{\text{d\_HC}}(t_n) + \phi_e(t_n) = -2\pi \cdot \frac{r_{\text{HC}}(t_n)}{\lambda} + \phi_e(t_n) \tag{7.43}$$

接着，利用星历数据计算得到直达波信号的理论路径相位：

$$\varphi_{\text{d\_HC\_TH}}(t_n) = -2\pi \cdot \frac{r_{\text{HC\_TH}}(t_n)}{\lambda} \tag{7.44}$$

最后，式(7.43)与式(7.44)相减可得用于同步处理的相位误差：

$$\begin{aligned} \phi_E(t_n) &= \varphi_{\text{d\_HC}}(t_n) - \varphi_{\text{d\_HC\_TH}}(t_n) \\ &= -2\pi \cdot \frac{r_{\text{HC}}(t_n) - r_{\text{HC\_TH}}(t_n)}{\lambda} + \phi_e(t_n) \end{aligned} \tag{7.45}$$

可以看出，提取到的相位误差不仅包括相位同步误差 $\phi_e(t_n)$，也包括距离历程相位。

7.5.2　相位同步处理

在得到式(7.45)所示的相位误差之后，对散射波进行补偿处理，进而实现相位同步。相位同步处理方法如图 7.8 所示。

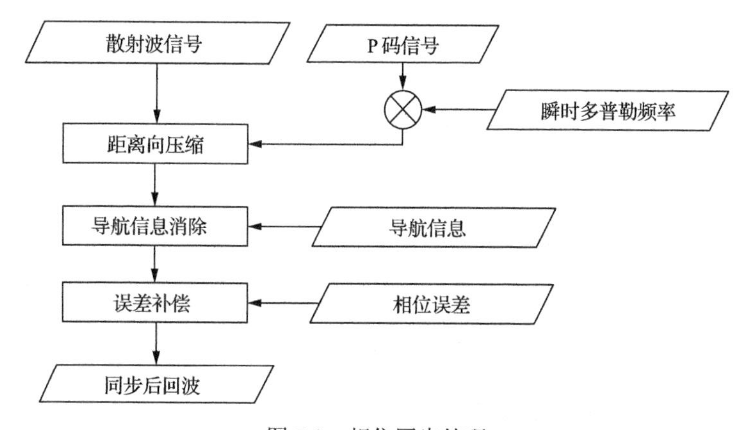

图 7.8　相位同步处理

首先利用预处理中估计到的多普勒频率 $f_d(t_n)$ 和 P 码信号，对散射波信号进行距离向压缩处理，然后利用预处理中检测到的导航信息 $N_p[t_n]$，消除距离向压缩回波中的导航信息干扰，可以得到

$$s_{\text{rc}}(t_n,\tau)=C_p\left[\tau-\tau_{\text{d\_RC}}(t_n)\right]\cdot\exp\left[-\text{j}2\pi f_0\tau_{\text{d\_RC}}(t_n)\right]\cdot\exp\left[\text{j}\phi_e(t_n)\right] \tag{7.46}$$

对式(7.46)所示距离向压缩后的散射回波信号进行相位误差补偿，可以得到

$$\begin{aligned}s_{\text{rcc}}(t_n,\tau)&=s_{\text{rc}}(t_n,\tau)\cdot\exp\left[-\text{j}\phi_E(t_n)\right]\\&=C_p\left[\tau-\tau_{\text{d\_RC}}(t_n)\right]\cdot\exp\left\{-\text{j}2\pi\frac{r_{\text{RC}}(t_n)-\left[r_{\text{HC}}(t_n)-r_{\text{HC\_TH}}(t_n)\right]}{\lambda}\right\}\end{aligned} \tag{7.47}$$

由式(7.47)可以看出，经过相位误差补偿处理，7.2 节讨论的相位同步误差$\phi_e(t_n)$的影响已经被完全消除。然而，散射波多普勒相位中引入了由直达波距离历程测量误差导致的新的误差相位。

7.5.3　同步处理精度分析

由 SAR 成像原理可知，为了进行下一步的方位向压缩处理，必须对式(7.47)中的多普勒相位进行补偿。利用 GLONASS 卫星的星历数据，计算得到散射波信号的理论距离历程为

$$\varphi_{\text{d\_RC\_TH}}(t_n)=-2\pi\cdot\frac{r_{\text{RC\_TH}}(t_n)}{\lambda} \tag{7.48}$$

则补偿后的残余多普勒相位为

$$\varphi_{\text{d\_res}}(t_n)=-\frac{2\pi}{\lambda}\cdot\left\{\left[r_{\text{RC}}(t_n)-r_{\text{RC\_TH}}(t_n)\right]-\left[r_{\text{HC}}(t_n)-r_{\text{HC\_TH}}(t_n)\right]\right\} \tag{7.49}$$

根据 7.4 节的推导，可以得到

$$\varphi_{\text{d\_res}}(t_n)=-\frac{2\pi}{\lambda}\cdot\delta r_{\text{res}} \tag{7.50}$$

假设利用卫星星历数据计算得到的轨道精度为 3m，则经过抵消之后，残余的测量误差δr_{res}降为10^{-4}m。假设系统波长λ为 18cm，则10^{-4}m的距离向测量误差引入的残余相位误差为$3.5\times10^{-3}\text{rad}$，不会再对后续的成像处理产生影响。

7.5.4　基于时域成像算法的成像处理

BP 成像算法来源于计算机层析技术，是一种经典的时域成像算法，广泛应用于各种工作模式的 SAR 成像。从理论上讲，如果已知收、发平台的运动规律，那么 BP 成像算法可以适用于任意飞行轨迹的 SAR 精确成像。而且，利用 BP 成像算法可以获取任意成像平面内的成像结果，省去了几何校正处理。

BP 成像算法相当于为图像内的每一个像素点单独实现了方位向聚焦处理。由式(7.47)可知，对于点目标 P，完成相位同步处理之后的距离向压缩回波为 $s_{\text{rcc}}(t_n,\tau)$，则 BP 成像处理可以表示为

$$I(\boldsymbol{P})=\int s_{\text{rcc}}(t_n,\tau)\cdot\exp\left[\mathrm{j}\varphi_{\text{com}}(t_n)\right]\mathrm{d}t_n \tag{7.51}$$

式中，积分操作是沿点目标 P 对应的积累曲线完成的，而 $\varphi_{\text{com}}(t_n)$ 为点目标 P 在 BP 成像处理中需要补偿的相位：

$$\varphi_{\text{com}}(t_n)=2\pi\frac{r_{\text{RC\_TH}}(t_n)-r_{\text{RC\_TH}}(t_0)}{\lambda} \tag{7.52}$$

式中，$r_{\text{RC\_TH}}(t_0)$ 为点目标 P 在合成孔径中心时刻 t_0 时对应的收、发斜距和。若忽略相位同步处理残余的相位误差，则按式(7.51)进行成像处理后图像信号可以表示为

$$I(\boldsymbol{P})=C_p\left[B_{\text{code}}(\tau-\tau_0)\right]\cdot\text{sinc}\left[B_D(t_n-t_0)\right]\cdot\exp\left[-\mathrm{j}\frac{2\pi}{\lambda}r_{\text{RC\_TH}}(t_0)\right] \tag{7.53}$$

式中，B_{code} 为 P 码信号带宽；B_D 为多普勒频率带宽；$\tau_0=r_{\text{RC\_TH}}(t_0)/c$，为 $r_{\text{RC\_TH}}(t_0)$ 对应的时延。可以看出，利用 BP 成像算法既可以实现图像精确聚焦，还可以精确保留图像的相位信息。

BP 成像算法有两种实现方式：逐像素方式和逐距离线方式。如图 7.9(a)所示，逐像素方式遍历图像中的所有像素点，对每一个像素点按照其积累曲线对距离向

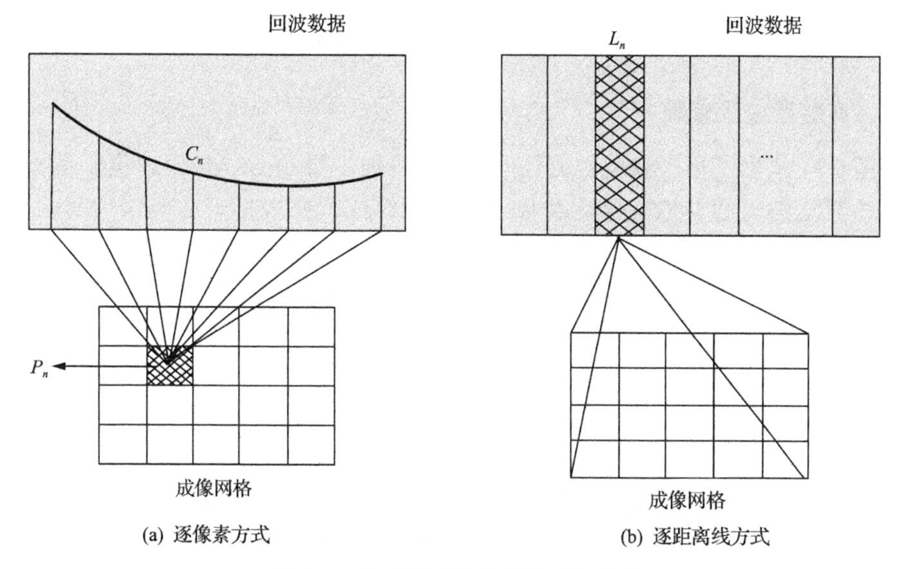

图 7.9　BP 成像算法的两种实现方式

压缩后的回波进行相干叠加，最后获取成像结果。如图 7.9(b)所示，逐距离线方式则遍历所有距离线回波，对距离向压缩后的每一条距离线回波计算其对图像网格的贡献并进行叠加，最后获取成像结果。可以看出，逐距离线方式相当于同时计算图像中的所有像素值，从工程实现角度来看，计算速度要快于逐像素方式。因此，本节选择逐距离线方式实现 BP 成像算法。

7.6　实测数据验证

综上所述，基于导航卫星的 BSAR 利用直达波来实现相位同步，结合 GLONASS 卫星星历数据，采用 BP 成像算法进行成像处理。综合考虑同步与成像处理，图 7.10 给出了基于导航卫星的 BSAR 信号处理流程。

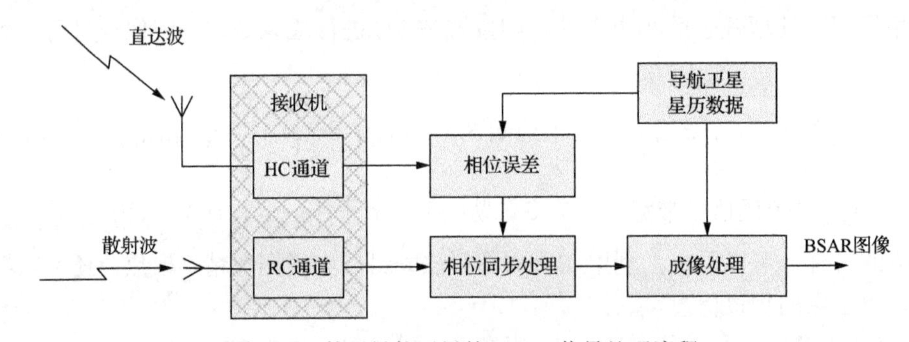

图 7.10　基于导航卫星的 BSAR 信号处理流程

为了验证前述算法的有效性，本节利用英国伯明翰大学 EECE 学院 MISL 研发的基于导航卫星的 BSAR 原理验证系统开展了实测数据成像实验。

7.6.1　实验系统及参数

图 7.11 给出了用于录取实测数据的基于导航卫星的 BSAR 原理验证系统。该系统由直达波天线、散射波天线以及接收机组成，并被架设在英国伯明翰大学 EECE 学院的实验楼顶(楼高为 5 层)。其中，较低增益的直达波天线对准导航卫星以接收直达波信号，较高增益的散射波天线对准观测场景以接收地面散射回波。当 GLONASS 导航卫星飞经预定的空间区域时，开机同时录取直达波数据和散射波数据，经混频解调、放大、滤波之后变换为数字信号，然后通过数据采集卡存储在硬盘中。

实验选取的观测场景为英国伯明翰大学的 Metchley 公园，主要包括建筑物、草地、树丛等，其中局部区域的光学照片如图 7.12 所示。在观测场景的远端约 1200m 处，有四栋市政公寓楼。市政公寓楼的几何构造预示着较强的反射回波，因此可以视作强散射目标；两片较大的草地，则可以视为弱散射目标。场景中目标的散射强度差异较大，有利于验证最后成像结果的准确性。

图 7.11　基于导航卫星的 BSAR 原理验证系统

(a)

(b)

图 7.12　实验观测场景光学照片

实验选取的导航卫星为 GLONASS Cosmos 743，开始录取数据的时刻为 2013

年 5 月 3 日 9 时 44 分 15 秒，积累时间为 300s，具体的实验参数如表 7.1 所示。

表 7.1　实验参数

参数	数值
GLONASS 卫星	Cosmos 743
载频/MHz	1605.375
系统信号	P 码
信号带宽/MHz	5.11
积累时间/s	300
采样率/MHz	50
脉冲重复频率/Hz	1000
场景范围(方位向×距离向)/m	1000×1200
接收机高度/m	35

7.6.2　信号处理流程与结果

根据图 7.10，本小节详细给出基于导航卫星的 BSAR 同步与成像信号处理的具体流程和处理结果。

首先，对直达波信号进行相位同步预处理。利用卫星轨道数据，计算得到理论的多普勒频率，进而进行直达波距离向压缩处理。相应的结果如图 7.13 所示，其中，图 7.13(a)为随方位向时间变化的多普勒频率理论值，图 7.13(b)为第一个脉冲的距离向压缩结果。可以看出，经过距离向压缩处理，直达波信号的信噪比有很大提高，旁瓣幅度均低于–10dB。

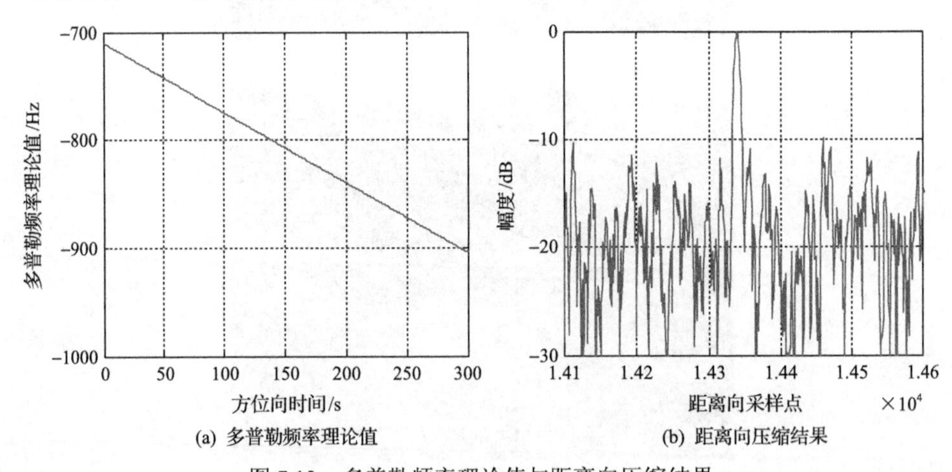

(a) 多普勒频率理论值　(b) 距离向压缩结果

图 7.13　多普勒频率理论值与距离向压缩结果

对距离向压缩后的直达波信号进行峰值信息提取，可以获得直达波时延和多普勒相位信息。其中，脉冲压缩峰值的位置可以转化为时延信息，而脉冲压缩峰值相位可以表征直达波多普勒相位特征，提取结果如图 7.14 所示。如图 7.14(a)所示，提取到的时延信息具有少量毛刺，代表该时刻接收机工作异常。然而，从实测数据处理的经验来看，少量的毛刺并不会对最后的成像结果产生影响。如图 7.14(b)所示，提取到的峰值相位在解缠后具有二次函数特性，与 Chirp 信号的相位特性相似。

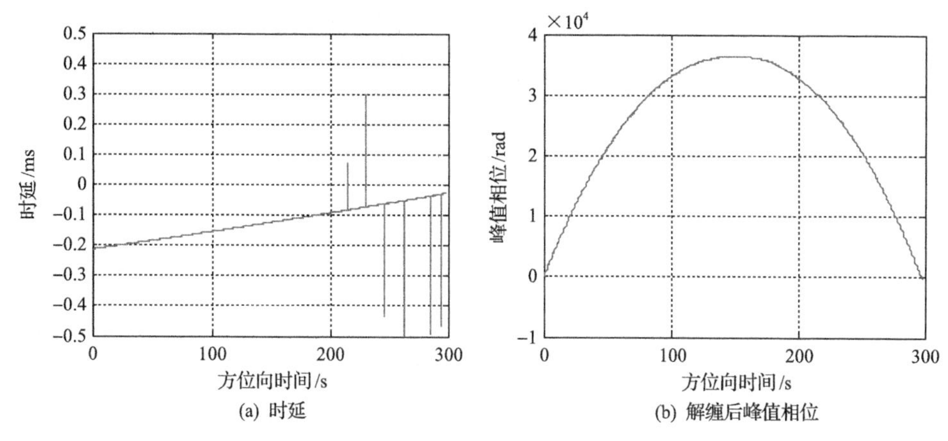

图 7.14　距离向压缩峰值信息

为了检测导航信息，首先将提取到的峰值相位进行差分处理，然后设置合适的检测门限。根据差分相位与检测门限的关系，可以检测出所有的相位突变点，进而利用式(7.29)恢复导航信息。相应的处理结果如图 7.15 所示。在图 7.15(a)中，粗实线为检测门限。为了直观，图 7.15(b)只给出了检测到的导航信息片段，其中粗实线为导航信息，细实线为多普勒相位信号。

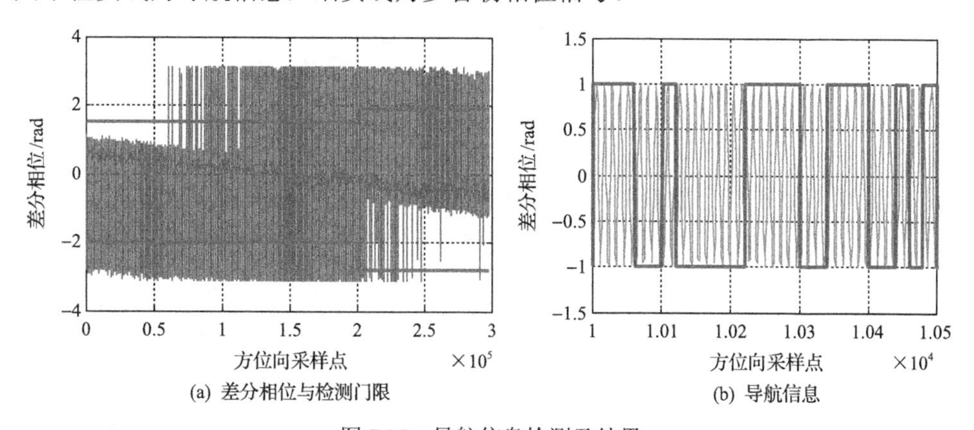

图 7.15　导航信息检测及结果

利用检测到的导航信息可以消除其在多普勒相位中的影响。消去导航信息之后，多普勒相位信号的频谱如图 7.16 所示。

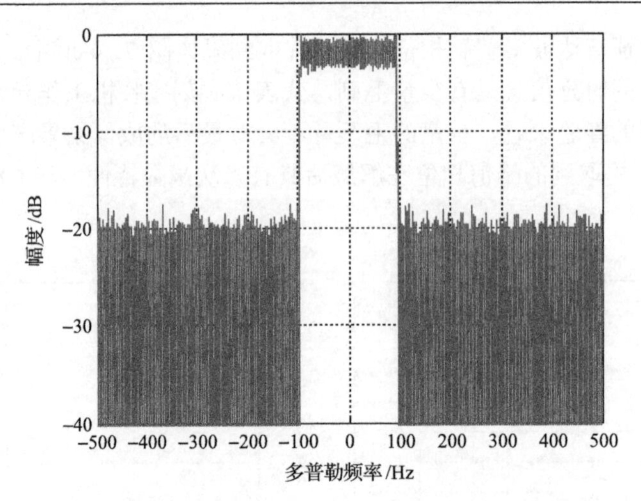

图 7.16　消除导航信息之后多普勒相位信号的频谱

与图 7.3(b)类似，图 7.16 所示的多普勒相位信号频谱具有类似 Chirp 信号的矩形谱特征，证明已经完全消除了导航信息的影响。根据 7.3 节的论述，利用消除导航信息之后的多普勒相位可以精确估计实际的多普勒频率值。首先，利用式(7.31)对消除导航信息之后的多普勒相位进行差分处理，并变换到频率的量纲；然后，对该频率值进行线性拟合进而获取实际的多普勒频率值。实际多普勒频率估计如图 7.17 所示。

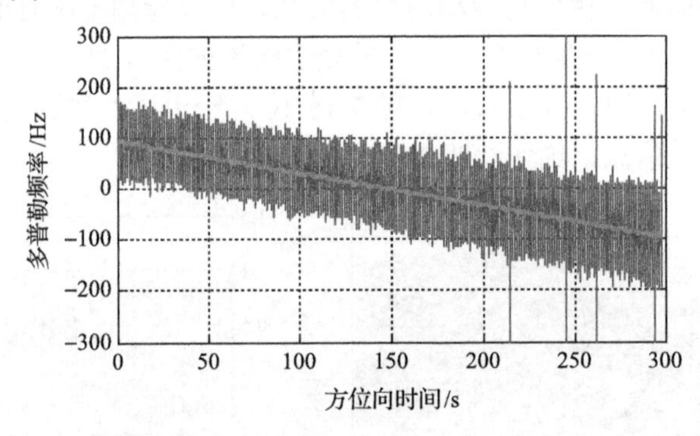

图 7.17　实际多普勒频率估计

由图 7.17 可以看出，由于相位同步误差的存在，利用式(7.31)获取的多普勒频率值在其真值附近波动。如图 7.17 所示，利用线性拟合可以从中估计得到实际的多普勒频率值。由图 7.17 可知，此处估计得到的多普勒中心频率约为 0Hz，与图 7.16 的结果相吻合。由图 7.13(a)可知，由卫星星历数据计算得到的多普勒中心频率约为−807Hz。考虑到方位向采样造成的多普勒频谱混叠效应，实际的多普勒中心频率值应在图 7.17 所示的结果上减去 1000Hz，即实际的多普勒中心频率应为−1000Hz。对于本次回波数据，利用卫星星历数据估算得到多普勒频率粗略值的误差约为–193Hz。

可以看出，通过同步预处理成功获取了导航信息和多普勒频率，可以消除导航信号体制的影响。进而，依据 7.5 节提出的同步与成像一体化方法，可以实现同步误差提取、相位同步处理和成像处理。

首先，利用同步预处理得到的导航信息和多普勒频率，结合卫星星历数据，从直达波信号中提取用于同步处理的相位误差，具体方法如图 7.7 所示。利用提取到的相位误差，可以生成相位误差信号。对该信号进行快速傅里叶变换可以获取其频谱，所得频谱如图 7.18 所示。由图 7.18 可以看出，提取到的相位误差信号频谱的主要分量集中分布在–193Hz 附近的区域，进一步验证了上述结论。

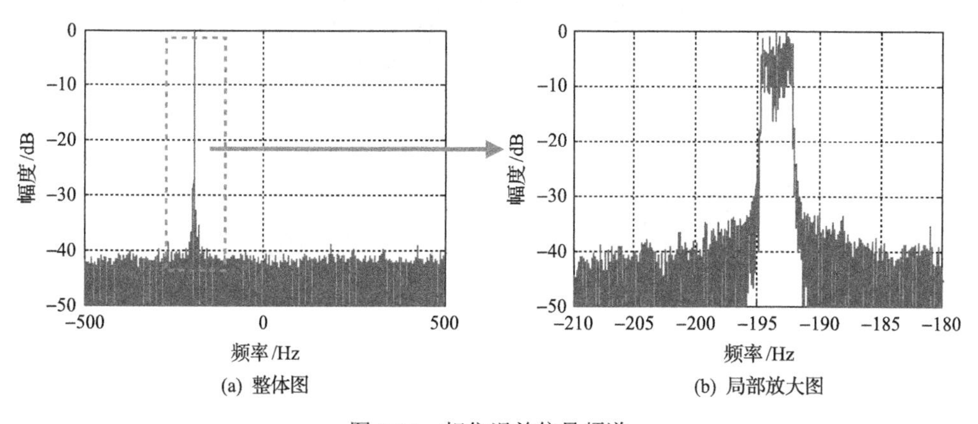

图 7.18　相位误差信号频谱

然后，利用提取到的相位误差，按照图 7.8 所示的方法，对散射波进行相位同步处理。

最后，利用时域成像算法，对同步处理之后的散射回波信号进行成像处理。图 7.19 给出了归一化后的成像结果，图像强度用分贝(dB)表示。

结合图 7.12 给出的场景光学图像可以看出，图 7.19 给出的实测数据成像结果主要由场景中的强散射目标(如建筑物、树丛等)的离散 PSF 组成；弱散射目标(如草地)聚焦结果的强度较低，几乎被强散射目标聚焦结果淹没。在图 7.19 中，标记出的成像结果由上而下分别对应市政公寓楼、草地和树丛，与图 7.12 的结果相互对应。

7.6.3　成像结果分析

由图 7.19 可以看出，在观测场景中的强散射点处，雷达图像在对应的位置均出现了较强的电磁波散射能量，两者相互吻合，说明雷达图像中目标成像结果的位置信息准确可信。另外，从图像的能量分布来看，接收距离变化引入的能量衰减并不明显。究其原因，在于场景中的目标主要为人造目标，其散射强度的动态范围大于接收距离变化引入的回波信号强度的变化范围。另外，由于双基地构型以及建筑物等高大目标造成的遮挡现象，雷达图像中出现了大面积的阴影区域。

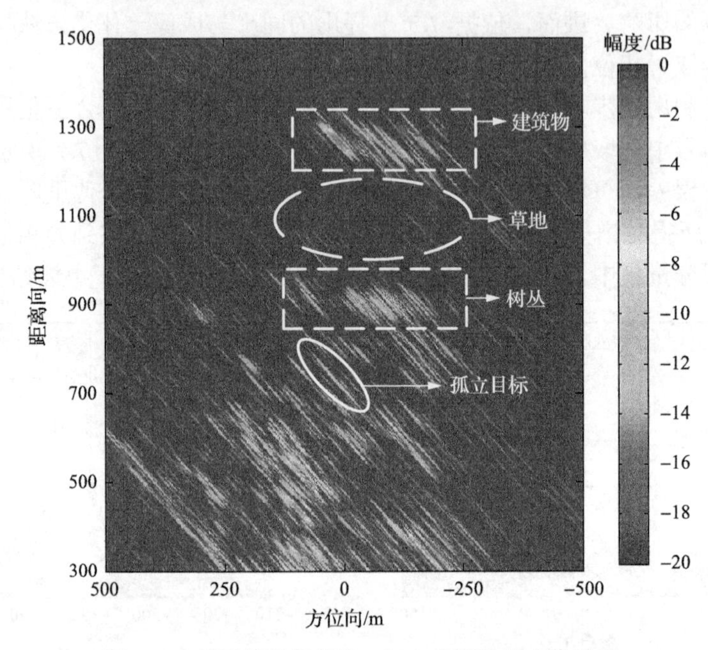

图 7.19　基于导航卫星的 BSAR 实测数据成像结果

为了进一步验证成像结果的正确性，选取一个相对孤立的目标进行分析。该目标对应场景中的一处建筑物，其中心点的二维坐标为(12m，724m)，对应的信噪比为 20.5dB。根据其坐标值以及卫星运行轨迹数据，利用 2.1.4 节的理论，可以计算该点的 PSF。图 7.20 给出了实测数据成像结果与理论计算的 PSF 的对比。

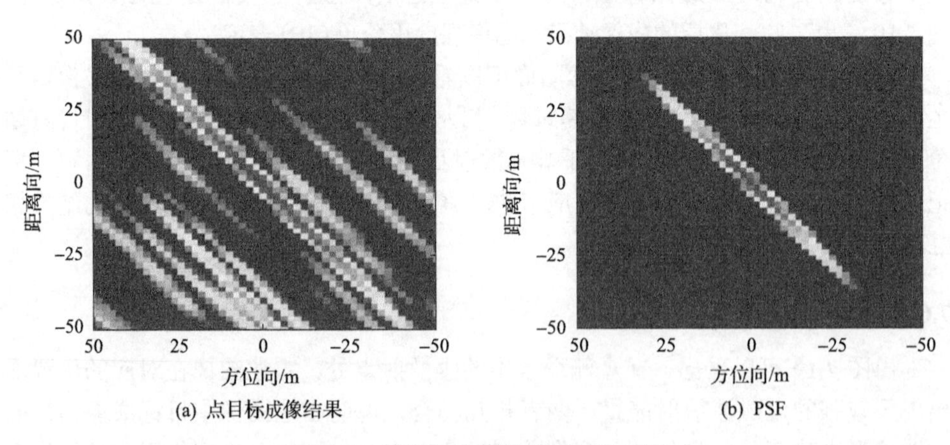

图 7.20　点目标成像结果与 PSF 对比

通过比较，可以看出两者非常相似，进一步说明了成像结果的正确性。但是，该孤立目标并不完全等同于理想点目标，且受到其附近弱目标的影响，因此两者在细节上还是存在一些差异的。

通过分析该孤立目标的二维响应剖面图，可以验证成像结果的二维分辨率性能。首先抽取图 7.20(a)所示实测结果的二维响应剖面图，然后抽取图 7.20(b)所示理论结果(PSF)的二维响应剖面图，分别在 8 倍插值之后进行对比，对比结果如图 7.21 所示。通过比较可以看出，实验结果与理论结果的主瓣响应基本一致，实验结果的主瓣响应略有展宽。这说明实测数据成像结果的分辨率与理论预期是相符的。另外，该孤立目标并不完全等同于点目标，且其二维响应受到了附近弱目标响应的影响，因此实验结果与理论结果之间的副瓣响应差异较大。

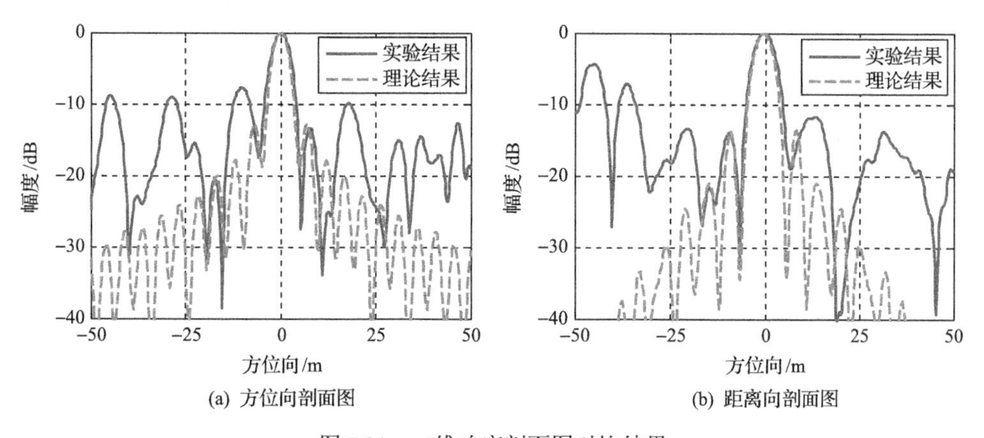

(a) 方位向剖面图　(b) 距离向剖面图

图 7.21　二维响应剖面图对比结果

参 考 文 献

[1] Saini R, Zuo R, Cherniakov M. Signal synchronization in SS-BSAR based on GLONASS satellite emission [C]. IET International Conference on Radar System, Edinburgh, 2007: 1-5.

[2] 刘飞峰. 基于导航卫星的 BiSAR 系统成像和地表形变检测方法研究[D]. 北京：北京理工大学博士学位论文, 2012.

[3] Antoniou M, Zeng Z, Liu F F, et al. Experimental demonstration of passive BSAR imaging using navigation satellites and a fixed receiver[J]. IEEE Geoscience and Remote Sensing Letters, 2012, 9(3): 477-481.

[4] Lopez-Dekker P, Mallorqui J J, Serra-Morales P, et al. Phase synchronization and Doppler centroid estimation in fixed receiver bistatic SAR systems[J]. IEEE Transactions on Geoscience and Remote Sensing, 2008, 46(11): 3459-3471.

[5] 谢钢. GPS 原理与接收机设计[M]. 北京：电子工业出版社, 2009.

[6] 王超, 张红, 刘智. 星载合成孔径雷达干涉测量[M]. 北京: 科学出版社, 2002.

[7] 周红. 基于子带子孔径的低频 SAR 成像及运动目标检测技术研究[D]. 长沙: 国防科学技术大学, 2011.

[8] Zeng Z F. Passive bistatic SAR with GNSS transmitter and a stationary receiver [D]. Birmingham: University of Birmingham, 2013.

第 8 章　基于星载照射源的 BSAR 干涉应用技术

SAR 干涉是最重要的 SAR 应用技术之一。典型的 SAR 干涉应用包括垂轨干涉(cross-track interferometry)进行高程测量、顺轨干涉(along-track interferometry，ATI)进行地面动目标指示(ground moving target indication，GMTI)[1,2]、差分干涉(differential interferometry，DI)进行地表形变检测(surface deformation detection，SDD)[3]和相干变化检测(coherent change detection，CCD)[4-6]等。针对本书涉及的两种 BSAR 系统，本章分别研究其干涉应用技术：基于导航卫星的 BSAR 相干变化检测技术和基于 SAR 卫星的 BSAR 干涉高程测量技术。

基于导航卫星的 BSAR 相干变化检测技术采用精确的重复轨道模式获取观测场景的回波信号，在同步与成像处理之后，进一步通过 CCD 处理实现对观测场景变化的有效检测。利用基于导航卫星的 BSAR 相干变化检测技术进行 CCD 处理具有诸多技术优势。首先，GLONASS 卫星实现了全球导航覆盖，任何观测场景在任何时刻都能接收到至少 4 颗导航卫星的信号，因此可供选择的辐射源比较多，且系统几何配置比较灵活。另外，GLONASS 卫星的精确重复轨道周期较短(7 天 23 小时 27 分 28 秒)，因此该技术在时间维的响应速度较快。利用该技术可以实现对大型建筑目标(如铁路、水坝等)损毁情况的近实时有效检测，且成本较低，具有较强的实用性。

基于导航卫星的 BSAR 具有低信噪比、距离向低分辨率，以及收、发平台极度非对称的拓扑关系等系统特点，因此将基于导航卫星的 BSAR 相干变化检测技术与干涉处理技术相结合面临巨大的技术挑战。目前，这方面的相关技术报道并不多见。针对 SS-BSAR 系统的地表形变检测应用，文献[7]展开了技术可行性研究，深入探讨了发射机轨迹对准、地形相位误差影响、大气相位误差影响等技术问题，并利用双天线模式实验初步验证了 SS-BSAR 系统具有良好的相位保持特性，可以有效地检测地表形变。上述研究成果具有较高的参考价值。然而，由于具体的应用背景不同，有必要专门针对基于导航卫星的 BSAR 相干变化检测应用的技术可行性进行深入研究。通过分析其技术原理与处理方法发现，相干系数在基于导航卫星的 BSAR 相干变化检测技术中扮演了至关重要的角色，直接影响其检测性能。已有的去相干理论(主要指空间去相干和时间去相干)都是基于单基地 SAR 成像模型推导得到的，并不适用于一般的 BSAR 系统。针对这个问题，本章充分考虑基于导航卫星的 BSAR 系统特性，建立去相干理论模型；通过深入分析相干性，明确基于导航卫星的 BSAR 相干变化检测应用的技术性能。

基于 SAR 卫星的 BSAR 干涉高程测量技术采用单航过模式，利用搭载于飞艇上不同高度的两幅天线同时接收 SAR 卫星发射信号的地面散射回波，经过成像和干涉处理，实现对地表高程的精确测量。相对于传统 InSAR，该技术配置灵活，成本较低，无时间去相干，具备良好的安全性。为了验证该技术的概念体制，并评估其总体性能，有必要对其干涉特性和性能指标进行详细分析，分析结论可以用来进一步指导和优化系统设计。传统 InSAR 系统理论是在单基地 SAR 成像几何的基础上发展起来的[8]，并不完全适用于 BSAR 干涉系统。针对这个问题，本章对基于 SAR 卫星的 BSAR 干涉高程测量技术的可行性进行深入分析，主要包括干涉理论模型构建、干涉特性分析、相干性分析以及高程测量精度分析。

8.1 基于星载照射源的 BSAR 干涉理论模型

图 8.1 给出了基于星载照射源的 BSAR 干涉应用数据处理流程图：首先获取主、辅雷达回波；然后利用前述章节给出的处理方法分别进行同步与成像处理，得到聚焦良好的雷达图像；进而对主、辅图像进行配准处理；最后针对配准后的图像进行相应的干涉处理。为了开展干涉应用技术研究，本节建立了基于星载照射源的 BSAR 干涉理论模型。

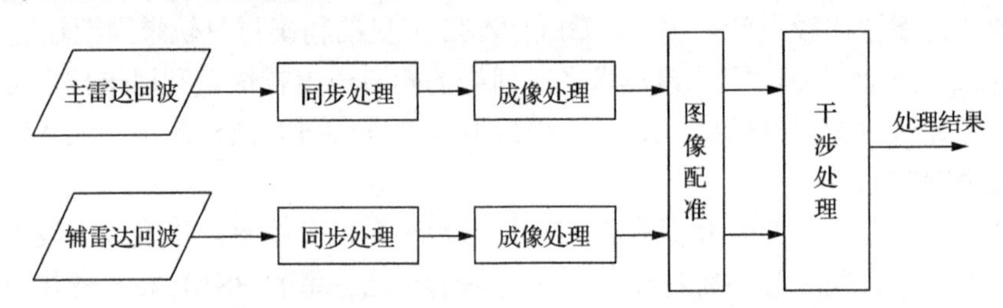

图 8.1 基于星载照射源的 BSAR 干涉应用数据处理流程图

8.1.1 基于星载照射源的 BSAR 图像模型

根据 SAR 成像理论，当系统分辨率远远大于波长时，通常假设 SAR 分辨单元内包含大量随机分布的散射单元，而该分辨单元对应的散射回波是所有散射单元散射回波的矢量和[9]。因此，根据面散射模型，以分辨单元中心为坐标原点，该分辨单元对应的基于星载照射源的 BSAR 图像信号可以表示为

$$s=\iint \sigma(x,y)\exp\left\{-\mathrm{j}\frac{2\pi}{\lambda}\left[r_T(x,y,\boldsymbol{T}_c)+r_R(x,y,\boldsymbol{R}_c)\right]\right\}\cdot W(x,y)\mathrm{d}x\mathrm{d}y+n \tag{8.1}$$

式中，$\sigma(x,y)$ 为散射单元对应的复散射系数；r_T 和 r_R 分别为发射距离和接收距离；λ 为系统波长；$\boldsymbol{T}_c$ 和 $\boldsymbol{R}_c$ 分别为发射机和接收机在合成孔径中心时刻的位置矢量；

$W(x,y)$ 为系统响应函数（点散布函数 PSF）；n 为系统热噪声。该模型适用于满足自然分布的大多数场景，如森林、农田、土地以及沙石场景等，而且该模型很好地解释了 SAR 相干斑形成机理[10]，因此广泛应用于 SAR 图像建模。

由式(8.1)可知，配准后的主、辅图像可以分别表示为

$$s_1 = \iint \sigma_1(x,y)\exp\left\{-\mathrm{j}\frac{2\pi}{\lambda}\left[r_T(x,y,\boldsymbol{T}_{c1}) + r_R(x,y,\boldsymbol{R}_{c1})\right]\right\}\cdot W(x,y)\mathrm{d}x\mathrm{d}y + n_1 \tag{8.2}$$

$$s_2 = \iint \sigma_2(x,y)\exp\left\{-\mathrm{j}\frac{2\pi}{\lambda}\left[r_T(x,y,\boldsymbol{T}_{c2}) + r_R(x,y,\boldsymbol{R}_{c2})\right]\right\}\cdot W(x,y)\mathrm{d}x\mathrm{d}y + n_2 \tag{8.3}$$

式中，下标 1、2 分别代表主、辅图像。

由式(8.2)和式(8.3)可以看出，在获取基于星载照射源的 BSAR 主、辅图像的过程中，散射单元的散射特性、发射机运动轨迹以及接收机运动轨迹等均可能发生变化。正是因为这些变化，干涉处理才变得有意义。譬如：假设获取主、辅图像的成像几何完全一致，仅存在散射特性的差异，则可以通过相干变化检测技术来检测主、辅图像之间的变化；反之，假设主、辅图像中散射体的散射特性保持不变，通过设计不同的成像几何，可以利用干涉测量技术对场景目标的相关信息(如高度、速度等)进行测量。式(8.2)和式(8.3)给出的 BSAR 主、辅图像模型是进行进一步干涉处理的基础，之后的研究均是在式(8.2)和式(8.3)的基础上展开的。

8.1.2　相干性分析

相干性(coherence)是干涉系统的关键参数，直接影响干涉系统的性能指标。通常，干涉系统的相干性由相干系数来表征。根据式(8.2)和式(8.3)，基于星载照射源的 BSAR 主、辅图像之间的复相干系数(complex correlation coeffcient)可以表示为

$$\gamma = \frac{\left\langle s_1 \cdot s_2^* \right\rangle}{\sqrt{\left\langle s_1 \cdot s_1^* \right\rangle\left\langle s_2 \cdot s_2^* \right\rangle}} = \rho \cdot \exp(\mathrm{j}\cdot\varphi) \tag{8.4}$$

式中，$\langle\cdot\rangle$ 为取期望算子。

$$\rho = |\gamma| = \frac{\left|\left\langle s_1 \cdot s_2^* \right\rangle\right|}{\sqrt{\left\langle s_1 \cdot s_1^* \right\rangle\left\langle s_2 \cdot s_2^* \right\rangle}} \tag{8.5}$$

$$\varphi = \mathrm{angle}\left\{\left\langle s_1 \cdot s_2^* \right\rangle\right\} \tag{8.6}$$

式中，ρ 为总、(实) 相干系数；φ 为主、辅图像之间的干涉相位；$\text{angle}\{\cdot\}$ 为取相位算子。

相干系数 ρ 表征了主、辅图像之间的相似性，当 $\rho=0$ 时，表示两者完全不相干；当 $0<\rho<1$ 时，表示两者部分相干；当 $\rho=1$ 时，表示两者完全相干，即 $s_1=s_2$。实际处理中，通常采用滑动窗口估计的方法计算主、辅图像之间的相干系数[4]。在某一个包含 N 个像素值的窗口内，中心像素点之间的相干系数可以表示为

$$\hat{\rho}=\frac{\left|\sum_{m,n=1}^{N}\left\langle s_1(m,n)\cdot s_2^*(m,n)\right\rangle\right|}{\sqrt{\sum_{m,n=1}^{N}\left|s_1(m,n)\right|^2\sum_{m,n=1}^{N}\left|s_2(m,n)\right|^2}} \tag{8.7}$$

将式 (8.2) 和式 (8.3) 表示的主、辅图像信号代入式 (8.7)，可以计算得到相干系数的表达式。假设主、辅图像散射单元的散射系数满足

$$\left\langle\sigma_1(x,y)\cdot\sigma_2^*(x',y')\right\rangle=\sigma_{\mathrm{IN}}(x,y)\delta(x-x',y-y') \tag{8.8}$$

式中，$\sigma_{\mathrm{IN}}(x,y)$ 为干涉处理后平均散射系数，且系统热噪声 n_1 与 n_2 不相干，热噪声与信号之间也不相干，则相干系数可以表示为

$$\rho=\frac{\iint\sigma_{\mathrm{IN}}(x,y)\exp(-\mathrm{j}\varphi_{\mathrm{IN}})\cdot\left|W(x,y)\right|^2\mathrm{d}x\mathrm{d}y}{\sqrt{\left[\iint\sigma_1^2(x,y)\cdot\left|W(x,y)\right|^2\mathrm{d}x\mathrm{d}y+N_1\right]\left[\iint\sigma_2^2(x,y)\cdot\left|W(x,y)\right|^2\mathrm{d}x\mathrm{d}y+N_2\right]}} \tag{8.9}$$

式中

$$\varphi_{\mathrm{IN}}=\frac{2\pi}{\lambda}\left[r_T(x,y,\boldsymbol{T}_{c1})+r_R(x,y,\boldsymbol{R}_{c1})-r_T(x,y,\boldsymbol{T}_{c2})-r_R(x,y,\boldsymbol{R}_{c2})\right] \tag{8.10}$$

$$N_1=\left\langle n_1\cdot n_1^*\right\rangle,\quad N_2=\left\langle n_2\cdot n_2^*\right\rangle \tag{8.11}$$

1. 固有去相干源

根据去相干源的不同，式 (8.5) 表示的总相干系数可以分解为信噪比相干系数、空间相干系数和时间相干系数[9]，即

$$\rho=\rho_{\mathrm{SNR}}\cdot\rho_{\mathrm{Spatial}}\cdot\rho_{\mathrm{Temporal}} \tag{8.12}$$

式中

$$\rho_{\text{SNR}} = \frac{\sqrt{\left[\iint \sigma_1^2(x,y)\cdot\left|W(x,y)\right|^2 \text{d}x\text{d}y\right]\left[\iint \sigma_2^2(x,y)\cdot\left|W(x,y)\right|^2 \text{d}x\text{d}y\right]}}{\sqrt{\left[\iint \sigma_1^2(x,y)\cdot\left|W(x,y)\right|^2 \text{d}x\text{d}y + N_1\right]\left[\iint \sigma_2^2(x,y)\cdot\left|W(x,y)\right|^2 \text{d}x\text{d}y + N_2\right]}} \tag{8.13}$$

$$\rho_{\text{Spatial}} = \frac{\iint \sigma_{\text{IN}}(x,y)\exp(-\text{j}\varphi_{\text{IN}})\cdot\left|W(x,y)\right|^2 \text{d}x\text{d}y}{\sqrt{\left[\iint \sigma_{\text{IN}}(x,y)\cdot\left|W(x,y)\right|^2 \text{d}x\text{d}y\right]\left[\iint \sigma_{\text{IN}}(x,y)\cdot\left|W(x,y)\right|^2 \text{d}x\text{d}y\right]}} \tag{8.14}$$

$$\rho_{\text{Temporal}} = \frac{\sqrt{\left[\iint \sigma_{\text{IN}}(x,y)\cdot\left|W(x,y)\right|^2 \text{d}x\text{d}y\right]\left[\iint \sigma_{\text{IN}}(x,y)\cdot\left|W(x,y)\right|^2 \text{d}x\text{d}y\right]}}{\sqrt{\left[\iint \sigma_1^2(x,y)\cdot\left|W(x,y)\right|^2 \text{d}x\text{d}y\right]\left[\iint \sigma_2^2(x,y)\cdot\left|W(x,y)\right|^2 \text{d}x\text{d}y\right]}} \tag{8.15}$$

如式(8.13)～式(8.15)所示，ρ_{SNR} 表示由系统热噪声引起的信噪比去相干；ρ_{Spatial} 表示由主、辅图像成像几何不同引起的空间去相干；ρ_{Temporal} 表示在获取主、辅图像期间，由散射体的散射特性发生变化引起的时间去相干。式(8.13)～式(8.15)从物理本质上解释了三种固有去相干源的作用机理，然而表达式略显繁杂，不便于计算，也不利于指导系统设计。针对特定的干涉应用，基于合理假设可以得到更加简洁的表达式。

1)信噪比去相干

在实际系统中，热噪声的存在不可避免，因此必须考虑信噪比去相干效应。假设主、辅图像的信噪比分别为 SNR_1 和 SNR_2：

$$\text{SNR}_1 = \frac{\iint \sigma_1^2(x,y)\cdot\left|W(x,y)\right|^2 \text{d}x\text{d}y}{N_1}, \quad \text{SNR}_2 = \frac{\iint \sigma_2^2(x,y)\cdot\left|W(x,y)\right|^2 \text{d}x\text{d}y}{N_2} \tag{8.16}$$

则式(8.13)表示的信噪比去相干效应可以简化为[9]

$$\rho_{\text{SNR}} = \frac{1}{\sqrt{\left(1+\text{SNR}_1^{-1}\right)\left(1+\text{SNR}_2^{-1}\right)}} \tag{8.17}$$

进而假设主、辅图像信噪比相等，即 $\text{SNR}_1 = \text{SNR}_2 = \text{SNR}_{\text{Img}}$，式(8.17)可以简化为

$$\rho_{\text{SNR}} = \frac{1}{1+\text{SNR}_{\text{Img}}^{-1}} \tag{8.18}$$

对于本书研究的两种 BSAR 系统，得到 SNR_{Img} 值之后，将其代入式(8.18)，容易得到信噪比相干系数 ρ_{SNR} 的值。

2) 空间去相干

如式(8.14)所示，主、辅图像采用的成像几何不同，因此引入了相位调制项 $\exp(-\mathrm{j}\varphi_{\mathrm{IN}})$，导致主、辅图像相干性下降，即空间去相干。对于空间去相干的产生机理，一种比较成熟的解释是：在获取主、辅图像的雷达回波时，分辨单元内的散射单元相对于雷达的视角有所变化，因此相干叠加而成的雷达图像并不相同，进而造成相干性下降[10,11]。另外，空间去相干也可以用频谱移动的观点进行解释[12]。事实上，两种解释在本质上是一致的，因此谱移滤波常作为预处理方法来消除空间去相干的影响[13]。

然而，上述空间去相干模型是基于单基地 SAR 成像模型建立的，一般只考虑视线方向的干涉效应，并不涉及方位向的干涉效应[12]。对于系统配置相对复杂、系统响应具有方位向/距离向二维空变性的 BSAR 干涉系统，显然不能直接套用上述研究结论。由式(8.14)可知，影响空间去相干的因素主要包括相位调制项 $\exp(-\mathrm{j}\varphi_{\mathrm{IN}})$ 和系统响应函数 $W(x,y)$。对于基于星载照射源的 BSAR 干涉系统，两者均比较复杂，不能得到如单基地 SAR 干涉系统一样的简单结论。另外，在基于星载照射源的 BSAR 干涉系统中，空间去相干效应还与系统几何构型紧密相关。

基于星载照射源的 BSAR 干涉系统属于典型的一般构型 BSAR 系统，因此有必要在式(8.14)的基础上，深入研究其空间去相干效应。针对本章提出的两种基于星载照射源的 BSAR 干涉应用，其空间去相干效应既有共同点，也有相异之处，必须分别展开研究。

3) 时间去相干

在利用重复轨道获取主、辅图像的时间间隔内，目标散射特性可能发生变化，进而导致主、辅图像间的相干性下降，即时间去相干。某些人为的变化，如耕种、灌溉、建造等，可能完全破坏图像之间的相干性；而一般的自然变化，如风雨、生长等，会在一定程度上降低相干性；对于永久散射点(permanent scatter，PS)，相干性则不随时间改变[14]。式(8.15)利用面散射模型描述了时间去相干的产生机理，然而实际中往往采用体散射模型来研究时间去相干效应[9]。

针对单基地构型，许多研究人员基于体散射模型对时间去相干效应进行了深入研究，建立了相应的理论模型，并利用大量实验数据对这些模型的有效性进行了验证[15-18]。这些模型普遍假设时间去相干的产生机理在于分辨单元内随机均匀分布的大量散射单元在获取主、辅图像的时间间隔内发生了随机位移。Zebker 等假设随机位移具有高斯统计特性，进而得到了指数模型的时间去相干表达式[15]。基于布朗运动假设，Rocca 扩展了指数模型，进而可以计算不同时间基线下的时间去相干效应[16]。Lavalle 等假设随机位移的高斯统计特性随散射单元高度坐标变化，进而推导了一种新的时间去相干模型[18]。

在 BSAR 构型下，除了随机位移，时间去相干还与系统几何构型密切相关。因此，有必要针对一般的 BSAR 构型，构建时间去相干模型，然后利用其对基于星载照射源的 BSAR 干涉应用技术中的时间去相干效应进行分析。

2. 其他去相干源

在上面的推导中，没有考虑具体的数据处理过程引入的去相干效应。事实上，图 8.1 中干涉处理的各个步骤均有可能引起系统相干性下降。由于收、发系统分置，基于星载照射源的 BSAR 干涉应用必须考虑空间、时间和频率三大同步误差的影响。空间同步误差会引起系统信噪比下降，从而降低图像间的相干性。然而，由前面章节的论述可知，基于星载照射源的 BSAR 系统的空间同步精度较高，可以忽略其对相干性的影响。时间同步误差和频率同步误差会在回波数据中引入相位误差，影响成像结果，并对干涉处理造成影响。根据时、频同步误差模型，同步误差可以分解为确定性同步误差和随机性同步误差，前者包括线性时间同步误差和固定频率同步误差；后者包括随机时间同步误差和随机相位同步误差。确定性同步误差会引起随慢时间积累的残余相位，但不会对系统相干性产生影响；随机性同步误差可能造成相干性变差。假设时、频同步误差在两幅 SAR 图像中引入的随机相位误差分别为 ϕ_{nt} 和 ϕ_{nf}（$n=1,2$，分别代表主、辅天线），两者的均方差分别为 σ_{nt} 和 σ_{nf}，则由此引起的相干性下降可以表示为[19]

$$\gamma_{\mathrm{Syn}}=\exp[-(\sigma_{1t}^2+\sigma_{1f}^2+\sigma_{2t}^2+\sigma_{2f}^2)/2] \tag{8.19}$$

根据当前的频率源性能指标，可以得出 $\gamma_{\mathrm{Syn}}\approx 1$，即随机时、频同步误差对相干性的影响可以忽略。

聚焦良好并保持精确相位的成像处理是进行干涉处理的前提。利用本书提出的成像算法，可以实现这一目标。因此，成像处理对相干性的影响可以忽略。

配准误差不仅会引入干涉相位误差，还会造成主、辅图像的相干性变差。假设方位向配准误差为 Δa 个像素，距离向配准误差为 Δr 个像素，则由此引入的去相干效应分别为

$$\gamma_{\Delta a}=\begin{cases}\dfrac{\sin(\pi\Delta a)}{\pi\Delta a}, & 0\leqslant\Delta a\leqslant 1\\ 0, & \Delta a>1\end{cases} \tag{8.20}$$

$$\gamma_{\Delta r}=\begin{cases}\dfrac{\sin(\pi\Delta r)}{\pi\Delta r}, & 0\leqslant\Delta r\leqslant 1\\ 0, & \Delta r>1\end{cases} \tag{8.21}$$

通常情况下，配准精度至少达到 0.1 个像素才能得到满意的相干性[4]。

8.2　基于导航卫星的 BSAR 相干变化检测技术

8.2.1　基于导航卫星的 BSAR 相干变化检测技术原理

基于导航卫星的 BSAR 相干变化检测技术首先采用精确的重复轨道模式获取同一块观测场景的回波信号，然后通过同步与成像处理获取聚焦良好、相位精确的雷达图像，进而综合利用主、辅图像的幅度和相位信息进行对比，最终实现对观测场景目标变化的有效检测。

相干系数 ρ 表征了主、辅图像之间的相似性。因此，通过考察相干系数 ρ，可以检测主、辅图像之间的变化情况。由式(8.5)可知，计算相干系数 ρ 综合利用了 SAR 主、辅图像的幅度和相位信息，因此该技术称为相干变化检测技术。在实际应用中，主、辅图像之间的相干系数常用式(8.7)来估计，由此得到的相干系数为随机变量，其概率密度函数可以表示为[20]

$$p(\hat{\rho}|\rho,N)=2(N-1)(1-\rho^2)^N\hat{\rho}(1-\hat{\rho}^2)^{N-2}\cdot F(N,N;1;\hat{\rho}^2\rho^2) \tag{8.22}$$

式中，$F(\cdot)$ 为高斯超几何函数。可以看出，相干系数估计值 $\hat{\rho}$ 的概率密度函数是窗口尺寸 N 以及相干系数 ρ 的函数。

相干变化检测本质上是二值检测问题[6]。假设代表发生变化的相干系数为 ρ_{changed}，而代表未发生变化的相干系数为 $\rho_{\text{unchanged}}$，检测门限为 T_D。当 $\hat{\rho}\leqslant T_D$ 时，判定为发生变化，反之，如果 $\hat{\rho}>T_D$，那么判定为未发生变化。由此，检测概率和虚警概率可以分别表示为

$$P_D=\int_0^{T_D}p\left(\hat{\rho}\middle|\rho=\rho_{\text{changed}},N\right)\mathrm{d}\hat{\rho} \tag{8.23}$$

$$P_{\text{FA}}=\int_0^{T_D}p\left(\hat{\rho}\middle|\rho=\rho_{\text{unchanged}},N\right)\mathrm{d}\hat{\rho} \tag{8.24}$$

通常情况下，首先给定虚警概率，然后由式(8.24)求解检测门限 T_D，最后可以得到检测概率。

8.2.2　基于导航卫星的 BSAR 相干变化检测处理方法

与图 8.1 给出的数据处理流程稍有不同，基于导航卫星的 BSAR 相干变化检测处理方法主要包括数据对准、同步处理、成像处理和相干变化检测处理，下面分别进行介绍。

(1) 数据对准：基于导航卫星的 BSAR 相干变化检测技术采用重复轨道模式获取观测场景的回波信号。GLONASS 卫星的重访周期为 7 天 23 小时 27 分 28 秒，

利用这个信息可以在时间域保证回波采集的一致性。然而对于 CCD，主、辅图像的成像几何应尽可能保持一致。因此，在接收机固定不动的情况下，主、辅图像对应的发射机轨迹应尽量重合。为了实现这个目的，需要对回波数据在时间域进行移动，即数据对准。刘飞峰基于主、辅图像对应的发射机轨迹整体相对距离最小的原则，提出了一种数据对准的算法，较好地解决了这一问题[7]。

(2) 同步处理：完成数据对准处理之后，可以对主、辅图像对应的回波数据进行同步处理。同步处理的目的是去除导航信息和相位同步误差的影响，为进一步的成像处理奠定基础。第 3 章利用基于导航卫星的 BSAR 收、发几何极度非对称的特性，提出了一种基于直达波的同步方法，利用该方法可以实现上述目的。

(3) 成像处理：针对同步处理之后的主、辅雷达回波，可以进行保相成像处理，目的是获取聚焦良好、相位精确的基于导航卫星的 BSAR 主、辅图像。根据第 7 章的阐述，利用卫星轨道数据，采用 BP 成像算法可以实现对同步后回波的精确成像处理。

(4) 相干变化检测处理：得到聚焦良好、相位精确的基于导航卫星的 BSAR 的主、辅图像之后，可以进行 CCD 处理以实现对场景目标变化的有效检测。如前所述，首先根据式(8.7)，采用滑动窗口估计的方法计算主、辅图像之间的相干系数 ρ，然后根据相干系数 ρ 估计值的统计特性，进行检测处理。然而，这种方法的缺点在于容易受到相干斑噪声的影响，进而导致虚警概率偏高。通过增大相干系数估计窗可以在一定程度上降低虚警概率，但是会造成分辨率下降。因此，实践中需要进行必要的折中处理。

8.2.3 基于导航卫星的 BSAR 相干变化检测性能分析

通过上述分析可以看出，相干系数 ρ 在基于导航卫星的 BSAR 相干变化检测中扮演了至关重要的角色，直接影响其检测性能。在利用重复轨道获取主、辅图像的时间间隔内，场景目标的散射特性可能发生变化，进而导致主、辅图像间的相干性下降，即时间去相干。基于导航卫星的 BSAR 相干变化检测正是利用时间去相干效应对两次观测期间的场景目标变化进行有效检测。然而，影响干涉系统相干性的因素并不唯一。因此，为了分析基于导航卫星的 BSAR 相干变化检测性能，就必须对其相干特性进行深入研究。其中，研究信噪比去相干效应和空间去相干效应可以明确两者对该技术检测性能的影响，而研究时间去相干效应则可以明确该技术对场景目标随时间变化的响应能力。

1. 信噪比去相干

利用式(8.18)可以得到信噪比相干系数，具体情况如图 8.2 所示。由图 8.2 可以看出，在基于导航卫星的 BSAR 相干变化检测应用中，信噪比相干系数随着接收机距目标距离的增加不断减小，随着 RCS 的增加不断增大。如果采用近距离观测的工作模式(1km 以内)，那么对于 RCS 大于 10m^2 的目标，信噪比去相干效应非常小。因此，对于大型建筑(如水坝等)，其在 L 波段的 RCS 一般会大于 10m^2，信噪比去相干的影响可以忽略。

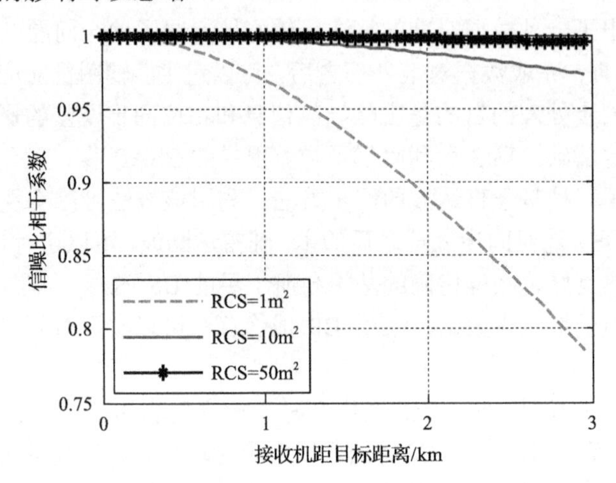

图 8.2 基于导航卫星的 BSAR 信噪比相干系数

2. 空间去相干

基于导航卫星的 BSAR 相干变化检测技术采用重复轨道模式获取观测场景的回波信号。在实际情况中，即使经过数据对准，也不能保证两次轨道完全重合，即主、辅图像的成像几何有所不同，进而导致相干性下降，即空间去相干。本节针对基于导航卫星的 BSAR 相干变化检测应用，建立了其空间去相干模型，进而明确了其空间去相干效应。

1)空间去相干模型

假设 XOY 平面与地平面重合，图 8.3 给出了基于导航卫星的 BSAR 的面散射成像几何，其中 O 点为分辨单元中心。导航卫星 T 的飞行速度为 v，其在合成孔径中心时刻的位置坐标为 $(r_{T0}, \alpha_T, \beta_T)$，其中 r_{T0} 为分辨单元中心 O 到发射机 T 的直线距离，α_T 和 β_T 分别为方位角和俯仰角；固定接收机 R 的位置坐标为 $(r_{R0}, \alpha_R, \beta_R)$。

如图 8.3 所示，分辨单元中心 O 附近的散射单元 $P(x, y)$ 为分辨单元内的任意一点。根据几何关系，可以得到

$$r_T(x, y, r_{T0}, \alpha_T, \beta_T) \approx r_{T0} - x\cos\alpha_T\cos\beta_T + y\sin\alpha_T\cos\beta_T \tag{8.25}$$

根据式(8.1)，在不考虑系统热噪声的情况下，该分辨单元对应的 BSAR 图像

可以表示为

$$s = \iint \sigma(x,y)\exp\left\{-\mathrm{j}\frac{2\pi}{\lambda}\left[r_T(x,y,r_{T0},\alpha_T,\beta_T) + r_R(x,y,r_{R0},\alpha_R,\beta_R)\right]\right\}\cdot W(x,y)\mathrm{d}x\mathrm{d}y \tag{8.26}$$

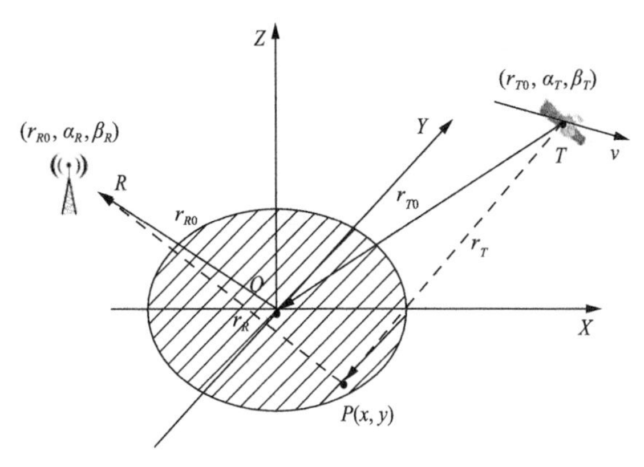

图 8.3　基于导航卫星的 BSAR 的面散射成像几何

为了研究方便，此处重新给出 $W(x,y)$ 的表达式：

$$|W(x,y)| \approx \mathrm{tri}\left[\frac{2\cos(\beta_b/2)\boldsymbol{\Theta}^{\mathrm{T}}\boldsymbol{P}(x,y)}{c\cdot\delta_\tau}\right]\cdot\mathrm{sinc}\left[\frac{2\omega_E\boldsymbol{\Xi}^{\mathrm{T}}\boldsymbol{P}(x,y)}{\lambda\cdot\delta_d}\right] \tag{8.27}$$

式中，tri[·]表征距离向分辨率；sinc[·]表征方位向分辨率；双基地角 β_b 为矢量 ***TO*** 和 ***RO*** 的夹角；单位矢量 $\boldsymbol{\Theta}$ 和 $\boldsymbol{\Xi}$ 分别为距离向分辨率方向和方位向分辨率方向；$\delta_\tau = 1/B$ 和 $\delta_d = 1/T_{\mathrm{sys}}$ 分别为时延和多普勒频率的分辨率，B 为发射信号带宽，T_{sys} 为合成孔径时间。

在基于导航卫星的 BSAR 系统中，接收机固定不动，只需要考虑导航卫星的轨迹偏差，因此主、辅图像信号可以分别表示为

$$s_1 = \iint \sigma(x,y)\exp\left\{-\mathrm{j}\frac{2\pi}{\lambda}\left[r_T(x,y,r_{T0},\alpha_{T1},\beta_{T1}) + r_R(x,y,r_{R0},\alpha_R,\beta_R)\right]\right\}\cdot W(x,y)\mathrm{d}x\mathrm{d}y \tag{8.28}$$

$$s_2 = \iint \sigma(x,y)\exp\left\{-\mathrm{j}\frac{2\pi}{\lambda}\left[r_T(x,y,r'_{T0},\alpha_{T2},\beta_{T2}) + r_R(x,y,r_{R0},\alpha_R,\beta_R)\right]\right\}\cdot W(x,y)\mathrm{d}x\mathrm{d}y \tag{8.29}$$

进而主、辅图像之间的互相关结果可以表示为

$$s_1 s_2^* = \iint\iint \sigma(x,y)\sigma^*(x',y')\exp\left\{-\mathrm{j}\frac{2\pi}{\lambda}\left[r_T(x,y,r_{T0},\alpha_{T1},\beta_{T1}) + r_R(x,y,r_{R0},\alpha_R,\beta_R)\right]\right\}W(x,y)$$
$$\cdot\exp\left\{\mathrm{j}\frac{2\pi}{\lambda}\left[r_T(x',y',r'_{T0},\alpha_{T2},\beta_{T2}) + r_R(x',y',r_{R0},\alpha_R,\beta_R)\right]\right\}W^*(x',y')\mathrm{d}x\mathrm{d}y\mathrm{d}x'\mathrm{d}y' \tag{8.30}$$

假设分辨单元内的散射单元为随机分布目标，且相互独立，即

$$\left\langle \sigma(x,y)\sigma^*(x',y')\right\rangle = \sigma_0^2 \cdot \delta(x-x',y-y') \tag{8.31}$$

式中，σ_0 为平均散射系数。式(8.30)可以简化为

$$\begin{aligned}\left\langle s_1 s_2^*\right\rangle &= \sigma_0^2 \cdot \iint \exp\left\{-\mathrm{j}\frac{2\pi}{\lambda}\left[r_T(x,y,r_{T0},\alpha_{T1},\beta_{T1}) - r_T(x,y,r'_{T0},\alpha_{T2},\beta_{T2})\right]\right\}\left|W(x,y)\right|^2 \mathrm{d}x\mathrm{d}y \\ &= \sigma_0^2 \cdot \exp\left[-\mathrm{j}\frac{2\pi}{\lambda}\left(r_{T0} - r'_{T0}\right)\right] \cdot \iint \exp\left[-\mathrm{j}\frac{2\pi}{\lambda}\left(xU + yV\right)\right]\left|W(x,y)\right|^2 \mathrm{d}x\mathrm{d}y\end{aligned} \tag{8.32}$$

式中，变量 U 和 V 由导航卫星的轨迹偏差决定：

$$\begin{cases} U = \cos\alpha_{T2}\cos\beta_{T2} - \cos\alpha_{T1}\cos\beta_{T1} \\ V = \sin\alpha_{T1}\cos\beta_{T1} - \sin\alpha_{T2}\cos\beta_{T2} \end{cases} \tag{8.33}$$

同理，主、辅图像信号的自相关可以写为

$$\left\langle s_1 s_1^*\right\rangle = \left\langle s_2 s_2^*\right\rangle = \sigma_0^2 \cdot \iint \left|W(x,y)\right|^2 \mathrm{d}x\mathrm{d}y \tag{8.34}$$

将式(8.32)和式(8.34)代入式(8.5)中，可以得到空间去相干模型为

$$\rho_{\text{Spatial}} = \frac{\left|\iint \exp\left[-\mathrm{j}\frac{2\pi}{\lambda}\left(x\cdot U + y\cdot V\right)\right]\left|W(x,y)\right|^2 \mathrm{d}x\mathrm{d}y\right|}{\iint \left|W(x,y)\right|^2 \mathrm{d}x\mathrm{d}y} \tag{8.35}$$

可以看出：$\rho_{\text{Spatial}} = 1$ 的充要条件为 $U = V = 0$；其他条件下，$0 \leqslant \rho_{\text{Spatial}} < 1$。

2) 空间去相干计算

由式(8.35)可以看出，空间相干系数 ρ_{Spatial} 的计算与 $W(x,y)$ 密切相关。然而，基于导航卫星的 BSAR 系统的 PSF 比较复杂，不能由式(8.35)得到统一的解析表达式，因此采用数值计算的方法对其进行研究。

为了研究不同的几何构型对基于导航卫星的 BSAR 系统空间去相干的影响，

如图 8.4 所示，假设接收机位置固定为$\alpha_R = 90^\circ$、$\beta_R = 5^\circ$，而导航卫星的位置不断变化($0^\circ \leqslant \alpha_T < 360^\circ$、$5^\circ \leqslant \beta_T \leqslant 85^\circ$)。同时，导航卫星的方位角偏差和俯仰角偏差固定为$\Delta\alpha = \Delta\beta = 0.1^\circ$。由式(8.27)可知，基于导航卫星的 BSAR 的$W(x,y)$与卫星角速度ω_E和$\varXi$有关。如图 8.4 所示，数值计算中考虑了三种卫星飞行方向：①平行于 X 轴；②与 X 轴成 45°角；③平行于 Y 轴。其余参数如表 8.1 所示，数值计算结果如图 8.5 所示。

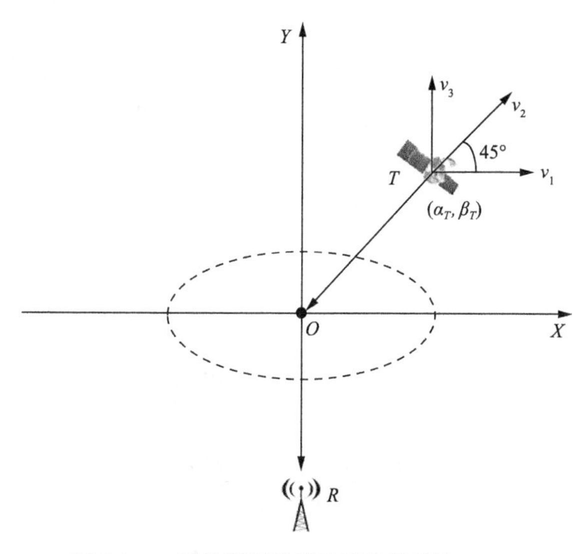

图 8.4 一般构型下的基于导航卫星的 BSAR

表 8.1 基于导航卫星的 BSAR 系统参数

参数	数值
卫星飞行速度/(m/s)	3953
载频/MHz	1602.5625
信号带宽/MHz	5.11
合成孔径时间/s	300
接收机方位角/(°)	90
接收机俯仰角/(°)	5

由图 8.5 可以看出，基于导航卫星的 BSAR 系统的空间去相干效应与系统成像几何构型密切相关。在方位角和俯仰角偏差固定不变的情况下，不同的收、发站几何构型和不同的卫星飞行方向均导致不同的空间去相干效应。有些几何构型下的空间去相干效应比较微弱，相应地，有些几何构型下的空间去相干效应非常严重。例如，在图 8.5(a)中，当导航卫星位置为α_T=50°、β_T=70°时，相干系数

达到了 0.9 以上，而当导航卫星位置为 α_T=275°、β_T=70° 时，相干系数不到 0.3。基于导航卫星的 BSAR 相干变化检测技术应该选择合适的系统几何构型以减小轨道不重合引入的空间去相干效应。

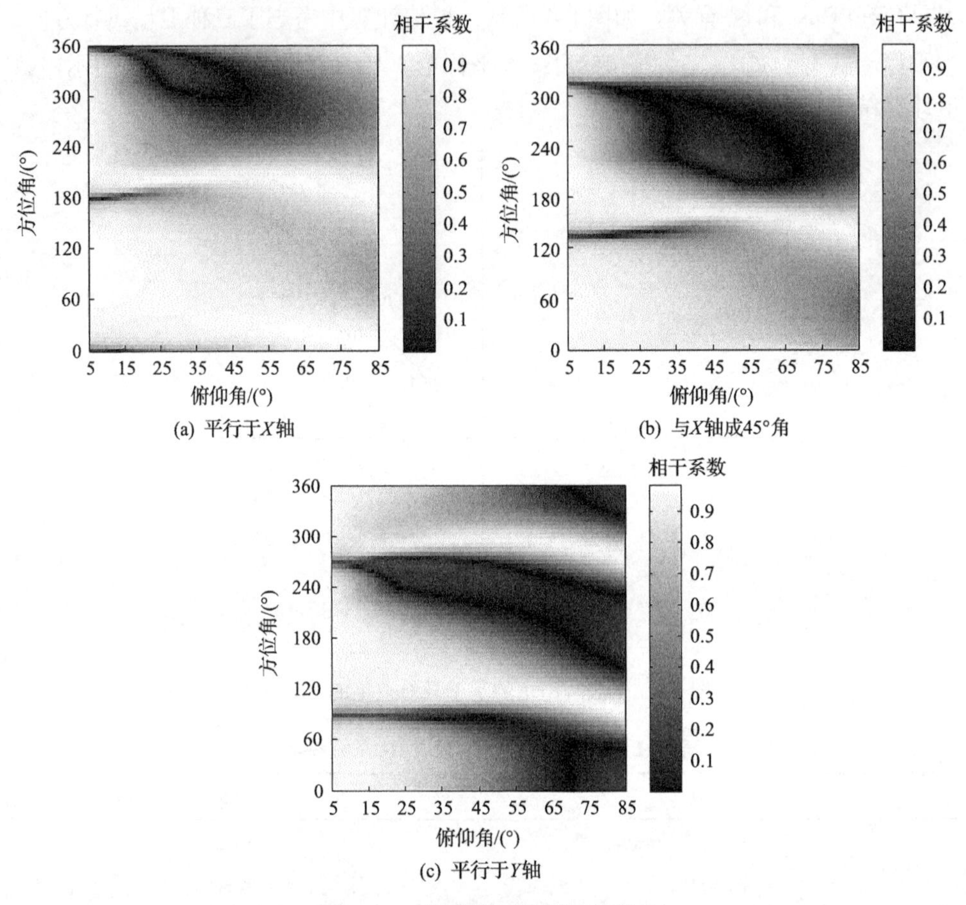

(a) 平行于X轴

(b) 与X轴成45°角

(c) 平行于Y轴

图 8.5 一般构型下的空间去相干

3) 实测数据验证与分析

下面利用实测数据对本节推导的空间去相干模型进行验证。实验具体参数如表 8.2 所示。本次实验选取英国伯明翰大学 Vale Village 校区作为观测场景，其中包括建筑物、草地、树丛以及湖泊等，卫星照片如图 8.6(a)所示。利用本书前面章节阐述的同步和成像算法，经过处理得到的场景成像结果如图 8.6(b)所示。

由图 8.6 可以看出，成像结果的能量强度与场景目标的期望散射值吻合得很好。图 8.6 中的目标区域 1 和目标区域 2 分别为宿舍楼和树丛，其光学照片如图 8.7 所示。两者在 SAR 图像中具有较高的强度，可以视作强散射目标。

表 8.2　实验具体参数

参数	数值
卫星飞行速度/(m/s)	3395
载频/MHz	1604.8125
信号带宽/MHz	5.11
卫星照射时间/s	250
发射距离 r_{T0}/km	19516
发射机方位角/(°)	157.4
发射机俯仰角/(°)	67.8
接收机方位角/(°)	180
接收机高度/m	35

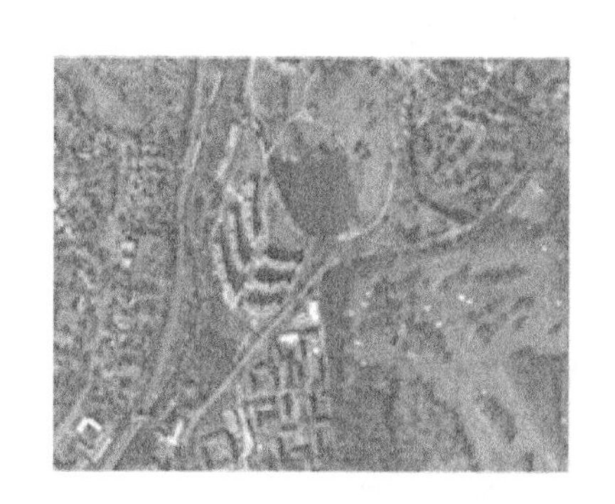

(a) 观测场景卫星照片　　(b) 观测场景成像结果

图 8.6　观测场景卫星照片及观测场景成像结果(叠于照片之上)

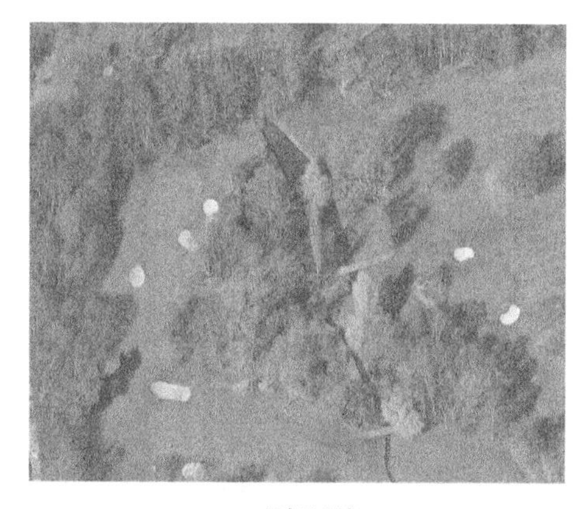

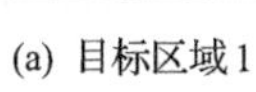

(a) 目标区域 1　　(b) 目标区域 2

图 8.7　成像场景中目标区域的光学照片

如前所述，随着卫星视角偏差的增大，空间相干系数将不断下降。为了定量分析这个过程，本节采用一种近似的方法来获取主、辅图像，进而计算相应的空间相干系数。图 8.8 给出了主、辅图像的生成方法，其中 T_{dwell}=250s，为卫星照射时间，T_{sys}=200s 为合成孔径时间。首先，利用前 200s 数据生成主图像；然后，移动 N 秒，利用接下来的 200s 数据生成辅图像。可以看出，主、辅图像对应的合成孔径中心时刻不同，而卫星位置不断变化，因此对应的雷达视角有所变化。随着 N 的变化，即 N=1s, 2s,⋯, 30s，可以获得不同雷达视角下的辅图像。

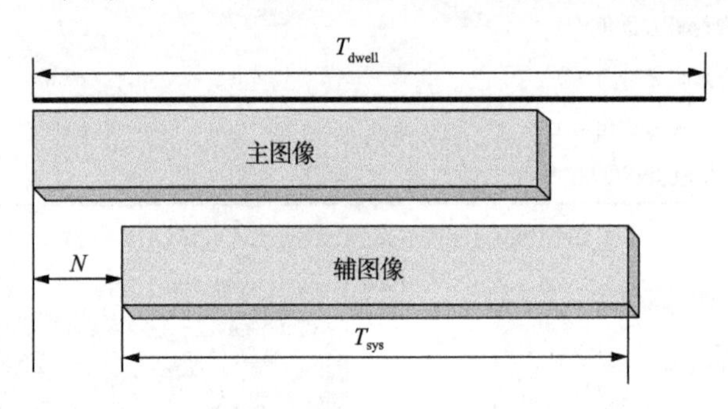

图 8.8　主、辅图像生成方法

虽然通过上述方法只能获取近似的空间相干系数，然而仍不失为一种较好的选择。究其原因，表现在三个方面：第一，该方法模拟了一种真实的重复轨道模式；第二，通过该方法获取的主、辅图像来自同一组回波数据，因此信噪比去相干和时间去相干影响较小；第三，该方法可以获取不同卫星视角偏差情况下的空间相干系数，便于和理论值进行对比。

如表 8.2 所示，导航卫星的方位角和俯仰角的参考值分别为 157.4°和 67.8°。时间间隔 N 从 0s 变化到 30s，对应的视角偏差如图 8.9 所示。可以看出，视角偏差随时间间隔增大近似呈线性变化。

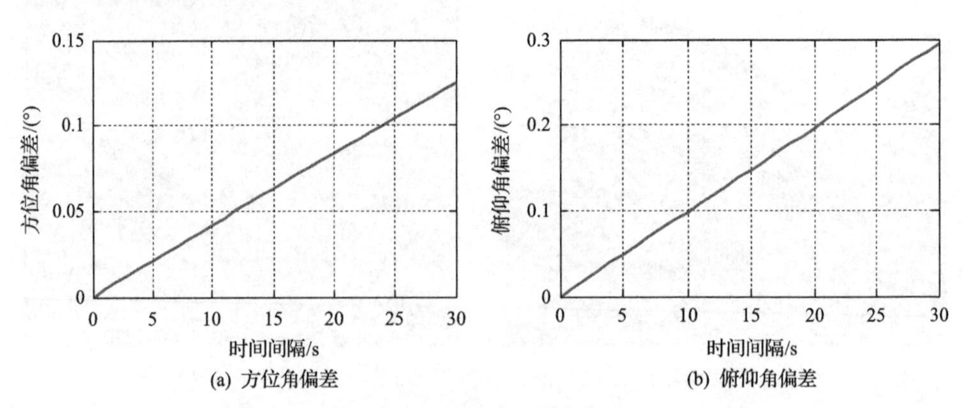

图 8.9　不同时间间隔对应的视角偏差

为了直观地显示空间相干系数随时间间隔增大而不断减小的事实，图 8.10 给出了时间间隔 N=1s、10s、20s 时主、辅图像形成的干涉图。干涉图根据式(8.7)得到，滑动窗口大小为 20×20(像素)。由图 8.10 可以看出，随着时间间隔的增大，主、辅图像之间的整体相干性不断下降，实验结果与理论预期相符合。

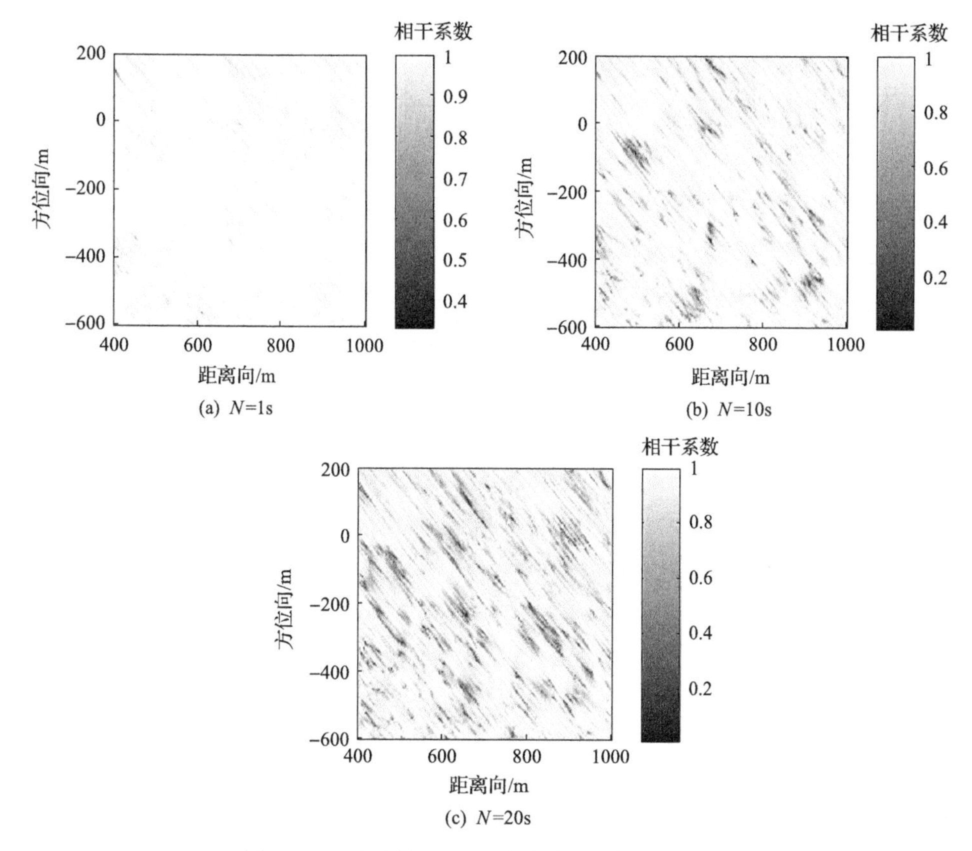

图 8.10　不同时间间隔对应的主、辅图像干涉图

下面仍以具有强散射特性的目标区域 1 和目标区域 2 为代表，定量计算其空间相干系数，进而与理论模型的计算结果进行对比。如图 8.7 所示，目标区域 1 为宿舍楼，其中心位置为(630m,–116m)；目标区域 2 为树丛，其中心位置为(694m,–398m)。将理论计算和实测得到的空间相干系数进行对比，结果如图 8.11 所示。

由图 8.11 可以看出，实测值与理论值比较吻合，证明了本节推导的空间去相干理论模型对基于导航卫星的 BSAR 相干变化检测应用的适用性。实测值与理论值之间存在偏差的主要原因在于目标区域属于人工目标，其构成比较复杂，不是严格意义上的自然分布目标，故式(8.1)所示的图像模型不能对其进行完全精确的描述。

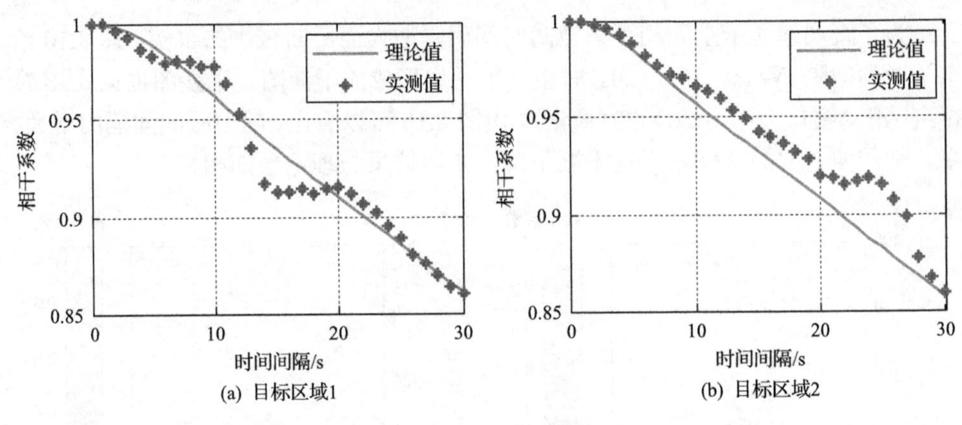

(a) 目标区域1　(b) 目标区域2

图 8.11　不同时间间隔对应的目标区域空间相干系数

进一步观察图 8.11 可以得出，基于导航卫星的 BSAR 重复轨道干涉在这种几何配置下的空间去相干效应并不严重。即使重复轨道的时间间隔为10s，相干系数仍高于 0.95。实际情况中，经过数据对准处理，轨道之间的时间间隔能够控制在 1s 以内。而且，如前所述，还可以通过合理设计系统几何构型进一步降低空间去相干的影响。综合以上分析可以得到，通过合理的系统设计和适当的数据处理，基于导航卫星的 BSAR 相干变化检测技术中的空间去相干效应可以得到最大限度的消除，不会影响相干变化检测的性能。

3. 时间去相干

通过研究时间去相干效应，可以明确基于导航卫星的 BSAR 相干变化检测技术对场景目标随时间变化的响应能力。本节首先针对一般构型的 BSAR 干涉应用，构建时间去相干模型，然后利用该模型对基于导航卫星的 BSAR 相干变化检测技术中的时间去相干效应进行分析。

1) 时间去相干模型

图 8.12 给出了一般构型的 BSAR 体散射成像几何，其中 O 为分辨单元地面中心，在合成孔径中心时刻，发射机的位置坐标为 (α_T,β_T,R_T)，接收机的位置坐标为 (α_R,β_R,R_R)，其中 α_T 和 α_R 为方位角，β_T 和 β_R 为俯仰角，R_T 和 R_R 分别为 O 点到发射机和 O 点到接收机在合成孔径中心时刻的距离。假设收、发系统在获取主、辅图像时的轨迹保持不变，则无须考虑空间去相干效应。

如图 8.12 所示，P 为分辨单元中的任意散射单元，其坐标为 (x,y,z)，则根据几何关系可知，该点对应的收、发距离和为

$$
\begin{aligned}
R(x,y,z) = {} & R_T + R_R - x\cdot(\cos\alpha_T\cos\beta_T + \cos\alpha_R\cos\beta_R) \\
& + y\cdot(\sin\alpha_T\cos\beta_T + \sin\alpha_R\cos\beta_R) - z\cdot(\sin\beta_T + \sin\beta_R)
\end{aligned}
\tag{8.36}
$$

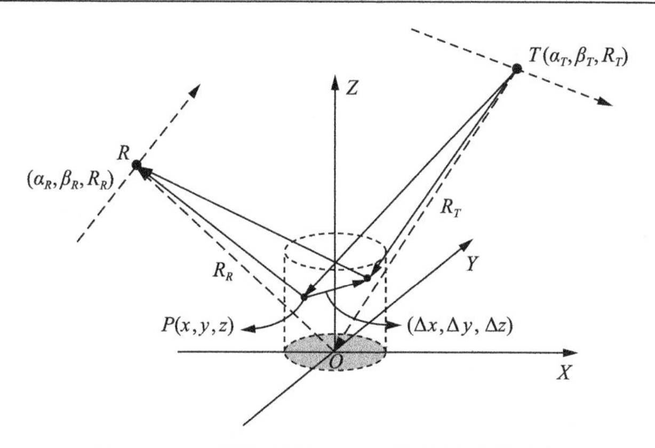

图 8.12　一般构型的 BSAR 体散射成像几何

在不考虑系统热噪声的情况下，该分辨单元对应的主、辅 SAR 图像信号 s_1 和 s_2 可以分别表示为

$$s_1 = \iiint \sigma_1(x,y,z)\cdot \exp\left[-\mathrm{j}\frac{2\pi}{\lambda}\cdot R(x,y,z)\right] W(x,y)\mathrm{d}x\mathrm{d}y\mathrm{d}z \tag{8.37}$$

$$s_2 = \iiint \sigma_2(x,y,z)\cdot \exp\left[-\mathrm{j}\frac{2\pi}{\lambda}\cdot R(x,y,z)\right] W(x,y)\mathrm{d}x\mathrm{d}y\mathrm{d}z \tag{8.38}$$

式中，λ 为系统波长；$W(x,y)$ 为 BSAR 系统的点散布函数；$\sigma_1(x,y,z)$ 和 $\sigma_2(x,y,z)$ 分别为该散射单元在主、辅图像中的复散射系数。如图 8.12 所示，假设在两次观测期间，分辨单元内的散射单元电磁特性保持不变，只是位置坐标发生了变化，则 $\sigma_1(x,y,z)$ 和 $\sigma_2(x,y,z)$ 之间满足[18]

$$\sigma_2(x,y,z) = \sigma_1(x,y,z)\cdot \exp\left[\mathrm{j}\frac{2\pi}{\lambda}\cdot \Delta R(\Delta x,\Delta y,\Delta z)\right] \tag{8.39}$$

式中，$\Delta R(\Delta x,\Delta y,\Delta z)$ 为散射单元位置发生移动引入的收、发路径的变化，根据式(8.36)可以得到

$$\begin{aligned}\Delta R(\Delta x,\Delta y,\Delta z) = &-\Delta x\cdot(\cos\alpha_T\cos\beta_T+\cos\alpha_R\cos\beta_R)\\ &+\Delta y\cdot(\sin\alpha_T\cos\beta_T+\sin\alpha_R\cos\beta_R)-\Delta z\cdot(\sin\beta_T+\sin\beta_R)\end{aligned} \tag{8.40}$$

因此，主、辅图像间的互相关系数为

$$s_1 s_2^* = \iiint\iiint \sigma_1(x,y,z)\sigma_2^*(x',y',z')\cdot W(x,y)W^*(x',y')\mathrm{d}x\mathrm{d}y\mathrm{d}z\mathrm{d}x'\mathrm{d}y'\mathrm{d}z' \tag{8.41}$$

假设分辨单元内的大量散射单元之间满足独立同分布，即

$$\begin{aligned}&\left\langle \sigma_1(x,y,z)\sigma_2^*(x',y',z')\right\rangle \\&= f(x,y,z)\cdot \exp\left[-\mathrm{j}\frac{2\pi}{\lambda}\cdot \Delta R(\Delta x,\Delta y,\Delta z)\right]\cdot \delta(x-x',y-y',z-z')\end{aligned} \tag{8.42}$$

式中，$\langle\cdot\rangle$ 表示求集合平均；$f(x,y,z)$ 为平均复散射系数，又称为结构函数，表征了观测场景的散射特性[21]。进而，假设分辨单元内散射单元的位置移动为随机过程，且可以用独立的概率密度函数 $p(\Delta x)$、$p(\Delta y)$ 和 $p(\Delta z)$ 表示，则式(8.41)可以改写为

$$\begin{aligned}\langle s_1 s_2^*\rangle = &\iiint\iiint f(x,y,z)\cdot \exp\left[-\mathrm{j}\frac{2\pi}{\lambda}\cdot \Delta R(\Delta x,\Delta y,\Delta z)\right]\cdot \left|W(x,y)\right|^2 \\&\cdot p(\Delta x)p(\Delta y)p(\Delta z)\mathrm{d}x\mathrm{d}y\mathrm{d}z\mathrm{d}\Delta x\mathrm{d}\Delta y\mathrm{d}\Delta z\end{aligned} \tag{8.43}$$

同理，主、辅图像间的自相关系数可以表示为

$$\langle s_1 s_1^*\rangle = \langle s_2 s_2^*\rangle = \iiint f(x,y,z)\left|W(x,y)\right|^2 \mathrm{d}x\mathrm{d}y\mathrm{d}z \tag{8.44}$$

将式(8.43)和式(8.44)代入式(8.5)中，可以得到时间相干系数。然而，为了得到比较简洁的解析表达式，还需要做一些合理的假设。观察式(8.43)和式(8.44)可以看出，时间相干系数与结构函数、随机位移以及点散布函数有关。针对结构函数和随机位移，通常假设两者仅与散射单元的初始高度 z 有关，而在 XOY 平面内保持不变，即 $f(x,y,z)=\sigma^0\cdot f(z)$，其中 σ^0 为常数，而随机位移的概率密度函数为 $p(\Delta x,z)$、$p(\Delta y,z)$ 和 $p(\Delta z,z)$ [22,23]。因此，式(8.43)和式(8.44)可以改写为

$$\langle s_1 s_2^*\rangle = \sigma^0\cdot \iint\left|W(x,y)\right|^2\mathrm{d}x\mathrm{d}y\cdot \int f(z)\cdot\chi(z)\mathrm{d}z \tag{8.45}$$

$$\langle s_1 s_1^*\rangle = \langle s_2 s_2^*\rangle = \sigma^0\cdot \iint\left|W(x,y)\right|^2\mathrm{d}x\mathrm{d}y\cdot \int f(z)\mathrm{d}z \tag{8.46}$$

式中

$$\chi(z) = \iiint \exp\left[-\mathrm{j}\frac{2\pi}{\lambda}\cdot \Delta R(\Delta x,\Delta y,\Delta z)\right]\cdot p(\Delta x,z)p(\Delta y,z)p(\Delta z,z)\mathrm{d}\Delta x\mathrm{d}\Delta y\mathrm{d}\Delta z \tag{8.47}$$

因此，时间相干系数的表达式可以写为

$$\rho_{\mathrm{Temporal}} = \left|\frac{\int f(z)\cdot\chi(z)\mathrm{d}z}{\int f(z)\mathrm{d}z}\right| \tag{8.48}$$

由式(8.48)可以看出，在这种假设前提下，点散布函数 $W(x,y)$ 的影响被消除，而时间相干系数仅与结构函数和随机位移有关。实际情况中，结构函数 $f(z)$ 与场景目标类型、系统几何构型、极化、波长以及天气状况等密切相关[23]，但对其进行深入研究超出了本书的范畴。此处采用一种广泛应用于(极化)干涉雷达研究的双层结构模型 RVoG(random volume over ground)[23]。如图 8.13 所示，RVoG 模型假设观测场景的散射主要由体散射层(由大量满足均匀随机分布的散射单元构成)的散射分量和位于底部 z_g 的介质层的冲激散射分量共同作用而成。

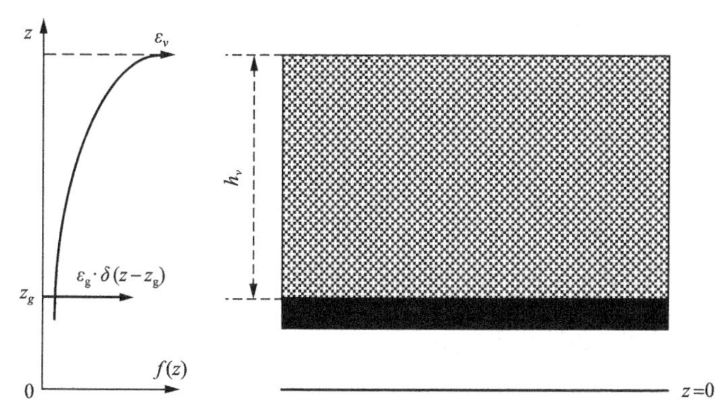

图 8.13　RVoG 模型示意图

常见的 RVoG 模型是针对单基地 SAR 构型提出的，因此认为波束入射角与散射角相等。然而，对于一般构型的 BSAR，入射角和散射角并不相等，RVoG 模型被扩展为

$$\begin{aligned} f(z) &= \varepsilon_v \cdot \exp\left[\left(\frac{\kappa_e}{\cos\theta_T}+\frac{\kappa_e}{\cos\theta_R}\right)(z-z_g-h_v)\right] \\ &\quad + \varepsilon_g \cdot \exp\left[-\left(\frac{\kappa_e}{\cos\theta_T}+\frac{\kappa_e}{\cos\theta_R}\right)\cdot h_v\right]\cdot\delta(z-z_g) \end{aligned} \tag{8.49}$$

式中，$z_g \leqslant z \leqslant z_g+h_v$；$\varepsilon_v$ 表征了体散射层的散射强度；ε_g 表征了介质层的散射强度；κ_e 为单向幅度衰减系数；z_g 为介质层的高度坐标；h_v 为体散射层厚度；θ_T 和 θ_R 分别为入射角和散射角。

假设随机位移满足独立的零均值高斯分布，且位移的方差与散射体的初始高度 z 有关，即 $\Delta x \sim N(0,\sigma_{\Delta x}^2(z))$、$\Delta y \sim N(0,\sigma_{\Delta y}^2(z))$ 和 $\Delta z \sim N(0,\sigma_{\Delta z}^2(z))$，其中，$\sigma_{\Delta x}(z)$、$\sigma_{\Delta y}(z)$ 和 $\sigma_{\Delta z}(z)$ 是随机位移的标准差，则经过数学推导(具体推导过程见附录 B)，得到式(8.47)的积分结果为

$$\chi(z)=\exp\left[-\frac{2\pi^2}{\lambda^2}\cdot\sigma_{\Delta x}^2(z)\cdot(\cos\alpha_T\cos\beta_T+\cos\alpha_R\cos\beta_R)^2\right]\cdot\exp\left[-\frac{2\pi^2}{\lambda^2}\cdot\sigma_{\Delta y}^2(z)\cdot(\sin\alpha_T\cos\beta_T+\sin\alpha_R\cos\beta_R)^2\right]\cdot\exp\left[-\frac{2\pi^2}{\lambda^2}\cdot\sigma_{\Delta z}^2(z)\cdot(\sin\beta_T+\sin\beta_R)^2\right] \tag{8.50}$$

进而假设随机位移方差随散射单元高度值 z 线性变化，即体散射层底部 z_g 的位移方差为 $\sigma_{i,g}^2$，而在顶部 z_g+h_v 的位移方差为 $\sigma_{i,v}^2$（$i=\Delta x,\Delta y,\Delta z$），则两者满足

$$\sigma_i^2(z)=\sigma_{i,g}^2+\Delta\sigma_i^2\cdot\frac{z-z_g}{h_v} \tag{8.51}$$

式中，$\Delta\sigma_i^2=\sigma_{i,v}^2-\sigma_{i,g}^2$ 为差分位移方差；$\Delta\sigma_i$ 为差分位移标准差。

将式(8.49)～式(8.51)代入式(8.48)可以得到

$$\rho_{\text{Temporal}}=\frac{\mu\cdot\rho_{TG}+\rho_{TV}}{\mu+1} \tag{8.52}$$

式中

$$\rho_{TG}=\exp\left[-\frac{2\pi^2}{\lambda^2}\cdot\sigma_{\Delta x,g}^2\cdot(\cos\alpha_T\cos\beta_T+\cos\alpha_R\cos\beta_R)^2\right]\cdot\exp\left[-\frac{2\pi^2}{\lambda^2}\cdot\sigma_{\Delta y,g}^2\cdot(\sin\alpha_T\cos\beta_T+\sin\alpha_R\cos\beta_R)^2\right]\cdot\exp\left[-\frac{2\pi^2}{\lambda^2}\cdot\sigma_{\Delta z,g}^2\cdot(\sin\beta_T+\sin\beta_R)^2\right] \tag{8.53}$$

$$\rho_{TV}=\rho_{TG}\cdot\frac{\xi_1}{\xi_1+\xi_2}\cdot\frac{\exp\left[(\xi_1+\xi_2)\cdot h_v\right]-1}{\exp(\xi_1\cdot h_v)-1} \tag{8.54}$$

$$\mu=\xi_1\cdot\frac{\varepsilon_g\cdot\exp(-\xi_1 h_v)}{\varepsilon_v\cdot\left[1-\exp(-\xi_1 h_v)\right]} \tag{8.55}$$

式中，ρ_{TG} 为由介质层引入的时间去相干；ρ_{TV} 为由体散射层引入的时间去相干；μ 为两者的比值[18]。另外，ξ_1 和 ξ_2 可以分别表示为

$$\xi_1 = \kappa_e \cdot \frac{\cos\theta_T + \cos\theta_R}{\cos\theta_T \cos\theta_R} \tag{8.56}$$

$$\xi_2 = -\frac{2\pi^2}{\lambda^2 h_v} \cdot \left[\begin{array}{l} \Delta\sigma_{\Delta x}^2 \cdot (\cos\alpha_T \cos\beta_T + \cos\alpha_R \cos\beta_R)^2 \\ +\Delta\sigma_{\Delta y}^2 \cdot (\sin\alpha_T \cos\beta_T + \sin\alpha_R \cos\beta_R)^2 + \Delta\sigma_{\Delta z}^2 \cdot (\sin\beta_T + \sin\beta_R)^2 \end{array} \right] \tag{8.57}$$

假设 $\alpha_T = \alpha_R = \pi/2$、$\beta_T = \beta_R = \beta$，则 BSAR 构型退化为单基地 SAR 构型，因此 $\theta_T = \theta_R = \theta$。进而假设 $\Delta\sigma_{\Delta y} = \Delta\sigma_{\Delta z} = 0$、$\mu = 0$，式(8.52)变为

$$\rho_{\text{Temporal}} = \exp\left[-\frac{8\pi^2}{\lambda^2} \cdot (\sigma_{\Delta y}^2 \cos^2\beta + \sigma_{\Delta z}^2 \sin^2\beta) \right] \tag{8.58}$$

由式(8.58)可以看出，在同样的假设条件下，本节推导得到的 BSAR 时间去相干模型与文献[19]得到的结果完全一致，说明本节得到的时间去相干模型是针对 BSAR 构型的一般表达式。

2) 仿真验证

本节利用蒙特卡罗仿真验证前面得到的时间去相干理论模型，仿真所用的参数如表 8.3 所示。仿真的实现方法与文献[19]类似，但具体步骤略有不同。

表 8.3　时间去相干模型仿真参数

参数	量值	
	单基地	双基地
载频/GHz	1.602	1.602
散射层厚度/m	10	10
衰减系数/(dB/m)	1	1
μ	0.2	0.2
发射机方位角/(°)	90	50
发射机俯仰角/(°)	45	60
接收机方位角/(°)	90	165
接收机俯仰角/(°)	45	45

(1) 假设体散射层厚度为 h_v，其中随机分布 10000 个散射单元，并假设介质层的高度坐标为 z_g，两者共同构成符合 RVoG 模型构造的分辨单元。

(2) 计算每个散射单元的复散射系数、路径相位以及对应的 PSF。假设某散射单元的三维坐标为 (x_m, y_m, z_m)，则其复散射系数为 $\sigma_1(x_m, y_m, z_m) = \sqrt{f(z_m)}$；路径相位为 $\exp\left[-\mathrm{j}\frac{2\pi}{\lambda} \cdot R(x_m, y_m, z_m) \right]$，在利用式(8.36)计算 $R(x_m, y_m, z_m)$ 时，R_T 和 R_R

可以设置为任意正实数；仿真实验表明，PSF 的选择不会影响最后的仿真结果，与式(8.48)的结论相吻合；介质层的散射强度由ε_v与μ决定。

(3)根据式(8.37)，采用相干叠加的方法生成主图像信号s_1。

(4)根据不同的方差值，可以生成散射单元的高斯分布随机位移值。

(5)根据式(8.38)，重复步骤(2)和(3)，可以生成辅图像信号s_2。需要注意的是，此处复散射系数$\sigma_2(x_m,y_m,z_m)$的计算有所不同。仍以位于(x_m,y_m,z_m)的散射单元为例，假设其随机位移为$(\Delta x_m,\Delta y_m,\Delta z_m)$，则对应的复散射系数应为$\sigma_2(x_m,y_m,z_m)=\sqrt{f(z_m)}\cdot\exp\left[\mathrm{j}\dfrac{2\pi}{\lambda}\cdot\Delta R(\Delta x_m,\Delta y_m,\Delta z_m)\right]$。

(6)在得到主、辅图像信号s_1和s_2之后，根据式(8.5)，可以得到时间相干系数。

(7)重复步骤(1)～(6)N次，再取平均值(N为蒙特卡罗次数)，可以得到蒙特卡罗仿真结果。

如表 8.3 所示，仿真验证包括两部分，分别针对单基地构型和双基地构型。通过比较仿真结果与利用本书模型计算的理论结果，可以验证本书建立的时间去相干模型的正确性。

(1)单基地构型。

在单基地构型中，假设$\alpha_T=\alpha_R=90^\circ$、$\beta_T=\beta_R=45^\circ$。对于随机位移，假设$\sigma_{\Delta x,g}=\sigma_{\Delta y,g}=\sigma_{\Delta z,g}=1\mathrm{cm}$和$\Delta\sigma_{\Delta x}=\Delta\sigma_{\Delta y}=\Delta\sigma_{\Delta z}=\Delta\sigma=0\mathrm{cm}, 0.1\mathrm{cm}, 0.2\mathrm{cm},\cdots,10\mathrm{cm}$。根据前面所述的步骤，可以得到该几何构型下的时间去相干仿真结果。将其进一步与利用式(8.52)得到的理论值进行对比，比较结果如图 8.14 所示。

由图 8.14 可以看出，随着蒙特卡罗次数N的增加，仿真值逐渐收敛于理论值，当N=1000 时，仿真值与理论值几乎一一对应。另外，随着随机位移的不断增大，时间相干系数不断下降。当$\Delta\sigma=0$时，时间相干系数取最大值，此时$\xi_2=0$，因此$\rho_{\mathrm{Temporal}}=\rho_{TV}=\rho_{TG}$。这意味着此时的时间去相干效应全部由位于底部的介质层散射造成。

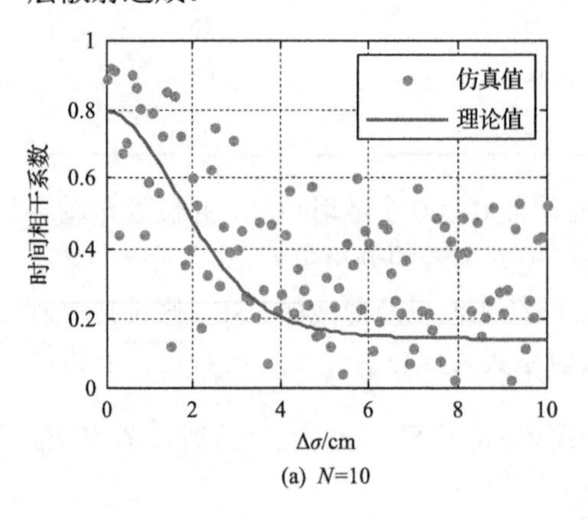

(a) N=10

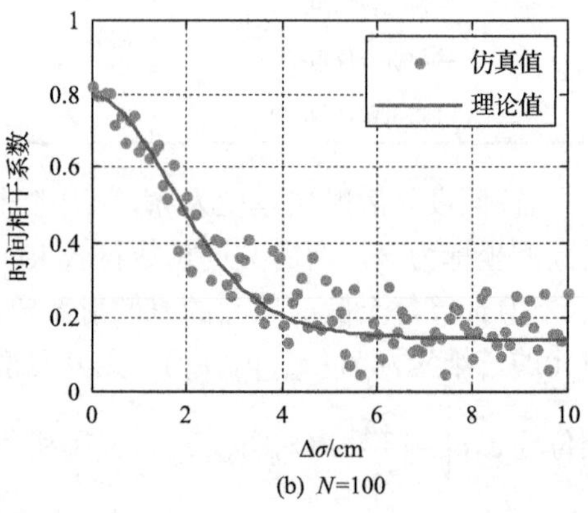

(b) N=100

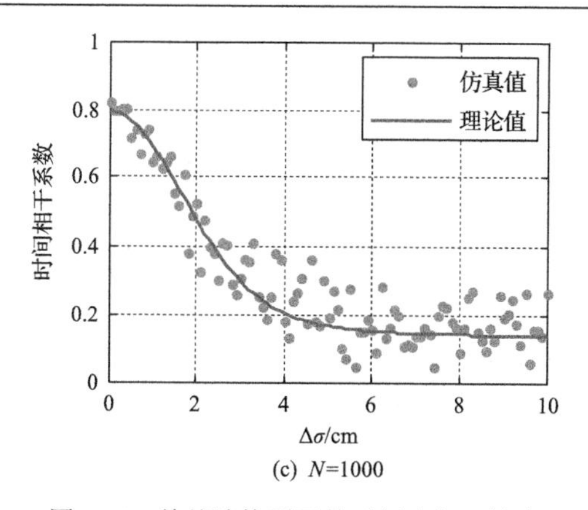

(c) N=1000

图 8.14　单基地构型下的时间去相干效应

(2) 双基地构型。

在双基地构型中，假设 $\alpha_T = 50^\circ$、$\alpha_R = 165^\circ$、$\beta_T = 60^\circ$、$\beta_R = 45^\circ$，因此其属于一般构型。假设表征随机位移的参数为 $\sigma_{\Delta x,g} = 0.3\text{cm}$、$\sigma_{\Delta y,g} = 0.5\text{cm}$、$\sigma_{\Delta z,g} = 1\text{cm}$、$\Delta\sigma_{\Delta x} = 0.3\cdot\Delta\sigma$、$\Delta\sigma_{\Delta y} = 0.5\cdot\Delta\sigma$、$\Delta\sigma_{\Delta z} = 1\cdot\Delta\sigma$、$\Delta\sigma = 0\text{cm}, 0.1\text{cm}, 0.2\text{cm}, \cdots, 10\text{cm}$。采用同样的仿真方法，可以得到该几何构型下的时间去相干仿真结果。图 8.15 给出了仿真值与理论值的对比图。

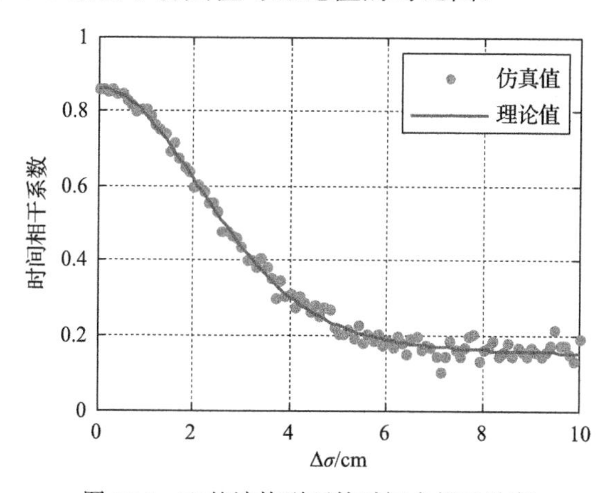

图 8.15　双基地构型下的时间去相干效应

在图 8.15 的仿真中，蒙特卡罗次数 N=1000，可以看出，仿真值与理论值相互吻合。同样，随着散射单元随机位移的不断增大，时间去相干效应更加明显。蒙特卡罗仿真结果证明本书构建的模型能够准确地表征一般构型的 BSAR 干涉应用中时间去相干产生机理，因此可以用来分析和研究基于导航卫星的 BSAR 相干变化检测技术应用中的时间去相干效应。

3) 基于导航卫星的 BSAR 相干变化检测时间去相干分析

综上所述可以得出：散射单元的随机位移是导致时间相干性下降的内因，随着随机位移的不断增大，时间去相干效应会更加明显。对基于导航卫星的 BSAR 相干变化检测技术而言，这个结论同样适用。然而，通过分析时间去相干模型的推导过程可以看出，影响时间去相干效应的因素并不唯一，结构函数与系统几何构型也会对时间去相干效应产生影响。本节针对基于导航卫星的 BSAR 相干变化检测技术应用，对时间去相干效应的敏感性进行分析。

首先，假设基于导航卫星的 BSAR 系统几何构型保持固定，考察结构函数对时间去相干效应的影响。不失一般性，假设系统几何构型为 $\alpha_T = 125°$ 、$\beta_T = 60°$ 、$\alpha_R = 90°$ 、$\beta_T = 5°$ ，雷达波长 $\lambda = 0.187\text{m}$ ，随机位移 $\sigma_{\Delta x,g} = 0.3\text{cm}$ 、$\sigma_{\Delta y,g} = 0.5\text{cm}$ 、$\sigma_{\Delta z,g} = 1\text{cm}$ 、$\Delta\sigma_{\Delta x} = 0.3 \cdot \Delta\sigma$ 、$\Delta\sigma_{\Delta y} = 0.5 \cdot \Delta\sigma$ 、$\Delta\sigma_{\Delta z} = 1 \cdot \Delta\sigma$ 、$\Delta\sigma = 0\text{cm}, 1\text{cm}, 2\text{cm}$ 。影响结构函数的主要参数包括体散射层厚度、衰减系数以及 μ 。根据式(8.52)，图 8.16 给出了上述参数对时间去相干效应的影响。

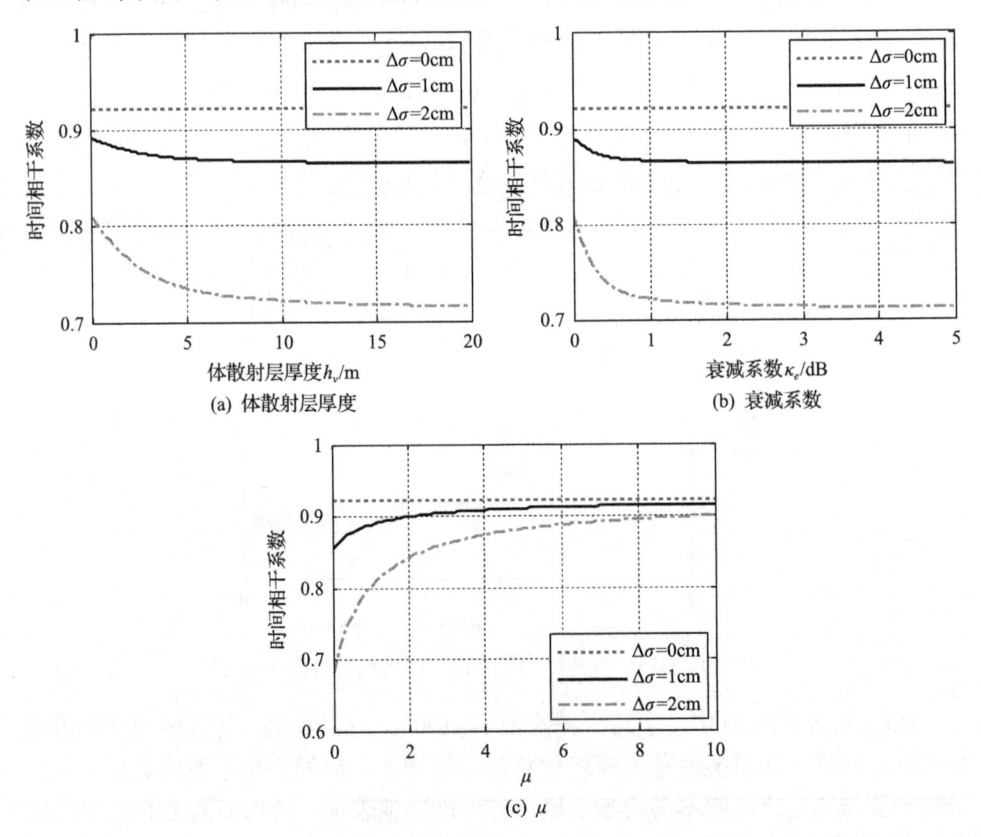

图 8.16 各参数对时间去相干效应的影响

由图 8.16 可以看出：随着随机位移的增大，时间相干系数不断减小；当 $\Delta\sigma = 0$

时，$\rho_{\text{Temporal}} = \rho_{TV} = \rho_{TG}$，因此时间相干系数不随体散射层厚度、衰减系数以及 μ 变化。上述结论与理论预期相符。具体而言，在图 8.16(a)中，假设 $\kappa_e = 1\text{dB}$、$\mu = 0.2$，可以看出：随着体散射层厚度的增加，时间去相干效应不断加剧；在图 8.16(b)中，假设 $h_v = 10\text{m}$、$\mu = 0.2$，可以看出：随着衰减系数的增大，时间去相干效应不断加剧；在图 8.16(c)中，假设 $h_v = 10\text{m}$、$\kappa_e = 1\text{dB}$，可以看出：随着 μ 的增大，时间去相干效应不断减弱，当 $\mu \ll 1$时，ρ_{Temporal} 趋近于 ρ_{TG}。

然后，假设结构函数保持不变，考察系统几何构型对基于导航卫星的 BSAR 相干变化检测技术中时间去相干效应的影响。假设雷达波长 $\lambda = 0.187\text{m}$，结构函数参数 $h_v = 10\text{m}$、$\kappa_e = 1\text{dB}$、$\mu = 0.2$，接收机位置保持不变，$\alpha_R = 90^\circ$、$\beta_R = 5^\circ$，发射机位置不断变化，$0^\circ \leqslant \alpha_T < 360^\circ$、$60^\circ \leqslant \beta_T < 90^\circ$。考虑两种规模的随机位移：① $\sigma_{\Delta x,g} = \sigma_{\Delta y,g} = \sigma_{\Delta z,g} = 1\text{cm}$、$\Delta\sigma_{\Delta x} = \Delta\sigma_{\Delta y} = \Delta\sigma_{\Delta z} = 0.1\text{cm}$；② $\sigma_{\Delta x,g} = 0.3\text{cm}$、$\sigma_{\Delta y,g} = 0.5\text{cm}$、$\sigma_{\Delta z,g} = 1\text{cm}$、$\Delta\sigma_{\Delta x} = 0.3\text{cm}$、$\Delta\sigma_{\Delta y} = 0.5\text{cm}$、$\Delta\sigma_{\Delta z} = 1\text{cm}$。利用式(8.52)，可以计算系统几何构型对时间去相干效应的影响，图 8.17 给出了计算结果。

由图 8.17 可以看出，在随机位移参数不变的情况下，不同的系统几何构型会导致不同的时间去相干效应。这意味着，对基于导航卫星的 BSAR 相干变化检测技术应用而言，某些几何构型下的几何去相干效应比较明显。因此，通过合理的系统设计，可以提高该技术对场景变化的响应能力。然而，综合图 8.16 和图 8.17 可以看出，散射单元的随机位移是造成时间去相干效应的内在因素；观测场景的结构函数以及系统几何构型也会对时间去相干效应造成影响，但这种影响是由散射单元的随机位移产生的。

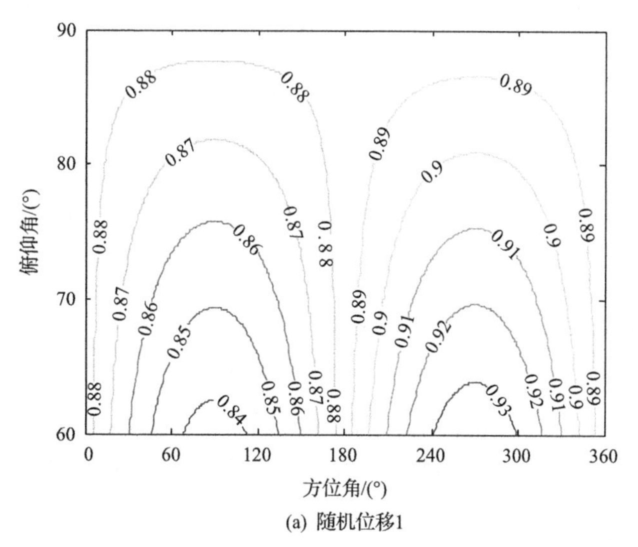

(a) 随机位移1

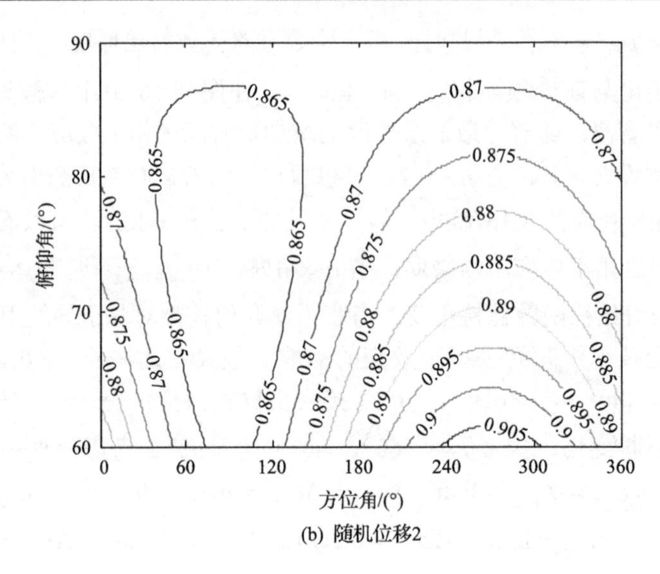

(b) 随机位移2

图 8.17　系统几何构型对时间去相干效应的影响

综上所述，在基于导航卫星的 BSAR 相干变化检测技术中，信噪比去相干效应与空间去相干效应的影响可以忽略，而时间去相干效应是其中占主导地位的去相干源；通过合理的系统设计，可以提高基于导航卫星的 BSAR 相干变化检测技术对场景变化的响应能力。

8.3　基于 SAR 卫星的 BSAR 干涉高程测量技术

基于 SAR 卫星的 BSAR 干涉高程测量技术采用单航过模式，利用搭载于飞艇上不同高度的两幅天线同时接收 SAR 卫星发射信号的地面散射回波，经过成像和干涉处理，以期实现对地表高程的精确测量。如图 8.1 所示，基于 SAR 卫星的 BSAR 干涉高程测量技术首先对主、辅回波分别进行同步和成像处理，然后进行图像配准，最后利用干涉处理获取地表高程信息。其中，干涉处理包括图像预滤波、干涉图生成、去平地效应、干涉相位滤波、相位解缠和高程反演等步骤。

8.3.1　基于 SAR 卫星的 BSAR 干涉高程测量技术原理

图 8.18 给出了基于 SAR 卫星的 BSAR 干涉高程测量几何示意图。假设主、辅天线 A_1 和 A_2 位于 ZOY 平面内，主天线 A_1 距离地面的高度为 H，主、辅天线之间的基线距离为 B，基线与 Z 轴的夹角为 α，P_0 点为观测场景中的任意点，其坐标为 (x,y,h)，该点到天线 A_1 和 A_2 的距离分别为 r_1 和 r_2：

$$r_1 = \sqrt{(H-h)^2 + x^2 + y^2} \tag{8.59}$$

$$r_2 = \sqrt{(H + B\cos\alpha - h)^2 + x^2 + (y - B\sin\alpha)^2} \tag{8.60}$$

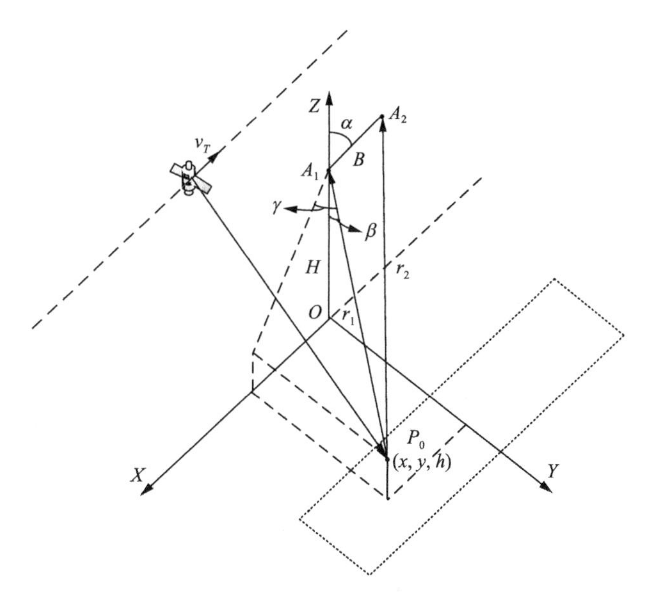

图 8.18　基于 SAR 卫星的 BSAR 干涉高程测量几何示意图

则 P_0 点到主、辅天线的距离差为

$$\Delta r = r_2 - r_1 \approx B(\cos\beta\cos\alpha - \sin\gamma\sin\alpha) \tag{8.61}$$

式中，β 和 γ 是主天线 A_1 关于点目标 P_0 的视角。

$$\cos\beta = \frac{H-h}{\sqrt{(H-h)^2 + x^2 + y^2}} \tag{8.62}$$

$$\sin\gamma = \frac{y}{\sqrt{(H-h)^2 + x^2 + y^2}} \tag{8.63}$$

因此，P_0 点对应的干涉相位可以表示为

$$\phi = \frac{2\pi}{\lambda}\cdot\Delta r \approx \frac{2\pi}{\lambda}\cdot B(\cos\beta\cos\alpha - \sin\gamma\sin\alpha) \tag{8.64}$$

由式(8.64)可以看出，在系统参数已知的前提下，干涉相位取决于 P_0 点的三维坐标。理论上，联立距离方程、多普勒方程和干涉相位方程即可解算出该目标的三维坐标信息。

8.3.2　干涉特性分析

为了研究干涉条纹的特征，引入P_1点（P_0点附近），假设其三维坐标为(x',y',h')，相对于主天线A_1的视角为β'和γ'，则P_1点与P_0点的干涉相位差可以表示为

$$\Delta\phi \approx -\frac{2\pi}{\lambda}\cdot B\cdot\left[\cos\alpha\sin(\beta\delta\beta)+\sin\alpha\cos(\gamma\delta\gamma)\right] \tag{8.65}$$

式中，$\delta\beta=\beta-\beta'$；$\delta\gamma=\gamma-\gamma'$。

在传统单基地 InSAR 系统中，一般只考虑视线方向的干涉效应，并不涉及方位向的干涉效应。由式(8.65)可以看出，基于 SAR 卫星的 BSAR 干涉高程测量系统具有立体测高特性，因此必须研究三维方向的干涉特性。图 8.19 给出了P_1点与P_0点的三种几何关系，每种情况只考虑一个坐标变化，同时保持另两个坐标不变，进而研究干涉条纹特性。需要说明的是，此处所指的距离均为斜视距离。

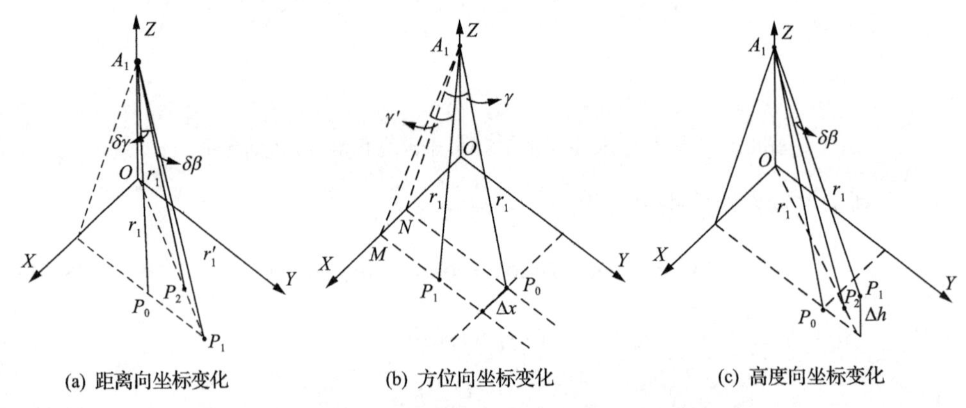

(a) 距离向坐标变化　　(b) 方位向坐标变化　　(c) 高度向坐标变化

图 8.19　点目标位置沿三维变化示意图

1. 干涉条纹特性

1) 距离向坐标变化

如图 8.19(a)所示，假设P_1点与P_0点仅存在距离向坐标变化，主天线A_1的距离分别为r_1和r_1'，由图 8.19(a)可知$\angle P_1A_1P_0=\delta\gamma$。假设$P_2$点到主天线$A_1$的距离同样为$r_1$，则$\angle P_1A_1P_2=\delta\beta$。根据图 8.19(a)所示的几何关系，令$R=\dfrac{r_1+r_1'}{2}$、$\Delta R=r_1'-r_1$，可以得到

$$R\cdot\delta\beta \approx R\cdot\sin(\delta\beta)=\frac{\Delta R}{\tan\beta} \tag{8.66}$$

$$R \cdot \delta\gamma \approx R \cdot \sin(\delta\gamma) = \frac{\Delta R}{\tan\gamma} \tag{8.67}$$

将式(8.66)和式(8.67)代入式(8.65)，可以得到距离向坐标变化引起的干涉相位差为

$$\Delta\phi_r \approx -\frac{2\pi}{\lambda} \cdot \frac{B}{R} \cdot \left(\cos\alpha\cos\beta + \sin\alpha\frac{\cos\gamma}{\tan\gamma}\right) \cdot \Delta R \tag{8.68}$$

2) 方位向坐标变化

如图 8.19(b)所示，假设 P_1 点与 P_0 点相对于主天线 A_1 的距离均为 r_1，两者仅存在方位向坐标变化 Δx。首先，由式(8.62)可知 $\delta\beta = 0$；其次，$\angle P_0A_1N = \gamma$，$\angle P_1A_1M = \gamma'$。根据式(8.63)，令 $R = r_1$，可以推导得到

$$\delta\gamma \approx -\frac{\sin\theta_0}{R\sin\gamma} \cdot \Delta x \tag{8.69}$$

式中，$\sin\theta_0 = \dfrac{x}{\sqrt{H^2 + x^2}}$。因此，将式(8.69)代入式(8.65)，可以得到方位向坐标变化引起的干涉相位差为

$$\Delta\phi_a \approx \frac{2\pi}{\lambda} \cdot \frac{B\sin\alpha\sin\theta_0}{R\tan\gamma} \cdot \Delta x \tag{8.70}$$

3) 高度向坐标变化

如图 8.19(c)所示，假设 P_1 点与 P_0 点相对于主天线 A_1 的距离均为 r_1，两者仅存在高度向坐标变化 Δh。假设 P_2 点到主天线 A_1 的距离同样为 r_1，则 $\angle P_1A_1P_2 = \delta\beta$。根据图 8.19(c)所示的几何关系，令 $R = r_1$，可以得到

$$R \cdot \delta\beta \approx R \cdot \sin(\delta\beta) = \frac{\Delta h}{\sin\beta} \tag{8.71}$$

根据式(8.63)，经过数学推导可以得到

$$\delta\gamma \approx \frac{\cos\theta_0}{R\sin\gamma} \cdot \Delta h \tag{8.72}$$

式中，$\cos\theta_0 = \dfrac{H}{\sqrt{H^2 + x^2}}$。由高度向坐标变化引起的干涉相位差为

$$\Delta\phi_h = -\frac{2\pi}{\lambda} \cdot \frac{B}{R} \cdot \left(\cos\alpha + \frac{\sin\alpha\cos\theta_0}{\tan\gamma}\right) \cdot \Delta h \tag{8.73}$$

2. 系统关键参数

根据上述结果，可以计算基于 SAR 卫星的 BSAR 干涉高程测量系统的关键参数：局部条纹频率(local fringe frequency，LFF)以及高度模糊数(height of ambiguity，HoA)。LFF 表征了干涉系统的平地相位效应，而 HoA 表征了干涉系统对场景高度变化的敏感程度。与单基地 InSAR 系统不同，基于 SAR 卫星的 BSAR 干涉高程测量系统同时在距离向和方位向上存在平地相位效应，因此必须同时考虑这两个方向的 LFF：

$$f_r = \frac{1}{2\pi}\left|\frac{\delta\phi_r}{\delta R}\right| \approx \frac{B}{\lambda R}\cdot\left(\cos\alpha\cos\beta + \sin\alpha\frac{\cos\gamma}{\tan\gamma}\right) \tag{8.74}$$

$$f_a = \frac{1}{2\pi}\left|\frac{\delta\phi}{\delta x}\right| \approx \frac{B\sin\alpha\sin\theta_0}{\lambda R\tan\gamma} \tag{8.75}$$

同理，可以得到 HoA 为

$$h_{\text{amb}} = \frac{\lambda R}{B\left(\cos\alpha + \dfrac{\sin\alpha\cos\theta_0}{\tan\gamma}\right)} \tag{8.76}$$

表 8.4 给出了基于 SAR 卫星的 BSAR 干涉高程测量系统参数，其中发射机采用 TerraSAR-X 系统参数，而接收平台仍采用飞艇。利用表 8.4 中的系统参数，图 8.20 给出了基于 SAR 卫星的 BSAR 干涉高程测量系统的干涉条纹在观测场景内变化特性的计算结果。可以看出：随着探测距离的增加，距离向 LFF 不断减小，且场景边缘与场景中心处的数值差异很小；方位向 LFF 的变化具有对称特性，随

表 8.4　基于 SAR 卫星的 BSAR 干涉高程测量系统参数

发射系统主要参数	数值	接收系统主要参数	数值
卫星高度/km	514.5	飞艇高度/km	20
带宽/MHz	50	天线长度/m	0.12
平均发射功率/W	370	天线宽度/m	0.5
噪声系数/dB	1.5	采样频率/MHz	75
天线长度/m	4.8	作用距离/km	60～100
天线宽度/m	0.7	测绘带长度/km	20
入射角/(°)	35	测绘带宽度/km	20
系统损耗/dB	3	基线长度/km	50
载频/GHz	9.65	场景 RCS/dB	–10

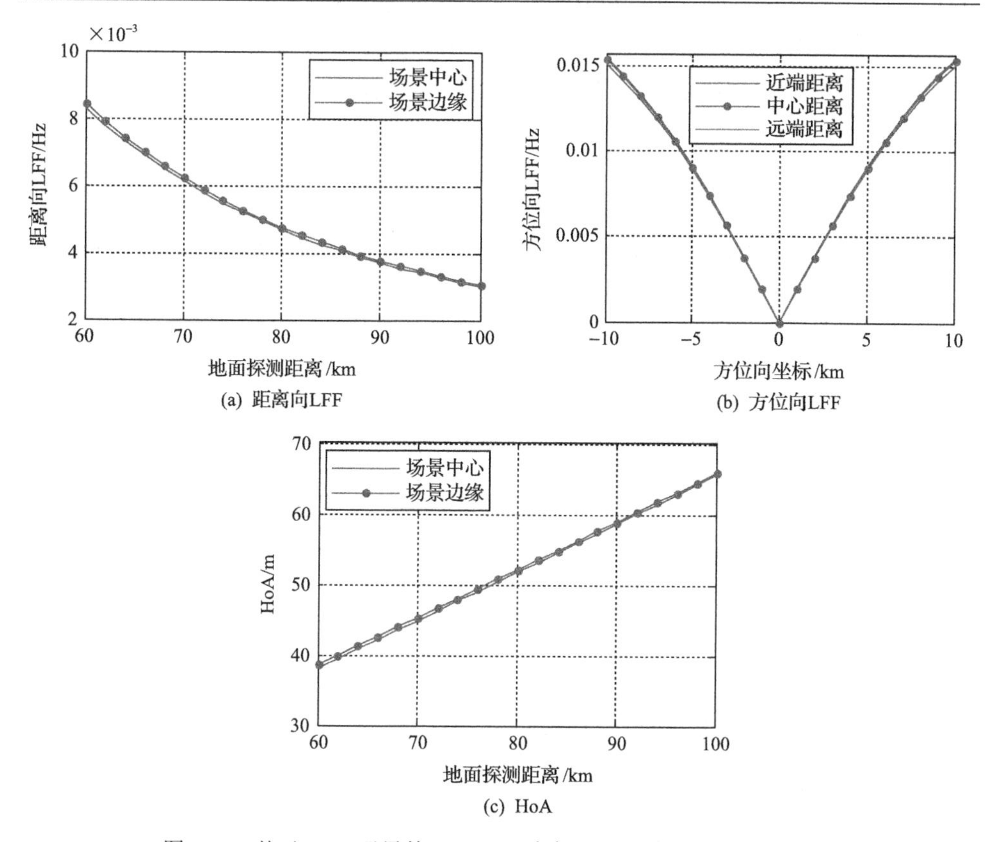

(a) 距离向LFF　(b) 方位向LFF

(c) HoA

图 8.20　基于 SAR 卫星的 BSAR 干涉高程测量系统干涉条纹特性

着方位向坐标绝对值的增加，该值不断增大，而探测距离的变化对该值的影响并不明显；随着探测距离的增加，HoA 不断增加，且方位向位置对 HoA 影响不大。总的来说，随着探测距离的增加，基于 SAR 卫星的 BSAR 干涉高程测量系统的干涉敏感度不断降低；随着方位向偏移程度的增加，平地相位效应更加严重。

需要指出的是，在场景中心线处，$\sin\theta_0=0$、$\cos\theta_0=1$，且 $\beta=\gamma$，因此 $f_a=0$、$f_r=\dfrac{B}{\lambda R}\cdot\dfrac{\sin(\alpha+\beta_0)}{\tan\beta_0}$、$h_{\text{amb}}=\dfrac{\lambda R}{B}\cdot\dfrac{\sin\beta_0}{\sin(\alpha+\beta_0)}$，其中 $\beta_0=\arcsin\left[\dfrac{y}{\sqrt{(H-h)^2+y^2}}\right]$。可以看出，在场景中心线处，基于 SAR 卫星的 BSAR 干涉高程测量系统的几何构型退化为准单基地 InSAR 构型，此时系统参数与单基地 InSAR 系统的参数是一致的，间接证明了本节研究结论的正确性。

8.3.3　相干性分析

对基于 SAR 卫星的 BSAR 干涉高程测量系统应用而言，相干性是其重要的技术指标，直接影响最终的相对测高精度。由于采用单航过模式，基于 SAR 卫星的 BSAR 干涉高程测量系统应用没有时间去相干影响。本节主要分析信噪比去相干和空间去相干影响。

1. 信噪比去相干

利用表 8.4 给出的系统参数，图 8.21 给出了基于 SAR 卫星的 BSAR 信噪比去相干的计算结果。

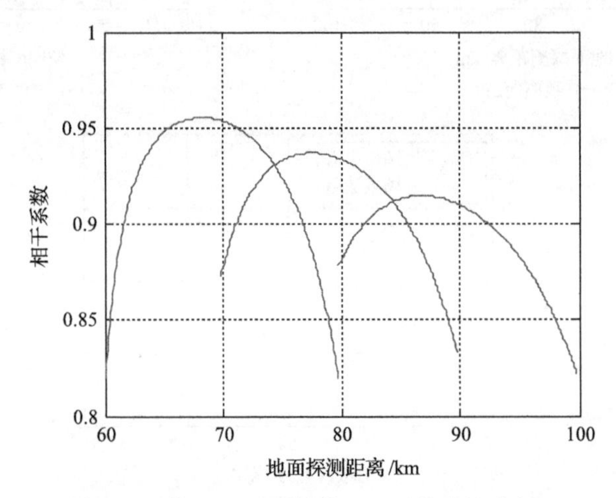

图 8.21　基于 SAR 卫星的 BSAR 信噪比去相干

在图 8.21 中，采用三个波位覆盖了 60～100km 的地面探测范围，天线方向图采用 sinc 平方加权。可以看出，随着探测距离的增加，信噪比不断下降，相干系数有所减小；波位内的相干系数变化是由接收天线方向图加权引入的；在整个观测范围内，信噪比相干系数保持在 0.82 以上。

2. 空间去相干

与基于导航卫星的 BSAR 相干变化检测技术类似，在基于 SAR 卫星的 BSAR 干涉高程测量技术应用中，空间去相干也是由主、辅图像的成像几何不同，进而导致雷达视角不同引起的。不同之处在于，此处的空间去相干是干涉系统实现高程测量的伴随产物。如图 8.18 所示，主、辅天线 A_1 和 A_2 之间的基线距离为 B。该空间基线是进行干涉高程测量的基础，同时造成主、辅天线相对于场景散射点的视角不同，进而造成主、辅图像相干性下降。另外，相比于前者，基于 SAR 卫星的 BSAR 干涉高程测量系统的几何构型有所不同，PSF 表达式相对简单。利用这些特性，可以在式(8.14)的基础上推导出更加简洁的表达式。

图 8.22 给出了基于 SAR 卫星的 BSAR 干涉高程测量系统面散射几何示意图。

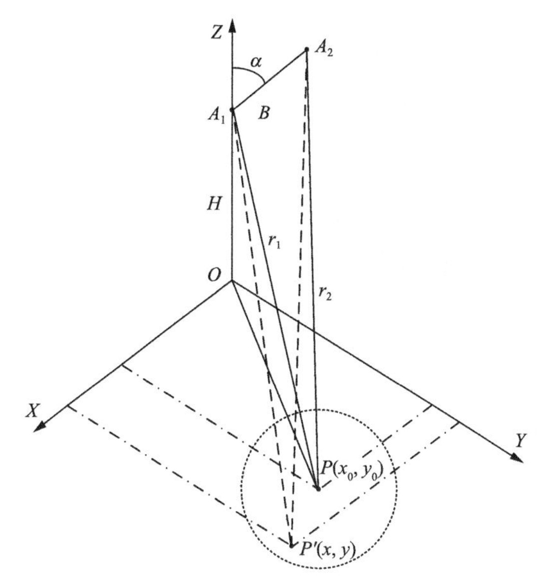

图 8.22　基于 SAR 卫星的 BSAR 干涉高程测量系统面散射几何示意图

其中，XOY 平面表示地平面，$P(x_0, y_0)$ 为分辨单元的散射中心，$P'(x, y)$ 表示以 $P(x_0, y_0)$ 为中心的局部区域中的任意点，其余参数定义与图 8.18 相同。根据几何关系，可以得到

$$\begin{aligned} r_1(x,y) &\approx r_1(x_0,y_0)+(y-y_0)\sin\theta_1+(x-x_0)\sin\varphi_1 \\ r_2(x,y) &\approx r_2(x_0,y_0)+(y-y_0)\sin\theta_2+(x-x_0)\sin\varphi_2 \end{aligned} \tag{8.77}$$

式中

$$\begin{aligned} \sin\theta_1 &= \frac{y_0}{\sqrt{H^2+x_0^2+y_0^2}} \\ \sin\varphi_1 &= \frac{x_0}{\sqrt{H^2+x_0^2+y_0^2}} \\ \sin\theta_2 &= \frac{y_0-B\sin\alpha}{\sqrt{(H+B\cos\alpha)^2+x_0^2+(y_0-B\sin\alpha)^2}} \\ \sin\varphi_2 &= \frac{x_0}{\sqrt{(H+B\cos\alpha)^2+x_0^2+(y_0-B\sin\alpha)^2}} \end{aligned} \tag{8.78}$$

根据式(8.2)和式(8.3)，若不考虑系统热噪声，则主、辅天线 A_1 和 A_2 所成的主、辅图像信号可以表示为

$$s_1 = \iint \sigma_b(x,y)\exp\left\{-\mathrm{j}\frac{2\pi}{\lambda}\left[r_T + r_1(x,y)\right]\right\}\cdot W(x,y)\,\mathrm{d}x\mathrm{d}y \tag{8.79}$$

$$s_2 = \iint \sigma_b(x,y)\exp\left\{-\mathrm{j}\frac{2\pi}{\lambda}\left[r_T + r_2(x,y)\right]\right\}\cdot W(x,y)\,\mathrm{d}x\mathrm{d}y \tag{8.80}$$

式中，σ_b 为点目标双基地散射系数；λ 为波长；r_T 为发射机到点目标的距离；$W(x,y)$ 为基于 SAR 卫星的 BSAR 干涉高程测量系统的点散布函数：

$$\left|W(x,y)\right| = \mathrm{sinc}\left(\frac{x-x_0}{\rho_x}\right)\cdot \mathrm{sinc}\left(\frac{y-y_0}{\rho_y}\right) \tag{8.81}$$

式中，$\mathrm{sinc}(x)=\sin(\pi x)/(\pi x)$；$\rho_x$ 和 ρ_y 分别为系统方位向分辨率和距离向分辨率，积分范围为一个分辨单元。因此，主、辅图像配准之后，进行干涉处理可以得到

$$\begin{aligned} s_1 s_2^* = &\iint\iint \sigma_b(x,y)\sigma_b^*(x',y')\cdot \exp\left\{-\mathrm{j}\frac{2\pi}{\lambda}\left[r_T(x,y)+r_1(x,y)\right]\right\} \\ &\cdot \mathrm{sinc}\left(\frac{x-x_0}{\rho_x}\right)\cdot \mathrm{sinc}\left(\frac{y-y_0}{\rho_y}\right)\cdot \exp\left\{\mathrm{j}\frac{2\pi}{\lambda}\left[r_T(x',y')+r_2(x',y')\right]\right\} \\ &\cdot \mathrm{sinc}\left(\frac{x'-x_0}{\rho_x}\right)\cdot \mathrm{sinc}\left(\frac{y'-y_0}{\rho_y}\right)\mathrm{d}x\mathrm{d}y\mathrm{d}x'\mathrm{d}y' \end{aligned} \tag{8.82}$$

假设地面散射系数满足 $\langle \sigma_b(x,y)\cdot \sigma_b^*(x',y')\rangle = \sigma_0^2 \cdot \delta(x-x', y-y')$，$\langle\cdot\rangle$ 表示求集合平均，则干涉信号为

$$\langle s_1 s_2^* \rangle = \iint \sigma_0^2 \exp\left\{-\mathrm{j}\frac{2\pi}{\lambda}\left[r_1(x,y)-r_2(x,y)\right]\right\}\mathrm{sinc}^2\left(\frac{x-x_0}{\rho_x}\right)\mathrm{sinc}^2\left(\frac{y-y_0}{\rho_y}\right)\mathrm{d}x\mathrm{d}y \tag{8.83}$$

由式(8.77)可以看出，式(8.83)所表示的积分中的相位项为变量 x 和 y 的线性函数，因此可以看作傅里叶变换核。根据傅里叶变换性质，可以得到

$$\begin{aligned} \langle s_1 s_2^* \rangle = &\sigma_0^2 \rho_x \rho_y \exp\left\{-\mathrm{j}\frac{2\pi}{\lambda}\left[r_1(x_0,y_0)-r_2(x_0,y_0)\right]\right\} \\ &\cdot\left(1-\frac{\cos\theta\left|\delta\theta\right|}{\lambda}\rho_y\right)\left(1-\frac{\cos\varphi\left|\delta\varphi\right|}{\lambda}\rho_x\right) \end{aligned} \tag{8.84}$$

式中，$\theta = \dfrac{\theta_1+\theta_2}{2}, \delta\theta = \theta_1-\theta_2$；$\varphi = \dfrac{\varphi_1+\varphi_2}{2}, \delta\varphi = \varphi_1-\varphi_2$。进一步利用图 8.22 所示的几何关系，可以得到

$$\delta\theta \approx \frac{\sin\theta\cos\theta_0\cos\alpha + \cos\theta\sin\alpha}{\sqrt{H^2 + x_0^2 + y_0^2}} \cdot B, \quad \delta\varphi \approx \frac{\sin\varphi\cos(\varphi_0 - \alpha)}{\sqrt{H^2 + x_0^2 + y_0^2}} \cdot B \tag{8.85}$$

式中

$$\cos\theta_0 = \frac{H}{\sqrt{H^2 + x_0^2}}, \quad \cos\varphi_0 = \frac{H}{\sqrt{H^2 + x_0^2 + y_0^2}} \tag{8.86}$$

而主、辅图像的自相关可以表示为

$$\langle s_1 s_1^* \rangle = \langle s_2 s_2^* \rangle = \sigma_0^2 \rho_x \rho_y \tag{8.87}$$

则由式(8.5)可知，主、辅图像之间的空间去相干可以表示为

$$\begin{aligned}\rho_{\text{Spatial}} = &\left(1 - \left|\frac{\cos\theta\cdot\rho_y}{\lambda} \cdot \frac{\sin\theta\cos\theta_0\cos\alpha + \cos\theta\sin\alpha}{R_0} \cdot B\right|\right) \\ &\cdot\left[1 - \left|\frac{\cos\varphi\cdot\rho_x}{\lambda} \cdot \frac{\sin\varphi\cos(\varphi_0 - \alpha)}{R_0} \cdot B\right|\right]\end{aligned} \tag{8.88}$$

式中，$R_0 = \sqrt{H^2 + x_0^2 + y_0^2}$ 。由式(8.88)可以看出，基于 SAR 卫星的 BSAR 干涉高程测量系统应用存在距离向和方位向两个维度的空间去相干效应。其中，第一项表征的距离向空间去相干效应与传统 InSAR 系统类似。第二项表征的方位向空间去相干效应则比较特殊，其影响与目标在场景中的方位向位置密切相关。具体而言：在场景中心线处，即 $\varphi = 0$ 时，该影响为零；随着方位向位置偏移，该影响不断加剧；在场景边缘处，即 φ 取最大值时，该影响达到最大。

根据表 8.4 中的系统参数，图 8.23 给出了基于 SAR 卫星的 BSAR 干涉高程测

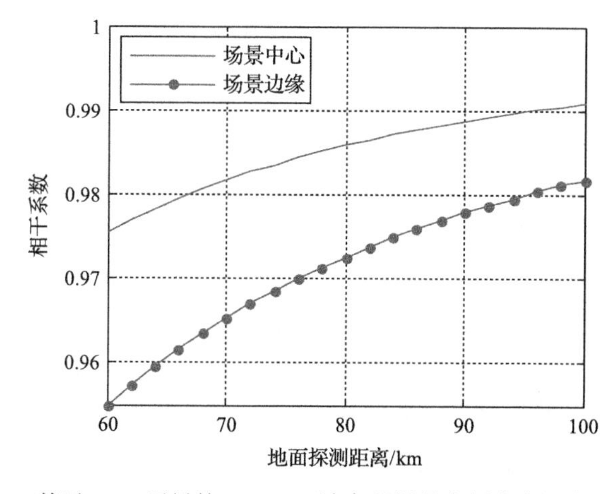

图 8.23　基于 SAR 卫星的 BSAR 干涉高程测量应用中空间去相干效应

量应用中空间去相干效应。可以看出，随着探测距离的增加，空间去相干效应不断减弱，且场景中心处的相干性要优于场景边缘，符合式(8.88)给出的结果。当测绘带宽度为 20km 时，方位向去相干效应最大值约为 0.02。可以看出，由于空间基线长度较短，该应用中的空间去相干效应并不明显。

8.3.4 相对高程测量精度

总相干系数 ρ_{Tot} 可以由各相干系数相乘得到，进而得到干涉相位估计误差，最后获知该干涉系统的相对测高精度。假设独立视数为 L，则干涉相位的概率密度函数可以表示为

$$p_\varphi(\varphi)=\frac{\Gamma\left(L+\dfrac{1}{2}\right)\left(1-|\gamma_{\text{Tot}}|^2\right)^L|\gamma_{\text{Tot}}|\cos(\varphi-\varphi_0)}{2\sqrt{\pi}\Gamma(L)\left[1-|\gamma_{\text{Tot}}|^2\cos^2(\varphi-\varphi_0)\right]^{L+1/2}}+\frac{\left(1-|\gamma_{\text{Tot}}|^2\right)^L}{2\pi}F\left[L,1;\frac{1}{2};|\gamma_{\text{Tot}}|^2\cos^2(\varphi-\varphi_0)\right] \tag{8.89}$$

式中，φ_0 为干涉相位 φ 的真值；$\Gamma(\cdot)$ 为伽马函数；$F(\cdot)$ 为高斯超几何函数。由此可以得到干涉相位估计误差 $\Delta\varphi=\varphi-\varphi_0$ 的标准差为

$$\sigma_{\Delta\varphi}=\sqrt{\int_{-\pi}^{\pi}(\varphi-\varphi_0)^2p_\varphi(\varphi)\mathrm{d}\varphi} \tag{8.90}$$

由式(8.90)可以计算干涉相位的估计精度，进一步考虑残余同步误差引入的干涉相位误差，可以得到系统的相对测高精度为

$$\Delta h=h_{\text{amb}}\cdot[\Delta\varphi/(2\pi)] \tag{8.91}$$

式中，$\Delta\varphi=\sigma_{\Delta\varphi}+\Delta\varphi_{\text{Syn}}$，$\Delta\varphi_{\text{Syn}}$ 为残余同步误差引入的干涉相位误差。

全面考虑各种去相干因素，图 8.24 给出了基于 SAR 卫星的 BSAR 干涉高程测量技术的总相干特性和相对测高精度，其中实线和虚线分别表示场景中心和场景边缘的情况。由图 8.24(a)可以看出，随着探测距离的增加，总相干系数有所下降，且场景边缘处的相干性要弱于场景中心。采用四视处理，假设残余同步误差引入的干涉相位误差 $\Delta\varphi_{\text{Syn}}$ 为 5°，图 8.24(b)给出了基于 SAR 卫星的 BSAR 干涉高程测量系统的相对测高精度。可以看出，基于 SAR 卫星的 BSAR 干涉高程测量技术在整幅场景内的相对测高精度可以达到 3.8m 以内，且场景中心处的测高精度要略优于场景边缘。

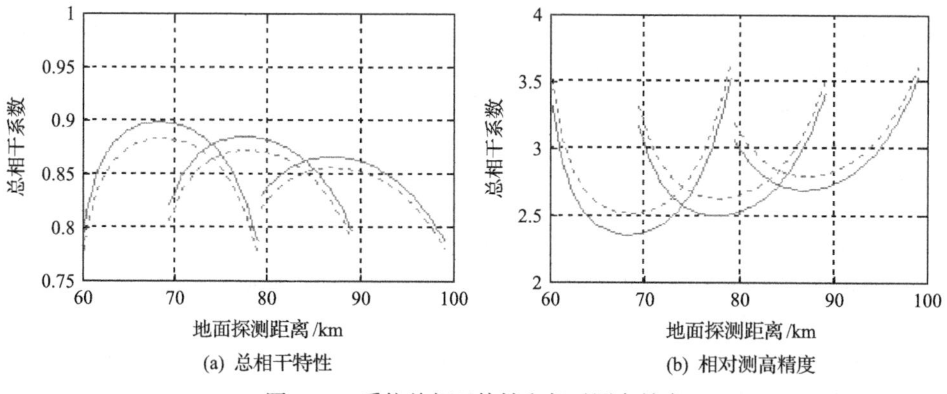

(a) 总相干特性　　(b) 相对测高精度

图 8.24　系统总相干特性和相对测高精度

参 考 文 献

[1] Goldstein R M, Zebker H A. Interferometric radar measurement of ocean surface currents[J]. Nature, 1987, 328(6132): 707-709.

[2] Bao M Q, Bruning C, Alpers W. Simulation of ocean waves imaging by an along-track interferometric synthetic aperture radar[J]. IEEE Transactions on Geoscience and Remote Sensing, 1997, 35(3): 618-631.

[3] Zebker H A, Rosen P. On the derivation of coseismic displacement fields using differential radar interferometry: The Landers earthquake[C]. Proceedings of International Geoscience and Remote Sensing Symposium, Pasadena, 1994: 286-288.

[4] Preiss M, Stacy N J S. Coherent change detection: Theoretical description and experimental results[R]. Australia: Defense Science and Technology Organization, 2006: 1-100.

[5] Askne J I H, Dammert P B G, Ulander L M H, et al. C-Band repeat-pass interferometric SAR observations of the forest[J]. IEEE Transactions on Geoscience and Remote Sensing, 1997, 35(1): 25-35.

[6] Corr D G, Rodrigues A. Coherent change detection of vehicle movements[C]. Proceedings of International Geoscience and Remote Sensing Symposium, Seattle, 1998: 2451-2453.

[7] 刘飞峰. 基于导航卫星的 BiSAR 系统成像和地表形变检测方法研究[D]. 北京：北京理工大学博士学位论文, 2012.

[8] Rodriguez E, Martin J M. Theory and design of interferometric synthetic aperture radars[J]. IEE Proceeding of Radar and Signal Processing, 1992, 139(2): 147-159.

[9] Zebker H A, Villasenor J. Decorrelation in interferometric radar echoes[J]. IEEE Transactions on Geoscience and Remote Sensing, 1992, 30(5): 950-959.

[10] Goodman J W. Statistical properties of laser speckle patterns[J]. Topics in Applied Physics, 1975, 9: 9-75.

[11] Li F K, Goldstein R M. Studies of multibaseline spaceborne interferometric synthetic aperture radars[J]. IEEE Transactions on Geoscience and Remote Sensing, 1990, 28(1): 88-97.

[12] Gatelli F, Guarnieri A M, Parizzi F, et al. The wavenumber shift in SAR interferometry[J]. IEEE Transactions on Geoscience and Remote Sensing, 1994, 32(4): 855-865.

[13] Wang T, Bao Z, Zhang Z H, et al. Improving coherence of complex image pairs obtained by along-track bistatic SARs using range-azimuth prefiltering[J]. IEEE Transactions on Geoscience and Remote Sensing, 2008, 46(1): 3-13.

[14] Ahmed R, Siqueira P, Hensley S, et al. A survey of temporal decorrelation from spaceborne L-band repeat-pass InSAR[J]. Remote Sensing of Environment,2011, 115(11): 2887-2896.

[15] Zebker H A, Villasenor J. Decorrelation in interferometric radar echoes[J]. IEEE Transactions on Geoscience and Remote Sensing, 1992, 30(5): 950-959.

[16] Rocca F. Modeling interferogram stacks[J]. IEEE Transactions on Geoscience and Remote Sensing, 2007, 45(10): 3289-3299.

[17] Neumann M, Ferro-Famil L, Reigber A. Estimation of forest structure, ground and canopy layer characteristics from multibaseline polarimetric interferometric SAR data[J]. IEEE Transactions on Geoscience and Remote Sensing, 2010, 48(3): 1086-1104.

[18] Lavalle M, Simard M, Hensley S. A temporal decorrelation model for polarimetric radar interferometers[J]. IEEE Transactions on Geoscience and Remote Sensing, 2012, 50(7): 2880-2888.

[19] 张永胜, 杨凤凤, 孙造宇, 等. 星载寄生式 InSAR 系统相关性及相对测高精度分析[J]. 遥感学报, 2007, 11(6): 796-802.

[20] Touzi R, Lopes A, Bruniquel J, et al. Coherence estimation for SAR imagery[J]. IEEE Transactions on Geoscience and Remote Sensing, 1999, 37(1): 135-149.

[21] Treuhaft R N, Siqueira P R. Vertical structure of vegetated land surfaces from interferometric and polarimetric radar[J]. Radio Science, 35(1): 141-177.

[22] Cloude S R, Papathanassiou K P. Three-stage inversion process for polarimetric SAR interferometry[J]. IEE Proceedings-Radar, Sonar and Navigation, 2003, 150(3): 125-134.

[23] Treuhaft R N, Madsen S N, Moghaddam M, et al. Vegetation characteristics and underlying topography from interferometric radar[J]. Radio Science, 31(6): 1449-1485.

附录 A　级数反演法推导二维频谱

设 BSAR 系统散射回波信号为

$$s(t_m,\tau)=\omega_a(t_m)\cdot\omega_r\left[\tau-r(t_m)/c\right]\exp\left[-\mathrm{j}2\pi r(t_m)/\lambda\right] \tag{A.1}$$

由于 BSAR 距离历程为收、发站到目标的距离和，是双根号形式，因此一般很难直接通过驻定相位原理求解驻定相位点。为了获得回波信号的二维频谱，将双基地距离在合成孔径中心时刻 $t_m=0$ 进行泰勒级数展开，从而可得 $r(t_m)$ 的泰勒级数展开式为

$$r(t_m)=\mu_0+\mu_1 t_m+\mu_2 t_m^2+\mu_3 t_m^3+\mu_4 t_m^4+\cdots \tag{A.2}$$

式中

$$\mu_n=\frac{\mathrm{d}r^{(n)}(t_m)}{\mathrm{d}t_m^n}\bigg|_{t_m=0} \tag{A.3}$$

去掉式(A.2)中的线性项，在后面进行处理，则可以得到此时回波信号表达式为

$$s_B(t_m,\tau)=\omega_a(t_m)\cdot\omega_r\left[\tau-r_1(t_m)/c\right]\exp\left[-\mathrm{j}2\pi r_1(t_m)/\lambda\right] \tag{A.4}$$

式中

$$r_1(t_m)=\mu_0+\mu_2 t_m^2+\mu_3 t_m^3+\mu_4 t_m^4+\cdots \tag{A.5}$$

将式(A.4)进行二维傅里叶变换，可以得到

$$S_B(f_a,f_r)=\int\omega_a(t_m)\cdot\exp\left[-\mathrm{j}\phi(t_m)\right]\mathrm{d}t_m \tag{A.6}$$

式中

$$\phi(t_m)=-\frac{2\pi(f_c+f_\tau)}{c}-2\pi f_a t_m \tag{A.7}$$

求解 $\phi'(t_m)=0$，即可得到式(A.6)的驻定相位点，即求解如下方程：

$$f_a=\frac{-(f_c+f_\tau)}{c}(2\mu_2 t_m+3\mu_3 t_m^2+4\mu_4 t_m^3+\cdots) \tag{A.8}$$

根据级数反演法对式(A.8)进行求解，即可得到驻定相位点t_m^*为

$$t_m^* = b_1 f_a + b_2 f_a^2 + b_3 f_a^3 + \cdots \tag{A.9}$$

式中

$$b_1 = -\frac{c}{2\mu_2(f_0+f_\tau)},\quad b_2 = -\frac{3c^2\mu_3}{8\mu_2^3(f_0+f_\tau)^2},\quad b_3 = -\frac{c^3(9\mu_3^2-4\mu_2\mu_4)}{16\mu_2^5(f_0+f_\tau)^3} \tag{A.10}$$

根据式(A.6)和式(A.9)，即可获得不含斜距展开线性项的二维频谱的解析表达式为

$$S_B(f_a, f_r) = \exp\left[\mathrm{j}\phi(t_m^*)\right] \tag{A.11}$$

实际上，含有线性项的回波信号表达式为

$$s(t_m,\tau) = s_B\left(t_m, \tau - \frac{\mu_1 t_m}{c}\right)\exp\left(-\mathrm{j}2\pi\frac{\mu_1 t_m}{\lambda}\right) \tag{A.12}$$

由傅里叶变换特性

$$g(t_m,\tau) \leftrightarrow G(f_a, f_\tau)$$

$$g(t_m,\tau)\cdot\exp(-\mathrm{j}2\pi f_l) \leftrightarrow G(f_a+f_l, f_\tau)$$

$$g(t_m, \tau - kt_m) \leftrightarrow G(f_a + kf_\tau, f_\tau)$$

可得

$$S(f_a, f_r) = S_B\left[f_a + \frac{\mu_1(f_0+f_\tau)}{c}\right] \tag{A.13}$$

由式(A.11)和式(A.13)，并保留f_a的四次及以下阶次的相位，可得式(A.13)的二维频谱为

$$S(f_\tau, f_a) = W_r(f_\tau)W_a(f_a)\exp\left[\mathrm{j}\phi(f_\tau, f_a)\right] \tag{A.14}$$

式中

$$\begin{aligned}\phi(f_\tau, f_a) = & -2\pi\frac{f_0+f_\tau}{c}\mu_1 + 2\pi\frac{c}{4\mu_2(f_0+f_\tau)}\left(f_a+\mu_1\frac{f_0+f_\tau}{c}\right)^2 \\ & + 2\pi\frac{c^2\mu_3}{8\mu_2^3(f_0+f_\tau)^2}\left(f_a+\mu_1\frac{f_0+f_\tau}{c}\right)^3 \\ & + 2\pi\frac{c^3\left(9\mu_3^2-4\mu_2\mu_4\right)}{64\mu_2^5(f_0+f_\tau)^3}\left(f_a+\mu_1\frac{f_0+f_\tau}{c}\right)^4\end{aligned} \tag{A.15}$$

一般情况下，$f_0 \gg f_\tau$，因此可得

$$\begin{aligned} \frac{1}{f_0+f_\tau} &\approx \frac{1}{f_0}-\frac{f_\tau}{f_0^2}+\frac{f_\tau^2}{f_0^3}-\frac{f_\tau^3}{f_0^4} \\ \frac{1}{\left(f_0+f_\tau\right)^2} &\approx \frac{1}{f_0^2}-\frac{2f_\tau}{f_0^3}+\frac{3f_\tau^2}{f_0^4}-\frac{4f_\tau^3}{f_0^5} \\ \frac{1}{\left(f_0+f_\tau\right)^3} &\approx \frac{1}{f_0^3}-\frac{3f_\tau}{f_0^4}+\frac{6f_\tau^2}{f_0^5}-\frac{10f_\tau^3}{f_0^6} \end{aligned} \tag{A.16}$$

将式(A.16)代入式(A.15)，即可得到关于 f_τ 的幂级数展开式。忽略 f_τ 和 f_a 的高次项后可以得到

$$\phi(f_\tau,f_a)\approx\phi_c+\phi_0(f_a,r)+\phi_1(f_a,f_\tau,r)+\phi_2(f_a,f_\tau,r) \tag{A.17}$$

式中

$$\phi_c=\frac{2\pi}{\lambda}\left(-\mu_0+\frac{\mu_1^2}{4\mu_2}+\frac{\mu_1^3\mu_3}{8\mu_2^3}+\mu_1^4\frac{9\mu_3^2-4\mu_2\mu_4}{64\mu_2^5}\right) \tag{A.18}$$

$$\begin{aligned} \phi_0(f_a,r)=2\pi\Bigg[&\frac{1}{4\mu_2}(2\mu_1 f_a+\lambda f_a^2)+\frac{\mu_3}{8\mu_2^3}(3\mu_1^2 f_a+3\mu_1\lambda f_a^2+\lambda^2 f_a^3) \\ &+\frac{9\mu_3^2-4\mu_2\mu_4}{64\mu_2^5}\left(4\mu_1^3 f_a+\frac{6\lambda\mu_1^2}{f_c}f_a^2-\frac{8\mu_1\lambda^2}{f_c}f_a^3-\frac{3\lambda^3}{f_c}f_a^4\right)\Bigg] \end{aligned} \tag{A.19}$$

$$\begin{aligned} \phi_1(f_a,f_\tau,r)=\frac{2\pi}{c}f_\tau\Bigg[&-\mu_0+\frac{1}{4\mu_2}\left(\frac{\mu_1^2}{c^2}-\lambda^2 f_a^2\right)+\frac{\mu_3}{8\mu_2^3}\left(\frac{\mu_1^3}{c^2}-3\mu_1\lambda^2 f_a^2-2\lambda^3 f_a^3\right) \\ &+\frac{9\mu_3^2-4\mu_2\mu_4}{64\mu_2^5}\left(\frac{\mu_1^4}{c^2}-6\mu_1^2\lambda^2 f_a^2-8\mu_1\lambda^3 f_a^3-3\lambda^4 f_a^4\right)\Bigg] \end{aligned} \tag{A.20}$$

$$\begin{aligned} \phi_2(f_a,f_\tau,r)=2\pi\Bigg\{&\frac{\lambda}{4\mu_2}\left(k_{\tau c}^2-k_{\tau c}^3\right)f_a^2+\frac{\mu_3}{8\mu_2^3}\left[3\mu_1\lambda\left(k_{\tau c}^2-k_{\tau c}^3\right)f_a^2+\lambda^2\left(3k_{\tau c}^2-4k_{\tau c}^3\right)f_a^3\right] \\ &+\frac{9\mu_3^2-4\mu_2\mu_4}{64\mu_2^5}\Big[6\lambda\mu_1^2\left(k_{\tau c}^2-k_{\tau c}^3\right)f_a^2+4\mu_1\lambda^2\left(3k_{\tau c}^2-4k_{\tau c}^3\right)f_a^3 \\ &+\lambda^3\left(6k_{\tau c}^2-10k_{\tau c}^3\right)f_a^4\Big]\Bigg\} \end{aligned} \tag{A.21}$$

式中，$\lambda=c/f_0$；$k_{\tau c}=f_\tau/f_c$。

附录B　式(8.50)的计算

随机位移满足独立的零均值高斯分布，即 $\Delta x \sim N(0,\sigma_{\Delta x}^2(z))$、$\Delta y \sim N(0,\sigma_{\Delta y}^2(z))$ 和 $\Delta z \sim N(0,\sigma_{\Delta z}^2(z))$，因此式(8.50)可以改写为

$$\chi(z)=\chi_{\Delta x}(z)\cdot\chi_{\Delta y}(z)\cdot\chi_{\Delta z}(z) \tag{B.1}$$

式中

$$\chi_{\Delta x}(z)=\frac{1}{\sqrt{2\pi}\sigma_{\Delta x}(z)}\cdot\int\exp\left[\mathrm{j}\frac{2\pi}{\lambda}\cdot\Delta x\cdot(\cos\alpha_T\cos\beta_T+\cos\alpha_R\cos\beta_R)\right]\cdot\exp\left[-\frac{\Delta x^2}{2\sigma_{\Delta x}^2(z)}\right]\mathrm{d}\Delta x \tag{B.2}$$

$$\chi_{\Delta y}(z)=\frac{1}{\sqrt{2\pi}\sigma_{\Delta y}(z)}\cdot\int\exp\left[-\mathrm{j}\frac{2\pi}{\lambda}\cdot\Delta y\cdot(\sin\alpha_T\cos\beta_T+\sin\alpha_R\cos\beta_R)\right]\cdot\exp\left[-\frac{\Delta y^2}{2\sigma_{\Delta y}^2(z)}\right]\mathrm{d}\Delta y \tag{B.3}$$

$$\chi_{\Delta z}(z)=\frac{1}{\sqrt{2\pi}\sigma_{\Delta z}(z)}\cdot\int\exp\left[\mathrm{j}\frac{2\pi}{\lambda}\cdot\Delta z\cdot(\sin\beta_T+\sin\beta_R)\right]\cdot\exp\left[-\frac{\Delta z^2}{2\sigma_{\Delta z}^2(z)}\right]\mathrm{d}\Delta z \tag{B.4}$$

根据高斯分布的积分性质，可以得到

$$\begin{aligned}&\frac{1}{\sqrt{2\pi}\sigma}\cdot\int\exp(\mu\cdot x)\cdot\exp\left(-\frac{x^2}{2\sigma^2}\right)\mathrm{d}x\\&=\exp\left(\frac{\sigma^2\mu^2}{2}\right)\cdot\frac{1}{\sqrt{2\pi}\sigma}\cdot\int\exp\left[-\frac{(x-\mu\sigma^2)^2}{2\sigma^2}\right]\mathrm{d}x\\&=\exp\left(\frac{\sigma^2\mu^2}{2}\right)\end{aligned} \tag{B.5}$$

利用该性质，可以得到

$$\chi_{\Delta x}(z)=\exp\left[-\frac{2\pi^2}{\lambda^2}\cdot\sigma_{\Delta x}^2(z)\cdot(\cos\alpha_T\cos\beta_T+\cos\alpha_R\cos\beta_R)^2\right] \tag{B.6}$$

$$\chi_{\Delta y}(z)=\exp\left[-\frac{2\pi^2}{\lambda^2}\cdot\sigma_{\Delta y}^2(z)\cdot(\sin\alpha_T\cos\beta_T+\sin\alpha_R\cos\beta_R)^2\right] \tag{B.7}$$

$$\chi_{\Delta z}(z)=\exp\left[-\frac{2\pi^2}{\lambda^2}\cdot\sigma_{\Delta z}^2(z)\cdot(\sin\beta_T+\sin\beta_R)^2\right] \tag{B.8}$$

因此，由式(B.1)可知，$\chi(z)$的表达式如式(8.50)所示。